B. I.-Hochschultaschenbücher
Band 86

Henning Riechert

Anorganische Chemie

Band 1

von
Max Schmidt
o. Professor an der Universität Würzburg

Bibliographisches Institut Mannheim/Wien/Zürich
B. I.-Wissenschaftsverlag

Druck und Bindearbeit: Anton Hain KG, Meisenheim
Printed in Germany
ISBN 3-411-00086-4
L

VORWORT

Das vorliegende Taschenbuch ist aus dem Manuskript meiner Vorlesung „Experimentalchemie I" entstanden. Diese 4stündige Vorlesung wird in Würzburg – wie wohl auch an den meisten übrigen deutschen Universitäten – zur Einführung in die allgemeine und anorganische Chemie im ersten Studiensemester veranstaltet. Sie richtet sich sowohl an die Studierenden der Chemie als auch an die Studierenden der Medizin (an Technischen Hochschulen entsprechend an Studenten verschiedener Ingenieurdisziplinen) und der übrigen Naturwissenschaften, für die Chemie als Nebenfach vorgeschrieben ist, nicht zuletzt natürlich auch an die angehenden Chemielehrer an Gymnasien.

Das kleine Taschenbuch will diesen Studierenden – vielleicht auch dem einen oder anderen besonders interessierten Gymnasiasten – den Weg zum Verständnis der Chemie durch Vorlesungen und ausführlichere Lehrbücher etwas erleichtern. Es wird deshalb unter bewußtem Verzicht auf viele stoffliche Details, die in mehreren Lehrbüchern ausgezeichnet dargestellt sind, besonderer Wert auf systematische Zusammenhänge gelegt, die qualitativ in ihren großen Zügen einfach zu verstehen sind. Der vorliegende Band I behandelt unter diesem Gesichtspunkt die Hauptgruppenelemente (einschließlich Zn, Cd und Hg). Im Band II werden dann die Übergangsmetalle beschrieben.

Fräulein URSULA SCHUMANN hat das Manuskript mit großer Geduld und Sorgfalt geschrieben. Ich möchte ihr dafür an dieser Stelle ebenso herzlich danken wie den Herren Dr. MITTELSTAEDT und ALTSTADT vom Bibliographischen Institut Mannheim für die verständnisvolle Zusammenarbeit.

Würzburg, den 18. April 1967 MAX SCHMIDT

INHALTSVERZEICHNIS

I. EINLEITUNG

II. EDELGASE

III. DIE REPRÄSENTATIVEN ELEMENTE

I. EINLEITUNG

A. Allgemeines

Chemie ist eine Naturwissenschaft. Sie beschäftigt sich mit dem Studium der entweder direkt durch die Sinne oder indirekt durch geeignete Instrumente zugänglichen stofflichen Umwelt des Menschen. Im Verlauf der interessanten historischen Entwicklung der Chemie, auf die in diesem kleinen Taschenbuch nicht eingegangen werden kann, ist es gelungen, die unbeschreibliche Mannigfaltigkeit der Erscheinungsformen der uns bekannten Materie zurückzuführen auf verhältnismäßig wenige, genau definierbare Bausteine, die sogenannten *chemischen Elemente*. Wir kennen heute 104 Elemente, von denen allerdings nur etwa 90% in der Natur vorkommen. Die übrigen sind dafür zu kurzlebig und können deshalb nur im Laboratorium der Kernphysiker hergestellt werden. Aus diesen wenigen Elementen baut sich durch vielfältige Kombinationen nicht nur die gesamte belebte und unbelebte Materie auf, sondern es lassen sich daraus im chemischen Laboratorium zusätzlich noch unzählige neue Verbindungen herstellen, die wir in der Natur nicht finden, die aber teilweise entweder als Zwischenprodukte oder als Fertigprodukte nicht nur theoretisches, sondern auch sehr großes praktisches Interesse finden – die Anwendung solcher synthetischer Verbindungen ist aus unserem Alltag nicht mehr wegzudenken, gleichgültig ob es sich dabei etwa um Heilmittel, Textilien, Farbstoffe, Legierungen, „Kunststoffe" usw. handelt.

Diese Elemente sind insofern nicht „Grundstoffe", als sie nicht aus unteilbaren Teilchen („Atome" im historischen Sinn) bestehen. Die früher nicht vorstellbare Zerlegung der für jedes Element charakteristischen *Atome* in ihre Bestandteile bzw. die Umwandlung eines Atomes in ein (oder mehrere) andere(s) ist heute möglich und wird teilweise bereits technisch genützt. Die dafür erforderlichen oder dabei freiwerdenden Energiemengen unterscheiden sich aber um Größenordnungen von den viel geringeren Energiemengen, die für chemische Reaktionen (Umsetzungen von im Kern unveränderten Atomen) erforderlich sind bzw. dabei frei werden. Sie fallen definitionsgemäß in das Gebiet der Kernphysik.

Chemie ist somit die Wissenschaft, die sich mit den Kombinationsmöglichkeiten der bekannten 104 *Elemente beschäftigt*. Heute kennt man ca. 1000000 verschiedene, mehr oder weniger beständige Kombinationen dieser Elemente; sie heißen *chemische Verbindungen*. Analyse und Synthese solcher Verbindungen, deren Zahl sich durch die intensive Forschungstätigkeit täglich vermehrt sowie die Untersuchungen über ihre Eigenschaften, ihre Zusammenhänge zwischeneinander und Umwandlungen ineinander, ihre biologische oder technische Bedeutung werden aus (überholten) historischen, heute nur noch aus rein organisatorisch-praktischen Gründen in verschiedenen Teilbereichen der Chemie besonders gepflegt, von denen die wichtigsten sind: *Anorganische Chemie*, *Organische Chemie*, *Physikalische Chemie* und *Biochemie*. Diese verschiedenen Bereiche überlappen und durchdringen sich gegenseitig naturgemäß so stark, daß ihre Grenzen unmöglich scharf definierbar sind (die Gesamtwissenschaft Chemie ist nur aus organisationstechnischen Gründen unterteilt!).

Moderne Chemie ist eine sehr junge Wissenschaft. Dabei wurden die einzelnen Teilgebiete zu verschiedenen Zeiten mit recht verschiedener Intensität bearbeitet. So war die anorganische Chemie nach ihrer großen Blütezeit zu Beginn des letzten Jahrhunderts etwa 50 Jahre später in einen ausgesprochenen „Dornröschenschlaf" verfallen, aus dem sie erst in den 20iger Jahren dieses Jahrhunderts zu erwachen begann, um dann allmählich das zu erleben, was heute mit Recht als „Renaissance der anorganischen Chemie" bezeichnet wird.

Die *Anorganische Chemie* beschäftigt sich mit allen 104 Elementen und allen Kombinationen dieser Elemente untereinander, mit Ausnahme der Kohlenwasserstoffe und ihrer Derivate, welche die Domäne der organischen Chemie darstellen. Sie befindet sich zur Zeit in einer stürmischen Entwicklung. Der Versuch einer knappen Darstellung unserer Kenntnisse auf dem Gebiet der Anorganischen Chemie kann deshalb nur eine „Momentaufnahme" aus dieser raschen Entwicklung sein.

Wir müssen heute versuchen, die Chemie unter sorgfältiger Berücksichtigung der von anderen Naturwissenschaften, besonders der Physik und Mathematik bis jetzt erarbeiteten Hypothesen über den Aufbau der Materie, aber doch unter dem besonderen Blickwinkel des Chemikers zu verstehen und zu beschreiben. Dabei können wir davon ausgehen, daß die Materie aus Atomen aufgebaut ist.

B. Atombau

Das Studium des Aufbaues der Atome fällt in den Bereich der Physik. Obwohl es sicher nie möglich sein wird, Atome direkt sichtbar zu machen, haben wir heute über ihren prinzipiellen Aufbau bereits recht genaue Vorstellungen, die im wesentlichen aus dem experimentellen und theoretischen Studium der Wechselwirkung zwischen Atomen und Energie entwickelt wurden. Wenn auch die derzeit gültigen Hypothesen über den Atombau noch dauernd verfeinert und verbessert werden müssen, um sie der „*Wirklichkeit*“ mehr anzunähern, stellen sie doch bereits jetzt ein in seinem Wert gar nicht überschätzbares Hilfsmittel zum Verständnis aller stofflichen Sachverhalte und Vorgänge dar.

Das Atom hat danach eine „*Schalenstruktur*“. Dabei ist praktisch die gesamte Masse im Atomkern konzentriert, dessen Durchmesser jedoch nur etwa 1/10000 (!) des gesamten Atomdurchmessers ($\sim 10^{-8}$ cm = 1 Å) ausmacht. Dieser Kern, für den selbst wieder eine Schalenstruktur in Erwägung gezogen wird, besteht aus der sogenannten Kernmaterie, die sich aus *Protonen* und *Neutronen* zusammensetzt. Sie haben praktisch gleiche Masse, unterscheiden sich aber dadurch wesentlich voneinander, daß dem *Proton* die elektrische Elementarladung +1 zukommt, während das *Neutron* ungeladen ist. Nach außen ist das gesamte Atom ungeladen. Dies wird dadurch erreicht, daß die durch die *Protonen* im Kern bedingte positive Ladung, die ja nur ein ganzzahliges Vielfaches der Elementarladung +1 sein kann, durch eine entsprechende Anzahl von *Elektronen* kompensiert wird. *Elektronen* sind, wie die Bestandteile der Kernmaterie, „Elementarteilchen“, die eine negative Elementarladung tragen (−1), deren Masse aber nur $^1/_{1850}$ der Masse der Protons ausmacht. Diese winzigen Teilchen zeigen sowohl „Eigenschaften“ eines Partikels als auch einer Welle, je nachdem, mit welcher besonderen Versuchsanordnung sie untersucht werden.

Dieser scheinbare Dualismus führt oft nur deshalb zu gedanklichen Schwierigkeiten, weil mit den Begriffen „Teilchen“ und „Welle“ in ungerechtfertigter Weise Erfahrungstatsachen aus dem direkt mit unseren Sinnen wahrnehmbaren makroskopischen Bereich der täglichen Erfahrung verknüpft werden. Der Widerspruch zwischen solchen „Bildern“ löst sich erst bei der Abstraktion von der „praktischen“ Erfahrung, d. h. bei der mathematischen Formulierung. (Diese Problematik braucht hier nicht diskutiert zu werden, solange der Leser sich immer der Tatsache eingedenk ist, daß, wenn das Elektron je nach Zweckmäßigkeit als Teilchen oder Welle „*behandelt*“ wird, diese Bilder nur sehr unvollkommener qualitativer Ausdruck einer der jeweiligen Situation angepaßten mathematischen Behandlungsweise des gleichen *Phänomens* „*Elektron*“ sind.)

Diese die positive Kernladung ausgleichenden Elektronen „*füllen*“ im Schalenmodell die relativ zum sehr „*dichten*“ Kern, der praktisch die gesamte Masse in sich vereinigt, recht „*diffuse*“ Atomhülle (Radienverhältnis Kern : Gesamtatom $\approx 10^{-12} : 10^{-8}$!).

Nach den Gesetzen der *Quantenmechanik* können die Elektronen die diffuse Kernhülle nicht etwa gleichmäßig *„ausfüllen“*, da ihre jeweilige Energie im Feld des Kerns immer nur bestimmte, diskrete Beträge annehmen kann (im Bild der *„Partikel“* also bestimmte *kreisförmige* bzw. *elliptische* Bahnen mit dem Atomkern im Mittelpunkt des Kreises bzw. in einem Brennpunkt der Ellipse, im Bild der *„Welle“* diskrete *Schalenbereiche* mit der größten *Aufenthaltswahrscheinlichkeit* für ein bestimmtes Elektron in Beziehung zum Atomkern). Solche „Zustände“ nennt man *„Bahnen“* oder *„Orbitale“*.

Die Zusammensetzung des Atomkerns bestimmt zunächst einmal die physikalischen Eigenschaften eines Elementes im atomaren Zustand. Die Anzahl der Protonen im Kern, die *Ordnungszahl* eines Elementes, bedingt die Anzahl der Elektronen in der Atomhülle. Diese Zahl der Elektronen bestimmt zusammen mit ihrer Anordnung in den erwähnten Energiebereichen das chemische Verhalten der verschiedenen Atomsorten. *Chemische Reaktionen sind identisch mit Wechselwirkungen zwischen den Elektronenhüllen von Atomen.* In der Regel sind an solchen Wechselwirkungen nur die äußersten, d. h. die wegen der mehr oder weniger starken Abschirmung durch weiter innen liegende Elektronen von der positiven Kernladung am lockersten gebundenen Elektronen beteiligt. In keinem Fall aber wird durch eine chemische Reaktion ein Atomkern verändert. Dafür, d. h. für eine Elementumwandlung, sind viel höhere Energien erforderlich, als sie bei chemischen Reaktionen auftreten können.

Die Ordnungszahl bestimmt über die Zahl der Elektronen das chemische Verhalten jedes Elementes; für sein Verständnis ist die Kenntnis der *„Anordnung“*, d. h. des *Energiegehaltes* dieser Elektronen, unerläßliche Voraussetzung. Die Beschreibung dieser Energiezustände ist durch vier *Quantenzahlen* möglich, mit deren Hilfe der Aufbau der Elektronenhülle jedes bekannten Elementes wiedergegeben werden kann. Dabei ist als Grundregel streng zu beachten, daß in der Hülle eines Atoms niemals zwei Elektronen in allen vier Quantenzahlen übereinstimmen können. Nach diesem *„Pauli-Verbot“* müssen sich also alle Elektronen eines Atoms in ihrem Energieinhalt voneinander unterscheiden.

Die *„Hauptquantenzahl“* **n** beschreibt qualitativ die Lage des Energiezustandes in Beziehung zum Atomkern. Sie kann jeden ganzzahligen Wert von 1 bis ∞ annehmen (für die Beschreibung der bekannten Elemente im Grundzustand genügt $\mathbf{n} = 1$ bis 7, höhere *„Schalen“* werden dabei nicht aufgebaut). Aus historischen Gründen bezeichnet man die Hauptquantenzahlen 1, 2, 3 auch als 1., 2., 3., ... Schale oder K, L, M ... (alphabetische Reihenfolge von K ab) *Schale*.

Die „*Nebenquantenzahl*“ $\boldsymbol{l}$ unterteilt die durch die *Hauptquantenzahl* $\mathbf{n}$ festgelegten Energiebereiche in Unterzustände geringerer Energiedifferenzen. Ihr Wert wird vom Wert der *Hauptquantenzahl* bedingt durch die Beziehung $\boldsymbol{l} = 0$ bis $\mathrm{n} - 1$; für $\mathbf{n} = 1$ ist demnach $\boldsymbol{l} = 0$, für $\mathbf{n} = 2$ ist $\boldsymbol{l} = 1$ und 0, für $\mathbf{n} = 3$ ist $\boldsymbol{l} = 2$, 1 und 0 usw. Aus historischen Gründen wird die Nebenquantenzahl $\boldsymbol{l}$ meist nicht durch die Zahlen 0, 1, 2 und 3 (höhere Nebenquantenzahlen sind für die Beschreibung der Elektronen in den Hüllen der bekannten Elemente im Grundzustand nicht erforderlich), sondern durch die Buchstaben s, p, d und f bezeichnet. *

Die „*magnetische Quantenzahl*“ $\mathbf{m}$ unterteilt ihrerseits wieder die Nebenquantenzustände $\boldsymbol{l}$ in Bereiche noch geringerer Energiedifferenzen. Sie hängt über $\boldsymbol{l}$ mit $\mathbf{n}$ zusammen durch die Beziehung $\mathbf{m} = 2\boldsymbol{l} + 1$. $\mathbf{m}$ kann alle Werte von $+\boldsymbol{l}$ über und einschließlich 0 bis $-\boldsymbol{l}$ annehmen. Für $\boldsymbol{l} = 0$(s) ist $\mathbf{m} = 0$, für $\boldsymbol{l} = 1$(p) ist $\mathbf{m} = +1, 0, -1$, für $\boldsymbol{l} = 2$(d) ist $\mathbf{m} = +2, +1, 0, -1, -2$ und für $\boldsymbol{l} = 3$(f) ist $\mathbf{m} = +3, +2, +1, 0, -1, -2, -3$.

Die „*Spinquantenzahl*“ schließlich kann für jeden der durch die drei bisher beschriebenen Quantenzahlen gekennzeichneten Energiezustand die Werte $+1/2$ und $-1/2$ annehmen. Das bedeutet, daß in jeder durch $\mathbf{n}$, $\boldsymbol{l}$ und $\mathbf{m}$ gekennzeichneten „Bahn“ zwei Elektronen Platz haben, die sich nur noch in ihrem „Spin“ energetisch voneinander unterscheiden.

C. Periodensystem der Elemente

Die Elektronenanordnung jedes Atoms kann mit Hilfe der oben besprochenen Quantenzahlen beschrieben werden in der Form $\boldsymbol{nl^x}$, wobei $\mathbf{n}$ die Hauptquantenzahl, $\boldsymbol{l}$ die Nebenquantenzahl (in den Buchstaben s, p, d und f) und der Exponent x die Anzahl der in dieser „Bahn“ vorhandenen Elektronen bedeutet. Für $\mathbf{n} = 1$ (K-Schale) ist $\boldsymbol{l} = 0$ (s) und damit auch $\mathbf{m} = 0$; wegen der beiden Möglichkeiten für die Spinquantenzahl ($+1/2$ und $-1/2$) haben deshalb auf der K-Schale maximal zwei Elektronen Platz, deren Anordnung wiederzugeben ist als $1s^1$ und $1s^2$.

In der L-Schale ($\mathbf{n} = 2$) haben bereits 8 Elektronen Platz, weil $\boldsymbol{l}$ die Werte 0(s) und 1(p) und damit $\mathbf{m}$ die Werte 0 (für s) und -1, 0 und $+1$ (für p) annehmen kann, von denen jeder Zustand wegen der beiden möglichen Spinmomente 2 bzw. 6 Elektronen ohne Verletzung des Pauli-Verbotes aufnehmen kann: $1s^2/2s^1$, $1s^2/2s^2$; $1s^2/2s^2\,2p^1$, $1s^2/2s^2\,2p^2$, $1s^2/2s^2\,2p^3$, $1s^2/2s^2\,2p^4$, $1s^2/2s^2\,2p^5$ und $1s^2/2s^2\,2p^6$.

Dabei ist zu beachten, daß die Besetzung der p-Bahnen (und ebenso der höheren Nebenquantenzahlen 2(d) und 3(f)) so erfolgt, daß zunächst jeder Zustand nur von einem einzelnen Elektron besetzt wird (was bei

* m gibt an, wieviele Unterzustände bei gegebenem l auftreten können.

der in jeder Hauptquantenzahl nur einmal auftretenden s-Bahn keine Rolle spielt, weil das nächste dazukommende Elektron immer den Spin des ersten kompensieren muß). Erst das 4. in die drei p-Bahnen eintretende Elektron (das 6. in den 5d-Bahnen und das 8. in den 7f-Bahnen) paart sich mit dem ersten unter Spinkompensation (*Hundsche Regel*).

Die höheren Hauptquantenzustände können entsprechend mehr Elektronen aufnehmen. So wird für **n** = 3 l = 2(d), 1(p), 0(s) und **m** = −2, −1, 0+1, +2 (für d), −1, 0, +1 (für p) und 0 (für s), wodurch sich insgesamt 9 Zustände ergeben, die von je 2 Elektronen besetzt werden können (wegen der Spinmomente $+{}^1/_2$ und $-{}^1/_2$). In der „M-Schale" finden also maximal 18 Elektronen Platz. Für **n** = 4 ergibt sich danach eine mögliche Maximalbesetzung von 32, für **n** = 5 eine solche von 50 Elektronen usw.

Die Energieunterschiede zwischen den einzelnen „Schalen" werden mit steigender Hauptquantenzahl **n** immer geringer. Das geht so weit, daß etwa die zehn 3d-Elektronen energiereicher sind als die sechs 4p-Elektronen, oder die vierzehn 4f-Elektronen energiereicher als die zehn 5d-Elektronen (mit Ausnahme des ersten). Da sich aber mit fortschreitender Kernladungszahl die notwendigerweise neu hinzukommenden Elektronen im Grundzustand immer in die energieärmste „Bahn" einlagern werden (entsprechend der Hundschen Regel so lange wie möglich ungepaart), erfolgt der Aufbau der die Kernladungen kompensierenden Elektronenhüllen mit zunehmender Ordnungszahl von 1 bis 104 nur bei den ersten achtzehn Elementen der von der Hauptquantenzahl **n** nach den oben beschriebenen Beziehungen zu erwartenden Reihenfolge (Element 18 = $1s^2/2s^2\,2p^6/3s^2\,3p^6$). Die formal darauf folgenden 3d-Zustände werden zunächst „übersprungen". Die nächsten beiden neu hinzutretenden Elektronen werden gleich in die 4s-Bahn eingebaut. Erst danach werden die fünf 3d-Bahnen mit zehn weiteren Elektronen gefüllt. Darauf folgen sechs 4p-Elektronen. Erst nachdem dann zwei 5s-Elektronen eingelagert sind, erfolgt die Auffüllung der 4d-Bahnen mit zehn Elektronen. Die bei **n** = 4 erstmals auftretenden sieben f-Bahnen (l = 3) werden zunächst wieder „übersprungen". Die nächsten sechs Elektronen füllen die drei freien 5p-Bahnen. Danach treten zwei Elektronen in die 6s-Bahn, ein weiteres in eines der noch fünf freien 5d-Orbitale und erst die nächsten vierzehn in die sieben 4f-Zustände ein. Die folgenden neun Elektronen besetzen die (bereits ein Elektron enthaltendes) fünf 5d-Bahnen. Danach werden weitere sechs Elektronen in die 6p-Orbitale, zwei Elektronen in die 7s-Bahn, ein einziges dann in die freien fünf 6d-Zustände, die nächsten vierzehn in die sieben unbesetzten 5f-Orbitale, und das 104. Elektron schließlich wieder in ein 6d-Orbital eingebaut.

Dieser Aufbau der Elektronenhüllen wurde, wie praktisch alle Kenntnisse über den Atombau, aus der Wechselwirkung der verschiedenen Atomsorten mit Energie abgeleitet, praktisch also aus dem Studium ihrer Spektren bei verschiedenen Wellenlängen. Die darin zum Ausdruck kommende Reihenfolge des Einbaus der Elektronen in das Atom mit steigender Ordnungszahl läßt sich durch folgende Regel wiedergeben und leicht behalten:

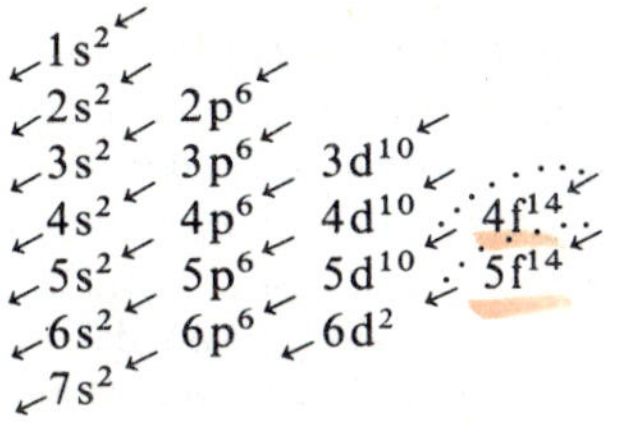

Die Besetzung erfolgt in der Reihenfolge der diagonalen Pfeile. Diese einfache Regel hat nur zwei Ausnahmen: vor der Besetzung der 4f-Bahnen wird ein 5d-Elektron, und vor der Besetzung der 5f-Orbitale ein 6d-Elektron eingebaut.

Diese kleine „Gedächtnishilfe" stellt eine einfache „Abkürzung" der für das Verständnis der Chemie wichtigsten und fundamentalen „*Regel*" dar, d. h. für das *Periodensystem der Elemente.*

Nach dem oben Gesagten läßt sich beim schrittweisen Übergang der Ordnungszahl (Kernladung) von 1 bis 104 jedes neu in die Schale eintretende Elektron in seinem Energiegehalt und damit die Elektronenkonfiguration jedes bekannten Elementes mit Hilfe der vier Quantenzahlen und der Regel für die Reihenfolge des Einbaus genau beschreiben. Dabei ändert sich nur die Hauptquantenzahl kontinuierlich von 1 bis 7, während sich die Nebenquantenzahlen und die magnetischen Quantenzahlen periodisch wiederholen:

1s			
2s	2p		
3s	3p	3d	
4s	4p	4d	4f
5s	5p	5d	5f
6s	6p	6d	
7s			

Dadurch ist naturgemäß eine *periodische Wiederholung* von Elektronenkonfigurationen in den äußeren Bereichen der Atomhüllen bedingt. Nachdem aber die chemischen Eigenschaften der Elemente wesentlich von diesen „Außenkonfigurationen" bestimmt werden, haben wir zwangsläufig auch eine *periodische Wiederholung charakteristischer chemischer Verhaltensweisen* zu erwarten. Diese Tatsache erleichtert das Verständnis der Chemie ungemein. Eine entsprechende zweckmäßige Anordnung der Elemente nennt man *Periodensystem*. Es gibt verschiedene Möglichkeiten seiner graphischen Darstellung, von denen wohl jede gleichzeitig gegenüber den anderen Vor- und Nachteile aufweist (dreidimensionale „Modelle", die ebenfalls vorgeschlagen wurden, bieten sicher gewisse Vorteile, können aber nicht „gedruckt" werden). Alle äußeren Formen sind natürlich nur verschiedene Möglichkeiten, die gleichen, durch den Aufbau der Elektronenhüllen bedingten inneren Gesetzmäßigkeiten zum Ausdruck zu bringen. Eine besonders übersichtliche Form ist das „*Langperiodensystem*", das im Folgenden abgeleitet und benützt wird. Dabei sind Unterteilungen in Untergruppen a und b usw. willkürlich und unwesentlich.

Die intensive und immer wiederholte Beschäftigung mit dem Periodensystem ist für ein echtes Verständnis der Chemie unerläßlich. Die darin liegende Möglichkeit der Erkenntnis an inneren Zusammenhängen und Gesetzmäßigkeiten ist, wenn überhaupt, nur schwer auszuschöpfen.

Mit den heutigen Kenntnissen ist die Ableitung eines Periodensystems einfach, ja selbstverständlich. Daß es in seiner praktisch jetzt noch gültigen Form aufgestellt wurde, lange bevor seine innere Notwendigkeit und Gesetzmäßigkeit erkannt werden konnte (nach verschiedenen Vorläufern „*endgültig*" bereits 1869), stellt nicht nur eine außergewöhnlich geniale Leistung des menschlichen Geistes dar, sondern beweist auch überzeugend Wert und Berechtigung empirischer Forschung und Arbeitshypothesen, wie sie auch heute noch in weiten Bereichen der Chemie betrieben und entwickelt werden müssen, um im gleichberechtigten und gleichwertigen Wechsel und Austausch zwischen „*Theorie*" und „*Praxis*" den Fortschritt unserer Erkenntnis zu ermöglichen.

Leitet man nach den vorhin beschriebenen Gesetzmäßigkeiten die Elektronenkonfiguration aller bekannten Elemente mit steigender Ordnungszahl nacheinander ab und ordnet sie so in Zeilen an, daß dabei immer die Elemente untereinander zu stehen kommen, denen in der äußersten Schale (höchsten Hauptquantenzahl **n**) die gleiche Zahl und damit Anordnung an Elektronen zukommt (bei gleicher Besetzung der äußersten bzw. zweitäußersten Schale und unterschiedlicher Besetzung der zweitäußersten bzw. drittäußersten Schale entsprechend so, daß auch hier gleiche Konfigurationen untereinander zu stehen kommen), dann ist diese Anordnung identisch mit dem Periodensystem (s. S. 22).

Die Zeilen nennt man *Perioden.* Innerhalb einer Periode nimmt von links nach rechts die Ordnungszahl jeweils um 1 Einheit zu. Durch die so bedingte regelmäßige Zunahme in der Elektronenzahl muß sich der chemische Charakter von einer Stelle zur anderen erheblich verändern. Diese Änderung ist natürlich verschieden stark ausgeprägt, je nachdem, ob das jeweils neu hinzukommende Elektron in die äußerste, die zweitäußerste oder die drittäußerste Schale eingebaut wird.

Die untereinander stehenden Spalten heißen *Gruppen.* In jeder Gruppe haben die äußeren Elektronenhüllen identische Konfigurationen. Das bewirkt in erster Näherung gleiches chemisches Verhalten. Die feineren Unterschiede zwischen den Elementen einer Gruppe (im Vergleich mit den viel gröberen zwischen denen einer Periode) werden hauptsächlich durch die (ganz oder teilweise) aufgefüllten „inneren Schalen“, die verschiedenen Teilchengrößen und ähnliche, ebenfalls gesetzmäßig von der Stellung im Periodensystem abhängige Faktoren bedingt, die später noch zu besprechen sind.

Nach dem oben Gesagten können die einzelnen Perioden natürlich nicht gleich lang sein, d. h. gleich viel Elemente enthalten. Sie entsprechen ja den Hauptquantenzahlen 1 bis 7, bildlich also den sieben „Schalen“ um den Kern, die ja, nachdem die möglichen Zahlenwerte für l und $\mathbf{n}$ (deren periodische Wiederholung das Wesen des Periodensystems ausmachen) in Abhängigkeit von $\mathbf{n}$ zunehmen, um so mehr Elektronen aufnehmen können, je weiter sie vom Kern entfernt sind. Das bedingt, daß die ersten 5 Perioden in der Darstellung auseinandergezogen werden müssen, wenn die untereinander zu stehen kommenden Elemente wirklich homologe Gruppen sein sollen, d. h. gleiche Anordnung der Außenelektronen haben und damit einander chemisch ähnlich sein sollen. Am weitesten (um 30 Stellen) muß dabei die 1. Periode ($\mathbf{n} = 1$) auseinandergezogen werden, weil l und $\mathbf{m}$ dabei $= 0$ sind, also darin nur zwei Elemente Platz haben, von denen das zweite („volle Schale“) das leichteste Homologe der letzten Elemente jeder folgenden Periode ist. Die 2. und 3. Periode muß um 6 Stellen weniger auseinandergezogen werden, weil darin je drei p-Bahnen (2p bzw. 3p) mit je 6 Elektronen und damit 6 Elementen zusätzlich zu den beiden s Elektronen der 1. Periode eingebaut werden. Die 4. und 5. Periode muß um weitere 10 Stellen weniger auseinandergezogen werden, weil darin die fünf 3d- bzw. 4d-Bahnen mit je 10 Elektronen und damit Elementen eingebaut werden. Die 6. Periode, in der zusätzlich noch die sieben 4f-Bahnen mit 14 Elektronen und damit Elementen besetzt wird, kann schließlich ohne Unterbrechung beschrieben werden. Die 7. Periode bricht unvollendet mit der höchsten bis jetzt bekannten Ordnungszahl, 104, ab.

Tabelle I.1. Namen, Symbole und Atomgewichte der Elemente nach ansteigender Ordnungszahl

Periode	Ordnungszahl	Element	Symbol	Atomgewicht	Periode	Ordnungszahl	Element	Symbol	Atomgewicht
	1	Wasserstoff	H	1,0080	5.	53	Jod	J	126,90
1.	2	Helium	He	4,003		54	Xenon	Xe	131,30
	3	Lithium	Li	6,939		55	Cäsium	Cs	132,91
	4	Beryllium	Be	9,012		56	Barium	Ba	137,36
	5	Bor	B	10,81		57	Lanthan	La	138,91
2.	6	Kohlenstoff	C	12,001		58	Cer	Ce	140,12
	7	Stickstoff	N	14,007		59	Praseodym	Pr	140,91
	8	Sauerstoff	O	15,9994		60	Neodym	Nd	144,24
	9	Fluor	F	19,00		61	Promethium	Pm	~147
	10	Neon	Ne	20,183		62	Samarium	Sm	150,35
	11	Natrium	Na	22,9898		63	Europium	Eu	151,96
	12	Magnesium	Mg	24,312		64	Gadolinium	Gd	157,25
	13	Aluminium	Al	26,98		65	Terbium	Tb	158,92
3.	14	Silicium	Si	28,09		66	Dysprosium	Dy	162,50
	15	Phosphor	P	30,974		67	Holmium	Ho	164,93
	16	Schwefel	S	32,064		68	Erbium	Er	167,26
	17	Chlor	Cl	35,453		69	Thulium	Tm	168,93
	18	Argon	Ar	39,948		70	Ytterbium	Yb	173,04
	19	Kalium	K	39,102		71	Lutetium	Lu	174,97
	20	Calcium	Ca	40,08		72	Hafnium	Hf	178,49
	21	Scandium	Sc	44,96		73	Tantal	Ta	180,95
	22	Titan	Ti	47,90		74	Wolfram	W	183,85
	23	Vanadin	V	50,94		75	Rhenium	Re	186,23
	24	Chrom	Cr	52,00		76	Osmium	Os	190,2

Periode				
	25	Mangan	Mn	54,94
	26	Eisen	Fe	55,85
	27	Kobalt	Co	58,93
	28	Nickel	Ni	58,71
	29	Kupfer	Cu	63,54
4.	30	Zink	Zn	65,37
	31	Gallium	Ga	69,72
	32	Germanium	Ge	72,59
	33	Arsen	As	74,92
	34	Selen	Se	78,96
	35	Brom	Br	79,909
	36	Krypton	Kr	83,80
	37	Rubidium	Rb	85,47
	38	Strontium	Sr	87,62
	39	Yttrium	Y	88,91
	40	Zirkon	Zr	91,22
	41	Niob	Nb	92,91
	42	Molybdän	Mo	95,94
	43	Technetium	Tc	~ 99
	44	Ruthenium	Ru	101,1
5.	45	Rhodium	Rh	102,91
	46	Palladium	Pd	106,4
	47	Silber	Ag	107,870
	48	Cadmium	Cd	112,40
	49	Indium	In	114,82
	50	Zinn	Sn	118,69
	51	Antimon	Sb	121,75
	52	Tellur	Te	127,60

Periode				
	77	Iridium	Ir	192,2
	78	Platin	Pt	195,09
	79	Gold	Au	196,97
	80	Quecksilber	Hg	200,59
	81	Thallium	Tl	204,37
6.	82	Blei	Pb	207,19
	83	Wismut	Bi	208,98
	84	Polonium	Po	~210
	85	Astat	At	~210
	86	Radon	Rn	~222
	87	Francium	Fr	~223
	88	Radium	Ra	~226
	89	Actinium	Ac	~227
	90	Thorium	Th	232,04
	91	Protactinium	Pa	~231
	92	Uran	U	238,03
	93	Neptunium	Np	~237
7.	94	Plutonium	Pu	~242
	95	Americium	Am	~243
	96	Curium	Cm	~247
	97	Berkelium	Bk	~249
	98	Californium	Cf	~251
	99	Einsteinium	Es	~254
	100	Fermium	Fm	~253
	101	Mendelevium	Md	~256
	102	Nobelium	No	~253
	103	Lawrencium	Lw	~257
	104	Kurchatovium	Ku	~259

Tabelle I.2. Periodensystem der Elemente in der Langform

(Aus drucktechnischen Gründen sind die 4f- und 5f-Elemente (58–71 und 90–103) herausgezogen und extra angeschrieben, weil das System sonst zu „lang" würde. Sie gehören im System an die mit * bzw. ** bezeichneten Stellen in die 6. bzw. 7. Periode, jeweils in der IIIa-Gruppe)

Gruppennummer	Ia	IIa		IIIa	IVa	Va	VIa	VIIa	VIII	VIII	VIII	Ib	IIb		IIIb	IVb	Vb	VIb	VIIb	0
1s	1 H																			2 He
2s	3 Li	4 Be												2p	5 B	6 C	7 N	8 O	9 F	10 Ne
3s	11 Na	12 Mg												3p	13 Al	14 Si	15 P	16 S	17 Cl	18 Ar
4s	19 K	20 Ca	3d	21 Sc	22 Ti	23 V	24 Cr	25 Mn	26 Fe	27 Co	28 Ni	29 Cu	30 Zn	4p	31 Ga	32 Ge	32 As	34 Se	35 Br	36 Kr
5s	37 Rb	38 Sr	4d	39 Y	40 Zr	41 Nb	42 Mo	43 Tc	44 Ru	45 Rh	46 Pd	47 Ag	48 Cd	5p	49 In	50 Sn	51 Sb	52 Te	53 J	54 Xe
6s	55 Cs	56 Ba	5d	57 * La	72 Hf	73 Ta	74 W	75 Re	76 Os	77 Ir	78 Pt	79 Au	80 Hg	6p	81 Tl	82 Pb	83 Bi	84 Po	85 At	86 Rn
7s	87 Fr	88 Ra	6d	89 ** Ac	104 Ku									7p						

Das Periodensystem kommt also dadurch zustande, daß die Elemente mit fortlaufender Ordnungszahl von 1 bis 104 in einzelnen Perioden (Zeilen) so von links nach rechts angeschrieben werden, daß die 1. Periode 2, die 2. und 3. Periode je 8, die 4. und 5. Periode je 18, die 6. Periode 32 und die (unvollendete) 7. Periode die restlichen 18 Elemente enthält. Die „inneren" Perioden werden dabei, wie vorhin erwähnt und begründet, so auseinandergezogen, daß sinnvolle Gruppen entstehen, daß also immer nur Elemente mit gleicher äußerer Elektronenkonfiguration untereinander zu stehen kommen.

Die Ordnungszahl charakterisiert jedes chemische Element eindeutig. Daß sie trotzdem in der Regel nicht für seine Bezeichnung herangezogen wird, ist historisch bedingt: die meisten Elemente waren schon lange bekannt, bevor die Bedeutung der Ordnungszahl erschlossen wurde, bevor also über den Bau der Atome überhaupt etwas bekannt wurde. Deshalb werden sie heute alle noch mit den Namen bezeichnet, die ihnen, teilweise schon recht früh, von ihren Entdeckern gegeben wurden. In der Praxis werden diese Namen aber nicht ausgeschrieben, sondern durch einen bzw. zwei Buchstaben symbolisiert, die diesen (manchmal auch den lateinischen) Namen abkürzen. Tab. I.1 zeigt den zu jeder Ordnungszahl gehörenden Namen, dahinter die übliche Abkürzung und danach jeweils das „*Atomgewicht*" als dimensionslose Zahl (s. S. 20).

Im Periodensystem werden die Elemente definitionsgemäß so angeschrieben, daß dabei Elemente mit analoger Anordnung der äußeren Elektronenhülle „Gruppen" bilden. Gewöhnlich bildet man neun Gruppen, von denen sieben noch einmal in zwei Untergruppen unterteilt werden (a- und b-Gruppen). Die Besprechung der einzelnen Elemente soll hier so vorgenommen werden, daß die in einer Gruppe zusammengefaßte Elementfamilie immer zusammen behandelt wird. Dabei erscheint es zweckmäßig, nicht einfach von einer Gruppe zur nächsten weiterzugehen, sondern die Elemente zunächst in – zahlenmäßig recht verschieden starke – vier Teile aufzuteilen, die gewisse Gemeinsamkeiten im Bau ihrer Elektronenhüllen aufweisen. Es sind dies 1. die Edelgase, 2. die repräsentativen Elemente, 3. die Ubergangselemente und 4. die inneren Übergangselemente.

* 4f	58 Ce	59 Pr	60 Nd	61 Pm	62 Sm	63 Eu	64 Gd	65 Tb	66 Dy	67 Ho	68 Er	69 Tm	70 Yb	71 Lu
** 5f	90 Th	91 Pa	92 U	93 Np	94 Pu	95 Am	96 Cm	97 Bk	98 Cf	99 Es	100 Fm	101 Md	102 No	103 Lw

II. EDELGASE (0. GRUPPE DES PERIODENSYSTEMS)

A. Allgemeines

Die sechs Elemente der 0. *Gruppe* des Periodensystems *Helium*, *Neon*, *Argon*, *Krypton*, *Xenon* und *Radon* heißen Edelgase, weil man früher irrtümlicherweise glaubte, sie könnten sich prinzipiell nicht mit anderen Elementen verbinden. Das ist nicht der Fall. Trotzdem nehmen diese Elemente insofern eine Sonderstellung ein, als sie als einzige Elemente unter gewöhnlichen Bedingungen *atomar* vorkommen. Sie vereinigen sich also nicht mit sich selbst zu Edelgasmolekülen. Diese Tatsache läßt sich aus ihrem Atombau verstehen. Im Grundzustand sind die s-Bahn und (von $\mathbf{n} = 2$ ab) auch die 3 p-Bahnen der höchsten Hauptquantenzahl mit 8 Elektronen voll besetzt. Darunter liegen keine unvollständig gefüllten Bahnen vor:

$$\begin{array}{lll} \text{He} & 1s^2 & \\ \text{Ne} & 2s^2 & 2p^6 \\ \text{Ar} & 3s^2 & 3p^6 \\ \text{Kr} & 4s^2 & 4p^6 \\ \text{Xe} & 5s^2 & 5p^6 \\ \text{Rn} & 6s^2 & 6p^6. \end{array}$$

In dieser energetisch besonders begünstigten symmetrischen Anordnung der Außenelektronen, bei der alle Bahn- und Spinmomente gekoppelt sind, ist die Wechselwirkung der ungeladenen Atome mit ihrer Umgebung auf ein Minimum reduziert. Deshalb vereinigen sie sich auch nicht miteinander.

Entfernt man durch Zufuhr von Energie eines oder gar mehrere Elektronen aus der Atomhülle, dann liegen die Verhältnisse naturgemäß völlig anders, weil dann erstens die äußerste Schale nicht mehr symmetrisch besetzt ist und zweitens das so veränderte Teilchen elektrisch (positiv) geladen ist. Die Ladung entspricht der Zahl der entfernten Elektronen. Solche geladenen Atome heißen *Ionen;* Ionen sind natürlich von einem elektrostatischen Feld umgeben und üben damit eine starke Wirkung aus – auf gleichgeladene Ionen abstoßend und auf entgegengesetzt geladene Ionen, wie sie aus dem Einbau von zusätzlichen Elektronen in die Hüllen neutraler Atome entstehen, anziehend.

1. *Ionisierungspotential*

Die Energie, die erforderlich ist, um einem Atom das im Grundzustand am lockersten gebundene Elektron zu entreißen, heißt sein *Ionisierungspotential* (genauer das 1. Ionisierungspotential; das 2., 3. usw. Potential sind dann die sich in jeder Stufe erheblich steigernden Energiemengen, die zur Ablösung weiterer Elektronen aus dem bereits positiv geladenen Ion erforderlich sind). Es wird gewöhnlich in *Elektronenvolt* (eV) angegeben, während die bei chemischen Umsetzungen aufgenommene oder abgegebene Energie üblicherweise in *Kilokalorien pro Mol (kcal/Mol)* ausgedrückt wird (1 eV = 23,06 kcal/Mol). Das Ionisierungspotential ist wegen der Abschirmung der äußersten Elektronen durch die inneren Schalen keine direkte Funktion der Kernladung, sondern ändert sich erwartungsgemäß mit der Stellung der Elemente im Periodensystem im wesentlichen periodisch, wie dies in Abb. II.1. gezeigt ist.

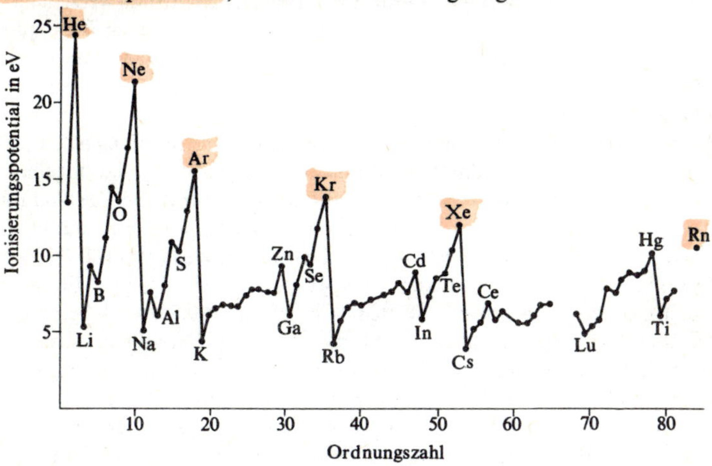

Abb. II.1. Ionisierungspotential in Abhängigkeit von der Ordnungszahl

2. *Elektronenaffinität*

So, wie durch Entfernen von Elektronen aus neutralen Atomen positive Ionen erzeugt werden können, lassen sich in Atomhüllen auch zusätzliche Elektronen einbauen; dabei entstehen negative Ionen. Die dabei frei werdende (oder, was viel häufiger ist) dafür aufzuwendende Energie bezeichnet man als Elektronenaffinität, deren Betrag wieder von der Stellung eines Elementes im Periodensystem abhängt. Das Ionisierungspotential eines negativen Ions ist dabei naturgemäß gleich der Elektronenaffinität des zugrunde liegenden Atoms mit umgekehrtem Vorzeichen.

3. *Atomradien*

Wenn auch Atome keine festen Teilchen sind und damit keinen bestimmten Durchmesser haben, lassen sich die Ausmaße der diffusen Atomhüllen in ihrer natürlichen Umgebung angeben (für ein „isoliertes" Atom ist die Frage nach seinem Durchmesser nicht klar zu beantworten, aber auch unwesentlich). Als natürliche Umgebung versteht man den Verband gleichartiger Atome. Der Atomradius ist dann gleich der Hälfte des mit physikalischen Mitteln bestimmbaren Abstandes der Schwerpunkte zweier benachbarter gleicher Atome. Dieser „*Radius*" ist natürlich keine Konstante, sondern ändert sich mit der Umgebung, d.h., z.B. mit der Art der Bindung (wenn zwei gleichartige Atome verschieden miteinander verbunden werden können). Nur unter gleichen Bedingungen ermittelte Atomradien können daher miteinander verglichen werden. Solche Radien ändern sich wieder mit der Stellung der Elemente im Periodensystem.

Innerhalb einer Periode wird das jeweils neu hinzukommende Elektron mit steigender Ordnungszahl immer in die gleiche Schale eingebaut. Da die damit parallel verlaufende Erhöhung der positiven Kernladung eine verstärkte elektrostatische Anziehung zwischen Kern und Hülle bedingt, muß der Atomradius innerhalb einer Periode laufend abnehmen. Diese Abnahme ist verschieden stark, je nachdem, ob das neue Elektron in die äußerste (Hauptgruppenelemente), die zweitäußerste (Übergangselemente) oder die drittäußerste Schale (innere Übergangselemente) eingebaut wird, weil der Einbau in innere Schalen die äußersten Elektronen stärker abschirmt und so zu geringeren Kontraktionen führt.

Innerhalb einer Gruppe nimmt der Radius mit steigender Ordnungszahl zu, weil dabei die Hauptquantenzahl ansteigt, die Außenelektronen also jeweils in eine neue Schale eingebaut werden, die durch innere Elektronen vom Kern abgeschirmt werden.

Im Prinzip gelten die gleichen Überlegungen auch für positiv und negativ geladene Ionen, wobei ein negatives Ion natürlich größer und ein positives Ion kleiner sein muß als das entsprechende neutrale Atom. Daß *Ionenradien* aber nicht mit gleicher Genauigkeit und Übereinstimmung angegeben werden können wie Atomradien, hängt nicht nur mit der Bestimmungsmethode (gleichgeladene Ionen verbinden sich nicht miteinander), sondern auch damit zusammen, daß ihr Wert viel stärker vom elektrischen Feld der Nachbarionen beeinflußt wird.

B. Eigenschaften der Edelgase

Nach dem über die Atomradien Gesagten müssen die Edelgase das höchste Ionisierungspotential jeder Periode aufweisen. Innerhalb der Gruppe der Edelgase muß dieses Potential wegen des zunehmenden Atomradius allerdings stark abnehmen. Dies geht aus Abb. II.1. (S. 25) hervor und wird in folgender Tabelle einiger physikalischer Eigenschaften der Edelgase zahlenmäßig belegt.

Tabelle II.2. Einige Eigenschaften der Edelgase

	He	Ne	Ar	Kr	Xe	Rn
Ordnungszahl	2	10	18	36	54	86
Atomgewicht	4,0026	20,183	39,948	83,80	131,30	222
Atomradius (Å)	?	1,60	1,91	2,00	2,2	?
Dichte (g/ccm) in fl. Zust.	0,126	1,204	1,65	2,6	3,06	4,4
Schmelzpunkt (°K) bei 760 mm	—	24,43	83,9	104	133	202
Siedepunkt (°K) bei 760 mm	4,18	27,13	87,29	120,26	166,06	208,16
Verdampfungswärme (kcal/Mol)	0,022	0,44	1,50	2,31	3,27	4,3
1. Ionisierungspotential (eV)	24,58	21,56	15,76	14,00	12,13	10,75

Keine andere Gruppe des Periodensystems zeigt in so idealer Weise eine regelmäßige Veränderung in den physikalischen Eigenschaften wie die Edelgase, die gleichsam als Muster dienen, wie es auch in den übrigen Gruppen sein müßte, wenn dort nicht eine viel stärkere Wechselwirkung zwischen den Elektronenhüllen vorläge als bei den Edelgasen, die in allen anderen Fällen zur Bildung von Molekülen, also chemischen Verbindungen führt.

Wie bereits erwähnt, schließt die besondere Elektronenkonfiguration dieser Elemente jede Wechselwirkung mit gleichartigen Atomen aus, die über recht schwache *van der Waalssche* Kräfte hinausgeht. Bei den kleinsten und damit auch am schwersten zu deformierenden Atomen, denen des Heliums, reichen diese nicht einmal mehr am absoluten Nullpunkt (0 °K) dazu aus, die Atome in einem Atomgitter fest zusammenzuhalten. Helium ist das einzige bekannte Element, das durch Abkühlen allein nicht in den festen Aggregatzustand überführt werden kann. Es wird bei $\sim$0,9 °K erst unter einem Druck von $>$ 25 atm. fest.

Die schwachen physikalischen Wechselwirkungen nehmen mit der mit steigendem Atomradius etwas zunehmenden Verformbarkeit *(Deformierbarkeit)* der Elektronenhüllen erwartungsgemäß zu. Unter Berücksichtigung dieser Tatsache sind die beobachteten regelmäßigen Veränderungen der Eigenschaften von der Kenntnis des Atombaus aus zu erwarten und leicht zu verstehen, z. B. die regelmäßige Zunahme der *Schmelz-* und *Siedepunkte*, der *Verdampfungswärme* usw. Alle Edelgase sind farblos und geruchlos. Ihre chemischen Verbindungen werden bei den entsprechenden Elementen beschrieben.

C. Vorkommen, Gewinnung und Verwendung

Abgesehen von Argon kommen die Edelgase auf der Erde nur in relativ geringen Mengen vor, und zwar alle in der Atmosphäre (das radioaktive und damit unbeständige Radon nur in verschwindenden Mengen). Die Luft enthält (in Vol.-%) 0,0005% He, 0,0015% Ne, 0,94% Ar, 0,00011% Kr und 0,000009% Xe. Als radioaktives Zerfallsprodukt kommt Helium außerdem noch in uranhaltigen Mineralien (aus denen es im Laboratorium in kleinen Mengen durch Erhitzen gewonnen werden kann) und in Erdgasquellen vor (bis zu 9%). Diese Konzentration des auf der Erde sehr seltenen ($4{,}7 \cdot 10^{-7}$%!), im Weltall aber nach dem Wasserstoff häufigsten Elementes ermöglicht seine einfache Gewinnung, im Prinzip durch Verflüssigung der anderen, leichter kondensierbaren Anteile des Erdgases. Die Produktion an Helium hat in jüngster Zeit gewaltig zugenommen. Es wird u. a. verwendet zur Erzeugung tiefster Temperaturen für die verschiedensten Anwendungsbereiche der *Kryotechnik*, als Trägergas in der *Gaschromatographie*, zur Füllung von Luftschiffen und Luftballonen, anstelle von Stickstoff mit 20% Sauerstoff gemischt als „*Taucherluft*“ oder zur Behandlung asthmatischer Beschwerden, in manchen Fällen auch als Schutzgas (allerdings viel weniger als Argon). Mengenmäßig ist die potentiell wichtigste Verwendung neben der Kryotechnik wohl seine Anwendung in gasgekühlten *Kernreaktoren* und als *Treibgas* zum raschen Transport von flüssigem Treibstoff und Oxydationsmittel aus den Tanks in den Motor von Flüssigkeitsraketen.

Die schwereren Edelgase werden aus der Luft durch fraktionierte Destillation bzw. Kondensation, kombiniert mit fraktionierter Adsorption an oberflächenaktivem Material wie *Aktivkohle*, isoliert. Die wichtigste Rolle spielt technisch davon das Argon, das ca. 1% der Luft ausmacht und demgemäß am billigsten ist. Es dient in großem Umfang als *Schutzgas* beim Elektroschweißen (Ausschluß von Sauerstoff), bei der

Herstellung von Titan oder der Verarbeitung anderer wertvoller Metalle wie Niob, Wolfram usw. bei hohen Temperaturen. Auch als Füllgas für Glühlampen (mit 10% Stickstoff gemischt) werden große Mengen verbraucht.

Auch die übrigen, viel teureren Edelgase, finden in der Beleuchtungsindustrie Verwendung, allerdings in weit geringerem Maße, so etwa zur Füllung von „Neonröhren", hochleistungsfähigen Glühlampen oder Blitzlichtröhren.

III. DIE REPRÄSENTATIVEN ELEMENTE

Die Edelgase sind dadurch ausgezeichnet, daß sie alle vollständig gefüllte Außenschalen und damit ungewöhnlich geringe Reaktionsfähigkeit zeigen. Die *repräsentativen Elemente* sind dagegen charakterisiert durch unvollständig gefüllte äußerste Elektronenbahnen, während die darunter liegenden Orbitale entweder ganz oder gar nicht besetzt sind. Ihre Konfiguration kann also variieren von ns^1 bis $ns^2\,np^5$ (durch Ansteigen von $n = 2$ bis 7 entstehen homologe Elementfamilien). Jedes dieser Elemente unterscheidet sich von seinem um eine Ordnungszahl niedrigeren Nachbarn durch ein zusätzliches Elektron in der äußersten Schale. Sie können im Periodensystem bis zu zwei Stellen nach oder bis zu fünf Stellen vor einem Edelgas stehen.

Diese Elemente werden im Folgenden als einzelne Familien, sogenannte Hauptgruppen des Periodensystems, besprochen. Vorausgestellt wird das Element *Wasserstoff*, das keiner Gruppe des Periodensystems direkt zugeordnet ist.

A. Wasserstoff

Im Gegensatz zu den zuvor besprochenen Edelgasen kommt Wasserstoff in der Natur praktisch nicht im atomaren Zustand vor. Diese Feststellung gilt gleichzeitig für alle übrigen bekannten Elemente. Der Grund für diese Tatsache ergibt sich aus dem Atombau. Bei allen Elementen außer den Edelgasen ist die Elektronenhülle unvollständig, also weniger symmetrisch und damit energiereicher als bei den Edelgasen. Dies führt dazu, daß die Elektronenhüllen der Atome miteinander in Wechselwirkung treten, wobei dann unter Energiegewinn *chemische Bindungen* zwischen den Atomen ausgebildet werden. Die Atome vereinigen sich spontan zu *Molekülen*. Die aus mehreren (von 2 bis ∞) Atomen bestehenden Moleküle sind energieärmer und damit stabiler als die isolierten Atome, aus denen sie zusammengesetzt sind. *Die fundamentale Tendenz aller Materiebausteine, den unter den herrschenden Bedingungen energieärmsten Zustand anzustreben, ist Anlaß und Triebfeder auch aller chemischer Reaktionen.*

Die Atome aller Elemente haben prinzipiell die Fähigkeit, sich mit anderen Atomen zu Molekülen zu vereinigen. Mit Ausnahme der Edelgasatome tun sie das bei den auf der Erdoberfläche vorherrschenden Temperaturen spontan. Die daraus resultierenden Moleküle können sehr klein sein und im einfachsten Fall nur aus zwei Atomen bestehen; es können sich aber auch unzählbar viele Atome zu riesigen Makromolekülen vereinigen. Die Molekülbildung wird unter gleichen äußeren Bedingungen ausschließlich von Zahl und Energieinhalt (also „Verteilung") der Elektronen der beteiligten Atome bestimmt. Sind nur gleichartige Atome vorhanden, dann vereinigen auch diese sich selbst miteinander zu Molekülen. Wenn wir von den Eigenschaften eines Elementes unter Normalbedingungen sprechen, dann meinen wir demgemäß immer (mit Ausnahme der Edelgase) die Eigenschaften der *jeweiligen Verbindungen gleichartiger Atome miteinander*, nicht aber die Eigenschaften des Elementes im atomaren Zustand, die wegen des wesentlich unterschiedlichen Energieinhaltes in fast allen Fällen drastisch von den „gewöhnlichen" Eigenschaften abweichen!

Wenn das Element Wasserstoff beschrieben wird, versteht man darunter also nicht eine Ansammlung von Wasserstoffatomen, sondern eine Ansammlung von Molekülen, zu denen sich die Wasserstoffatome bei Abwesenheit geeigneter anderer Atome (mit denen sie sich unter noch größerem Energiegewinn vereinigen könnten) unter Energiegewinn spontan verbinden.

Wasserstoffatome können untereinander nur eine einzige Verbindung bilden, nämlich das aus zwei Atomen bestehende Wasserstoffmolekül H_2. Wasserstoff kommt also nur in einer einzigen chemischen „*Modifikation*" vor. Einer Besprechung seiner Eigenschaften sei eine kurze qualitative Beschreibung der Natur der Bindung zwischen den Wasserstoffatomen vorausgestellt.

1. *Atombindung*

Das Wasserstoffatom ist das einfachste existierende (und auch denkbare) und damit natürlich auch das leichteste Atom überhaupt. Sein Kern besteht aus einem einzigen Proton und seine Hülle dementsprechend nur aus einem einzigen Elektron, das sich im Grundzustand auf der 1s-Bahn (K-Schale) befindet. Auf dieser Bahn haben maximal zwei Elektronen Platz. Die Besetzung mit zwei Elektronen führt zu der besonders energiearmen und damit stabilen Konfiguration des bereits besprochenen Heliumatoms ($1s^2$). Es ist somit leicht verständlich, daß ein H-Atom versuchen wird, einem anderen Atom mit geringem Ionisierungspotential ein Elektron zu entreißen, um diese Edelgaskonfiguration zu erreichen. Bei dieser Vereinigung eines Elektrons mit dem Atom, die zu dem einfach negativ geladenen Hydridion H^- führt, werden 16,4 kcal/Mol frei (die Elektronenaffinität des H-Atoms beträgt also 0,71 eV). Wenn aber nur gleichartige Wasserstoffatome vorhanden sind, müßte ein Atom dem anderen ein Elektron entreißen, um sich zu stabilisieren. Da das einzige Außenelektron des Wasserstoffatoms aber durch keine aufgefüllten inneren Schalen vom Kern abgeschirmt ist, wird es von diesem sehr stark elektrostatisch festgehalten. Das Ionisierungspotential des H-Atoms ist deshalb mit 13,6 eV in der gleichen Größenordnung wie das Ionisierungspotential der schwereren Edelgase. Daraus geht hervor, daß Wasserstoff unter diesen Bedingungen sein Elektron nicht abgeben, also keine positiven Ionen H^+ bilden kann.

Die Wasserstoffatome müssen sich also anders als durch den Übergang eines Elektrons von einem Atom zum anderen helfen (der in anderen Fällen möglich ist und später besprochen wird), wenn sie sich unter Energiegewinn miteinander vereinigen wollen. Sie erreichen dieses Ziel dadurch, daß jeweils zwei Atome ihr Elektron zu einem *gemeinsamen Elektronenpaar* vereinigen, das dann beiden Atomen gemeinsam angehört. Dieses gemeinsame Elektronenpaar verbindet die 2 Atome zu dem stabilen H_2-Molekül, dessen Energieinhalt geringer ist als der der beiden isolierten Ausgangsatome, das sich also spontan unter Energieabgabe bilden muß. In diesem Molekül haben nun beide Atome die angestrebte Elektronenkonfiguration des nächsten benachbarten Edelgases Helium ($1s^2$), d.h. jedes Atom hat „im Mittel“ zwei Elektronen, die ausreichen, die bei der Ordnungszahl 1 (1 Proton im Kern) einzig vorhandene Elektronenbahn (1s) ganz zu füllen (bei $\mathbf{n} = 1$ sind l und $\mathbf{m} = 0$, wegen der Spinquantenzahl haben darauf maximal 2 Elektronen Platz).

Ein gemeinsames Elektronenpaar (oder auch mehrere) ist danach in der Lage, zwei Atome miteinander zu verbinden. Diese stabile Atombindung wird durch einen Valenzstrich oder durch zwei Punkte zwischen den beiden Elementsymbolen ausgedrückt, im Falle des Wasserstoffmoleküls H_2 also als H–H oder H:H (jeder Punkt bedeutet ein Elektron, jeder Strich ein gemeinsames Elektronenpaar; liegen mehrere Atombindungen gleichzeitig vor, wie z.B. im später zu besprechenden Stickstoffmolekül N_2, werden sie entsprechend angegeben: N≡N oder N:::N). Wie ist das möglich?

Eine Antwort auf diese Frage versucht die Physik mit Hilfe der Quantenmechanik zu geben. Dabei müssen wir uns darüber im klaren sein, daß die Theorien über die chemische Bindung zur Zeit und wohl auch noch in weiter Zukunft dauernd im Fluß sind und stetig verbessert und verfeinert werden, um sie mehr der „Wirklichkeit" anzupassen, die wir noch bei weitem nicht kennen. Wir sind derzeit darauf angewiesen, mit Hypothesen und „Bildern" zu arbeiten und zu rechnen, um das – unter der Voraussetzung der Gültigkeit unserer Atomhypothese – gesicherte Phänomen zu erklären, daß ein „gemeinsames" Elektronenpaar zwei Atome zusammenzuhalten vermag. Hier wird bewußt auf eine mathematische Behandlung der physikalischen Aspekte der chemischen Bindung verzichtet, die in vielen Büchern ausgezeichnet dargestellt ist, weil sie den Rahmen dieses kleinen Taschenbuches sprengen würde. Eine mathematische Behandlung der chemischen Bindung, deren Verfolgung jedem Leser dringend angeraten sei, der sich intensiver mit der Chemie beschäftigen will (und die übrigens weniger mathematischen Aufwand erfordert als von Chemikern gemeinhin „befürchtet" wird), vertieft unsere Kenntnisse der modernen Chemie nicht unwesentlich. Sie muß aber im richtigen Rahmen gesehen und sinnvoll angewandt werden. Es ist verhängnisvoll, hier die „Illusion des Verstehens" verschaffen zu wollen, wo die Anregung zum „Wundern" und zur wissenschaftlichen Neugier nicht nur angebrachter, sondern auch sinnvoller und fruchtbarer ist, weil wir erst am Anfang des Verstehens stehen. Es ist in der Praxis ganz einfach nicht wahr, daß die unzähligen Einzelprobleme der Chemie von der Physik mit Hilfe der Mathematik schon befriedigend lösbar sind. Dazu sind alle drei Wissenschaftsbereiche noch viel zu sehr im Fluß und viel zu weit entfernt vom gemeinsamen Ziel der Erkenntnis der Wirklichkeit, dessen Erreichen identisch wäre mit der letztlich von allen Wissenschaftlern angestrebten Selbstaufgabe ihrer Fachdisziplin und deren Einmünden in eine universelle Wissenschaft.

Die Quantenmechanik nähert sich dem Problem der Atombindung von zwei extremen Hypothesen aus. Die eine Hypothese *(Valence-bond- oder VB-Theorie)* geht von den Energiezuständen der Elektronen der einzelnen Atome aus und nimmt an, daß diese in den resultierenden Molekülen praktisch gleichbleiben und von den gemeinsamen Elektronenpaaren besetzt werden, als gehörten sie jeweils einem Atom zur Vervollständigung seiner Elektronenhülle an. Sie soll am Beispiel des Wasserstoffmoleküls qualitativ besprochen werden.

Die zweite Hypothese geht davon aus, daß bei der Vereinigung von Atomen zu Molekülen deren Atombahnen gegenseitig so beeinflußt werden, daß man besser nicht mehr mit den einzelnen Atom-Orbitalen, sondern mit neuen resultierenden *Molekül-Orbitalen (MO-Theorie)* rechnet (Energiezustände der Elektronen im gemeinsamen Kraftfeld aller Atomkerne des Moleküls). Sie soll später am Beispiel des Sauerstoffmoleküls besprochen werden (S. 81).

Beide Hypothesen sind wertvoll und fruchtbar. Beim derzeitigen Kenntnisstand ist es richtig, jeweils die Hypothese anzuwenden, die das zu betrachtende Experimentalphänomen am besten beschreibt. Dieser „Dualismus" ist, wie etwa bei der „Wellen"- bzw. „Korpuskel"-Natur des Elektrons, aber letztlich nur ein Hinweis darauf, daß unsere Bilder und Vorstellungen (und auch unsere mathematische Behandlung) die letzte Wirklichkeit noch nicht erfassen können. Dieser Erkenntnis sollte sich der Leser beim weiteren Studium dieses Buches immer bewußt sein.

Es muß hier, ohne daß auf die mathematische Behandlung der beiden Hypothesen eingegangen wird, auf folgendes hingewiesen werden: Elektronen können als „Materiewelle" mit Hilfe der „mathematisch schönen" Schrödinger-Gleichung beschrieben werden. Eine wirklich exakte Lösung dieser Wellengleichung ist aber nur möglich für ein chemisches System mit einem einzigen Elektron (als einziges Molekül das H_2^+-Ion, das nur unter spektroskopischen Bedingungen, nicht aber unter Normalbedingungen, existieren kann). Sobald, wie das in der Praxis immer der Fall ist, mehr als ein Elektron an einem System beteiligt ist, ist eine exakte mathematische Lösung nicht mehr möglich. Es müssen dann in jedem Fall Näherungsverfahren angewandt werden. Die Ergebnisse solcher Rechnungen sind, so wertvoll sie sein mögen, abhängig von der Korrektheit qualitativer Abschätzungen. Darüber darf kein Rechenresultat, das naturgemäß immer als exakte Zahl auftritt, hinwegtäuschen!

a) *Das Wasserstoffmolekül nach der VB-Methode*

Wenn wir uns zwei isolierte Wasserstoffatome vorstellen, dann herrscht zwischen diesen Atomen, wie zwischen allen Masseteilchen, eine, wenn auch nur schwache Anziehung. Bringen wir die beiden Atome der zunächst immer stärker werdenden Anziehung folgend einander näher, dann muß von einem bestimmten, sehr kleinen Abstand an zwischen den negativen Atomhüllen (Elektronen) eine immer stärker werdende Abstoßung ausgehen, die eine Vereinigung der Atome unmöglich machen sollte. Hier setzt das Problem ein. Hier müssen wir auch den Begriff der „*Resonanz*" einführen.

Jedes chemische System, also Atom oder Molekül, kann nach der Quantenmechanik in einer Anzahl verschiedener Energiezustände existieren. Der energieärmste Zustand heißt Grundzustand; die übrigen heißen angeregte Zustände. Von allen für den Grundzustand denkbaren Strukturen muß immer diejenige vorliegen, die am energieärmsten, also stabilsten ist.

Bringen wir in unserem Gedankenexperiment zwei Wasserstoffatome so nahe zusammen, daß die jeweiligen Elektronen beiden Atomkernen zugeordnet werden können, dann sind, wenn wir die beiden Elektronen verschieden mit · und x symbolisieren, zunächst die beiden Grundzustände I und II denkbar und gleichberechtigt

$$\mathrm{H^{\cdot}\,{}_{x}H} \quad \mathrm{I}$$
$$\mathrm{H^{x}\,.H} \quad \mathrm{II.}$$

Jedes der beiden Elektronen kann sich mit gleicher Wahrscheinlichkeit sowohl in der Atombahn des einen wie auch des anderen Wasserstoffkernes aufhalten, so daß, verschiedener Spin der beiden Elektronen vorausgesetzt, gleichsam im Mittel beide 1s-Bahnen mit zwei Elektronen gefüllt sind und damit das System einen stabileren Zustand erreicht als die beiden isolierten Atome.

Versucht man, das Problem mathematisch durch Kombination der beiden Wellenfunktionen zu lösen (Berechnung des Energieinhaltes des Systems als Funktion des Abstandes der Atome), dann ist dabei zu berücksichtigen, daß die beiden Elektronen nicht „markiert" sind und ein Elektron in einem solchen Molekül prinzipiell nicht verfolgt werden kann. Die Wellenmechanik lehrt nicht, wo ein *bestimmtes* Elektron sich im Augenblick befindet, sondern gibt nur die Wahrscheinlichkeit an, *ein* Elektron irgendwo zu finden. Unter Berücksichtigung dieser Tatsache der Gleichberechtigung beider Elektronen ergibt die wellenmechanische Behandlung in der Tat, daß das System aus zwei Wasserstoffatomen bei einem ganz bestimmten Abstand der Atomschwerpunkte voneinander ein ausgeprägtes Energieminimum und damit ein Stabilitätsmaximum aufweist. Dieser Abstand entspricht genau dem experimentell ermittelten Abstand der beiden Atome im H_2-Molekül! Sowohl ein Auseinanderrücken als auch (noch viel mehr) ein weiteres Zusammenführen der Atome würde einen erheblichen Energieaufwand erfordern.

Vereinfacht läßt sich das so ausdrücken, daß Wasserstoffatome energiereich und unbeständig sind im Vergleich mit Wasserstoffmolekülen, weil sowohl das Bahn- als auch das Spin-Moment der einzelnen Elektronen der Atome nicht kompensiert sind. Durch die *Kopplung dieser Momente bei der Molekülbildung wird Energie frei* und deshalb ein neues, stabileres System gebildet, eben das *Molekül*. Mit anderen Worten: *die Paarung einsamer Elektronen zweier Atome führt zur Ausbildung von Atombindungen durch gemeinsame Elektronenpaare.*

Nicht nur der Abstand der beiden Wasserstoffatome im H_2-Molekül läßt sich experimentell bestimmen und mit der Berechnung nach der VB-Methode vergleichen, sondern auch sein Energieinhalt. Dabei zeigt sich, daß der wirkliche Energieinhalt noch um wenige Prozente geringer ist als der nach obigem Bild berechnete. Diese Tatsache erklärt sich daraus, daß neben den bereits besprochenen, nicht voneinander unterscheidbaren Molekülformulierungen I und II, die der Berechnung zugrunde lagen, noch zwei weitere Formen in Betracht gezogen werden müssen.

Es ist denkbar, daß im H_2-System jeweils beide Elektronen sich ganz in der Hülle eines Atoms befinden, das dann zum Hydrid-Ion H^- mit einer negativen Ladung wird. Das andere Atom wird damit zwangsläufig zum positiv geladenen, elektronenfreien H^+-Ion. Die beiden Ionen müssen sich rein elektrostatisch gegenseitig anziehen:

$$H^{\oplus} \quad {}^{\cdot}_{x}H^{\ominus} \quad \text{III}$$
$$H^{\cdot}_{x}{}^{\ominus} \quad H^{\oplus} \quad \text{IV.}$$

Die beiden, wieder voneinander nicht unterscheidbaren Formen III und IV sind recht unwahrscheinlich, da beide Wasserstoffatome natürlich identisch sind, also das gleiche Ionisierungspotential und die gleiche Elektronenaffinität und damit das gleiche Bestreben aufweisen, Elektronen anzuziehen bzw. abzugeben (*Elektronegativität*, s. S. 48). Trotzdem müssen sie, wie das Experiment zeigt, in gewissem Maße berücksichtigt werden. Berücksichtigt man auch diese geringen Anteile bei der rechnerischen Kombination der Wellenfunktionen, dann ergibt sich recht genau der tatsächliche Energieinhalt des Wasserstoffmoleküls. Qualitativ wird dieser Tatbestand so ausgedrückt, daß die vier möglichen Strukturen I bis IV des H_2-Systems als *Resonanzformen* bezeichnet werden. Man sagt, es liegt Resonanz vor zwischen diesen Formeln

$$H^{\cdot}{}_{x}H \leftrightarrow H^{x}.H \leftrightarrow H^{\oplus}\ {}^{\cdot}_{x}H^{\ominus} \leftrightarrow H^{\cdot}_{x}{}^{\ominus}\ H^{\oplus}.$$

Wenn immer bei Atombindungen dieses Phänomen der Resonanz auftritt, kann ein Molekül im Grundzustand nicht durch eine einzige Elektronenformel zum Ausdruck gebracht, sondern nur durch mehr oder weniger viele Resonanzformeln umschrieben werden. Der Energieinhalt eines solchen Moleküls ist geringer (das Molekül damit stabiler) als der jeder einzelnen Resonanzform („kanonische Form"). Diese Energiedifferenz heißt *Resonanzenergie*. Diese Resonanzenergie kann sehr beträchtliche Beträge annehmen und ist sehr oft ein entscheidender Grund für die beobachtete Stabilität chemischer Verbindungen. Es ist in diesem Zusammenhang besonders wichtig, sich immer vor Augen zu halten, daß Resonanzformeln ein Molekül nicht *beschreiben*, sondern nur *umschreiben*. Keine einzige Resonanzformulierung beschreibt eine physikalische Realität! Der wirkliche Zustand des Moleküls ist nicht etwa eine Mischung der verschiedenen kanonischen Formeln, sondern liegt in Wirklichkeit irgendwo zwischen den damit bezeichneten Zuständen (häufig nicht symmetrisch, da die verschiedenen Formen oft verschieden viel zum jeweiligen Zustand beitragen; so tragen etwa beim H_2-Molekül die Formen III und IV nur etwa 4% bei). Die Wechselwirkung der verschiedenen – physikalisch nicht realen! – Elektronenanordnungen in solchen Systemen bedingt und umschreibt erst den realen Zustand. Der leicht mißverständliche Name Resonanz meint nicht Resonanz zwischen existierenden Grenzzuständen, sondern rührt von der mathematischen Behandlungsweise des Phänomens her, die der Behandlung realer physikalischer Resonanzerscheinungen entlehnt ist.

2. *Vorkommen, Gewinnung und Eigenschaften*

Im Weltall ist Wasserstoff das häufigste Element überhaupt. Auf der Erde (die obersten 16 km Erdkruste einschließlich Wasser- und Lufthülle) steht er mit etwa 0,9 Gew.-% erst an neunter Stelle der *Häufigkeitstabelle der Elemente.* Praktisch der gesamte vorkommende Wasserstoff ist chemisch mit anderen Elementen verbunden; nur verschwindende Mengen kommen elementar, d. h. als H_2-Molekül, vor. Wasserstoff kann sich prinzipiell mit allen anderen Elementen zu Verbindungen (Hydriden) vereinigen. Er ist das Element, das die meisten Verbindungen überhaupt bildet. Sie sollen bei den einzelnen Elementen besprochen werden. Einige dieser Hydride sind für das Leben von fundamentaler Bedeutung, wie etwa das Wasser und die Kohlenwasserstoffe mit ihren Derivaten.

Wasserstoff wird in großem Maßstab nach verschiedenen später noch zu besprechenden Verfahren aus seiner wichtigsten und häufigsten Verbindung, dem Wasser, dargestellt und großtechnisch hauptsächlich zu Hydrierungen (z. B. von Stickstoff zu Ammoniak) verwendet. Er ist ein farbloses, geruchloses und geschmackfreies Gas, das bei $-252{,}8\,^\circ C$ flüssig wird (Siedepunkt) und bei weiterem Abkühlen bei $-262\,^\circ C$ zu farblosen Kristallen erstarrt (Schmelzpunkt). Diese sehr tiefen Temperaturen zeigen, daß zwischen den stabilen, abgesättigten H_2-Molekülen nur noch recht schwache Wechselwirkungen existieren. Wasserstoff ist deshalb bei gewöhnlicher Temperatur nahezu ein ideales Gas, das den physikalischen Gasgesetzen sehr genau folgt. Seine *kritische Temperatur*, oberhalb derer er nicht mehr verflüssigt werden kann, beträgt $-240\,^\circ C$. Durch Verdampfen von flüssigem bzw. festem Wasserstoff im Vakuum kann man dem absoluten Nullpunkt von $-273{,}16\,^\circ C$ sehr nahe kommen.

Wasserstoff ist das leichteste Gas. Ein Liter wiegt bei $0\,^\circ C$ und 760 Torr 0,08988 g und ist damit 14,4 mal leichter als Luft.

3. *Wasserstoffisotope*

Das *Atomgewicht* des Wasserstoffs beträgt 1,0080. Das Atomgewicht bezeichnet nicht das Gewicht eines Atoms, sondern gibt als dimensionslose Zahl vielmehr an, wieviel Einheiten die Atome eines bestimmten Elementes im Durchschnitt wiegen, wenn die Masse des aus je sechs Protonen, Neutronen und Elektronen bestehenden Kohlenstoffatoms – definitionsgemäß – gleich 12,00000 Einheiten gesetzt wird. Atomgewichte geben also Gewichtsverhältnisse zu einem willkürlich gewählten Standard, und nicht absolute Gewichte an. Molekulargewichte sind ebenfalls dimensionslos und einfach die Summe der Atomgewichte der zu einem Molekül vereinigten Atome. Das *Molekulargewicht* des Wasserstoffmoleküls H_2 beträgt danach 2x 1,0080 = 2,0160.

Es hat sich seit langem in der Praxis bewährt, die Atomgewichte und Molekulargewichte mit der Dimension Gramm zu den Begriffen *Gramm-Atom (g-Atom)* und *Gramm-Mol (Mol)* zu kombinieren. In diesen Gewichtsmengen eines Elementes oder einer Verbindung sind dann immer gleich viel Atome bzw. Moleküle vorhanden, und zwar die unvorstellbar große Zahl von $6{,}023 \cdot 10^{23}$. Das entsprechend minimale Gewicht eines einzelnen Atoms ergibt sich logisch aus der Division des Atomgewichtes in Gramm durch diese Loschmidtsche Zahl. $6{,}023 \cdot 10^{23}$ Wasserstoffmoleküle, also 1 Mol H_2, wiegen danach 2,0160 g (und nehmen nach *Avogadro*, wie jedes ideale Gas, bei 0°C und 760 Torr das *Molvolumen* von 22,41 Liter ein).

Da einerseits alle Atome neben der fast gewichtslosen Elektronenhülle aus praktisch gewichtsgleichen Protonen und Neutronen zusammengesetzt sind und andererseits als Bezugsgröße für die Atomgewichtsverhältnisse ein aus 12 Kernbausteinen bestehendes Kohlenstoffatom mit 12,00000 Masseeinheiten gewählt wurde, sollte man erwarten, daß alle anderen Atomgewichte ebenfalls ganze Zahlen sind. Bei den meisten Elementen ist dies aber, ebenso wie beim Wasserstoff, nicht der Fall. Diese Elemente sind keine „*Reinelemente*", sondern Gemische verschiedener *Isotope*. Als Isotope bezeichnet man Atome, die zwar im Kern die gleiche Anzahl an Protonen und damit in der Hülle die gleiche Anzahl an Elektronen, also die gleiche Ordnungszahl besitzen, im Kern aber eine verschiedene Anzahl von Neutronen enthalten. Die chemischen Eigenschaften (die ja von der Zahl und Anordnung der Elektronen bedingt sind) solcher Isotope sind identisch. Dagegen müssen sie sich in den physikalischen Eigenschaften (die vom Kern bestimmt sind), wie etwa ihrer Masse voneinander unterscheiden. Diese Unterschiede sind, wenn einmal von Kernreaktionen (s. Band II) abgesehen wird, in der

Regel sehr gering, weshalb die heute technisch manchmal sehr wichtige Trennung von Isotopen, die fast immer auf deren Massenunterschieden beruht, nur schwierig möglich ist. Die Gewichtsunterschiede betragen immer nur wenige Einheiten, fallen bei schwereren Atomen also prozentual kaum ins Gewicht. Sie sind aber dafür verantwortlich, daß viele Atomgewichte keine ganzen Zahlen sind.

Beim Wasserstoff ist die Abweichung des Atomgewichtes vom theoretischen Wert 1 dadurch bedingt, daß neben „gewöhnlichem" Wasserstoff vom Atomgewicht 1 (^1H) (Häufigkeit 99,9844 %) noch mit 0,0156 % das Wasserstoffisotop ^2H (mit einem Neutron neben dem Proton im Kern-Atomgewicht 2) in der Natur vorkommt. Daneben existiert noch ein Wasserstoffisotop der Masse 3, ^3H (mit 2 Neutronen im Kern). Es ist radioaktiv und zerfällt mit einer Halbwertzeit von 12,4 Jahren unter β-Strahlung (Elektronen aus Kernneutronen, die dabei in Protonen übergehen) in ^3He. Dadurch kann es sich nicht ansammeln, womit seine äußerst minimale Konzentration in der Natur (1 Atom auf $\sim 10^{17-18}$ ^1H-Atome!) verständlich ist. Die Massenunterschiede (von ^2H aus zu ^1H und ^3H jeweils 50 %!) sind hier naturgemäß viel größer als bei allen anderen Elementen. Solch große Unterschiede beeinflussen auch die physikalischen Eigenschaften der Verbindungen des Wasserstoffs in solchem Maße, daß es trotz gleicher chemischer Eigenschaften gerechtfertigt erscheint, den schwereren Isotopen in diesem speziellen Fall eigene Namen zu geben: ^2H = *Deuterium (D)*, ^3H = *Tritium (T)*. Ihre Verbindungen spielen nicht nur wegen ihrer leichten Nachweisbarkeit im Laboratorium zur Aufklärung von Reaktionsmechanismen, als Lösungsmittel zur NMR-Spektroskopie usw. oder zur Altersbestimmung („Tritium-Uhr"), sondern auch in der Praxis eine große Rolle, z. B. „schweres Wasser" D_2O in Kernreaktoren, oder aus Lithium und Neutronen gebildetes Tritium in der „Wasserstoffbombe", wo es mit Deuterium (aus Lithiumdeuterid) unter Freisetzung gewaltiger Energiemengen Helium und weitere Neutronen bildet.

Es sind danach folgende Wasserstoffmoleküle denkbar und auch nachweisbar bzw. herstellbar: H_2, D_2, T_2, HD, HT und DT. Gewöhnlicher Wasserstoff besteht aber praktisch fast nur aus H_2 Molekülen. Von diesem Molekül gibt es, wie auch von einer Reihe anderer Moleküle aus zwei gleichen Atomen, zwei Formen, die sich wegen ihres verschiedenen Energieinhaltes in manchen physikalischen Eigenschaften, wie z. B. der spezifischen Wärme und der Wärmeleitfähigkeit, mehr oder weniger stark voneinander unterscheiden, nämlich die in einem temperaturabhängigen Gleichgewicht miteinander stehende para- und ortho-Form. In der energieärmeren para-Form sind die Kernspins der beiden

Atomkerne entgegengesetzt, also kompensiert, während sie in der energiereicheren ortho-Form parallel sind. Da die chemischen Eigenschaften beider Formen identisch sind, soll hier auf ihre Beschreibung nicht eingegangen werden. Bei Zimmertemperatur (und allen höheren Temperaturen) liegt im Falle des Wasserstoffs ein Gemisch von ~25% para- und ~75% ortho-H_2 vor.

4. *Wasserstoffverbindungen*

Die Verbindungen des Wasserstoffs mit anderen Elementen werden bei deren Beschreibung behandelt. Mit dem zuvor besprochenen Edelgas Helium bildet er zwar unter den sehr energiereichen Bedingungen einer elektrischen Entladung positiv geladene Ionen wie HeH^+ und HeH_2^+, doch sind diese unter normalen Bedingungen nicht beständig und deshalb nur für hier nicht zu besprechende theoretische Erwägungen von Interesse. Verbindungen des Wasserstoffs mit anderen Edelgasen sind bis jetzt nicht bekannt geworden.

5. *Atomarer Wasserstoff*

Um ein Wasserstoffmolekül nach

$$H_2 \rightleftarrows 2\,H - 100\,\text{kcal/Mol}$$

in zwei Atome zu spalten, muß eine Energie von ~100 kcal/Mol aufgewandt werden. Dieser hohe Energiebetrag macht verständlich, warum Wasserstoff unter Normalbedingungen praktisch keine durch direkte thermische Dissoziation gebildete freien Atome (bei 750 C erst 0.0000003 %!) enthalt. Sie sind in bezug auf die Molekule sehr unbeständig und liegen im Gleichgewicht mit diesen erst bei sehr hohen Temperaturen in nennenswerten Mengen vor (bei 3000 °C ~ 9 %, bei 6000 °C schon ~ 99 %). Die viel energiereicheren Atome sind chemisch naturgemäß wesentlich reaktiver als die stabilen Moleküle. Sie können durch Zufuhr von thermischer, elektrischer oder Strahlungsenergie erzeugt werden und müssen dann sofort zur gewünschten Reaktion eingesetzt werden, weil ihre Lebensdauer bis zur Vereinigung zu H_2 nur sehr kurz (~ 0,3 sec) ist.

Thermisch werden sie durch Durchblasen eines H_2-Stromes durch einen Lichtbogen zwischen Wolframelektroden erzeugt („*Langmuir-Fackel*"). Bei der anschließenden Rückbildung der Moleküle aus den Atomen, die durch Metalle noch erheblich beschleunigt wird, wird natürlich die hohe Dissoziationsenergie wieder frei. Sie reicht zum Schmelzen auch der höchstschmelzenden Metalle aus und wird dazu auch in speziellen Fällen angewandt (z. B. „Schneiden" oder Schweißen von Edelmetallen unter Sauerstoffausschluß).

Wird Wasserstoff unter vermindertem Druck einer starken elektrischen Entladung (*Bonhoeffer*-Verfahren) oder der energiereichen Strahlung eines Quecksilberdampflichtbogens (*Harteck*-Verfahren) ausgesetzt, erhält man ebenfalls die kurzlebigen H-Atome, deren interessante chemische Reaktionen so studiert werden können. Dagegen liegen im sogenannten „naszierenden Wasserstoff" (s. S. 285) keine H-Atome vor!

B. Halogene (VII. Hauptgruppe des Periodensystems)

Die fünf Elemente *Fluor*, *Chlor*, *Brom*, *Jod* und *Astat* heißen Halogene (Salzbildner). Sie haben alle sieben Elektronen in der äußersten Schale, stehen also jeweils eine Stelle vor den bereits behandelten Edelgasen Ne, Ar, Kr, Xe und Rn und stellen somit die VII. Hauptgruppe des Periodensystems dar. In der Natur kommen nur die ersten vier Elemente (allerdings nicht „frei", d. h. als Moleküle aus gleichartigen Atomen, sondern immer verbunden mit anderen Atomsorten) in nennenswerten Mengen vor. Astat ist radioaktiv und daher, wie sein Name sagt, unbeständig. Man kennt davon etwa 20 verschiedene Isotope, teils als Glieder natürlicher Zerfallsreihen, meist jedoch als Produkte künstlich erzeugter Kernreaktionen. Aber selbst das langlebigste Isotop $^{210}_{85}At$ hat nur eine Halbwertzeit von 8,3 Stunden. Das Element kann also unmöglich in makroskopischen Mengen angesammelt werden. Sein chemisches Verhalten kennen wir aber aus sogenannten Tracer-Experimenten recht genau. Es zeigt, daß At sich sinnvoll in die Reihe der leichteren Halogene einordnet. Aus den erwähnten Gründen haben At und seine Verbindungen für den Chemiker kaum praktische Bedeutung und können deshalb in diesem Rahmen nicht weiter besprochen werden.

Tab. III.1. gibt Auskunft über einige Eigenschaften der Halogene.

Jedes isolierte Halogenatom hat mit sieben Außenelektronen eine unvollständige, energiereiche Elektronenhülle und ist damit instabil in bezug auf das jeweils zweiatomige Molekül. Aus den beim Wasserstoff bereits besprochenen Gründen vereinigen sich also zwei gleiche Halogenatome beim Fehlen geeigneter anderer Partner spontan zu einem energieärmeren Halogenmolekül, in welchem die zwei Atome durch ein gemeinsames Elektronenpaar (*σ-Bindung* = rotationssymmetrisch um die Verbindungsachse der Atome) zusammengehalten werden.

Tabelle III.1. Eigenschaften der Halogene

	Fluor	Chlor	Brom	Jod
Ordnungszahl	9	17	35	53
Elektronenanordnung über das vorstehende Edelgas hinaus	[He] $2s^2\,2p^5$	[Ne] $3s^2\,3p^5$	[Ar] $3d^{10}\,4s^2\,4p^5$	[Kr] $4d^{10}\,5s^2\,5p$
Atomgewicht	19,00	35,453	79,909	126,90
Schmelzpunkt °C	−223	−102	− 7,3	114
Siedepunkt °C	−187	− 34,5	58,78	183
Dissoziationsenergie der Moleküle in kcal/Mol	37,7	56,9	45,2	35,4
Atomradius in Å	0,72	0,994	1,142	1,334
Ionisierungspotential in eV	17,42	13,01	11,84	10,44
Elektronenaffinität in eV	4,13	3,75	3,53	3,2

Beide Atome erreichen dabei die stabile Elektronenkonfiguration des nächstfolgenden Edelgasatoms. In diesen Molekülen ändern sich viele physikalische Eigenschaften, wie z. B. Schmelz- und Siedepunkte, ziemlich regelmäßig wie bei den Edelgasen in Abhängigkeit von der Masse und Größe. Das deutet darauf hin, daß zwischen den elektronisch abgesättigten Molekülen nur relativ schwache van der Waalsche Kräfte wirken, die aber mit zunehmendem Atomradius und damit leichter werdender Verformbarkeit (Polarisierbarkeit) der äußersten Hülle (wegen des vergrößerten Abstandes zum Kern und der stärkeren Abschirmung durch innere Elektronen) stark zunehmen. Diese zunehmende Labilisierung der Elektronensysteme großer Moleküle mit den damit gekoppelten stärkeren zwischenmolekularen Kräften zeigt sich nicht nur in den stark ansteigenden Schmelz- und Siedepunkten, sondern auch in der zunehmenden Farbe in der Halogenreihe (bereits die Energie des sichtbaren Lichtes reicht hierbei zur Anregung der Elektronen aus, wird also absorbiert): Wir beobachten einen Übergang vom hellgelben, tief siedenden F_2 über das gelbgrüne, bei Raumtemperatur aber immer noch gasförmige Cl_2 und das bereits flüssige, dunkelrote Br_2 zum festen, schwarzen J_2 mit seinem Metallglanz.

Die Eigenschaftsveränderungen innerhalb der Reihe – das gilt in gewissem Maße auch für später zu besprechende andere Gruppen des Periodensystems – sind nicht ganz regelmäßig, sondern vom ersten zum zweiten Element in der Regel drastischer als zwischen den folgenden Elementen. Als Folge davon ist das zweite Element jeder Elementfamilie in vielerlei Hinsicht für die ganze Gruppe (die prinzipiell ja ähnliches chemisches Verhalten zeigen muß) wesentlich charakteristischer als das jeweils erste Element; wir müssen also Chlor und nicht Fluor als „typisches“ Halogen bezeichnen. Besonders deutlich wird dies unter anderem beim Vergleich der Energien, die notwendig sind, die zweiatomigen Moleküle nach

$$\text{Energie} + \text{Hal}_2 \rightleftharpoons 2\ \text{Hal}$$

in die Atome zu zerlegen (s. Tabelle III.1.), die ja ein Maß ist für die Stabilität der Moleküle. Man sollte zunächst annehmen, daß bei gleicher Bindungsart (σ-Bindung = 1 gemeinsames Elektronenpaar) diese Bindung um so schwächer würde, je größer die Atome und damit der Abstand zwischen ihnen ist. Das Experiment hat gezeigt, daß diese Erwartung erst vom Cl_2 ab erfüllt wird. Von F_2 zu Cl_2 steigt die *Dissoziationsenergie* dagegen überraschenderweise stark an, um dann erst wieder zu fallen. So werden die Bindungsenergien der F_2 und J_2 Moleküle praktisch identisch.

Im Rahmen der derzeit anerkannten Bindungshypothesen werden für dieses wichtige Phänomen zwei Deutungsvorschläge gemacht, die sein Verständnis gleichermaßen ermöglichen. Von der VB-Hypothese aus muß man annehmen, daß bei den schwereren Halogenen (vom Cl_2 ab) zusätzlich zur Einfachbindung eine Wechselwirkung von zur σ-Bindung nicht benützten p-Elektronenpaaren mit unbesetzten, aber vorhandenen („freien“) d-Bahnen des Nachbaratoms eine Bindungsverstärkung bewirkt (*p* → d*π-Bindung*, *„Doppelbindungsanteil“*). In jedem Halogenmolekül hat jedes Atom 3 „freie“ Elektronenpaare, da von jedem Atom ja nur das eine ungepaarte Elektron zum bindenden gemeinsamen Paar beigesteuert wird. Von der Hauptquantenzahl 3 an (Cl) stehen neben den gefüllten s- und p-Bahnen noch 5 ungenützte d-Bahnen zur Verfügung. Sie sollen mit „freien“ Elektronenpaaren in Wechselwirkung treten können und so eine höhere Bindungsordnung als 1 ermöglichen. Fluor als Element der zweiten Periode (Hauptquantenzahl der Außenelektronen = 2, mögliche Nebenquantenzahlen nur 0(s) und 1(p)) kann eine solche Bindungsverstärkung nicht erfahren, weil ihm keine energetisch günstigen d-Bahnen zur Verfügung stehen.

Die andere, gleichberechtigte Deutung des Phänomens ergibt sich aus der MO-Theorie (s. S. 81), bei der ein wesentlicher Unterschied gemacht wird zwischen „bindenden“ und „nichtbindenden“ Elektronen in einem Molekül. Danach üben im F_2-Molekül die „nichtbindenden“ Elektronen der beiden Atome eine so starke Abstoßung aufeinander aus, daß daraus eine Schwächung der vorliegenden Einfachbindung resultiert. Diese Abstoßung soll bei den schwereren Halogenen deshalb von geringerem Einfluß sein, weil erstens die Bindungsabstände größer sind und zweitens die inneren Elektronen von den Atomkernen stärker angezogen werden als bei Fluor.

Das Phänomen wird also einmal als zusätzliche Bindung über die Einfachbindung hinaus zwischen den schwereren Halogenatomen, und einmal als besondere Abschwächung der Einfachbindung im Fluormolekül gedeutet. Dieses kleine Beispiel zeigt klar, wie weit wir heute trotz aller mathematischen Behandlung noch von einem wirklichen Verständnis der chemischen Bindung zwischen Atomen entfernt sind.

Die Halogene kommen in der Natur nicht frei vor. Das zeigt, daß sie sehr reaktionsfähig sind und sich mit fast allen anderen Elementen unter größerem Energiegewinn verbinden als mit sich selbst. Am meisten gilt dies für Fluor, das reaktionsfähigste aller bekannten Elemente, das 0,08 % der Erdoberfläche ausmacht und hauptsächlich als Calciumfluorid CaF_2 auftritt. Der Anteil des Chlors auf der Erde, das als Natriumchlorid NaCl hauptsächlich im Meerwasser in riesigen Mengen vorkommt, beträgt 0,031 %. Brom und Jod, die ebenfalls im Meerwasser (Jod noch besonders angereichert im Chilesalpeter) gebunden vorkommen, sind mit 0,00016 % bzw. 0,00003 % wesentlich seltener als ihre leichteren Homologen.

1. *Verbindungen der Halogene*

a) *mit Wasserstoff*

Alle Halogene reagieren mit Wasserstoff nach

$$Hal_2 + H_2 \rightleftharpoons 2\,HalH + \text{Energie}$$

mehr oder weniger leicht unter Bildung von zweiatomigen *Halogenwasserstoffmolekülen* HalH. Diese Halogenwasserstoffmoleküle haben in ihren Eigenschaften mit den Ausgangsmaterialien nichts mehr gemein. Sie stellen völlig andersartige chemische Systeme mit absolut neuen Eigenschaften dar. Daß z. B. das neue System HCl Chlorwasserstoff genannt wird, ist nur eine historisch bedingte Lösung der Nomenklaturfrage, die manchmal zu mißverständlichen Folgerungen geführt hat. Sie besagt nichts anderes, als daß die Moleküle HCl aus Cl_2 und H_2 gebildet und unter geeigneten Bedingungen wieder dazu rückverwandelt werden können. Chlorwasserstoff als solcher hat in keiner seiner Eigenschaften irgend eine zwangsläufige Ähnlichkeit mit Cl_2 oder H_2!

Elementares Fluor reagiert bereits bei Zimmertemperatur mit Wasserstoff explosionsartig heftig und quantitativ nach

$$F_2 + H_2 \rightarrow 2\,HF + 128{,}4\ \text{kcal}.$$

Diese Reaktion läuft auch im Dunkeln ab. Ein wesentlicher Grund für ihren leichten Ablauf ist in der geringen Stabilität des F_2-Moleküls zu suchen, die dazu führt, daß in F_2 zu einem geringen Prozentsatz immer auch F-Atome vorhanden sind, die dann in einer „*Kettenreaktion*" mit den viel beständigeren Wasserstoffmolekülen reagieren können: $F + H_2 \rightarrow HF + H$; $H + F_2 \rightarrow HF + F$ usw. Angaben, daß F_2 und H_2 auch bei tiefen Temperaturen spontan miteinander reagieren sollen, entsprechen nicht den Tatsachen. Das Gleichgewicht $F_2 \rightleftharpoons 2\,F$ liegt dabei zu weit auf der linken Seite. Die Reaktion muß dann durch Verunreinigungen im Gemisch eingeleitet werden.

Die extrem hohe Bildungsenergie von HF aus den Elementen läßt sich in Raketenmotoren zum Antrieb von Weltraumfahrzeugen ausnützen. In der Praxis wird HF aus CaF_2 und Schwefelsäure gewonnen (s. S. 134).

Auch Chlor reagiert mit Wasserstoff, doch läuft die viel weniger exotherme Reaktion

$$Cl_2 + H_2 \rightarrow 2\,HCl + 44{,}0\ \text{kcal}$$

bei Zimmertemperatur wegen der im Vergleich mit F_2 viel größeren Stabilität des Chlormoleküls nicht spontan ab. Man muß die Kettenreaktion erst dadurch einleiten, daß aus dem Cl_2-Molekül thermisch oder durch Lichtenergie geeigneter Wellenlänge nach

$$56{,}9\ \text{kcal} + Cl_2 \rightarrow 2\,Cl$$

Atome erzeugt werden, die dann die Kettenreaktion $Cl + H_2 \rightarrow HCl + H - 1{,}0\ \text{kcal}$, $H + Cl_2 \rightarrow HCl + Cl + 45{,}0\ \text{kcal}$ usw. einleiten. Ein Gemisch von gleichviel Cl_2 und H_2 Molekülen (stöchiometrisches Gemisch) heißt deshalb *Chlorknallgas*, weil es durch Erhitzen oder Belichten mit energiereichem Licht (der ultraviolette Anteil des Sonnenlichts genügt dazu) gezündet und so zur heftigen Explosion gebracht werden kann. In der Praxis „verbrennt" man Wasserstoff mit Chlor kontinuierlich in einem Daniellschen Hahn zu HCl, das auch aus Natriumchlorid und Schwefelsäure (s. S. 134) oder Chlor und Kohlenwasserstoffen gewonnen wird.

Im System Brom-Wasserstoff ist die Bildungstendenz des Halogenwasserstoffs erheblich geringer als bei F_2 und Cl_2, weshalb man zu seiner Darstellung nach

$$Br_2 + H_2 \rightleftarrows 2\,HBr + 25\text{ kcal}$$

keine zu hohen Temperaturen anwenden darf, die das Gleichgewicht wieder auf die linke Seite verschieben würden. Man leitet daher das Gemisch durch ein heißes Rohr, das mit Platinschwamm oder Aktivkohle gefüllt ist („*Katalysierung*" der Bildung von reaktionsfähigen Atomen aus den Molekülen auf noch nicht endgültig geklärte Weise).
Noch ungünstiger liegen die Verhältnisse im System

$$J_2 + H_2 \rightleftarrows 2\,HJ + 2{,}5\text{ kcal.}$$

Die rechte Seite des Systems ist hier nur noch geringfügig energieärmer (stabiler) als die linke Seite. An diesem Beispiel wird besonders deutlich, was prinzipiell für alle chemischen Reaktionen gilt: Bei allen chemischen Reaktionen stellt sich ein dynamisches *Gleichgewicht* ein zwischen Ausgangsprodukten, eventuellen Zwischenprodukten und Endprodukten. Häufig liegt dieses Gleichgewicht praktisch ganz auf einer Seite, wie z. B. bei der HF-Bildung nach $H_2 + F_2 \rightarrow 2\,HF$. Man sagt dann, daß die Reaktion eindeutig in einer Richtung abläuft. Anders ist es im vorliegenden Fall der HJ-Bildung. Aus J_2 Molekülen und H_2-Molekülen bilden sich zwar immer HJ-Moleküle, doch werden diese ihrerseits wieder durch relativ geringe Energiezufuhr in die Elemente zerlegt. Bei jeder bestimmten Temperatur stellt sich unter sonst gleichen Bedingungen ein ganz bestimmtes chemisches Gleichgewicht ein, indem immer gleichviel neue Moleküle gebildet werden wie bereits gebildete wieder in ihre Bestandteile zerfallen. Dieses Gleichgewicht wird durch die *Gleichgewichtskonstante Kc* ausgedrückt, die unter bestimmten Bedingungen das aus einer dauernden „Hinreaktion" und gleichzeitig ablaufenden „Rückreaktion" resultierende scheinbar stationäre Konzentrationsverhältnis von Ausgangsmaterial und Endprodukt angibt, im gewählten Beispiel also

$$K_c = \frac{C_{HJ} \cdot C_{HJ}}{C_{H_2} \cdot C_{J_2}} \qquad (C = \text{Konzentration}).$$

In unserem Beispiel sind etwa bei 300 °C immer 19 % des Jodwasserstoffs zerfallen, bei 1000 °C schon 33 %. Die „Rückreaktion" nimmt also mit steigender Temperatur stärker zu als die „Hinreaktion".

Die Halogenwasserstoffe stellen bei Normalbedingungen farblose Gase (mit Ausnahme des flüssigen Fluorwasserstoffs) von stechendem Geruch und folgenden physikalischen Eigenschaften dar:

	HF	HCl	HBr	HJ
Schmelzpunkt °C	−83,1	−114,8	−86,9	−50,7
Siedepunkt °C	19,54	− 84,9	−66,8	−35,4

Auch in diesen Fällen sind die zwei Atome, wie bei H_2 und den Halogenmolekülen, durch ein gemeinsames Elektronenpaar (σ-Bindung) miteinander verbunden. Die jeweils einzelnen ungepaarten Elektronen koppeln dabei ihre Spins, und jedes Atom erreicht mit dem gemeinsamen Paar die stabile Konfiguration des nächstfolgenden Edelgases (H → He; F, Cl, Br und J → Ne, Ar, Kr und Xe). Bei den zuvor besprochenen Molekülen waren die darin verbundenen Atome aber immer identisch. Das gemeinsame Elektronenpaar war darin symmetrisch zwischen den beiden Atomen verteilt. Nach der Wellenmechanik ist in solchen Fällen die Wahrscheinlichkeit, die beiden Elektronen in der Mitte zwischen den beiden Atomschwerpunkten zu finden, am größten. Das muß dann zwangsläufig anders werden, wenn zwei zu einem Molekül verbundene Atome nicht identisch sind, wie in den Halogenwasserstoffen. Die Tendenz der Atome, Elektronen anzuziehen, ist zwangsläufig für jedes Element verschieden. Sie hängt über die Stellung im Periodensystem erwartungsgemäß mit Faktoren wie Größe, Elektronenaffinität, Ionisierungspotential, Entfernung zum nächsten Edelgas usw. zusammen. Praktisch muß sie sich so auswirken, daß, wenn man verschiedene Atome mit einem gleichbleibenden Element zu zweiatomigen Molekülen vereinigt, die Dichte des gemeinsamen Elektronenpaars mehr oder weniger stark von der „idealen" symmetrischen Verteilung zwischen den Atomkernen abweicht. Zweiatomige Moleküle müssen, wenn das bindende Elektronenpaar nicht symmetrisch verteilt ist, trotz ihrer Elektroneutralität als ganzes (Elektronenzahl und Protonenzahl identisch) sich wie ein kleiner Stabmagnet verhalten, weil die Schwerpunkte von positiver und negativer Ladung nicht zusammenfallen. Ein solcher Dipolcharakter äußert sich u. a. darin, daß solche Moleküle im elektrischen Feld sich orientieren. Aus der Beeinflussung des elektrischen Feldes durch eine chemische Verbindung kann deren *Dipolmoment* (Produkt der Ladungen mit dem Abstand ihrer Schwerpunkte) ermittelt werden, das gewöhnlich in der Größenordnung von 1×10^{-18} elektrostat. Einheiten = 1 Debye (D) liegt.

Die Halogenwasserstoffe zeigen alle ein Dipolmoment, das von 1,9 D bei HF auf 0,4 D bei HJ abfällt. Die Abweichung der Elektronenverteilung von der idealen Symmetrie ist also beim Fluorwasserstoff viel stärker als beim Jodwasserstoff. Das bedeutet, daß ein Fluoratom eine viel stärkere Tendenz zeigt, Elektronen an sich zu ziehen, als ein Jodatom.

α) *Elektronegativität*

Die Tendenz der verschiedenen Atomsorten zur Anziehung von Elektronen wird von vielen Faktoren gemeinsam beeinflußt. Ihre exakte Kenntnis wäre für das Verständnis vieler Reaktionen und Verhaltensweisen von großem Wert, doch ist sie als Summe verschiedener Einflüsse nicht einmal genau definierbar, geschweige denn meßbar. Als qualitative Regel hat sich jedoch der von Pauling eingeführte Begriff „Elektronegativität" als „Maßzahl" für die mehr oder weniger starke und komplexe Tendenz eines Atoms zur Anziehung von Elektronen recht gut bewährt. Man muß sich bei ihrer Anwendung nur immer der Tatsache bewußt bleiben, daß die Elektronegativität keine „Naturkonstante" ist, die exakt bestimmbar wäre, sondern daß die verwandten Zahlenwerte nur grobe Relationen der Elemente zueinander beschreiben, die aufgrund qualitativer Abschätzungen abgeleitet wurden. Mehr quantitative Ableitungen, die in letzter Zeit ebenfalls entwickelt wurden, tragen nicht viel mehr zur Klärung der Verhältnisse bei und sollen deshalb hier unberücksichtigt bleiben. Paulings Werte für die Elektronegativität als Fähigkeit und Tendenz eines Atoms, in einem Molekül Elektronen anzuziehen, wurden aus den Quadratwurzeln der in eV umgerechneten Differenzen zwischen experimentell ermittelten Bindungsenergiewerten zwischen verschiedenartigen Atomen und den theoretisch für eine reine Atombindung mit symmetrischer Elektronenverteilung errechneten Werten bestimmt. Als dimensionslose Zahlen geben sie die relativen Elektronegativitäten verschiedener Elemente unter vergleichbaren Bedingungen gegenüber dem elektronegativsten Element Fluor mit dem willkürlich gewählten Wert 4 an. Sie sind in Tab. III.2. zusammengestellt:

Tabelle III.2. Elektronegativitätswerte nach Pauling

F	O	Cl	N	Br	S	C	J	Se	Te	P	H	As	B	Si	Sb	Ge
4,0	3,5	3,0	3,0	2,8	2,5	2,5	2,4	2,4	2,1	2,1	2,1	2,0	2,0	1,8	1,8	1,7

Sn	Ti	Zr	Al	Be	Sc	Y	Mg	Ca	Li	Sr	Na	Ba	K	Rb	Cs
1,7	1,6	1,6	1,5	1,5	1,3	1,3	1,2	1,0	1,0	1,0	0,9	0,9	0,8	0,8	0,7

In der Abbildung III.3. sind diese Werte als Funktion der Ordnungszahl aufgetragen:

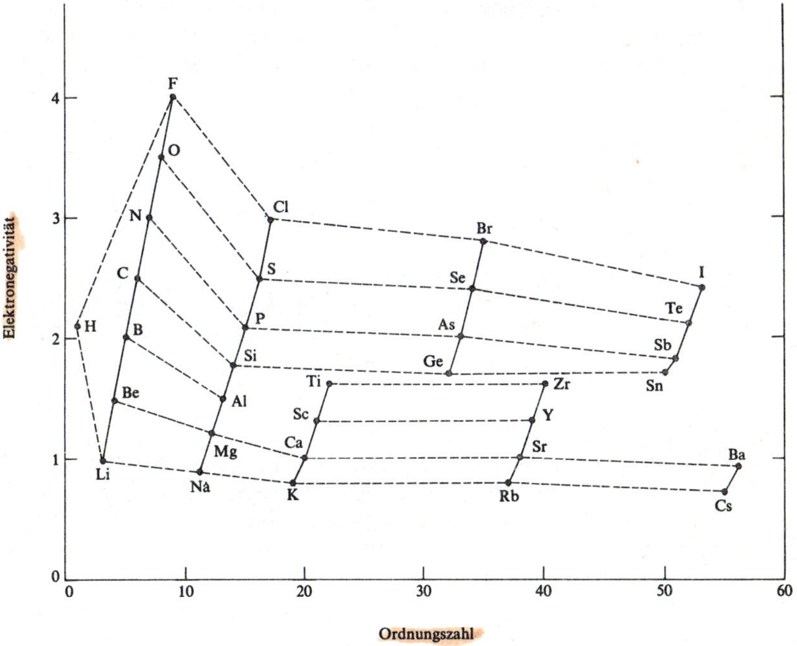

Abb. III.3. Elektronegativität als Funktion der Ordnungszahl

Obwohl diese Zahlen keine Naturkonstanten darstellen und in den meisten Fällen in ihrem genauen Wert diskutierbar und umstritten sind, sind sie in der Regel für qualitative Schätzungen von großem Wert. Abb. III.3. zeigt, wie innerhalb einer Periode des Periodensystems, hauptsächlich wegen des abnehmenden Radius und der Annäherung an die Edelgaskonfiguration, die Elektronegativität stark ansteigt, um innerhalb einer Gruppe zu fallen (vom ersten zum zweiten Element stärker als bei den folgenden Elementen), hauptsächlich wegen der Radienzunahme in dieser Richtung.

Symmetrische Verteilung des bindenden Elektronenpaares zwischen zwei Atomen kann nur dann vorliegen, wenn die Elektronegativität beider Atome praktisch gleich ist, also immer in Molekülen aus gleichen Atomen wie H_2 oder etwa F_2. Wenn, wie bei den Halogenwasserstoffen, die Elektronegativität der Partner verschieden ist, dann wird die Symmetrie in dem Sinne gestört, als das gemeinsame Elektronenpaar näher beim elektronegativeren Partner ist. Die Schwerpunkte der positiven und negativen Ladungen fallen nicht mehr zusammen, die Atombindung wird mehr oder weniger stark polar und erhält ein Dipolmoment, das bei zweiatomigen Molekülen immer auch nach außen bemerkbar ist. Die entstehenden *Teilladungen* werden dabei so symbolisiert: $\overset{\delta+}{H}$–$\overset{\delta-}{Cl}$. Je größer die Elektronegativitätsdifferenz, desto polarer die Bindung und desto größer das Dipolmoment. Die Differenz zwischen Wasserstoff und Halogen fällt von 1,9 bei HF auf 0,3 bei HJ, wodurch die gefundenen Dipolmomente leicht verständlich werden.

Die besonders stark ausgeprägte Polarität der Atombindung im Fluorwasserstoff bewirkt eine über das Normalmaß gewöhnlicher zwischenmolekularer Kräfte weit hinausgehende Wechselwirkung, die als Wasserstoffbrückenbindung bezeichnet wird.

β) *Wasserstoffbrückenbindung*

Von den Halogenwasserstoffen ist zu erwarten, daß etwa ihre Schmelz- und Siedepunkte mit steigendem Molgewicht zunehmen. Das gilt von HCl über HBr zu HJ gut. Dagegen liegen die Werte für HF viel zu hoch. Fluorwasserstoff „sollte“ bei ∼ −100 °C bereits sieden, ist aber bis +19 °C noch eine Flüssigkeit. Das rührt davon her, daß HF im Gegensatz zu seinen schwereren Homologen gar nicht monomer, also in praktisch fast diskreten HF-Molekülen vorliegt, sondern daß sich diese HF-Teilchen zu polymeren H—F—H—F- usw. Ketten (zickzackförmig) zusammenlagern:

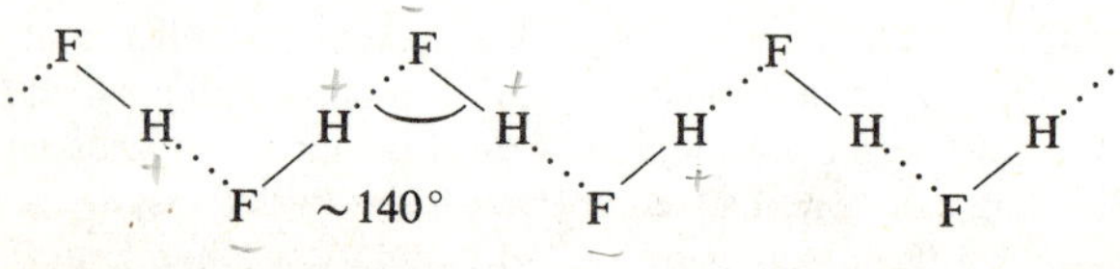

Um einzelne HF-Moleküle zu verdampfen, müssen also durch Energiezufuhr erst diese Wasserstoffbrückenbindungen gelöst werden, was den „viel zu hohen“ Schmelz- und Siedepunkt bewirkt (auch in der Gasphase liegen bei niederen Temperaturen noch Assoziate $(HF)_n$ vor).

Diese Bindung kann nicht durch zwei Atombindungen vom Wasserstoffatom aus bewirkt sein, da in dessen 1s-Schale maximal nur die für *eine* σ-Bindung benötigten zwei Elektronen Platz haben (die theoretisch denkbare Benutzung von 2s- oder 2p-Orbitalen würde wegen der extrem hohen Energieinhalte zu keiner Bindung führen). Als Erklärung bleibt daher zur Zeit nur eine im wesentlichen rein elektrostatische Wechselwirkung zwischen den HF-Dipolen. Dipole wirken naturgemäß immer gegenseitig aufeinander ein. In der Regel führen solche Dipol-Dipol-Wechselwirkungen aber nicht zu solch starken Effekten, wie sie beim Fluorwasserstoff beobachtet werden. Daß sie hier so besonders stark sind, hat folgende Gründe: Fluor als elektronegativstes aller Elemente polarisiert die Bindung zu Wasserstoff natürlich am stärksten. Entzieht man aber einem Wasserstoffatom sein einziges Außenelektron fast ganz, dann wird dieses um Größenordnungen kleiner als jedes andere Atom, dem man ein Elektron entzieht. (Das H-Atom geht dabei im nicht ganz erreichten Extremfall ja in einen „nackten" Atomkern über, verringert seinen Radius also auf das 10^{-4}-fache!). Die zurückbleibende Ladung führt auf einem so drastisch verkleinerten Teilchen zu einer ungewöhnlich hohen Ladungsdichte, die ihrerseits dann dazu ausreicht, ein weiteres negatives Teilchen (das negative Ende des Dipols $\overset{\delta-}{F}-\overset{\delta+}{H}$) so stark anzuziehen, daß daraus eine regelrechte Bindung neuer Art resultiert. Solche Wasserstoffbrückenbindungen können natürlich nur an Wasserstoffatomen auftreten, die mit stark elektronegativen Atomen verbunden sind, nämlich mit F, O, N, Cl und C (in diesem Fall nur bei geeigneter elektronegativer Substitution). Es kommen also nur etwa folgende Bindungen vor: FHF, OHF, NHF, OHO, NHO, CHO, NHN, CHN und OHCl. Sie sind mit einer Bindungsenergie von ~2–8 kcal/Mol viel schwächer als Atombindungen (~50–125 kcal/Mol) und sind deshalb verhältnismäßig leicht zu spalten. Umgekehrt bilden sie sich auch leicht, einfach durch Zusammengeben der geeigneten Partner.

Wasserstoffbrückenbindungen spielen eine heute noch bei weitem nicht in vollem Ausmaß erkannte und verstandene wichtige Rolle, so vor allem auch im Bereich der Biochemie (das Leben und die Reproduzierung seiner jeweils charakteristischen Erscheinungsformen ist aufs engste an durch solche Bindungen festgelegte geometrische Strukturen, etwa von Eiweißkörpern, geknüpft).

Es bleibt noch die Frage, warum diese Bindungen im Gegensatz zu den üblichen räumlich nicht gerichteten elektrostatischen Bindungen (Ionenbindungen, s. S. 69), wie Atombindungen räumlich gerichtet sind, und warum ein positiviertes H-Atom immer nur *ein* zusätzliches, aber nicht mehrere negative Teilchen anzieht. Dafür werden hauptsächlich sterische Gründe (Gründe der Raumerfüllung der Teilchen) angeführt: Die Bindung ist nur dann stark genug, wenn die zwei negativen Molekülenden so nahe an das anomal kleine positivierte H-Atom herankommen, daß für weitere Bindungspartner einfach kein Platz mehr ist. Die Frage der bei solchen Bindungen gebildeten Winkel (manche Polymere dieser Art sind geradkettig wie $(HCN)_n$, andere gewinkelt wie $(HF)_n$) ist noch offen und hängt mit der noch nicht endgültig geklärten Raumverteilung nicht bindender Elektronenpaare in „atomaren Dipolen" (wie dem negativierten F-Atom in $\overset{\delta+}{H}\text{–}\overset{\delta-}{F}$) zusammen.

b) *mit Edelgasen*

Bis vor kurzem glaubte man, daß Edelgase unter gewöhnlichen Bedingungen keine echten chemischen Bindungen mit anderen Atomen eingehen könnten. Seit der 1962 erfolgten Entdeckung von $XePtF_6$ (s. Band II) weiß man, daß dies falsch war. In rascher Folge wurden Verbindungen aufgefunden, deren theoretische Bearbeitung, ebenso wie das experimentelle Studium der Chemie der Edelgase, noch in vollem Fluß ist und noch zu keinen übereinstimmenden und allgemein anerkannten Deutungen geführt hat. Es sollen in diesem Zusammenhang daher hier nur kurz die bis jetzt gesicherten binären (nur aus zwei verschiedenen Elementen bestehenden) *Edelgasfluoride* (Sauerstoffverbindungen s. S. 101) beschrieben werden, ohne auf die damit zusammenhängenden theoretischen Bindungsfragen näher einzugehen, die den Rahmen dieses Buches sprengen würden. Der Leser sollte sich dabei darüber im klaren sein, daß wir eben erst am Beginn einer Chemie der Edelgase stehen und daß auf diesem intensiv bearbeiteten Gebiet täglich mit neuen, vielleicht unerwarteten Ergebnissen gerechnet werden kann.

Überlegt man sich nach dem über die Edelgase Gesagten (s. S. 24ff), welche dieser Elemente am ehesten für eine Verbindungsbildung in Frage kommen, dann zeigt sich klar, daß dies die schwersten (und größten) Atome dieser Reihe sind, weil deren für die Chemie ja entscheidende äußerste Elektronenschale einmal am weitesten von der Anziehung des positiven Kerns entfernt und zum anderen durch die inneren Elektronenschalen auch am stärksten davor abgeschirmt ist. Je „labiler" die äußerste Elektronenschale, desto leichter steht sie für chemische Reaktionen (Wechselwirkung mit den Außenelektronen anderer Atome) zur Verfügung, desto geringer ist naturgemäß auch ihr Ionisierungspotential (s. S. 25). Das in präparativen Mengen nicht zur Verfügung stehende und wegen seiner starken Strahlung auch nur unter extremen Vorsichtsmaßnahmen handhabbare, für Reaktionen aber „idealste" Edelgas, Radon, scheidet zunächst aus praktischen Gründen aus. Am intensivsten wurden daher die Verbindungen des nächstleichten Homologen Xenon untersucht. Unsere heutigen Kenntnisse über Edelgasverbindungen gehen darauf zurück. Auch von Krypton gibt es bereits einige wenige, aber recht instabile Verbindungen, während solche trotz einiger theoretischer Voraussagen von den leichteren Homologen Ar, Ne und He bis jetzt noch nicht gefaßt werden konnten.

Sucht man nach dem geeignetsten Partner, mit dem ein Edelgas chemisch in Wechselwirkung treten kann, dann wird man logischerweise das reaktionsfähigste und elektronegativste Element wählen, also Fluor. So wurden in der Tat beständige Xenonfluoride erhalten. Auch der stark elektronegative Sauerstoff bildet noch Verbindungen mit Xe (s. S. 101), während es bis jetzt noch nicht gelungen ist, stabile Verbindungen zwischen Chlor oder den schwereren Halogenen mit Edelgasen zu fassen.

Fluor reagiert mit Xenon unter dem Einfluß einer elektrischen Entladung, beim Belichten mit energiereichen UV-Strahlen (Quecksilberdampflampe) oder beim Erhitzen der Komponenten unter Druck auf einige Hundert Grad unter Verbindungsbildung. Dabei erhält man als eindeutig definierte Verbindungen in reiner Form und in sehr guten Ausbeuten je nach Mischungsverhältnis der Ausgangsmaterialien und Reaktionsbedingungen die Fluoride XeF_2, XeF_4 und XeF_6. Bei der Bestrahlung von XeF_4 bei $\sim -200\,°C$ mit energiereichen γ-Strahlen läßt sich das „Radikal“ (Definition s. S. 104) XeF erzeugen und im XeF_4-Kristall „eingefroren“ spektroskopisch untersuchen. Eine ursprünglich als Xenontrifluorid, XeF_3, aufgefaßte Verbindung hat sich als eine lockere Additionsverbindung von Difluorid an Tetrafluorid, $XeF_2 \cdot XeF_4$, entpuppt. Xenonoktafluorid, XeF_8, wurde bis jetzt nur mit $\sim 75\,\%$ XeF_6 vermischt hergestellt. Seine Existenz ist noch nicht endgültig gesichert.

Tab. III.4. zeigt einige der bis jetzt bestimmten physikalischen Eigenschaften der definierten binären Xenonfluoride.

Tabelle III.4. Physikalische Eigenschaften der Xenonfluoride

	XeF_2	XeF_4	XeF_6
Farbe der Kristalle	farblos	farblos	farblos
Farbe im Gaszustand	farblos	farblos	gelbgrün
Schmelzpunkt °C	140	~114	46
Dampfdruck in mm bei 25 °C	3,8	3	29
Verdampfungswärme in kcal/Mol	12,3	15,3	9,0

Alle Xenonfluoride sind unzersetzt flüchtig (XeF_6-Dampf ist gelbgrün) und thermodynamisch in bezug auf Fluor und Xenon bei Raumtemperatur stabil. Mit Wasser reagieren sie zu den später zu besprechenden Oxiden bzw. Säuren (s. S. 101). Mit Wasserstoff bilden sie alle quantitativ Fluorwasserstoff und Xenon nach

$$XeF_x + \frac{x}{2} H_2 \rightarrow Xe + xHF$$

Ein entsprechendes Kryptondifluorid KrF_2, das durch elektrische Entladung eines Kr-F_2-Gemisches unter vermindertem Druck (~ 10 mm Hg) bei − 188 °C quantitativ in Form schöner farbloser Kristalle erhalten wird, sublimiert im Vakuum bei ~ −35 °C. Bei tiefen Temperaturen ist es haltbar, zerfällt bei Zimmertemperatur aber rasch in die Elemente. Mit Wasserstoff reagiert es wie die Xenonfluoride.

Es wurde zuerst durch intensive UV-Bestrahlung eines Kr-F_2-Gemisches, das in eine Argon-Matrix (sehr großer Ar-Überschuß) eingefroren war, bei ~ −250 °C dargestellt und spektroskopisch nachgewiesen.

Ob sich die aus manchen theoretischen Überlegungen abgeleiteten Vorhersagen weiterer Verbindungen zwischen Edelgasen und Fluor (und auch Chlor) experimentell verifizieren lassen, muß die Zukunft zeigen.

XeF_2 ist linear gebaut. XeF_4 bildet ein ebenes Quadrat mit dem Xe-Atom im Zentrum und den vier F-Atomen in den vier Ecken. Sehr wahrscheinlich ist XeF_6 oktaedrisch gebaut (Xe im Zentrum eines Oktaeders, dessen sechs Ecken von den 6 F-Atomen besetzt sind).

Die Halogenatome sind mit dem Edelgas durch Atombindung verbunden. Beide Atombindungshypothesen (VB- und MO-Methode) werden zur Zeit zur Erklärung dieser Bindungen herangezogen. Nach der VB-Methode müssen die Orbitale, in denen sich die lokalisierten bindenden Elektronenpaare aufhalten, unter Einbeziehung der freien d-Bahnen des Xenons nach dem LCAO-Verfahren entsprechend „hybridisiert" sein (s. S. 59), um die gefundene bzw. postulierte Molekülgeometrie zu ergeben. Das Xe-Atom erhält dabei eine 10er (XeF_2), 12er (XeF_4) oder 14er (XeF_6)-Schale. Das Fluor ist immer der negativere Partner der Bindung (berechnete Elektronegativität des Xe-Atoms nach Mulliken = 2,24). Nach der MO-Methode liegen in den Xenonfluoriden dagegen sogenannte *Mehrzentrenbindungen* (s. S. 198) vor *(3-Centren-4-Elektronen = 3c-4e-Bindungen)*. Für die experimentell noch nicht ermittelte XeF_6-Struktur liefern die verschiedenen Methoden verschiedene Voraussagen. Aber auch die sicher bald zu erwartende experimentelle Klärung des offenen Strukturproblems kann keine endgültige Klärung darüber bringen, welche Methode die „richtige" ist. Beide sind trotz mathematischer Behandlungsweise grob qualitative und primitive Näherungsverfahren, die von verschiedenen Extremen aus sich beim heutigen Kenntnisstand der „Wirklichkeit" nur äußerst vage zu nähern vermögen. Ihre Anwendung im jeweiligen konkreten Fall ist, wie bereits betont, eine Frage der Zweckmäßigkeit und nicht des „Recht-Habens".

Verschiedene potentielle praktische Anwendungen der Edelgasfluoride sind zur Zeit denkbar und werden untersucht. Festes Radonfluorid kann bei der Radiotherapie von Tumoren gegenüber gasförmigen oder gelösten Produkten erhebliche praktische Vorteile bieten.

Das Isotop ^{135}Xe, das von allen bekannten Elementen den höchsten Einfangquerschnitt für thermische Neutronen aufweist, kann in der Kernreaktortechnik in „fester Form" eingesetzt werden.

Die kristallinen Xenonfluoride können als bequeme Aufbewahrungs- und Transport-Form des sehr aggressiven und korrodierenden elementaren Fluors dienen.

Auch über ihre Verwendung als Bestandteil (Oxydans) von Raketentreibstoffen bzw. als „Hypergolisierungsmittel" in solchen Gemischen (Mittel, um Treibstoffgemische selbstentzündlich zu machen) wird zur Zeit spekuliert.

Ihr Einsatz als elegante Fluorierungsmittel in bestimmten Reaktionen ist ebenfalls denkbar.

Eine der aussichtsreichsten Anwendungsmöglichkeiten dieser Verbindungen kann in dem Abfangen radioaktiver Xenon- und Krypton-Isotope gesehen werden, die beim Aufarbeiten verbrauchter Kernreaktorbrennelemente anfallen und die bis jetzt mit anderen Mitteln nur sehr schwer oder gar nicht quantitativ faßbar und gefahrlos abtrennbar sind.

Wie weit die angedeuteten und auch bis jetzt noch unbekannten Anwendungsmöglichkeiten eine praktische Bedeutung erlangen werden, kann erst die Zukunft zeigen.

c) *Mit anderen Halogenen (Interhalogenverbindungen)*

Nicht nur gleichartige, sondern auch verschiedenartige Halogenatome können sich über Atombindungen miteinander zu Molekülen vereinigen, die dann *Interhalogenverbindungen* heißen. So entstehen direkt aus den Elementen (bis jetzt noch mit Ausnahme von JF) alle denkbaren „Zweierkombinationen" XX' (X = F, Cl, Br, J). Die physikalischen Eigenschaften dieser Verbindungen liegen erwartungsgemäß zwischen denen der Elemente (genauer gesagt der Verbindungen dieser Elemente „mit sich selbst"), aus denen sie bestehen:

	ClF	BrF	BrCl	JCl	JBr
Schmp. °C	−154	−33	−66	27,2	36
Siedep. °C	−100,8	−20	5	97,4	116
Farbe	farblos	rotbraun	rotbraun	rotbraun	dunkelrot

Das gilt auch für die chemischen Eigenschaften, doch ist leicht zu verstehen, daß diese unsymmetrischen Moleküle noch reaktionsfähiger sein müssen als die ohnehin schon sehr reaktiven Halogene, weil das bindende Elektronenpaar wegen der unterschiedlichen Elektronegativität der Bindungspartner nicht symmetrisch verteilt ist. Dadurch ergibt sich eine mehr oder weniger starke Polarität der Bindung, die einen Angriff durch geladene Teilchen oder andere Dipole naturgemäß erleichtern muß.

Ein Halogenatom kann sich nicht nur mit einem einzigen, sondern auch mit mehreren anderen Halogenatomen vereinigen, wobei größere Interhalogenmoleküle XX'_n entstehen. In all diesen Fällen stellt das größere Atom das Zentralatom dar, um das die (immer in der größeren Zahl vorhandenen) kleineren und elektronegativeren Atome als Liganden über Atombindungen gruppiert sind. Dabei steigt die maximale *Koordinationszahl* (Zahl der gebundenen Liganden) erwartungsgemäß mit der Größe des Zentralatoms und der Kleinheit des Liganden aus leicht einsehbaren räumlichen Gründen an: ClF_3, BrF_5, JF_7.

Für die physikalischen und chemischen Eigenschaften dieser Interhalogenverbindungen, die unter geeigneten Bedingungen aus den Elementen bzw. niedrigeren Interhalogenverbindungen und Halogenen darstellbar sind, gilt prinzipiell das gleiche, was oben für die zweiatomigen Moleküle XX' gesagt wurde. Die Reaktivität (und damit die experimentelle Schwierigkeit der Darstellung und Handhabung) nimmt dabei noch zu. ClF_3, BrF_5 und JF_7 sind wohl die reaktionsfähigsten und aggressivsten chemischen Verbindungen überhaupt – mit praktisch allen organischen Stoffen reagieren sie spontan unter Entflammung (worauf auch ihre häßliche potentielle Anwendung in militärischen „Flammenwerfern" beruht). Bis jetzt wurden folgende Verbindungen dargestellt und untersucht:

	ClF_3	BrF_3	JCl_3	BrF_5	JF_5	JF_7
Schmp. °C	−83	8,8	101	−61,3	9,6	5
Sdp. °C	12,0	127,6	64 sublimiert	40,5	101	277 sublimiert
Farbe	hellgrün	farblos	orange	farblos	farblos	farblos

Wie ist die *räumliche Anordnung* der Atome in solchen Molekülen? Welche Struktur haben sie? Und wie ist sie zu verstehen (diese Fragen gelten auch bereits für die zuvor besprochenen Edelgasfluoride)? Dieses Problem taucht naturgemäß bei zweiatomigen Molekülen mit einer σ-Bindung noch nicht auf, sondern wird erst bei Molekülen aktuell, die aus mehr als zwei Atomen bestehen.

Während die Struktur chemischer Verbindungen durch physikalische Meßmethoden heute in vielen Fällen recht genau – wenn auch meist sehr aufwendig – bestimmbar ist, ist eine theoretische Erklärung dieser ungemein wichtigen Phänomene zwangsläufig immer noch auf aus recht einfachen Vorstellungen abgeleitete Hypothesen angewiesen. Sie basieren auf der wellenmechanisch begründbaren räumlichen Orientierung von Orbitalen (Wahrscheinlichkeitsbereichen zur Auffindung eines Elektrons).

α) *Räumliche Orientierung von Atombindungen*

Vereinfacht läßt sich folgendes sagen: Eine Atombindung durch ein gemeinsames Elektronenpaar ist nur möglich, wenn sich die beiden Orbitale, in denen sich die zunächst ungepaarten einzelnen Elektronen der zwei miteinander zu verbindenden Atome befinden, „überlappen“ können. Die Bindung ist um so stabiler, je stärker diese Überlappung (das *Überlappungsintegral* der beiden Wellenfunktionen) ist. Wenn, wie das in der Tat der Fall ist, die Orbitale (Energiezustände der Elektronen als Bereiche der jeweils maximalen Aufenthaltswahrscheinlichkeit beschrieben) geometrisch in bestimmter Weise in bezug auf den Atomkern orientiert sind, dann müssen danach auch zwangsläufig die Atombindungen räumlich gerichtet sein, die ja aus der größtmöglichen Überlappung bzw. Durchdringung von Orbitalen der miteinander verbundenen Atome resultieren. Die Geometrie von Molekülen wird also vom Energiezustand der Außenelektronen der daran beteiligten Atome bestimmt. s-Bahnen sind kugelsymmetrisch um den Atomkern angeordnet. Reine, durch Überlappung von s-Orbitalen bewirkte Bindungen haben keine Vorzugsrichtung.

Die in jeder Hauptquantenzahl (außer 1) zur Verfügung stehenden drei p-Bahnen sind entlang den drei Raumkoordinaten x, y und z (Schnittpunkt Atomkern) ausgerichtet und werden deshalb als p_x-, p_y- und p_z-Bahn bezeichnet (wegen der Orientierungsmöglichkeit des Winkelmomentes eines Elektrons auf solchen Bahnen in zwei Feldrichtungen hat jede Bahn zwei „Lappen“ mit umgekehrten Vorzeichen, ihre Wellenfunktionen zeigen eine Knotenebene). Reine Einfachbindungen über p-Orbitale müssen also gegeneinander Winkel von 90° ausbilden, falls von einem Atom 2 oder 3 solcher Bindungen ausgehen. Die von der Hauptquantenzahl 3 ab jeweils möglichen fünf d-Orbitale sind untereinander nicht mehr völlig gleichartig. Ihre Wellenfunktionen zeigen je zwei Knotenebenen, was bildlich zu vier „Lappen“ für ein Orbital führt. Vier der fünf Orbitale haben die gleiche Form, ihre Orientierung ist so, daß eines (wie in Abb. III.5 skizziert) in der xy-Ebene (d_{xy}), eines in der yz-Ebene (d_{yz}), eines in der xz-Ebene (d_{xz}) und eines wieder in der xy-Ebene ($d_{x^2y^2}$) liegt. Während beim $d_{x^2-y^2}$-Orbital die Lappen entlang den Achsen orientiert sind, liegen sie bei den anderen um jeweils 45° verdreht zwischen den Achsen in den angegebenen Ebenen. Das fünfte (d_{z^2})-Orbital schließlich ist rotations-symmetrisch um die z-Achse angeordnet.

Die Verhältnisse werden noch wesentlich komplizierter beim Übergang zu den von der Hauptquantenzahl 4 ab möglichen sieben f-Bahnen, die sich durch einfache Bilder nicht mehr wiedergeben lassen. Das ist für die Praxis aber deshalb nicht von Bedeutung, weil reine Bindungen durch Überlappung von f-Orbitalen in stabilen Molekülen nicht vorkommen.

Diese einfachen Überlegungen ermöglichen das Verständnis der räumlichen Orientierung von „reinen“ s-, p- oder d-Bindungen. Die experimentell ermittelte Geometrie sehr vieler Moleküle erklären sie jedoch nicht befriedigend genau. Eine sehr fruchtbare Verfeinerung des offensichtlich viel zu groben Bildes der atomaren Zusammenhänge stellt in dieser Hinsicht die Vorstellung der „Hybridisierung“ dar.

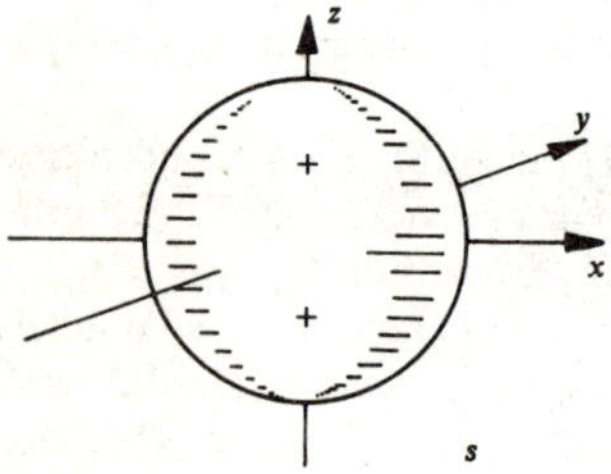

s

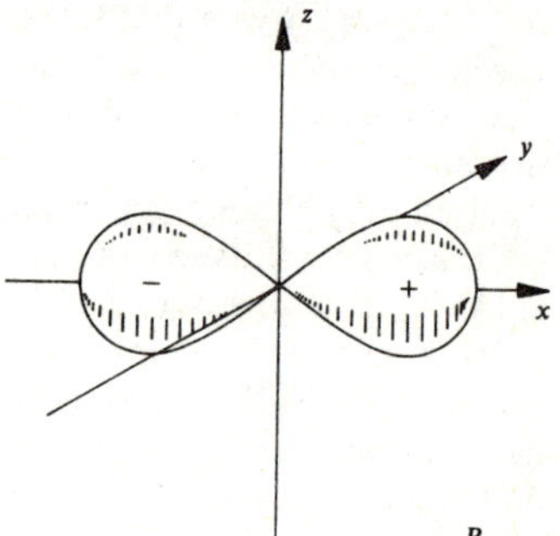

P_x

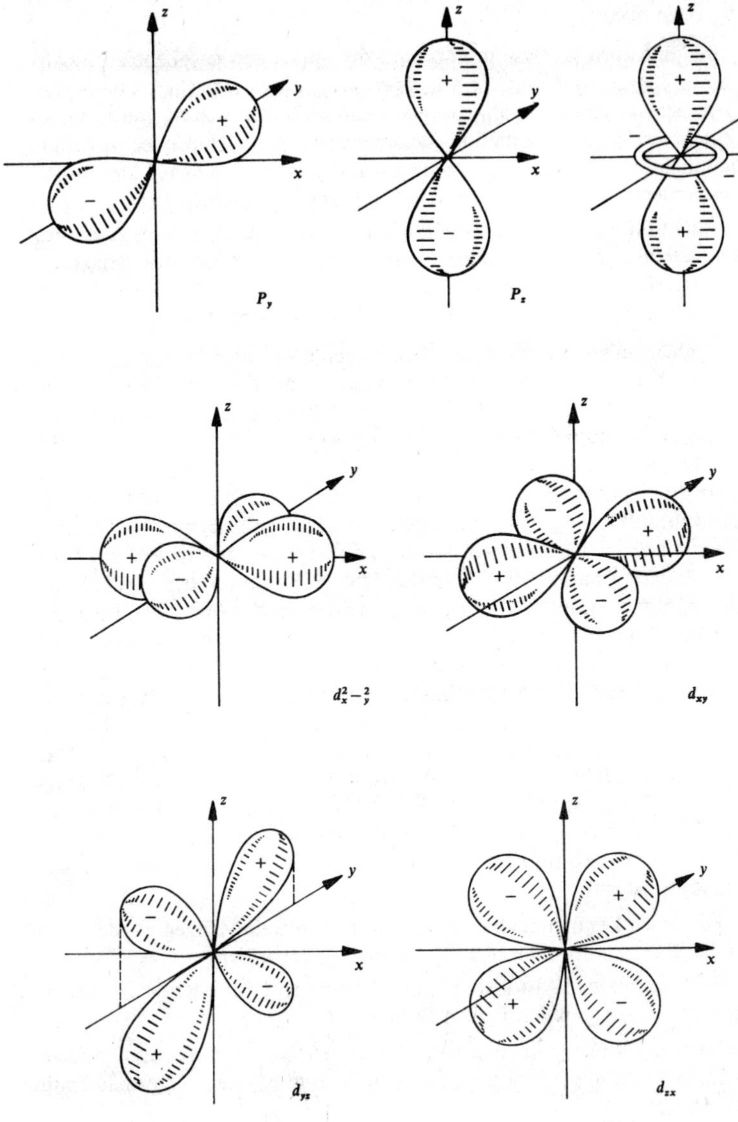

Abb. III. 5. Räumliche Orientierung der s-, p- und d-Orbitale

β) *Hybridisierung*

Jedes materielle System versucht, den unter den gegebenen Verhältnissen energieärmsten, also stabilsten Zustand zu erreichen. Diese Tendenz ist, wie bereits erwähnt, die Ursache dafür, daß sich Atome zu Molekülen vereinigen und daß die Wechselwirkung verschiedener Moleküle miteinander häufig zu Umlagerungen und damit neuen Molekülen führt – mit anderen Worten also die Triebfeder aller chemischen Reaktionen.

Nicht selten ist die höchstmögliche *Symmetrie* eines Systems Ausdruck und Zeichen großer Stabilität. Das gilt in besonderem Maße für Moleküle. *Symmetriebetrachtungen sollten daher bei allen Überlegungen und Planungen des forschenden Chemikers eine entscheidende Rolle spielen.*

Wenn von einem Atom mehr als nur eine Atombindung ausgeht (der Einfachheit halber sei angenommen, daß die Liganden einwertig und identisch sind) dann wird immer eine gleichmäßige und möglichst symmetrische Bindung aller Liganden angestrebt werden. Würde die oben beschriebene Geometrie der s-, p- und d-Orbitale dabei eingehalten, wäre dies nicht möglich, weil diese ja verschiedenartig orientiert sind. Die Strukturaufklärung vieler Moleküle hat deren hohe Symmetrie gezeigt. Theoretische Überlegungen haben dann ergeben, daß in vielen Fällen eine lineare Kombination (Addition bzw. Subtraktion) der Wellenfunktionen verschiedener Orbitale symmetrische und damit energieärmere (stabilere) neue Orbitale ergibt, deren Überlappung mit den Bahnen der Liganden die Struktur und Eigenschaften der Moleküle gut verständlich machen. Diese mathematische Kombination „reiner" Orbitale heißt „Bastardisierung" oder *Hybridisierung*. Die daraus resultierenden *Hybrid-Orbitale* haben eine eigene Geometrie und auch Bezeichnungsweise. Das bekannteste Hybrid ist die Kombination einer s-Bahn mit drei p-Bahnen zu vier gleichen sp^3-Orbitalen, die vom Atomkern aus nach den Ecken eines regulären, hochsymmetrischen Tetraeders gerichtet sind. s- und p-Bahnen können aber genausogut zu zwei linearen sp-Hybriden kombiniert werden.

Natürlich können auch d-Bahnen in Hybride einbezogen werden, wie in den linearen dp- oder den gewinkelten ds-Hybriden.

Trigonal ebene Hybridisierungen sind etwa sp^2, dd^2 oder d^2s, während d^2p zu einer trigonalen Pyramide führt.

Hybridbindungen mit vier Liganden sind bei sp^3 oder d^3s tetraedrisch, bei dsp^2 oder d^2p^2 dagegen eben (quadratisch mit dem Zentralatom in der Mitte).

Bei 5 Liganden führen die Hybridisierungen dsp^3 und d^3sp zu einer trigonalen Bipyramide, während die Kombinationen d^2sp^2, d^4s, d^2p^3 und d^4p eine tetragonale Pyramide begründen.

Daneben gibt es noch eine Reihe weiterer Hybridisierungsmöglichkeiten, die an einzelnen Beispielen noch besprochen werden sollen. Allgemein ist zu sagen, daß auch der Begriff Hybridisierung nur ein grob vereinfachtes Denkschema darstellt, das die Wirklichkeit nicht exakt beschreiben kann. In Wirklichkeit liegen die meisten Atombindungen „zwischen" reinen s-, p- oder d-Bindungen und den denkbaren reinen Hybriden. Darauf wird noch öfter hinzuweisen sein.

Die Anwendung dieser Gedankengänge zur Erklärung der Struktur der Interhalogenverbindungen ergibt folgendes: Bei zweiatomigen Molekülen des Typs XX' besteht kein Problem. In diesen Fällen überlappen sich zwei p-Orbitale wie bei den reinen Halogenmolekülen X_2 (S. 44), woraus eine σ-Bindung (freie Drehbarkeit um die Verbindungsachse der Atomkerne) resultiert. Ihre mehr oder weniger starke Polarität (wegen der unterschiedlichen Elektronegativität der Partner) hat auf die Geometrie in diesem klaren Fall naturgemäß keinen Einfluß.

In den Verbindungen XX'_3 überschreitet das Zentralatom X das „*Oktett*" des nachfolgenden Edelgases und erreicht ein *Dezett* an Elektronen. Das Zentralatom in ClF_3 und BrF_3 benutzt die 5 Hybridorbitale sp^3d. Davon werden die 2 axialen Orbitale und 1 äquatoriales Orbital zur Bindung der 3 Liganden benutzt, die fast T-förmig in einer Ebene um X angeordnet sind. Die beiden freien Elektronenpaare befinden sich in den beiden restlichen äquatorialen Orbitalen (Cl-F-Abstand 1,69 Å, ∢ 87°, Br-F-Abstand 1,81 Å, ∢ 86°). JCl_3 ist dimer (J_2Cl_6), wodurch jedes Jodatom eine Zwölferschale an Elektronen erreicht (7 eigene, 2 von den endständigen Cl-Atomen und insgesamt 3 von den beiden „*Brückenchloratomen*").

In den Verbindungen BrF_5 und JF_5 haben die Zentralatome 12 Außenelektronen. Sie sind in einem sp^3d^2-Hybrid angeordnet. Danach besetzen die 5 F-Atome 5 Ecken eines regulären Oktaeders, während das freie Elektronenpaar dessen sechste Ecke „besetzt" (die Atome bilden eine tetragonale Pyramide mit dem schweren Halogenatom im Zentrum des Basis-Quadrates).

Im JF_7 sind 7 Liganden um ein Zentralatom angeordnet. Das Jodatom erreicht darin eine 14er-Schale, wobei diese Elektronen in einem sp^3d^3-Hybrid so angeordnet sind, daß die F-Atome die Ecken einer pentagonalen Bipyramide besetzen müssen.

Die den freien Polyhalogenverbindungen recht ähnlichen „*Polyhalogenidionen*" werden später besprochen (s. S. 77).

C. Alkalimetalle (I. Hauptgruppe des Periodensystems)

Die sechs Elemente *Lithium, Natrium, Kalium, Rubidium, Cäsium* und *Francium* heißen Alkalimetalle. In ihrer äußersten Elektronenschale haben sie alle nur ein einziges Elektron; sie folgen also jeweils direkt einem Edelgas und bilden damit die erste Hauptgruppe des Periodensystems. Das eine Außenelektron bedingt eine so große Reaktivität, daß die Alkalimetalle in der Natur immer nur chemisch mit anderen Elementen verbunden, niemals aber frei in elementarer Form vorkommen können. (Das schwerste Alkalimetall, Francium, ist radioaktiv; alle seine bekannten Isotope, die entweder als Zwischenprodukte natürlicher Zerfallsreihen oder bei geeigneten Kernreaktionen entstehen, sind so kurzlebig, daß das Element niemals angereichert werden kann. Es soll daher als für den Chemiker ohne praktische Bedeutung im folgenden nicht weiter besprochen werden.)

Während Na und K mit 2,83 bzw. 2,59 % in der Natur relativ häufig vorkommen, sind Li ($6{,}5 \cdot 10^{-3}$ %), Rb ($3{,}1 \cdot 10^{-2}$ %) und Cs ($7 \cdot 10^{-4}$ %) seltene Elemente. Alle Alkalimetalle werden aus ihren Chloriden gewonnen (s. S. 77), die auch ihr Hauptvorkommen (im Meerwasser oder daraus entstandenen Salzlagern) ausmachen.

Tab. III.6. gibt Auskunft über einige Eigenschaften der Elemente.

Tabelle III.6. Eigenschaften der Alkalimetalle

	Lithium	Natrium	Kalium	Rubidium	Cäsium
Ordnungszahl	3	11	19	37	55
Elektronenanordnung	[He] $2s^1$	[Ne] $3s^1$	[Ar] $4s^1$	[Kr] $5s^1$	[Xe] $6s^1$
Atomgewicht	6,939	22,939	39,102	85,47	132,91
Dichte bei 20 °C in g/ccm	0,535	0,971	0,862	1,532	1,90
Schmelzpunkt °C	179	97,9	63,5	39,0	28,45
Siedepunkt °C	1336	883	757	700	670
Ionisierungspot. in eV	5,390	5,138	4,339	4,176	3,893
Elektronegativität (nach Pauling)	1,0	0,9	0,8	0,8	0,7
Atomradius in Å	1,225	1,572	2,025	2,16	2,35

Diese Tabelle zeigt, daß sich die Eigenschaften der Atome nach den bereits besprochenen Gesetzmäßigkeiten erwartungsgemäß mit steigender Ordnungszahl ebenso verändern wie bei den Edelgasen und Halogenen: zunehmendes Gewicht, zunehmender Radius, abnehmendes Ionisierungspotential und abnehmende Elektronegativität. Daß sich aber die Schmelz- und Siedepunkte mit steigendem Atomgewicht umgekehrt ändern (Abnahme!) wie bei den Halogenen, zeigt deutlich, daß diese Elemente im festen und flüssigen Zustand nicht aus zweiatomigen Molekülen mit nur schwachen intermolekularen Wechselwirkungen aufgebaut sein können. Im Gaszustand bestehen sie praktisch vollständig aus freien Atomen. Zu $\sim 1\,\%$ (beim Siedepunkt) enthalten Alkalimetalldämpfe aber auch zweiatomige Moleküle, z. B. Li_2, die durch ein gemeinsames Elektronenpaar zusammengehalten werden. Ihre Bindungsenergie ist aber, verglichen mit anderen Atombindungen, recht gering (abfallend von 27 auf 10 kcal/Mol von Li_2 zu Cs_2). Die geringe Stabilität solcher Alkalimetallmoleküle ist leicht verständlich, weil durch die Paarung zweier einsamer Außenelektronen zwar deren Spins gekoppelt werden, aber für die beteiligten Atome nicht die besonders energiearme und daher immer angestrebte Edelgaskonfiguration (Oktettregel), sondern nur eine „*Zweierschale*" erreicht wird. Diese ist als Heliumstruktur nur bei der Hauptquantenzahl 1 besonders stabil ($\mathbf{n}$ ist aber bereits für Li = 2). Wenn Alkalimetallatome sich beim Fehlen anderer Partner notgedrungen mit sich selbst verbinden müssen, erreichen sie den dafür angestrebten energieärmsten Zustand also nicht durch Vereinigung zu niedermolekularen Gebilden, sondern durch Ausbildung eines sogenannten *Metallgitters* („Riesenmolekül" aus unzählbar vielen Atomen, dessen Größe identisch ist mit den äußeren Abmessungen des Metallkristalles).

1. *Die metallische Bindung*

82 der bekannten 104 Elemente sind *Metalle.* Trotz ihrer verschiedenen Stellungen im Periodensystem und der dadurch bedingten recht verschiedenartigen chemischen Eigenschaften zeigen sie im festen und flüssigen Zustand eine Reihe auffälliger gemeinsamer physikalischer Eigenschaften. Die Summe dieser Eigenschaften nennt man „*metallischen Zustand*". Er geht beim Verdampfen der Metalle verloren!

Die wichtigsten gemeinsamen Eigenschaften sind die elektrische (und auch gute thermische) Leitfähigkeit, die Fähigkeit, bei hohen Temperaturen oder unter dem Einfluß energiereicher Strahlen Elektronen zu emittieren, der allen Metallen gemeinsame Glanz (von wenigen Ausnahmen abgesehen auch die gemeinsame „Farbe"), die leichte mechanische Verformbarkeit durch Druck und schließlich das gemeinsame Strukturprinzip dicht gepackter Strukturen mit einer großen Zahl nächster Nachbarn für jedes Atom.

→ Gitterenergie Skript
auch nächste Seite

Diese Eigenschaften müssen durch die Eigenart der Bindung zwischen den Metallatomen erklärbar sein.

Im vorhin erwähnten Li_2-Molekül mit der geringen Bindungsenergie von 27 kcal/mol (dabei überlappen keine reinen 2s-Orbitale, sondern 2sp-Hybride mit ~ 16% p-Anteil) beträgt der Bindungsabstand 2,67 Å. Im festen metallischen Lithium (kubisch-raumzentriertes Gitter) hat jedes Li-Atom 8 nächste Nachbarn im Abstand von 3,03 Å und noch 6 zusätzliche, geringfügig weiter entfernte Nachbarn. Obwohl die Abstände also größer sind als im Li_2-Molekül, wird durch die viel größere Zahl der von einem Atom ausgehenden Bindungen (Wechselwirkung mit den Nachbaratomen) die gesamte Bindungsenergie im Kristall um 26 kcal/Mol erhöht, also gegenüber dem Molekül praktisch verdoppelt! Dabei können diese vielen Bindungen zwischen den gleichartigen Atomen nur durch jeweils ein 2s-Elektron pro Atom bewerkstelligt werden, da die aufgefüllte innere Edelgasschale ($1s^2$) viel zu stabil ist, um zusätzliche Elektronen zur Verfügung zu stellen.

Diese Art der Bindung läßt sich entweder durch über das ganze „*Riesenmolekül*“ (Kristall) angenommene Resonanz zwischen „*Einelektronenbindungen*“ und Elektronenpaarbindungen, oder aber nach der MO-Theorie (s. S. 81) deuten und angenähert mathematisch behandeln. Beide Hypothesen deuten das gleiche Phänomen, daß Elemente, deren Außenelektronen nicht dazu ausreichen, Verbindungen mit sich selbst zu bilden, in denen jedes Atom durch gleichmäßige Anteilnahme an gemeinsamen Elektronenpaaren eine stabile Edelgaskonfiguration erreicht, trotzdem einen recht stabilen und energiearmen (bezogen auf die isolierten Atome) Zustand erreichen können, indem sie sich zu riesigen Molekülverbänden (Metallkristallen) vereinigen, wobei die bindenden Elektronen so beweglich und labil sind, daß sie schon in einem schwachen elektrischen Feld wandern (Stromleitung) und bereits von der Energie des sichtbaren Lichtes „angeregt“ werden (Farbe und Glanz). Hier sei qualitativ die Deutung nach der MO-Theorie skizziert: Nähern sich zwei Li-Atome, denen ja für Bindungen je 1 halbbesetztes 2s-Orbital und 3 unbesetzte 2p-Orbitale zur Verfügung stehen, dann lassen sich durch Linearkombination aus jeweils zwei entsprechenden Atomorbitalen zwei neue *Molekülorbitale* gewinnen, von denen eines (die Summe) etwas energiereicher und das andere (die Differenz) etwas energieärmer als die zwei gleichen Ausgangsorbitale ist. Jedes dieser Orbitale bietet zwei Elektronen mit entgegengesetztem Spin Platz. Nähert sich ein drittes Atom, so können natürlich jetzt je 3 gleiche Atomorbitale zu 3 nicht ganz energiegleichen Molekülorbitalen kombinieren, die sich jetzt über drei Kerne ausdehnen. Die ursprünglichen Energieniveaus der Einzelatome „verbreitern“ sich bei diesem Vorgang. Kombinieren wir sehr viele (n) Atome zu einem solchen „Molekül", dann resultieren aus den diskreten, für Bindungen energetisch zugänglichen Atomorbitalen in dem Metallkristall schließlich „*Energiebänder*" als Kontinua. Das *Pauli*-Verbot (s. S. 14) gilt jetzt für den ganzen Kristall. Die Energieunterschiede zwischen den praktisch unendlich vielen (n) quantenmechanisch möglichen und immer noch diskreten, jeweils nur von 2 Elektronen mit antiparallelem Spin besetzbaren Molekülorbitalen sind in diesen Energiebändern so gering geworden, daß die einzelnen Elektronen darin praktisch „frei" beweglich sind. Bereits durch Zufuhr geringer Energiemengen (z. B. sichtbares Licht) können sie von einem Orbital in ein anderes angehoben werden (bei der spontanen Umkehrung des Vorgangs wird natürlich wieder nur entsprechend wenig Energie frei, wodurch der „Metallglanz" bewirkt wird).

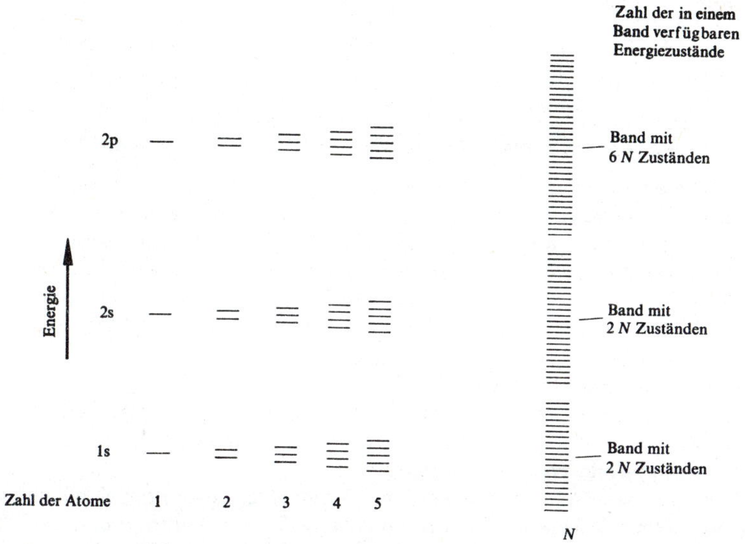

Abb. III.6. Entstehung von „Energiebändern" beim Bau eines Metallgitters aus einzelnen Atomen (nur 1s-, 2s- und eine 2p-Bahn sind aus Gründen der Übersichtlichkeit berücksichtigt)

Abb. III.6. zeigt den Aufbau von Energiebändern aus durch Kombination von Atomorbitalen entstandenen Molekülorbitalen schematisch.

Liegen die Energieniveaus der isolierten Atome weit genug auseinander, dann sind auch die *Bänder* (Bereiche „erlaubter" Energie) im festen Metall (wie in Abb. III.6.) voneinander durch „*verbotene Zonen*" getrennt. Sie können sich aber auch überlappen. Das energiereichste („oberste") noch Elektronen enthaltende Band ist das „*Leitfähigkeitsband*", das bei Metallen nie vollständig besetzt sein kann. Diese Elektronen können im elektrischen Feld sehr leicht wandern, weil sie innerhalb des Bandes durch geringste Energiezufuhren „anhebbar" sind und dann in Feldrichtung wandern können, ohne das Pauli-Prinzip zu verletzen.

Diese Bindungsvorstellung erklärt nicht nur die elektrische Leitfähigkeit und die Möglichkeit zur Emission von Elektronen, sondern auch die dichte Packung von Metallen (nur bei möglichst vielen möglichst nahen Nachbaratomen für jedes Atom kann ein solches Bindungssystem wirksam werden) und deren leichte Verformbarkeit unter Druck (die *einzelnen* Bindungen zwischen jeweils 2 Atomen sind relativ schwach und daher mechanisch leicht lösbar, wobei sich spontan durch die erzwungene geometrische Umorientierung die gleiche Zahl an neuen Bindungen wieder bildet).

2. *Eigenschaften und Verwendung der freien Alkalimetalle*

Alle Alkalimetalle sind in reiner Form silbrig glänzend und verhältnismäßig leicht (Li schwimmt sogar auf Petroläther). Sie sind so reaktionsfähig, daß sie mit Sauerstoff und Luftfeuchtigkeit spontan chemische Reaktionen eingehen (s. S. 113) und daher unter Luftausschluß aufbewahrt werden müssen (die Reaktionsfähigkeit nimmt dabei von Li zu Cs zu). Im Laboratorium geschieht dies fast immer durch Bedecken mit chemisch inerten flüssigen Kohlenwasserstoffen.

Da den einzelnen Atomen in den dichtgepackten Metallgittern nur ein Bindungselektron zur Verfügung steht, sind die Bindungen relativ schwach. Demgemäß sind die Metalle so weich, daß sie leicht mit einem Messer geschnitten werden können.

In freier Form finden nur Lithium (wegen seiner ungewöhnlich hohen spezifischen Wärme) und ein bereits bei −12 °C (!) schmelzendes, also bei Raumtemperatur flüssiges Gemisch von 23 % Na mit 77 % K als (zur Zeit erst potentielle) *Wärmeaustauschflüssigkeiten*, vornehmlich in Atomreaktoren, in größeren Mengen Verwendung. (Der verbreiteten praktischen Anwendung stehen meist noch nicht gelöste Korrosionsprobleme entgegen.) In kleinen Mengen finden vor allem die schwereren Alkalimetalle wegen ihrer Fähigkeit, sehr leicht Elektronen zu emittieren, in den Alkaliphotozellen der Tonfilm- und Fernsehtechnik Verwendung.

Wenn auch die freien Alkalimetalle außer in sehr speziellen Bereichen wenig oder praktisch noch keine Anwendung gefunden haben, so werden doch vom billigsten Glied der Reihe, dem Na, technisch sehr große Mengen als Ausgangsmaterial für wichtige Verbindungen hergestellt. In abgeschwächtem Maße gilt das auch für Li, aus dem vor allem LiH (s. S. 72) und Lithiumorganyle (s. S. 259) gewonnen werden. Im Laboratorium dient Natrium (in Drahtform) zum „Trocknen" gewisser organischer Lösungsmittel (Entfernen letzter Wasserspuren durch chemische Reaktion mit Na).

Alle Alkalimetallatome verleihen einer Flamme charakteristische Färbungen, durch die sie in ihren Verbindungen noch in geringsten Mengen leicht nachweisbar sind (Li = karminrot, Na = gelb, K = rötlich-violett, Rb = blaustichiger violett als K, Cs = rotstichiger violett als K).

Die Chemie der Alkalimetalle ist denkbar einfach. Sie ergibt sich klar aus ihrem Atombau. Sie haben alle das Bestreben, ihr einziges Außenelektron abzugeben und damit die besonders stabile Elektronenkonfiguration des davorstehenden Edelgases (allerdings naturgemäß mit der Ladung +1 wegen der jeweils um 1 „zu hohen" Ordnungszahl) zu erreichen. Die relativ geringen Unterschiede im chemischen Verhalten werden hauptsächlich durch den gesetzmäßig veränderten Atomradius und die damit gekoppelten Eigenschaften wie Ionisierungspotential, Elektronegativität usw. bedingt.

3. *Verbindungen der Alkalimetalle*

a) *mit Wasserstoff*

Alle Alkalimetalle reagieren mit Wasserstoff unter Bildung von *Alkalihydriden* nach

$$2\,Me + H_2 \rightarrow 2\,MeH + \text{Energie}$$

exotherm. Die bei dieser Reaktion frei werdende Energie nimmt von Li zu Cs hin zu. In sehr feiner Verteilung (durch Eindampfen ihrer Lösungen in flüssigem Ammoniak – s. S. 158) reagieren sie mit Ausnahme von Li alle mit H_2 bereits bei Raumtemperatur spontan. In der Praxis muß man die Metalle schmelzen und bei höherer Temperatur mit H_2 umsetzen, weil die festen Reaktionsprodukte *(Hydride)* sonst die Metalloberfläche blockieren und vor weiterem Kontakt mit Wasserstoff schützen würden.

Diese Reaktionen sind vom Atombau der Partner aus leicht zu verstehen. Sie sind typisch auch für viele andere chemische Reaktionen und müssen daher hier näher besprochen werden.

α) *Redox-Reaktionen*

Alle Alkalimetalle haben über ihre jeweils gefüllte Edelgasschale hinaus in der äußersten Schale ein einsames Elektron im ns-Niveau (s. Tab. III.6., S. 62). Die Entfernung eines Elektrons aus einem Atom erfordert immer einen Aufwand an Energie (wegen der elektrostatischen Anziehung zwischen dem positiven Kern und den negativen Elektronen). Wenn durch Entfernen *eines* Elektrons aber eine energetisch besonders begünstigte Elektronenkonfiguration erreicht wird (im Idealfall eine Edelgaskonfiguration), dann wird dieser Energieaufwand besonders gering sein. Die Ionisierungspotentiale (s. S. 25) solcher Atome werden also besonders niedrig sein. Das ist bei den Alkalimetallatomen (s. Tab. III.6., S. 62) erwartungsgemäß der Fall.

Fehlt umgekehrt einem neutralen Atom nur ein einziges Elektron zur Erreichung der besonders stabilen Konfiguration des nachfolgenden Edelgases, dann wird dieses Atom eine besonders hohe Elektronenaffinität (s. S. 25) aufweisen. Dies gilt z. B. für das Wasserstoffatom, das durch Aufnahme eines Elektrons ja die Konfiguration des nachfolgenden Heliumatoms, aber mit der Ladung −1 (Hydrid-Ion – s. S. 36) erreichen kann.

Die Kombination beider Tendenzen, praktisch also die Umsetzung von Alkalimetallen mit Wasserstoff, muß dann zwangsläufig dazu führen, daß ein Elektronenübergang zwischen Alkalimetallatomen und Wasserstoffatomen in der Weise stattfindet, daß die Metallatome ein Elektron verlieren und die Wasserstoffatome ein Elektron gewinnen. Dadurch entstehen völlig neue, elektrisch geladene atomare Gebilde, die in ihrem Verhalten außer ihrem Namen, z.B. Alkalimetallionen oder Hydridionen in ihren Eigenschaften nichts mehr mit den Atomen zu tun haben, aus denen sie entstanden sind (und in die sie unter geeigneten Bedingungen wieder zurückverwandelt werden können). Solche Elektronenübergänge von einem Atom zum anderen heißen *Redoxvorgänge*. Dieser Name ist eine Kombination aus zwei historisch bedingten Begriffen, deren Geschichte hier nicht besprochen werden kann: *Reduktion* und *Oxydation*.

Reduktion definieren wir als *Aufnahme von Elektronen durch ein atomares oder molekulares Gebilde*, und *Oxydation* entsprechend als *Abgabe von Elektronen durch ein atomares oder molekulares Gebilde.*

Für chemische Reaktionen sind daher *Reduktionsmittel* und *Oxydationsmittel* nicht absolut, sondern nur relativ (entsprechend der Elektronegativität der Partner) definierbar durch die Beziehungen

$$\begin{array}{r}
\text{Reduktionsmittel (1)} \rightleftharpoons \text{Oxydationsmittel (1)} + \text{x Elektronen} \\
\text{x Elektronen} + \text{Oxydationsmittel (2)} \rightleftharpoons \text{Reduktionsmittel (2)} \\
\hline
\text{Reduktionsmittel (1)} + \text{Oxydationsmittel (2)} \rightleftharpoons \text{Oxydationsmittel (1)} + \text{Reduktionsmittel (2)}
\end{array}$$

Redox-Vorgänge sind also Konkurrenzreaktionen um Elektronen.

Im konkreten Fall ergibt sich danach die Formulierung (für Li als Vertreter der Alkalimetalle)

$$Li_n + n/2\,H_2 \rightarrow nLi^+ + nH^-.$$

Dieses Gleichgewicht liegt bis zu einigen hundert Grad praktisch ganz auf der rechten Seite. Wasserstoff wirkt also gegenüber Alkalimetallen als Oxydationsmittel (und Alkalimetalle wirken umgekehrt gegen Wasserstoff als Reduktionsmittel). Die gebildeten Alkalimetall-Ionen sind ihrerseits dann Oxydationsmittel (sehr schwache) und die Hydrid-Ionen Reduktionsmittel (sehr starke).

β) *Ionenbindung*

Bei der Oxydation von Alkalimetallen durch Wasserstoff entstehen positiv geladene *Alkali-Ionen* und negativ geladene *Hydrid-Ionen.* Beide neuen Teilchen haben eine „Edelgasstruktur" in ihrer Elektronenhülle. Im Gegensatz zu den Edelgasatomen tragen diese Ionen aber eine elektrische Ladung (Alkaliionen +1, Hydridionen −1).

Von der Anordnung der Elektronen aus betrachtet, sollten solche Ionen mit Edelgasstruktur, ebenso wie die Edelgasatome selbst, miteinander nicht in Wechselwirkung treten. Im Gegensatz zu letzteren tragen sie aber elektrische Ladungen. Solche Ladungen sind identisch mit kugelsymmetrischen elektrostatischen Kraftfeldern (Atomkern im Zentrum), die auf gleichsinnig geladene Teilchen eine abstoßende und auf entgegengesetzt geladene Teilchen eine entsprechende anziehende Wirkung ausüben (nach dem Coulombschen Gesetz proportional zum Quadrat der Entfernung zwischen den Ladungsschwerpunkten abnehmend). Diese elektrostatische Anziehung zwischen entgegengesetzt geladenen Teilchen führt zum Zusammenhalt von atomaren oder molekularen Teilchen, wobei die Bindekräfte qualitativ nicht prinzipiell verschieden sind von den früher bereits besprochenen Atombindungen, die durch Überlappung von Elektronenfunktionen („gemeinsame Elektronen") bewirkt werden. Diese elektrostatisch bedingte Bindung heißt *Ionenbindung.*

Im Gegensatz zu den räumlich orientierten Atombindungen haben Ionenbindungen naturgemäß keine Vorzugsrichtung – die elektrische Ladung ist ja im Raum gleichmäßig um ihren Schwerpunkt verteilt. Es ist aber leicht einzusehen, daß entgegengesetzt geladene Ionen sich deshalb trotzdem nicht regellos zusammenlagern werden. Wie ungeladene Atome, vereinigen sich auch entgegengesetzt geladene Ionen miteinander zu Molekülen, weil die Gesamtenergie dieser Moleküle geringer ist als die Summe der Energieinhalte der sie aufbauenden Teilchen. Aus Ionen bauen sich aber nicht, wie aus ungeladenen Atomen, kleine, diskrete Moleküle aus sehr wenigen Atomen von ganz bestimmter Größe, sondern unendlich viel größere „Riesenmoleküle" auf, die sogenannten *Ionengitter* oder *Ionenkristalle*, deren äußere Abmessungen identisch sind mit der jeweiligen „*Molekülgröße*". Von ionogen aufgebauten Verbindungen kennt man demnach keine diskreten Moleküle. Wenn man in solchen Fällen trotzdem manchmal – etwa im Zusammenhang mit stöchiometrischen Rechnungen – vom „*Molekulargewicht*" oder von einem Mol (s. S. 38) spricht, ist das eine reine Rechengröße mit unkorrekter Bezeichnung, die das Gewicht einer Formeleinheit angibt.

Ionen lagern sich zu riesigen Kristallen zusammen, weil, wenn ein einfach positiv geladenes Teilchen ein einfach negatives Teilchen bis zum energieärmsten (stabilsten) Gleichgewichtsabstand angezogen hat und so bindet, von beiden Teilchen immer noch elektrostatische Kräfte ausgehen, die in der Lage sind, weitere entgegengesetzt geladene Teilchen anzuziehen und zu binden. Nach außen ist ein Ionenkristall naturgemäß ungeladen, da ja nur gleich viel positive und negative Ionen sich zu einem stabilen Verband zusammenlagern werden. Es ist leicht einzusehen, daß die stabilste Anordnung dann erreicht wird, wenn jedes positive Ion von möglichst vielen negativen Ionen umgeben sein wird und umgekehrt. Die Größe der Ladungen und die Radien der beteiligten Ionen bestimmen also zusammen zwangsläufig die Geometrie des jeweiligen Ionengitters. Es kommen praktisch nur verhältnismäßig wenige hochsymmetrische *Gittertypen* vor.

Die sehr wichtige Bestimmung dieser Gittertypen und der Abstände bzw. Lagen der Atomschwerpunkte in diesen Gittern sind besonders mit Hilfe der *Röntgenstrukturanalyse* möglich geworden. In solchen Ionenkristallen schwingen die Ionen infolge ihrer thermischen Eigenbewegung regelmäßig um die „Gitterpunkte" (Atomschwerpunkte). Der Verband als Ganzes ist starr und hält fest zusammen. Von jedem Ion geht ja eine relativ große Zahl von Bindungen zu den gleich weit entfernten (entgegengesetzt geladenen) „nächsten Nachbarn" aus. Um einen solchen Verband zu zerstören (Schmelzen), muß dementsprechend viel Energie zugeführt werden. Im Gegensatz zu den relativ niedrig schmelzenden und siedenden, aus diskreten Molekülen aufgebauten kovalenten Verbindungen wie z. B. H_2 und den Halogenwasserstoffen, schmelzen durch Ionenbindungen zusammengehaltene Stoffe erst bei verhältnismäßig hohen

Temperaturen. In der Schmelze („zusammengebrochener" Kristallverband) sind die Ionen natürlich viel leichter beweglich als im festen Zustand, obwohl auch dann – bedingt durch die elektrostatischen Kräfte – die Teilchen nicht völlig regellos „durcheinander schwimmen" können, sondern immer noch eine möglichst hohe Ordnung („quasikristallin") anstreben, in der die Anziehungs- und Abstoßungskräfte möglichst ausgeglichen sind. Der Energieinhalt und damit die Instabilität eines solchen Systems muß naturgemäß mit zunehmender „Unordnung" ebenfalls zunehmen.

γ) *Elektrolyse*

Führt man in die Schmelze einer ionogenen Verbindung zwei Elektroden ein, dann fließt dazwischen, falls eine genügend hohe Gleichspannung daran angelegt wird, ein Strom (kovalente Verbindungen sind Nichtleiter!). Diese mit Temperaturerhöhung zunehmende elektrische Leitfähigkeit unterscheidet sich von der mit Temperaturanstieg abnehmenden *metallischen Leitfähigkeit* (s. S. 66) insofern wesentlich, als letztere eine reine Elektronenbewegung darstellt (ohne gleichzeitigen Stofftransport), während der Stromfluß in ionogenen Verbindungen (Leitern zweiter Klasse) an einen *Materietransport* gekoppelt ist. Dies ist leicht einzusehen: die Schmelze besteht ja aus geladenen Ionen. Diese müssen in einem elektrischen Feld wandern; eine solche Wanderung elektrisch geladener Atome oder Moleküle ist ein elektrischer Strom.

Die positiven Ionen werden von der negativen Elektrode *(Kathode)* angezogen und heißen deshalb *Kationen*, die negativen, zum positiven Pol *(Anode)* wandernden Teilchen entsprechend *Anionen*. An der Kathode nehmen die *Kationen* die ihrer Ladung entsprechende Anzahl von Elektronen auf und werden dadurch zum ungeladenen Atom bzw. Molekül reduziert („entladen"), das in seinen Eigenschaften drastisch verschieden ist von der primär vorliegenden oxydierten Form. Die Kathode wirkt also als Reduktionsmittel gegenüber positiven Ionen. Sinngemäß geben die *Anionen* bei ihrer Entladung an der positiven Elektrode die ihrer Ladung entsprechenden Elektronen ab, was gleichbedeutend ist mit ihrer Oxydation (anodische Oxydation).

Der Gesamtvorgang der Zerlegung einer ionogenen Verbindung in ihre ursprünglichen Bestandteile durch kathodische Reduktion der Kationen und gleichzeitige anodische Oxydation der Anionen mit Hilfe des elektrischen Stroms heißt *Elektrolyse*. Er kann, wie eben besprochen, in der Schmelze der Substanz *(Schmelzelektrolyse)*, aber auch in geeigneten polaren Lösungsmitteln, besonders Wasser (s. S. 88) durchgeführt werden, wobei die Leitfähigkeit wesentlich besser ist. Elektrolytische Vorgänge spielen in der Praxis eine große Rolle und müssen noch öfters erwähnt werden.

b) *Eigenschaften der Alkalihydride*

Alle Alkalimetallhydride sind im wesentlichen aus Ionen aufgebaut. Eine „ideale“ bzw. *„reine“ Ionenbindung* ist, ebenso wie eine *„reine“ Atombindung* mit völlig symmetrischer Verteilung der bindenden Elektronen auf der anderen Seite ein idealisierter Grenzfall, der praktisch nie verwirklicht ist. Die Bindungsverhältnisse in allen bekannten Verbindungen liegen prinzipiell immer zwischen den extremen „Bildern“ der Atombindung, Metallbindung oder Ionenbindung, zwischen denen letzten Endes immer nur quantitative Unterschiede bestehen. Einen qualitativen Unterschied zwischen diesen verschiedenen „Erscheinungsformen“ der Wechselwirkung zwischen Elektronenhüllen von Atomen gibt es nicht. *Letztlich gibt es nur eine Art von chemischer Bindung, eben diese sich verschiedenartig manifestierende Wechselwirkung zwischen Außenelektronen.*

Bei gleichbleibendem Anion (im besprochenen Fall das Hydridion H^-) muß der Ionencharakter um so besser ausgebildet sein, je weniger die Elektronenhülle dieses Anions vom jeweiligen Kation durch dessen positive Ladung „verzerrt“ oder deformiert bzw. polarisiert wird. Bei gleichbleibender Ladung (+1) wird dies um so weniger der Fall sein, je größer das Kation und je kleiner damit natürlich dessen *„Ladungsdichte“* ist. (Eine Polarisierung des Anions durch das Kation ist ja gleichbedeutend mit einem mehr oder weniger starken „Anteil“ von Atombindung, weil ein Teil der Elektronenhülle des dann verzerrten Anions zwischen Kation und Anion lokalisiert wird.) Gleichzeitig mit der Vergrößerung des Atomradius (und damit auch des jeweils entsprechenden Kationenradius) sinkt auch das Ionisierungspotential (s. S. 25). Es ist somit leicht einzusehen, daß Cäsiumhydrid das „beste“ Ionengitter dieser Reihe aufbauen wird, während Lithiumhydrid den höchsten kovalenten Anteil im Gitter aufweist. Dieser nur noch „schwache“ Ionencharakter im LiH ist für dessen – allerdings nur äußerst geringe – Löslichkeit (s. S. 224) in organischen Lösungsmitteln wie Äther verantwortlich, die LiH zum praktisch bedeutungsvollsten Alkalihydrid macht.

Alle Alkalimetallhydride stellen in reiner Form farblose Kristalle dar. Ihre Dichte ist größer als die der entsprechenden freien Alkalimetalle, weil der Übergang vom neutralen Metallatom zum einwertigen Kation mit einer beachtlichen Radienverkleinerung (Abgabe des Außenelektrons) verbunden ist, die etwa beim Na ~ 50% (!) ausmacht (Na = 1,86,

Na^+ = 0,98 Å). Gleichzeitig damit beobachtet man einen Wechsel des relativ (für Metalle) „lockeren" Gitters der kubisch-raumzentrierten Alkalimetalle zum dichteren kubisch-flächenzentrierten Gitter („Kochsalztyp", s. S. 76), in dem alle Alkalihydride kristallisieren. Die Alkali-Ionen besetzen dabei jeweils die 8 Ecken und 6 Flächenmittelpunkte eines Würfels, während die größeren Hydrid-Ionen (Radius von 1,2 bis 2,08 Å, je nach Deformation) auf den Würfelkanten zwischen den Alkali-Ionen liegen. Jedes Metallatom ist damit gleichmäßig von 6 Hydrid-Ionen umgeben und umgekehrt. Die Ionen sind also *einwertig* und haben auch die *Oxydationszahl* +1 bzw. −1 (bei Ionen sind „*Wertigkeit*" und „*Oxydationsstufe*" zahlenmäßig identisch), haben aber die *Koordinationszahl* 6.

Die thermische Beständigkeit nimmt von LiH zu CsH hin ab. Vom Bau her sollte ein Anstieg der Schmelzpunkte in dieser Reihenfolge erwartet werden, doch ist nur LiH bei 680 °C unzersetzt schmelzbar. Diese Schmelze leitet den elektrischen Strom in der erwarteten Weise. Die anderen Alkalihydride zerfallen bereits vor ihrem Schmelzpunkt in die Elemente Metall und Wasserstoff.

Chemisch sind diese Verbindungen durch das Hydrid-Ion H^- gekennzeichnet, das sein überschüssiges Elektron leicht an stärkere Oxydationsmittel (Elemente mit größerer Elektronegativität als Wasserstoff) abgibt, wie sie z. B. in den Halogenen vorliegen. Nach

$$\begin{array}{l} H^- \rightarrow {}^1/_2 H_2 + e^- \\ e^- + {}^1/_2 X_2 \rightarrow X^- \\ \hline H^- + {}^1/_2 X_2 \rightarrow {}^1/_2 H_2 + X^- \end{array}$$

(X = F, Cl, Br, J) reagieren sie mit den Halogenen in Redoxreaktionen leicht unter Bildung von Wasserstoff und Alkalihalogeniden (s. S. 75).

Mit Hydriden (Wasserstoffverbindungen), in denen der Wasserstoff die Oxydationszahl +1 hat, reagieren sie ebenfalls heftig unter Bildung von H_2. Das gilt für die Halogenwasserstoffe. Darin liegen zwar keine H^+-Ionen vor, die energetisch ja nicht möglich sind (s. S. 32), doch sind die Atombindungen so polarisiert, daß das bindende Elektronenpaar zum Halogenatom hingezogen ist. Die „*formale*" *Oxydationszahl* ergibt sich in solchen Verbindungen dadurch, daß das bindende Elektronenpaar dem elektronegativeren Element zugeschlagen wird *(„Heterolytische Spaltung")*, und dann die formale Ladung aus der Differenz zwischen Kernladung (Ordnungszahl) und Elektronenzahl errechnet wird. In den Halogenwasserstoffen $\overset{\delta+}{H}\text{–}\overset{\delta-}{Hal}$ ergibt sich so für H +1 und für Hal −1.

Die für die Systematik der Hydride grundlegende Gleichung lautet

$$H^- + H^+ \rightarrow H_2.$$

Danach müssen Alkalihydride mit Halogenwasserstoffen reagieren nach

$$MeH + HHal \rightarrow MeHal + H_2$$

(Me = Alkalimetall, Hal = Halogen).

In inerten organischen Lösungsmitteln sind die Alkalihydride wegen ihres Ionencharakters praktisch unlöslich. Mit Wasser und anderen polaren Lösungsmitteln (s. S. 91) reagieren sie heftig (Reaktion mit H^+), weshalb die darin erwartete Löslichkeit nicht zu beobachten ist.

Diese heftige Reaktion mit Wasser ist der Grund für die Selbstentzündlichkeit feinverteilter Alkalihydride an feuchter Luft und für ihre Verwendung als „*Trockenmittel*" für organische Flüssigkeiten.

Das praktisch wichtigste Glied der Reihe, LiH, dient als Ausgangsmaterial für die Darstellung vieler anderer Hydride und *Komplexhydride* (s. S. 224) durch doppelte Umsetzung. Das billigere NaH dient u.a. als *Kondensationsmittel* in der organischen Chemie und zur Entrostung von Stahl (durch die reduzierende Wirkung, praktisch in einer NaOH-Schmelze). In sehr kleinen Mengen werden die Hydride der schwereren Alkalimetalle wegen ihrer ausgeprägten Lichtempfindlichkeit in Photozellen verwandt.

c) *mit Halogenen*

Die Reaktion von Alkalimetallen mit Wasserstoff ist eine Redoxreaktion, bei der die Alkaliatome als Reduktionsmittel von Wasserstoffatomen als Oxydationsmittel oxydiert werden. Die früher besprochene Reaktion von Wasserstoff mit Halogenen ist ebenfalls eine Redoxreaktion, nur werden dabei die Wasserstoffatome als Reduktionsmittel von den Halogenatomen als Oxydationsmittel oxydiert. Diese Gegenüberstellung zeigt deutlich, daß *Redoxvorgänge Konkurrenzreaktionen um Elektronen* sind, und daß Reduktionsmittel bzw. Oxydationsmittel nur relativ zueinander definierbar sind: Wasserstoff wirkt einmal als Oxydationsmittel und einmal als Reduktionsmittel. Im ersteren Fall sind die Partner weniger (Alkalimetalle), im zweiten Fall dagegen (Halogene) mehr elektronegativ als die H-Atome selbst.

Wenn nun schon Wasserstoff mit seiner relativ geringen Elektronegativität von 2,1 gegenüber Alkalimetallen oxydierend wirkt, dann muß dies natürlich noch viel mehr für die viel elektronegativeren Halogenatome gelten. In der Tat reagieren alle Alkalimetalle mit allen Halogenen exotherm nach der Redoxgleichung

$$Me + {}^{1}/_{2}\,Hal_2 \rightarrow MeHal + Energie$$

(Me = Alkalimetall, Hal = Halogen).

Dabei werden wegen der großen Elektronegativitätsdifferenzen Alkalimetallkationen und Halogenidanionen gebildet, die über Ionenbindungen stabile Kristallgitter aufbauen. Der Ionencharakter muß dabei nach dem oben Gesagten (s. S. 72) beim CsF am stärksten und beim LiJ am schwächsten ausgeprägt sein.

Alle 20 denkbaren *Alkalihalogenide* (abgesehen von Fr und At) sind erwartungsgemäß sehr beständige, gut kristalline farblose Festkörper mit relativ hohen Schmelz- und Siedepunkten. Diese Verbindungsklasse gilt mit Recht als typisch für ionogen aufgebaute Verbindungen. Der in der Natur mengenmäßig mit Abstand häufigste und auch praktisch wichtigste Vertreter dieser Verbindungen ist Natriumchlorid NaCl, das als „*Kochsalz*“ oder „*Steinsalz*“ allgemein bekannt ist. Auf diesen Zusammenhang ist die recht vage, aber noch häufig benützte Bezeichnung „*Salz*“ für mehr oder weniger alle ionogen aufgebaute Verbindungen zurückzuführen.

„Salzartig“ ist demnach heute nur eine historisch bedingte Umschreibung für ionogen.

Tabelle III.7. Schmelz- und Siedepunkte der Alkalihalogenide in °C

	F		Cl		Br		J	
	Schmp.	Sdp.	Schmp.	Sdp.	Schmp.	Sdp.	Schmp.	Sdp.
Li	844	1681	614	1382	551	1312	450	1171
Na	992	1704	800	1465	747	1392	662	1304
K	857	1503	770	1407	742	1383	682	1324
Rb	760	1410	717	1381	677	1352	641	1304
Cs	684	1250	642	1300	636	1300	621	1280

Der Gittertyp dieser Verbindungen ist wegen der gleichen Ionenladungen naturgemäß nur vom Radienverhältnis der beteiligten Ionen bedingt. Dabei kommt der „*Steinsalz-Typ*“ und der „*Cäsiumchlorid-Typ*“ vor (s. Abb. III.8.).

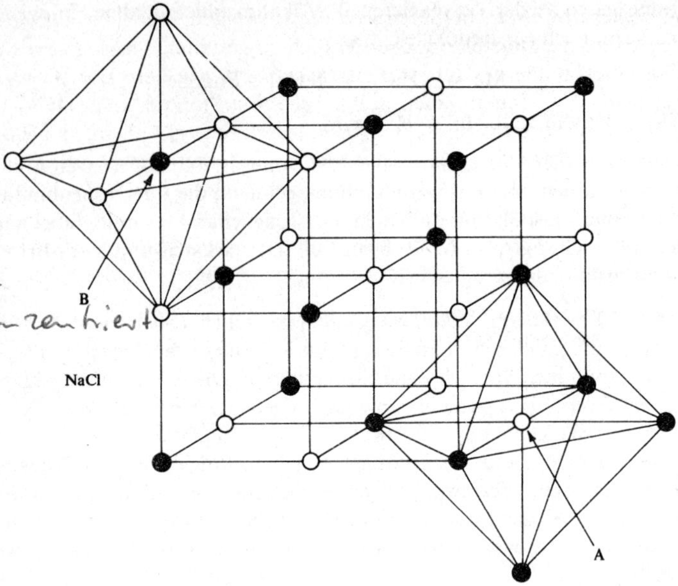

kubisch flächenzentriert

NaCl

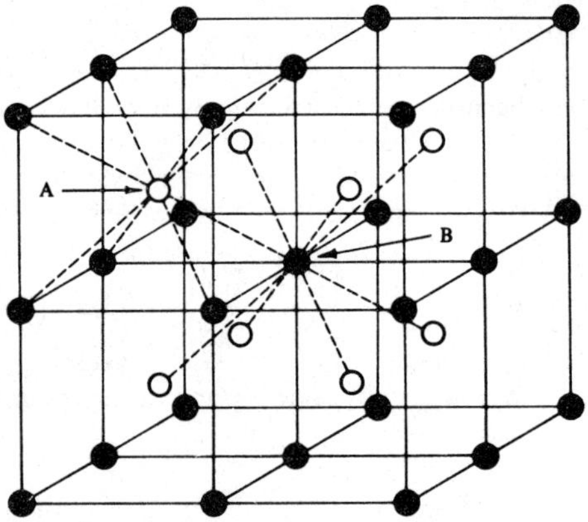

kubisch innenzentriert

CsCl

Abb. III.8. Natriumchlorid- und Cäsiumchlorid-Gitter

In solchen Gittern berühren sich die *Wirkungssphären* der einzelnen Ionen. Um die Darstellung übersichtlich zu gestalten, werden aber nur die Schwerpunkte der Ionen („*Gitterpunkte*") angegeben. Die als • gezeichneten Na^+-Ionen bilden in der *kubischen Struktur* von NaCl-Typ ein *flächenzentriertes kubisches Gitter*, das gleiche gilt ebenfalls für die mit o gekennzeichneten Cl^--Anionen. Beide Gitter durchdringen sich gegenseitig. Damit ist jedes Na^+-Ion (z.B. B) *oktaedrisch* gleichmäßig von 6 Cl^--Ionen und umgekehrt jedes Cl^--Ion (z.B. A) von 6 Na^+-Ionen umgeben. Die Skizze ist, wie alle anderen Gitterskizzen ebenfalls, ein willkürlicher Ausschnitt aus einem riesigen dreidimensionalen Gitter.

In der ebenfalls *kubischen* CsCl-Struktur besetzen die Cl^--Ionen (•) Würfelecken, während die Cs^+-Ionen (o) die jeweiligen Würfelzentren besetzen. In diesem Fall hat jedes Cs^+-Ion 8 Cl^--Ionen als Nachbarn (A) und umgekehrt (B). Während im NaCl-Typ die *Koordinationszahl* der jeweiligen Ionen = 6 ist, beträgt sie also im CsCl-Typ = 8.

Alle Alkalihalogenide sind (mit der leicht verständlichen Ausnahme des bereits erheblich kovalent beeinflußten Lithiumiodids und – allerdings sehr stark abgeschwächt – auch der Lithiumhalogenide LiBr und LiCl) unlöslich in inerten organischen Lösungsmitteln. In Wasser (s. S. 92) lösen sie sich dagegen, mit Ausnahme von LiF wegen dessen sehr hoher Gitterenergie (s. S. 92), sehr gut.

Im geschmolzenen Zustand leiten sie, wie erwartet, den elektrischen Strom. An den Elektroden entstehen dabei durch Redoxvorgänge die Elemente Alkalimetall und Halogen. Präparativ werden die Alkalimetalle fast nur durch solche Schmelzflußelektrolyse der Halogenide dargestellt. Das dabei gleichzeitig entwickelte Chlor (aus praktischen Gründen werden meist Chloride verwandt) stellt nur einen geringen Prozentgehalt des gesamten Bedarfs dar. Im Falle des Fluors stellt das Verfahren der Schmelzflußelektrolyse auch das praktisch einzige Verfahren zur Herstellung von elementarem Fluor dar. Allerdings wird dafür in der Regel aus praktischen Gründen nicht reines Kaliumfluorid KF, sondern „*saure*" *Kaliumfluoride* KHF_2 bzw. KH_2F_3 als Ausgangsmaterial verwendet (Bindung von HF an $F^{\ominus}$ über Wasserstoffbrücken).

d) *Polyhalogenide*

Halogenidionen sind in der Lage, die Elektronenhüllen neutraler Halogen- oder Interhalogenmoleküle durch ihre negative Ladung zu deformieren. Das so polarisierte Halogenmolekül zeigt dann ein Dipolmoment (*induzierter Dipol*) und kann sich deshalb mit dem Halogenidion zu *Polyhalogenidionen* vereinigen. Viele der dabei resultierenden

Alkalipolyhalogenide sind nur in polaren Lösungsmitteln, andere aber auch im festen Zustand beständig. Sie bilden sich um so leichter, je leichter das Halogenmolekül polarisierbar ist (je größer es also ist). Im festen Zustand können Polyhalogenide nur existieren, wenn die *Deformationsenergie* des Halogenmoleküls größer ist als die *Gitterenergie* (s. S. 92) des Ausgangshalogenids, also beim Vorliegen großer Kationen (Cs > Rb > NH_4 > K). Polyhalogenidionen können aus gleichen (X_n^-), zwei verschiedenen ($XX_n'^-$) oder auch drei verschiedenen Halogenen ($XX'X_n''^-$) bestehen. In den beiden letzteren Fällen sind die in größerer Zahl vorliegenden X'-Atome als kleinere Atome symmetrisch um das größere Zentralatom X angeordnet. Vom ersten Typ sind J_3^- und Br_3^- im festen Zustand (z.B. RbJ_3, $CsBr_3$) gut bekannt. Als Beispiele des zweiten Typs seien JCl_2^-, JBr_2^-, $BrCl_2^-$, JCl_4^- und JF_6^- und des dritten Typs $FJBr^-$, $ClJBr^-$ und $FJCl_3^-$ genannt.

Die Polyhalogenidionen mit Jod als Zentralatom entsprechen im räumlichen Bau und den Bindungsverhältnissen (Hybridisierung) völlig den analogen Xenonhalogeniden, mit denen sie isoster sind. Das J^--Ion hat ja die gleiche Zahl und Anordnung von Elektronen wie das ungeladene Xe-Atom. JCl_2^- ist daher wie XeF_2 (linear), JCl_4^- wie XeF_4 (eben quadratisch) und JF_6^- wie XeF_6 (verzerrt oktaedrisch?) gebaut.

Polyhalogenide können sehr leicht, einfach durch Zusammengeben der Partner mit oder ohne Lösungsmittel, dargestellt werden. Bei höheren Temperaturen zerfallen sie erwartungsgemäß in einfache Halogenide und freies Halogen bzw. Interhalogen. Dabei entsteht von den verschiedenen möglichen einfachen Halogeniden immer das mit der höchsten Gitterenergie (also mit dem elektronegativsten der vorhandenen Halogene). Aus $CsJCl_2$ entsteht bei der thermischen Spaltung also CsCl und JCl (nicht $CsJ + Cl_2$!).

D. Chalkogene (VI. Hauptgruppe des Periodensystems)

Die fünf Elemente *Sauerstoff, Schwefel, Selen, Tellur* und *Polonium* heißen *Chalkogene* (Erzbildner). Ihre Atome haben alle sechs Elektronen in der äußersten Schale. Sie stehen damit jeweils zwei Stellen vor dem nächsten Edelgas und bilden so die VI. Hauptgruppe des Periodensystems.

Mit einem Anteil von 46,6% ist Sauerstoff (als O_2-Molekül in der Atmosphäre, mit Wasserstoff verknüpft im Wasser sowie in unzähligen oxidischen Erzen und Mineralien gebunden) das häufigste Element auf der Erdoberfläche überhaupt. Auch Schwefel ist mit einem Gesamtanteil von 0,052 ‰ noch ein häufiges Element, das sowohl „elementar" als S_8-Molekül, als auch in vielen sulfidischen Erzen als S^{--}-Ion bzw. als freier Schwefelwasserstoff in Erdgasquellen und auch in sulfatischen Mineralien wie Gips angereichert vorkommt. Demgegenüber sind Selen und Tellur mit je $\sim 10^{-7}$ % Anteil am Aufbau der Erdrinde relativ seltene Elemente, die in Schwefelvorkommen als „Verunreinigungen" auftreten. Polonium schließlich findet man als radioaktives Element nur mit $\sim 10^{-14}$ % als natürliches, unbeständiges Zerfallsprodukt in Uran- und Thoriummineralien. Durch Neutronenbestrahlung von Wismut kann das langlebigste Isotop ^{210}Po in Kernreaktoren heute zwar bereits in Gramm-Mengen hergestellt werden, doch verhindert die Halbwertszeit von 138,4 Tagen seine Ansammlung in substantiellen Mengen. Polonium fügt sich in seinen Eigenschaften, deren Untersuchung wegen der intensiven α-Strahlung nicht leicht ist, gut in die Reihe der Chalkogene ein, soll aber, da ihm keine praktische Bedeutung zukommen kann, in dieser knappen Abhandlung nicht weiter berücksichtigt werden.

Unter Normalbedingungen kommen die Chalkogene naturgemäß nicht atomar, sondern als Moleküle vor. Sie können aber im Gegensatz zu den früher besprochenen Elementen mit sich selbst alle mehr als nur eine Verbindung bilden. Solche verschiedenen Verbindungen eines Elementes mit sich selbst heißen *Element-Modifikationen.* Soweit die in folgender Tabelle (Tab. III.9.) aufgeführten Eigenschaften der Chalkogene nicht die Atome betreffen, gelten sie für die jeweils unter den gegebenen Umständen thermodynamisch stabilen Modifikationen, die später noch besprochen werden.

Mit steigender Ordnungszahl nehmen innerhalb dieser Elementfamilie erwartungsgemäß Atomgewicht, Atomradius, Schmelzpunkt, Siedepunkt, Schmelz- und Siedewärme usw. zu. Entsprechend fallen Ionisierungspotential, Elektronenaffinität und Elektronegativität ab. Zur Erreichung der Edelgaskonfiguration fehlen diesen Atomen zwei Elektronen. Man muß also eine Tendenz zur Ausbildung der Oxydationsstufe −2 erwarten, die in der Tat beobachtet wird. Ein Vergleich der Elektronegativität mit denen der Halogene zeigt aber, daß nur Sauerstoff mit praktisch allen Metallen wirklich ionogene Oxide mit O^{--}-Ionen bilden kann, während dies bei Schwefel, Selen und Tellur nur noch mit den elektropositivsten Metallen der Fall sein kann. Bei diesen Elementen wird die Oxydationsstufe −2 durch Ausbildung mehr oder weniger stark polarisierter Atombindungen erreicht.

Die Ausbildung positiver Oxydationsstufen (sehr selten +2, meist +4 oder +6) ist (mit Ausnahme von Sauerstoff, der natürlich nur gegen Fluor positiv werden kann) zwar etwas leichter möglich als bei den

Halogenen und die entsprechenden Verbindungen müssen auch schwächer oxydierend sein als die Halogenverbindungen, doch sind die Ionisierungspotentiale immerhin noch so hoch, daß positive Chalkogenionen in chemischen Reaktionen nicht gebildet werden können. Alle Verbindungen mit positiven Chalkogenen müssen demnach kovalent gebaut sein.

Tabelle III.9. Einige Eigenschaften der Chalkogene

	Sauerstoff	Schwefel	Selen	Tellur
Ordnungszahl	8	16	34	52
Elektronenanordnung	[He] $2s^2 2p^4$	[Ne] $3s^2 3p^4$	[Ar] $3d^{10} 4s^2 4p^4$	[Kr] $4d^{10} 5s^2$
Atomgewicht	15,9994	32,064	78,96	127,60
Ionisierungspotential in eV	13,614	10,357	9,750	9,01
Elektronenaffinität in eV (für 2 Elektronen)	− 7,28	− 3,44	− 4,21	−
Elektronegativität (nach Pauling)	3,5	2,5	2,4	2,1
Atomradius in Å	0,74	1,04	1,14	1,37
Schmelzpunkt °C	−218,9	118,95	217,4	449,8
Siedepunkt °C	−182,96	444,60	684,8	1390
Schmelzwärme in kcal/g Atom	0,053	0,35	1,6	4,27
Verdampfungswärme in kcal/g Atom	0,814	2,52	4,35	11,0

Bereits beim Vergleich F_2–Cl_2 (s. S. 43) zeigte sich, daß zwischen dem ersten und zweiten Element einer Gruppe ein viel größerer Unterschied besteht als zwischen den schwereren Homologen. Diese Tatsache fällt in der VI. Hauptgruppe noch stärker auf. Die relativ sehr starken Unterschiede im Atomradius und damit zusammenhängend im Ionisierungspotential und der Elektronegativität zwischen Sauerstoff und Schwefel bedingen, zusammen mit den auftretenden freien d-Bahnen erst vom Schwefel ab, eine weitgehende *Sonderstellung des Sauerstoffs* innerhalb dieser Elementfamilie. Nicht Sauerstoff, sondern Schwefel ist daher das *„charakteristischste" Chalkogen.* Zweckmäßigerweise wird deshalb Sauerstoff mit seinen Verbindungen vor den anderen Chalkogenen getrennt behandelt.

1. *Sauerstoff*

Sauerstoffatome können miteinander zwei verschiedene Verbindungen bilden: das gewöhnliche Sauerstoffmolekül, O_2, und die sehr unbeständige Sauerstoffmodifikation Ozon, O_3. Die Erdatmosphäre besteht zu ca. 25% aus O_2-Molekülen.

a) *Molecular orbital (MO)-Theorie*

Ein O-Atom hat 6 Außenelektronen; davon sind 4 ($2s^2$ und $2p_x^2$) gepaart und zwei ($2p_y^1$, $2p_z^1$) ungepaart. Nach der beim H_2-Molekül (S. 34) besprochenen *VB-Methode* sollten die beiden ungepaarten p-Elektronen ihre Spins mit denen eines zweiten O-Atoms koppeln und so durch eine zweifache Elektronenpaarbindung *(„Doppelbindung")* ein Molekül :Ö::Ö: bilden. Diese Formulierung ist aber mit Sicherheit falsch, weil die Untersuchung des magnetischen Verhaltens von Sauerstoff gezeigt hat, daß in dem Molekül zwei ungepaarte Elektronen vorliegen.

α) *Magnetisches Verhalten chemischer Verbindungen*

Jede Bewegung einer elektrischen Ladung, also auch die Bewegung von Elektronen in Atomen, Molekülen und Ionen, bedingt einen magnetischen Effekt. Jedes Elektron wirkt danach durch seine Bewegung wie ein winziger *Elektromagnet*. Sind die Bahn- und Spin-Momente der Elektronen eines chemischen Systems kompensiert, dann gilt dies naturgemäß auch für deren magnetische Effekte. Solche Systeme sind dann *diamagnetisch*, d. h. sie werden von einem äußeren Magnetfeld zwangsläufig abgestoßen. Sind dagegen ungepaarte Elektronen vorhanden, dann orientiert sich deren nach außen auftretendes resultierendes Feld in einem von außen angelegten Magnetfeld – solche Systeme sind *paramagnetisch*. Solcher *Paramagnetismus* ist prinzipiell stärker als der jeder Verbindung naturgemäß eigene *Diamagnetismus*! Das nach außen wirksame Moment (bestimmbar etwa mit der „magnetischen Waage") ist deshalb die Differenz aus Paramagnetismus und Diamagnetismus des untersuchten Systems. Es gibt an, ob und wieviel Elektronen des Systems ungepaart sind. Für das Sauerstoffmolekül ergibt eine solche Bestimmung überraschenderweise das Vorliegen von zwei ungepaarten Elektronen.

Ist damit die VB-Methode ad absurdum geführt? Keineswegs. Dieser Befund beweist nur deutlich, daß die in der VB-Methode verwandten Näherungsverfahren in diesem Fall viel zu grob sind, um alle Phänomene klar zu beschreiben. Im O_2-Molekül liegt ein typischer Fall vor, wo die

MO-Theorie – trotz zwangsläufig ebenso grober Näherungsverfahren – die beobachteten Verhältnisse richtiger wiedergibt.

Was sagt die MO-Theorie aus? Im Prinzip wird nach dieser Theorie ein Molekül als Ganzes so behandelt wie ein isoliertes Atom bei der Ableitung seiner möglichen Atomorbitale. Man geht von den Atomkernen aus, wie sie in dem betreffenden Molekül angeordnet sind, und berechnet dann nach der Quantenmechanik die verschiedenen möglichen Energiezustände für ein Elektron im gemeinsamen Feld dieser Atomkerne. Diese Zustände heißen *Molekülbahnen* oder *Molekülorbitale.* Im Gegensatz zu den einzentrigen *Atombahnen* haben diese Molekülbahnen entsprechend der Zahl der Atome des Moleküls aber *mehrere Zentren.* Diese Bahnen werden nun, genauso wie die Atombahnen, nach dem *Aufbauprinzip* mit den zur Neutralisation der Kernladungen erforderlichen Elektronen schrittweise nach steigendem Energieinhalt der Bahnen so aufgefüllt, daß jede Bahn maximal nur zwei Elektronen mit entgegengesetztem Spin enthält. Während aber die möglichen Energiezustände eines Elektrons im Feld eines einzigen Kerns, also die Atombahnen, exakt berechnet werden können, gelingt dies für Molekülbahnen nicht. Sie sind nur durch Näherungsverfahren zugänglich. Ein relativ einfaches und qualitativ recht brauchbares Näherungsverfahren dafür ist die Methode der *Linearkombination von Atomorbitalen (LCAO-Methode).* Ihr liegt die Vorstellung zugrunde, daß ein Elektron, das sich im Feld der Atomkerne eines Moleküls bewegt, zu einer bestimmten Zeit recht nahe bei einem Kern und entsprechend entfernt von den anderen Kernen ist. In diesem Augenblick soll es sich dann so verhalten, als befinde es sich in einer Atombahn dieses Kerns.

Dieses LCAO-Verfahren läßt sich sehr gut am einfachsten denkbaren Molekül, dem H_2^+-Ion zeigen, bei dem zwei Wasserstoffatome durch ein einziges Elektron zusammengehalten werden. Hier kann aber nicht näher auf dieses Problem eingegangen werden. Es sei vielmehr am einfachen Beispiel von zweiatomigen Molekülen aus gleichen Atomen ein grob qualitatives Bild der Ergebnisse einer solchen Behandlung kurz aufgezeigt.

Die Linearkombination (Addition und Subtraktion der Wellenfunktionen) zweier Atombahnen gleicher oder ähnlicher Energie liefert jeweils zwei Molekülbahnen, von denen eine energieärmer und die zweite um den gleichen Betrag energiereicher ist als die ursprünglichen Atombahnen. Elektronen auf der energieärmeren Bahn heißen *bindende*, solche auf der energiereicheren Bahn dagegen *anti-bindende* oder *lockernde* Elektronen. Während die Symmetrie von Atombahnen durch lateinische Buchstaben (s, p) ausgedrückt wird, geschieht dies bei Molekülbahnen durch entsprechende griechische Buchstaben (σ,π). Die Kombination zweier energiegleicher s-Bahnen liefert zwei um die Verbindungsachse der Atomkerne zylindersymmetrische Molekülbahnen. Solche zylindersymmetrischen Energiezustände werden mit σ bezeichnet. Zwei energiegleiche p_x-Bahnen liefern ebenfalls zwei σ-Orbitale. Die Kombination zweier p_y-Bahnen liefert dagegen zwei Molekülbahnen anderer Symmetrie. Diese Zustände heißen π-Bahnen. Sie haben eine Knotenebene, in der die Verbindungsachse der Atomkerne liegt. Aus zwei p_z-Orbitalen entstehen ebenfalls zwei π-Orbitale, die zwar um 90° gegen die π_y-Zustände verdreht sind, aber mit diesen energiegleich sind, so daß sie nicht verschieden bezeichnet werden müssen. Zur Unterscheidung, um welche σ- oder π-Bahnen es sich handelt, wird die Bezeichnung der Atombahnen dazugeschrieben, aus denen sie entstanden sind. Die antibindenden (energiereicheren) Zustände werden jeweils mit einem * versehen.

Moleküle bilden sich naturgemäß nur, wenn ihr Energieinhalt geringer ist als der der isolierten Atome. Das bedeutet aber nichts anderes, als daß in einem Molekül die Zahl der bindenden Elektronen die der antibindenden übertreffen muß. Die „*Bindungsordnung*" (Anzahl der Atombindungen durch „gemeinsame" Elektronenpaare) errechnet sich logischerweise ganz einfach durch Teilung der Differenz von bindenden und anti-bindenden Elektronen durch 2. Für die zweiatomigen Moleküle aus Atomen der Elemente der ersten zwei Perioden ergibt sich folgende Reihenfolge des Energieinhaltes der möglichen Molekülorbitale:

$$\sigma(1s) < \sigma^*(1s) < \sigma(2s) < \sigma^*(2s) < \sigma(2p_x) < \pi(2p_y) = \pi(2p_z)$$
$$< \pi^*(2p_y) = \pi^*(2p_z) < \sigma^*(2p_x).$$

Gewöhnlich zeichnet man ein „*Energiediagramm*", in dem die einzelnen Zustände als waagerechte Striche gegen ihren Energieinhalt E aufgetragen werden. Energiegleiche Bahnen kommen dabei nebeneinander. Zur besseren Übersicht werden häufig die beiden Atomorbitale, aus denen die jeweilige Molekülbahn hervorgegangen ist, rechts und links davon in der entsprechenden „Energiehöhe" eingetragen. Durch senkrecht stehende Pfeile wird Zahl und Spin der Elektronen in den Bahnen symbolisiert. In Abb. III.10. ist dies für das Sauerstoffmolekül O_2 gezeigt (da für die Bindung nur die Elektronen der äußersten Schale eine Rolle spielen, ist die K-Schale in dem Diagramm weggelassen – die beiden daraus resultierenden vollbesetzten Zustände $\sigma^2 1s$ und $\sigma^{*2} 1s$ kompensieren sich genau; dies ist nur ein anderer Ausdruck für die Tatsache, daß die „inneren" Elektronen an der Bindung unbeteiligt sind).

Die 8 Molekülbahnen werden von unten nach oben nach dem Aufbauprinzip mit den vorhandenen 12 Elektronen so gefüllt, daß energiegleiche

Niveaus, wie auch bei den Atombahnen, zuerst einzeln besetzt werden (*Hund*sche Regel). Dabei erhält man 8 bindende und 4 anti-bindende Elektronen. Die *Bindungsordnung* (s. S. 83) ist demgemäß $(8-4):2=2$. Wichtiger ist aber, daß aus dem Diagramm unmittelbar klar hervorgeht, daß im Sauerstoffmolekül trotz gerader Elektronenzahl zwei ungepaarte Elektronen vorhanden sind.

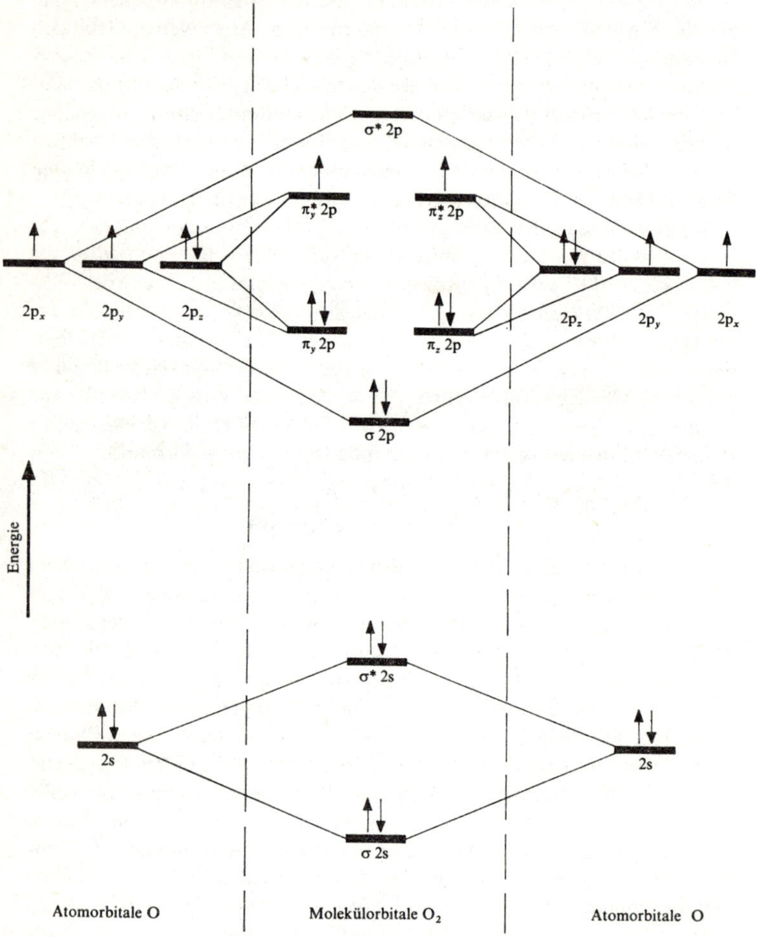

Abb. III.10. MO-Schema des O_2-Moleküls

In diesem Fall erklärt also die MO-Theorie trotz ihrer groben Näherungsverfahren den experimentellen Befund „*auf Anhieb*" überzeugend.

Zuverlässige quantitative Berechnungen nach der MO-Methode sind nicht ganz so einfach, wie das durch dieses schematische Bild vielleicht vorgetäuscht wird. Sie sind heute aber weit verbreitet. Bei unserem derzeitigen Kenntnisstand eignet sich diese Hypothese tatsächlich besser für Berechnungen als die VB-Methode. Die qualitative Interpretation solcher Rechenergebnisse ist aber umgekehrt nach dem letzteren Verfahren erheblich einfacher. Daher mag es kommen, daß oft mit Hilfe der MO-Methode „*gerechnet*" und mit Hilfe der VB-Methode „*erklärt*" wird. Die klare Erkenntnis dieses scheinbaren Paradoxons sollte vor der bequemen Illusion des Verstehens bewahren und zu weiteren intensiven Arbeiten mit dem Ziel eines tieferen Verständnisses der chemischen Bindung anregen.

Sauerstoff ist ein farbloses Gas, das bei −182,97 °C zu einer hellblauen Flüssigkeit kondensiert und bei −218,4 °C zu einem ebenfalls hellblauen Festkörper erstarrt. Seine *kritische Temperatur* ist −118,8 °C, der *kritische Druck* 49,7 atm. Im flüssigen und festen Sauerstoff finden sich auch O_4-Moleküle, entstanden nach $2O_2 \rightleftarrows O_4$. Sie können spektroskopisch nachgewiesen werden. Es handelt sich dabei allerdings nicht um echte Elektronenpaarbindungen über die ungepaarten Elektronen, da die Bindungsenergie nur 0,13 kcal/Mol beträgt. Die Natur dieser ungewöhnlich schwachen Bindungskräfte, welche zwei O_2-Moleküle bei tiefen Temperaturen zusammenhält, ist noch nicht bekannt. Sie ist viel zu klein für echte Atombindungen und gleichzeitig zu groß für einfache van der Waals-Anziehungen.

Die einzig stabile Verbindung von Sauerstoffatomen mit sich selbst, O_2, ist als gewöhnlicher „*Sauerstoff*" in großen Mengen, in Stahlflaschen unter hohem Druck, im Handel erhältlich und dient – als starkes Oxydationsmittel – u. a. zum Verbrennen von Azetylen beim Schweißen. Er wird durch *fraktionierte Destillation* von verflüssigter Luft leicht vom tiefer siedenden Stickstoff (s. S. 156) abgetrennt und so technisch hergestellt. In flüssiger Form in geeigneten Kühlgefäßen (*Dewar*-Gefäßen) aufbewahrt, dient er u. a. als Oxydationsmittel von Treibstoffen (flüssigem Wasserstoff oder Kohlenwasserstoffen) in Flüssigkeitsraketen für die Weltraumforschung.

O_2 ist verhältnismäßig gut physikalisch löslich in Wasser und vielen organischen Lösungsmitteln. Wäßrige O_2-Lösungen sind von fundamentaler Bedeutung für das Leben, dessen Energie letztlich aus der Oxydation verschiedener organischer Verbindungen („Nahrungsmittel" bzw. deren biologische Abbauprodukte) durch Sauerstoff stammt. So wird etwa bei der Atmung Sauerstoff in der wäßrigen Blutflüssigkeit gelöst und aus dieser Lösung mit Hilfe reversibler Träger für O_2-Moleküle biologisch gesteuert transportiert. Als biologische Träger wirken Metallchelate (s. Band II), die als prosthetische Gruppen an Eiweißmoleküle gebunden sind, z. B. Hämoglobin (ein an Porphinderivate gebundenes Eisenatom) und Hämocyanine.

Auch im Laboratorium spielen O_2-Lösungen als – manchmal erwünschte, oft auch unerwünschte – Oxydationsmittel eine wichtige Rolle.

Das O_2-Molekül ist sehr stabil. Die Dissoziation in die Atome nach

$$O_2 + 117\,\text{kcal} \rightleftharpoons 2\,O$$

erfordert sehr viel Energie. Die dabei gebildeten Atome sind entsprechend energiereich und reaktionsfähig und damit auch nur sehr kurzlebig. Die stark exotherme Rekombination der Atome zum Molekül wird durch feste Oberflächen stark beschleunigt. Die Reaktionen der sehr aktiven O-Atome sind noch wenig untersucht. Sie lassen sich, allerdings immer noch mit O_2 vermischt, durch Zufuhr thermischer (hohe Temperatur), elektrischer – (Glimmentladung oder „stille" elektrische Entladung bei stark vermindertem Druck) oder Licht-Energie (Bestrahlung mit Wellenlängen unter 1900 Å) darstellen. Ihre wichtigste Reaktion ist die Umsetzung mit O_2-Molekülen zu der zweiten bekannten Sauerstoffmodifikation, *Ozon*, nach

$$O_2 + O \rightarrow O_3 .$$

Ozon ist ein blaues Gas, das bei $-112{,}4\,°C$ zu einer blauen Flüssigkeit kondensiert und bei $-193\,°C$ zu schwarzblauen Kristallen erstarrt. Im Gegensatz zu O_2 ist O_3 diamagnetisch, enthält also keine ungepaarten Elektronen. Ozon ist eine stark *endotherme* Verbindung, d. h. es ist unbeständig in bezug auf O_2, worin es sich unter Abgabe von viel Energie nach

$$O_3 \rightleftharpoons {}^3/_2\,O_2 + 34{,}2\,\text{kcal}$$

leicht umwandelt. Diese Umwandlung wird durch Spuren von Verunreinigungen katalysiert. Das bedeutet, daß unverdünntes Ozon nur in reinster Form zu handhaben ist. Andernfalls explodiert es sehr heftig unter Bildung von O_2. Ozon wird, im Gemisch mit O_2, durch stille elektrische Entladung in Luft oder reinem O_2 hergestellt („*Ozonisator*") und dann durch fraktionierte Destillation vom überschüssigen O_2 abgetrennt. Mit flüssigem O_2 ist es nicht unbegrenzt mischbar. Es bilden sich zwei Phasen: Eine enthält $\sim 25\,\%$ O_3 und ist beständig (sie ist von erheblicher potentieller Bedeutung in der Raketentechnik); die andere, tiefblaue, enthält $\sim 70\,\%$ Ozon und ist, wie reines O_3, sehr explosiv.

Vielversprechende Versuche zur technischen Ozonsynthese werden zur Zeit durch anodische Oxydation von Wasser bei tiefen Temperaturen ($-40\,°C$, konzentrierte $HClO_4$-Lösungen zur Schmelzpunkterniedrigung) durchgeführt.

Geringe Ozonmengen entstehen überall dort, wo durch Energiezufuhr Sauerstoffatome aus dem praktisch allgegenwärtigen O_2 entstehen, die dann mit diesem O_2 zu O_3 reagieren, z. B. durch Blitzschlag oder durch UV-Strahlen unter „Höhensonnen". Seine Anwesenheit ist dabei bereits in sehr geringen Mengen durch seinen charakteristischen, sehr intensiven Geruch wahrnehmbar. Unter dem Einfluß des ultravioletten Teils des Sonnenspektrums entsteht auch in der Atmosphäre immer – in den untersten Schichten allerdings nur äußerst geringe Mengen – etwas Ozon, dessen Konzentration in ~ 25 km Höhe ein Maximum erreicht.

Das Ozonmolekül ist gewinkelt ($\measuredangle = 116°49' \pm 30'$, O—O-Abstand $1{,}278 \pm 0{,}003$ Å). Der zwischen dem Einfachbindungsabstand (1,49 Å) und „Doppelbindungsabstand" in O_2 (1,21 Å) liegende Wert zeigt das Vorliegen starker delokalisierter π-Bindungen an. Der Bindungszustand wird durch folgende Resonanzformulierungen umschrieben:

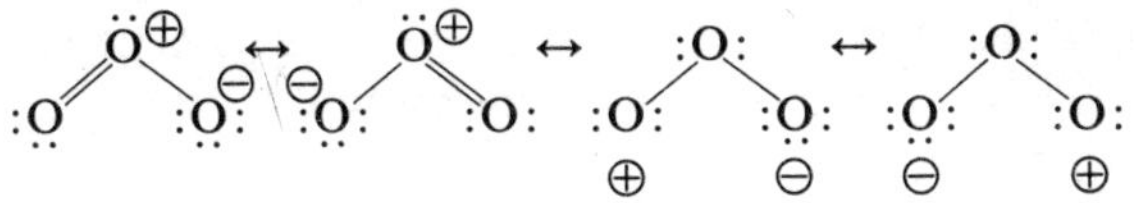

O_3 unterscheidet sich in seiner Reaktivität sehr stark von O_2. Gewöhnlicher Sauerstoff (O_2) reagiert zwar prinzipiell mit praktisch allen Elementen und Verbindungen in Redoxreaktionen, doch sind dazu meist ziemlich hohe Temperaturen erforderlich („Verbrennungen"). Demgegenüber geht O_3 die gleichen Reaktionen fast immer schon bei Raumtemperatur oder darunter spontan ein. Es wird in seiner *Oxydationskraft* unter vergleichbaren Bedingungen nur von Fluor und Sauerstoffatomen übertroffen. (Sehr wahrscheinlich beruht diese starke Oxydationswirkung auf den Sauerstoffatomen, die bei dem im Kontakt mit anderen Stoffen bewirkten Zerfall von O_3 intermediär auftreten). Alle organischen Verbindungen werden von Ozon angegriffen. Es kann deshalb z. B. nicht durch Gummischläuche geleitet werden, die sofort zerfallen würden. Natürlich werden auch lebende Organismen davon oxydativ zerstört, weshalb Ozon eines der stärksten denkbaren Gifte überhaupt ist – ganz besonders für Mikroorganismen (woraus vielleicht die unsinnige Werbung mit der „ozonreichen", gesunden (!) Luft mancher Fremdenverkehrsorte ihre Berechtigung ableitet).

Die Oxydationswirkung gegenüber anorganischen Verbindungen wird z. B. bei der „*Aufhellung*" nachgedunkelter Gemälde (Oxydation des schwarzen Bleisulfids in den Farben zum weißen Bleisulfat) oder im Falle der spontanen Jodidoxydation zur quantitativen Bestimmung von Ozon ausgenützt nach

$$O_3 + 2KJ + H_2O \rightarrow J_2 + 2KOH + O_2$$

(Jodometrie, s. S. 139).

Der experimentelle Umgang mit Ozon ist, eben wegen seiner hohen Reaktionsfähigkeit mit fast allen Materialien und seiner Kurzlebigkeit selbst in Verdünnung mit Luft nicht einfach (ganz abgesehen von seiner extremen Gefährlichkeit in konzentrierter Form). Eine wesentliche Erleichterung brachte hier kürzlich die Entdeckung, daß Ozon in „*Frigenen*" (Fluor-Chlor-Kohlenwasserstoffe) ohne Zersetzung gut löslich ist. Mit solchen Lösungen kann man gut arbeiten und sogar titrieren.

b) *Verbindungen des Sauerstoffs*

α) *mit Wasserstoff*

Mit Wasserstoff bildet Sauerstoff drei verschiedene binäre Verbindungen, nämlich *Wasser* (H_2O), *Wasserstoffperoxid* (H_2O_2) und das sehr unbeständige (und unwichtige) *Wasserstoffhyperoxid* (HO_2).

Wasser

Bringt man das bei Raumtemperatur beständige stöchiometrische Gemisch aus 2 Mol Wasserstoff und 1 Mol Sauerstoff („*Knallgas*") durch lokales Erhitzen („Zündung") zur Reaktion, dann bildet sich in heftiger Explosion nach

$$H_2 + {}^1/_2 O_2 \rightleftharpoons H_2O + 68{,}32\ \text{kcal}$$

das beständigste und bei weitem wichtigste Wasserstoffoxid, Wasser. (Die sehr hohe Verbrennungswärme von H_2 mit O_2 kann durch geregelte Oxydation an der Mündung eines „*Daniellschen Hahnes*" – die beiden Komponenten werden dabei getrennt der Brennermündung zugeführt – ausgenützt werden.) Die hohe Bildungswärme zeigt die Beständigkeit des Wassermoleküls, das naturgemäß nur durch Zufuhr der gleichen Energiemenge wieder in seine Bestandteile zerlegbar ist (bei 2000 °C sind erst 2 % Wasser gespalten!).

Die Wasserbildung ist, wie die der Halogenwasserstoffe, eine Redoxreaktion, bei der keine Ionenbindungen (H^+-Ionen existieren in chemischen Verbindungen nicht – s. S. 32), sondern Atombindungen ausgebildet werden, die angesichts der großen Elektronegativitätsdifferenz von 1,4 Einheiten zwischen H und O stark polarisiert sind. Diese Polarisierung ermöglicht die Ausbildung starker Wasserstoffbrückenbindungen, durch welche Struktur und Eigenschaften des im flüssigen und festen Zustand *polymeren* Wassers bedingt sind. Nur im Gaszustand existieren einzelne H_2O-Moleküle (der Verdampfung des Wassers geht also eine *Depolymerisation* voraus).

H_2O-Moleküle zeigen ein starkes *Dipolmoment* (s. S. 47), können also nicht gestreckt gebaut sein, da sich sonst die Momente $\overset{\delta+}{H}—\overset{\delta-}{O}—\overset{\delta+}{H}$ kompensieren müßten. Sie sind gewinkelt, wobei der Winkel 104° 40′ beträgt:

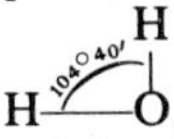

, H—O = 0,96 Å. Würde das O-Atom zur Bindung reine p-Bahnen benützen, wäre ein Winkel von 90° zu erwarten. Die elektrostatische Abstoßung der beiden gleichgeladenen H-Atome könnte nur zu einer Aufweitung auf ~97° führen. Der experimentell ermittelte Wert zeigt, daß für die beiden O—H-Bindungen s-p-Hybride (s. S. 59) mit einem p-Anteil zwischen 0,75 und 1 benützt werden (die im H:Ö:H-Molekül beiden freien Elektronenpaare müssen dann s-p-Hybridbahnen mit einem p-Anteil < 0,75 besetzen). Aus diesem Molekülbau erklärt sich das Verhalten der Wassermoleküle als winzige „*Stabmagneten*", in denen die Schwerpunkte der positiven und negativen Ladungen trotz Neutralität nach außen nicht zusammenfallen.

Reines Wasser ist geschmack-, geruch- und farblos (flüssig und fest in Schichten über ~ 5 m Dicke zeigt es allerdings einen leichten blauen Schimmer – die häufig in dicken Schichten beobachtete grünliche „Farbe" rührt sehr wahrscheinlich von Algen her). Schmelzpunkt 0 °C, Siedepunkt 100 °C (Temperaturfixpunkte bei 760 mm Druck). Es kommt in der Natur in unerschöpflichen Mengen vor ($^3/_4$ der Erdoberfläche sind von Ozeanen bedeckt, Grundwasser, Flüsse und Seen, hoher Wassergehalt pflanzlicher und tierischer Lebewesen, bis zu 4 Vol.-% in der Atmosphäre), allerdings nie in reiner Form, da es sehr viele Stoffe – auch Gase (z. B. Luft) mehr oder weniger leicht löst – so sind im Meerwasser ~ 3 % Salze (hauptsächlich NaCl) gelöst. In sehr reiner Form („*Leitfähigkeitswasser*" s. S. 95) wird es durch mehrfache sorgfältige Destillation in Quarzgefäßen aus gewöhnlichem „destilliertem" Wasser gewonnen, dessen Reinheit für die meisten Verwendungszwecke im Laboratorium bereits ausreicht (es wird trotz seiner Bezeichnungsweise heute meist nicht mehr durch Destillation, sondern durch „Entsalzen" von gewöhnlichem Leitungswasser mit Hilfe von *Ionenaustauschern* erhalten (s. S. 274).

In der Praxis spielt eine mehr oder weniger gute „Grobreinigung" von natürlich vorkommendem Wasser in vielen Fällen eine erhebliche Rolle, so z. B. das „*Enthärten*" (s. S. 247) für Waschwasser oder Kesselspeisewasser. Potentiell von noch viel größerer Bedeutung aber ist in Zukunft ein rationelles „*Entsalzen*" *von Meerwasser*, mit dem dann riesige Trockengebiete der Erde bewässert werden könnten.

Festes Wasser (Eis) tritt, abhängig von Druck und Temperatur, in mindestens 6 verschiedenen Modifikationen (Eis I bis Eis VI) auf, ist also „*polymorph*". Beim Erstarren von Wasser bei 0 °C unter gewöhnlichem Druck bildet sich die Form I. Darin sind die Moleküle über Wasserstoffbrückenbindungen zu einem hochpolymeren, festen Verband verknüpft in der Art, daß jedes Sauerstoffatom tetraedrisch von 4 weiteren O-Atomen umgeben ist. Dieses Sauerstoffgerüst entspricht dem „*Tridymitgitter*" des SiO_2 (s. S. 267), stellt also eine relativ „*offene*" Struktur dar. Zwischen den O-Atomen befindet sich jeweils ein H-Atom als Verbindung. Im Gegensatz zu den F—H—F-Brücken im Fluorwasserstoff (s. S. 50) sind die Wasserstoffatome in diesem Fall aber nicht symmetrisch, sondern unsymmetrisch zwischen den O-Atomen angeordnet. Dadurch ergeben sich mehrere gleichberechtigte Möglichkeiten der Anordnung von je zwei nahen (kovalent gebunden) und zwei weiter entfernten (Brückenbindung) H-Atomen um ein O-Atom. Die *Nullpunktsentropie* von 0,81 für Eis steht mit diesem unsymmetrischen Modell im Einklang. Das Eisgitter ist also mehr oder weniger verzerrt. Da die H-Atome zwischen den O-Atomen relativ leicht auf der Verbindungsachse beweglich sind, ist auch die gegenseitige Umwandlung der nur wenig voneinander verschiedenen Eisformen durch Druck- und Temperaturänderung zu verstehen als Veränderung von „*Gitterverzerrungen*".

Zum Schmelzen der hexogonalen (Form I) Eiskristalle muß ein Teil der das feste Gerüst bedingenden Wasserstoffbrückenbindungen gelöst werden, wozu die beachtliche *Schmelzwärme* von 1,436 kcal/Mol (80 kcal/kg) erforderlich ist, die natürlich beim Erstarren von Wasser wieder frei wird (was angesichts der periodisch gefrierenden und wieder auftauenden riesigen Wassermassen wichtig für den Temperaturausgleich auf der Erdoberfläche ist). Die im Vergleich mit fast allen anderen Flüssigkeiten anomale *Dichtevergrößerung* beim Schmelzen (bis zum Dichtemaximum von 1 bei 4 °C) ist durch das allmähliche Zusammenbrechen der *lockeren Tridymit-Struktur* unter Übergang in die normalen Flüssigkeiten eigene *dichtere Kugelpackung* bedingt. (Diese Anomalie ermöglicht einmal das Leben in teilweise „zugefrorenen" Seen und Wasserläufen – Eis schwimmt auf Wasser, auf dem Grund sammelt sich das immer noch 4 °C „warme" Wasser als „schwerste Form" – und spielt auch für die so wichtige „Verwitterung" der Erdoberfläche eine entscheidende Rolle – das in dünnen Kapillaren im Gestein eingedrungene Wasser dehnt sich beim Gefrieren aus und sprengt so durch die Drucksteigerung auch härteste Massen.) Weil das Schmelzen von Eis mit einer Volumenverminderung (Dichtevergrößerung) verbunden ist, muß der Schmelzpunkt durch Druckerhöhung erniedrigt werden (z. B. $-20\,°C$ bei 2000 atm). Diese Tatsache zeigt das „*Prinzip des kleinsten Zwanges*", nach dem ein im Gleichgewicht befindliches System (hier Eis-Wasser) unter der Einwirkung eines äußeren Zwanges eine Verschiebung in dem Sinn erfährt, daß dadurch der äußere Zwang vermindert wird.

Die Struktur des flüssigen Wassers ist ungewöhnlich kompliziert und – obwohl besonders für biologische Vorgänge außerordentlich wichtig (alles Leben spielt sich ja im „wäßrigen Milieu" ab; viele der komplizierten „Überstrukturen" etwa von Peptiden sind ihrem Wesen nach vielleicht sinnvoll gebaute „Löcher in Wasser"?) – noch bei weitem nicht bekannt. Sicher ist, daß Wasser keine dichte Kugelpackung diskreter Moleküle, sondern eine über Wasserstoffbrücken polymerisierte Verbindung darstellt. Die Eisstruktur bricht nicht plötzlich, sondern allmählich zusammen, wie allein schon die Dichtezunahme von 0 °C auf 4 °C zeigt. Flüssiges Wasser ist ein „*Quasi-Kristall*". Je mehr dieser Kristallcharakter durch Erwärmen gestört wird, desto „dichter" müßte die Flüssigkeit werden. Von 4 °C ab wird diese Volumenabnahme durch „Entkristallisierung" aber durch eine von der rascheren Molekularbewegung bedingte Volumenzunahme (Dichteabnahme) überkompensiert, so daß sich Wasser von 4 °C an wie eine „normale" Flüssigkeit verhält, ohne eine solche zu sein. Bis zum Siedepunkt besteht es im wesentlichen aus mehr oder weniger großen $(H_2O)_x$-Einheiten, die erst durch Zufuhr der *Verdampfungswärme* von 9,82 kcal/Mol (545 kcal/kg) (die beim Kondensieren des Dampfes als *Kondensationswärme* wieder frei wird) in Einzelmoleküle gespalten werden, wie sie im Gaszustand vorliegen.

Aufgrund ihres gewinkelten Baues zeigen Wassermoleküle ein sehr starkes Dipolmoment. Dies äußert sich in der extrem hohen *Dielektrizitätskonstante* 81 (Vakuum und praktisch alle Gase = 1). Elektrostatische Wechselwirkungen zwischen entgegengesetzt geladenen Teilen werden, verglichen etwa mit Luft, in Wasser danach auf $\sim {}^1/_{80}$ (!) reduziert. Das kommt davon her, daß sich die Wasserdipole möglichst symmetrisch um geladene Teilchen (Ionen) so gruppieren (mit dem negativen Ende zu Kationen orientiert und umgekehrt zu Anionen), daß deren Raumladung praktisch kompensiert (gleichzeitig natürlich auch die Wasserstruktur erheblich beeinflußt) wird. Das bedeutet, daß entgegengesetzt geladene Ionen in Wasser (und den sehr wenigen Flüssigkeiten ähnlich hoher Dielektrizitätskonstante) in relativ hoher Konzentration nebeneinander existieren können, ohne sich zu Kristallgittern zusammenzulagern und dadurch als Festkörper aus der „Lösung" auszufallen. Durch die elektrostatische Wechselwirkung zwischen Ionen und Wassermolekülen *(Ionen-Dipol-Bindung)* wird naturgemäß Energie frei *(Solvatationsenergie*, im speziellen Fall *Hydratationsenergie)*. Bei der Zusammenlagerung entgegengesetzt geladener Ionen zu festen Ionengittern (Ionenbindung, s. S. 69) wird ebenfalls Energie frei *(Gitterenergie)*. Weil die *Hydratationsenergie* wegen des starken Dipolmomentes von Wasser sehr hoch ist, übertrifft sie häufig die *Gitterenergie* von Ionenkristallen. Wenn dies der Fall ist, löst sich der Kristall in Wasser auf. Wasser ist deshalb mit Abstand das wichtigste und in jeder Beziehung bedeutungsvollste Lösungsmittel überhaupt. *Bei den Lösungen ionogen aufgebauter Stoffe handelt es sich nicht um rein „physikalische Lösungen" (Gemische verschiedener Moleküle, bedingt durch thermische Bewegung, ohne stärkere Wechselwirkung miteinander), sondern um durch chemische Reaktionen bedingte Phänomene (Lösungen von Ionenbindungen im Kristall durch Ausbildung stärkerer Bindungen zur neu ausgebildeten „Hydrathülle" der einzelnen Ionen)*. Unlöslich in Wasser sind dann zwangsläufig solche Ionenverbindungen, deren Gitterenergie größer ist als ihre Hydratationsenergie. Die Gitterenergie muß um so größer sein, je kleiner die Ionen sind und je höher ihre Ladung ist (Vergrößerung der Ladungsdichte). In der Reihe der besprochenen Alkalihalogenide muß LiF die größte und CsJ die geringste Gitterenergie aufweisen. Dementsprechend ist LiF tatsächlich in Wasser nur schlecht, alle anderen „Salze" dieser Reihe dagegen gut (am besten CsJ) in Wasser löslich. Je weniger Wassermoleküle um die Ionen herum zur „Isolierung" voneinander nötig sind, je geringer also die Gitterenergie eines „Salzes" ist, desto konzentriertere wäßrige Lösungen können davon dargestellt werden. Oberhalb der hauptsächlich von der Gitterenergie bedingten Sättigungskonzentration „fällt" die Verbindung in fester Form aus der Lösung aus. Zwischen dem „*Bodenkörper*" und der darüberstehenden konzentrierten Lösung besteht ein temperaturabhängiges Gleichgewicht, in dem immer gleich viel Ionen in solvatisierter Form in Lösung gehen wie gleichzeitig „ausfallen". (Daß sich auch viele nicht-ionogene Kohlenwasserstoffderivate wie z. B. Zucker gut in Wasser lösen, beruht auf der Ausbildung von Wasserstoffbrückenbindungen mit deren „*funktionellen Gruppen*", also wieder auf, allerdings anderen, chemischen Wechselwirkungen – reine Kohlenwasserstoffe lösen sich nur physikalisch, d. h. praktisch gar nicht darin.)

Wäßrige Lösungen ionogener Verbindungen leiten natürlich als *Leiter 2. Klasse* (unter Stofftransport) den elektrischen Strom, und zwar erheblich besser als geschmolzene Salze (s. S. 71), weil die Wechselwirkung zwischen den entgegengesetzten Ladungen durch das Dielektrikum Wasser drastisch vermindert und die Ionenbeweglichkeit entsprechend erhöht ist. Die positiv geladenen Kationen werden dabei an der Kathode reduziert und die negativ geladenen Anionen an der Anode oxydiert.

Wenn man Ionen in wäßriger Lösung formuliert, dann geschieht dies gewöhnlich einfach durch Angabe des Vorzeichens und der Zahl der Elementarladungen (z. B. Na^+, Cl^-, Ca^{2+} usw.). Darunter ist aber nicht das *„nackte“* Ion, sondern immer dessen *hydratisierte Form* (z. B. $Na^+ \cdot$ aqu. oder $Na^+ \cdot (H_2O)_x$) zu verstehen (die genaue Anzahl der um ein Ion gruppierten H_2O-Moleküle kann in Lösung nicht angegeben werden, da um die erste (innerste) Hydrathülle sich auch noch äußere Hüllen anordnen (in Abhängigkeit von der Konzentration der Lösung).

Nicht nur ionogen gebaute Verbindungen, sondern auch durch polare Atombindungen zusammengehaltene Moleküle *„lösen“* sich zuweilen sehr gut in Wasser. Auch in diesen Fällen handelt es sich nicht um einfache physikalische Lösungen, sondern um chemische Reaktionen mit dem „Lösungsmittel“. Dies sei am Beispiel der bereits behandelten extrem gut löslichen Halogenwasserstoffe gezeigt. Diese polaren Moleküle werden durch die ebenfalls polaren Wassermoleküle so gespalten, daß hydratisierte Protonen neben den hydratisierten Halogenidanionen in der Lösung vorliegen (Löslichkeit in 100 g Lösung bei 1 atm. und 20 °C: 35 g$(HF)_x$, 42 g HCl, 49 g HBr und 57 g HJ!). Dabei läuft die Reaktion

$$\mathrm{H\,Hal} + (x+y)\mathrm{H_2O} \rightleftharpoons \mathrm{H_3O^+} \cdot (x-1)\mathrm{H_2O} + \mathrm{Hal^-} \cdot y\mathrm{H_2O},$$

(außer bei HF) fast vollständig nach rechts ab.

Bereits früher wurde betont, daß bei chemischen Reaktionen aus Energiegründen (s. S. 32) keine „nackten“ H^+-Ionen entstehen und es deshalb keine Ionengitter mit solchen Protonen gibt. Diese Ionen liefern wegen ihrer extrem hohen Ladungsdichte aber eine so hohe *Hydrationsenergie* ($H^+ + H_2O \rightarrow H_3O^+ + > 200$ kcal/Mol!), daß sie in wäßriger Lösung sehr wohl beständig sein und gebildet werden können. Wenn auch das H_3O^+-Ion als solches in manchen festen Ionengittern existieren kann, ist es in Lösung jedoch, wie auch alle anderen Kationen, noch weiter hydratisiert. Dabei spielt der Komplex $H_9O_4^+$ ($H_3O^+ \cdot 3\,H_2O$) eine besondere Rolle, in dem das Proton praktisch frei beweglich ist. Aber auch dieses Hydrat lagert in der äußeren Sphäre noch weitere Wassermoleküle an. *Die Schreibweise* H_3O^+ *oder gar* H^+ *ist also nur eine Abkürzung für* $H_3O^+ \cdot xH_2O$. Dieses „Hydroniumion“ ist wohl das wichtigste aller in wäßriger Lösung existenzfähiger Ionen. Unter anderem sind sehr viele biochemische Vorgänge extrem abhängig von seiner Konzentration in Wasser (pH-Wert, s. S. 96).

Die Lösungen dieser in wasserfreier Form kovalenten Halogenwasserstoffe leiten naturgemäß wieder den elektrischen Strom, da in Lösung ja geladene (hydratisierte) Ionen vorliegen.

Diese Lösungen heißen *Halogenwasserstoffsäuren.*

Nach *Brønsted* (erweiterte Definition nach *Lewis*, s. S. 132) ist eine Säure jedes Molekül oder Ion, das Protonen abgeben kann und eine Base umgekehrt jedes Molekül oder Ion, das Protonen aufnehmen kann. Formal entspricht diese Definition der Definition von *Reduktionsmittel/Oxydationsmittel.* Während im letzteren Fall Elektronen abgegeben bzw. aufgenommen werden, sind es im ersteren Fall Protonen. Die formale Analogie zwischen beiden Phänomenen ermöglicht deren gleiche quantitative thermodynamische Behandlung. Wie es kein absolutes Reduktionsmittel und Oxydationsmittel gibt, gibt es auch keine absolute Säure oder Base. Redoxvorgänge sind Konkurrenzreaktionen um Elektronen. *Ganz entsprechend handelt es sich bei Säure–Base-Beziehungen um Konkurrenzreaktionen um Protonen:*

$$\begin{array}{r} \text{Säure (1)} \rightleftharpoons \text{Base (1)} + H^+ \\ H^+ + \text{Base (2)} \rightleftharpoons \text{Säure (2)} \\ \hline \text{Säure (1)} + \text{Base (2)} \rightleftharpoons \text{Base (1)} + \text{Säure (2).} \end{array}$$

Die zu einer starken Säure korrespondierende Base ist entsprechend schwach, und umgekehrt. Am Beispiel der Bildung von Chlorwasserstoffsäure (alchemistischer Name = „Salzsäure“) aus HCl und H_2O ist dies zu formulieren als

$$\begin{array}{r} HCl \rightleftharpoons Cl^- + H^+ \\ H^+ + H_2O \rightleftharpoons H_3O^+ \\ \hline HCl + H_2O \rightleftharpoons Cl^- + H_3O^+. \end{array}$$

Die zur starken Säure (1) = HCl korrespondierte Base (1) = Cl^- ist schwach. Umgekehrt ist die zur schwachen Base (2) = H_2O korrespondierende Säure (2) = H_3O^+ stark.

Vergleicht man die *„Säurestärke“* der Halogenwasserstoffe in verdünnter wäßriger Lösung miteinander, dann stellt sich heraus, daß HF die schwächste und HJ die stärkste Säure dieser Reihe ist. Dieser der Reihenfolge der thermischen Stabilität (bzw. Bildungsenergie) und der Beständigkeit gegenüber Oxydationsmitteln (s. S. 46) entgegenlaufende Effekt ist zunächst überraschend, weil aufgrund der von HF zu HJ abnehmenden Bindungspolarität eine leichtere Dissoziation in Ionen (und damit erhöhte Säurestärke) in umgekehrter Richtung erwartet werden könnte. Dieser tatsächlich vorhandene Effekt wird aber überkompensiert durch die starke Radienzunahme von Fluor zu Jod. Trotz wesentlich geringerer Polarität der H—J-Bindung (im Vergleich mit HF) wird diese von Wasser leichter gespalten, weil das positiv polarisierte H-Atom vom Jodatom viel weiter entfernt ist als vom Fluoratom im HF-Molekül. Diese aus der Überlagerung zweier gegenläufiger Effekte resultierende Zunahme der Säurestärke (bzw. Abnahme der Basenstärke) von binären Hydriden mit positivem Wasserstoff innerhalb einer Gruppe des Periodensystems gilt ganz allgemein.

Eigendissoziation des Wassers

Da Wasser sehr viele Stoffe unter Bildung solvatisierter Ionen mehr oder weniger gut auflöst, ist es nicht verwunderlich, daß „gewöhnliches" Wasser wegen der darin immer vorhandenen Verunreinigungen den elektrischen Strom leitet. Auch sehr hochgereinigtes Wasser („Leitfähigkeitswasser", s. S. 89) enthält neben geringsten Spuren anderer Verunreinigungen immer noch etwas Kohlendioxid aus der Luft gelöst, womit seine, wenn auch geringe spezifische Leitfähigkeit von $\sim 4 \cdot 10^{-6}$ Siemens erklärbar ist. Ganz reines Wasser sollte als kovalente Verbindung aber ein absoluter Nichtleiter sein. Trotzdem leitet auch *„ultrareines"* Wasser noch den Strom. Seine Leitfähigkeit beträgt bei Zimmertemperatur allerdings nur $4 \cdot 10^{-8}$ reziproke Ohm („Siemens"), ein mm^3 Wasser hat damit den gleichen Widerstand wie ein Kupferdraht (1 mm^2 Querschnitt) von einer Länge der 40fachen Entfernung des Mondes von der Erde (15000000 km!). Diese minimale Eigenleitfähigkeit des Wassers rührt von dem fast vollständig auf der linken Seite liegenden Gleichgewicht

$$H_2O + H_2O + (x+y)\,H_2O \rightleftharpoons H_3O^+ \cdot xH_2O + OH^- \cdot yH_2O$$

(abgekürzt $H_2O + H_2O \rightleftharpoons H_3O^+ + OH^-$) her. Danach vermag Wasser gegenüber sich selbst gleichzeitig als Säure (Protonendonor) und als Base (Protonenacceptor) zu wirken (solcher Dualismus wird auch als „amphoteres" Verhalten bezeichnet). Die Konzentration der in diesem Gleichgewicht gebildeten H_3O^+- und OH^--Ionen muß angesichts der Elektroneutralität von Wasser naturgemäß völlig gleich sein.

Die Lage dieses (wie auch jedes anderen) chemischen Gleichgewichtes ist durch die Konzentration der miteinander reagierenden Partner bestimmt (die Konzentration eines Teilchens in Mol/Liter wird durch eckige Klammern um dessen Symbol abgekürzt). Diese für die Chemie fundamentale Tatsache wird durch das *Massenwirkungsgesetz* ausgedrückt: Das Produkt der Konzentrationen der Ausgangsstoffe geteilt durch das Produkt der Konzentrationen der entstehenden Stoffe ist jeweils eine Konstante.

Diese Konstante K hängt für jede bestimmte Reaktion nur von der Temperatur ab (nach dem Prinzip des kleinsten Zwanges wird ein Gleichgewicht durch Temperatursteigerung in der Richtung verschoben, in der Energie verbraucht wird).

In 10000000 Litern H_2O ist bei Raumtemperatur nur ~1 Mol (18 g) dissoziiert. Deshalb kann man in dem Gleichgewicht

$$\frac{[H_3O^+] \cdot [OH^-]}{[H_2O]^2} = K$$

die praktisch immer gleichbleibende *Konzentration des Wassers „in sich selbst“* (56 Mol/Liter) nach $[H_3O^+] \cdot [OH^-] = [H_2O]^2 \cdot K = K_w$ mit K zur *Dissoziationskonstante des Wassers,* K_w, zusammenfassen. Sie beträgt bei Raumtemperatur $\sim 10^{-14}$. Die Konzentration an H_3O^+-Ionen sowohl als auch an OH^--Ionen ist in reinem Wasser somit jeweils 10^{-7}. Da K_w bei einer bestimmten Temperatur immer gleich sein muß, ist mit der Angabe von $[H_3O^+]$ immer auch $[OH^-]$ fest gegeben. Da die Wasserstoffionenkonzentration eine sehr wichtige Rolle spielt und dementsprechend häufig angegeben wird, hat sich eine abkürzende Schreibweise eingebürgert: man gibt als „*Wasserstoffionenexponenten*“ einfach ihren negativen Logarithmus an, der als p_H-Wert bezeichnet wird. In reinem Wasser ist $p_H = 7$ ($[H_3O^+] = 10^{-7}$, $[OH^-] = 10^{-7}$); die Lösung „reagiert neutral“. Ist der p_H-Wert durch Zugabe von Protonen und damit automatischer Verminderung der OH^--Konzentration erniedrigt (z. B. $p_H\, 3 = [H_3O^+]\, 10^{-3}$, $[OH^-]\, 10^{-11}$), so reagiert die Lösung sauer ($p_H < 7$). Ist er umgekehrt durch Zugabe von OH^--Ionen (automatische Verminderung der H_3O^+-Konzentration im Gleichgewicht) erhöht (z. B. $p_H\, 12 = [H_3O^+]\, 10^{-12}$, $[OH^-]\, 10^{-2}$), dann reagiert die Lösung basisch oder alkalisch ($p_H > 7$).

Der p_H-Wert einer wäßrigen Lösung ist physikalisch durch handelsübliche „p_H-Meter“ exakt bestimmbar. Mit für viele Zwecke ausreichender Genauigkeit kann er auch einfach durch Indikatoren ermittelt werden (organische Farbstoffe wie Lackmus, Methylorange, Phenolphthalein usw., die in engen p_H-Bereichen einen charakteristischen Farbumschlag zeigen; geeignete Kombinationen solcher Farbstoffe auf Papierstreifen, die den p_H-Bereich von 1–14 erfassen, werden im Laboratorium als „Universalindikatorpapiere“ verwandt.

Wasserstoffperoxid

Das erste Reduktionsprodukt von O_2 mit H_2 ist nicht H_2O, sondern das viel unbeständigere Wasserstoffperoxid H_2O_2. Es kann mit Hilfe einer sehr empfindlichen Nachweisreaktion (Gelbfärbung einer Titanylsulfatlösung durch kleinste Mengen H_2O_2 wegen der Bildung von orangerotem Peroxotitanylsulfat TiO_2SO_4) im Schmelzwasser von Eis, an dem eine Flamme abgeschreckt wurde, oder auch in atmosphärischen Niederschlägen immer in Spuren nachgewiesen werden ($\sim$100 mg in 600 kg Regen). Auch bei biologischen Redoxreaktionen tritt es häufig in geringen Konzentrationen als kurzlebiges Zwischenprodukt auf.

Reines, wasserfreies Wasserstoffperoxid stellt eine farblose (in dickeren Schichten hellblaue), ziemlich viskose Flüssigkeit mit einem Schmelzpunkt von $-0{,}9\,°C$ und einem (extrapolierten) Siedepunkt von $151\,°C$ dar. Die Neigung zum energiereichen (sehr explosiven!) Zerfall in Wasser und Sauerstoff nach

$$H_2O_2 \rightarrow H_2O + {}^1/_2\,O_2 + 23\,\text{kcal}$$

ist so stark, daß reines H_2O_2 nur unter vermindertem Druck (trotzdem Sicherheitsvorkehrungen erforderlich!) unzersetzt destilliert werden kann (69 °C/20 mm). Mit Wasser, dem es in vielerlei Hinsicht ähnlich ist, ist es in jedem Verhältnis mischbar. Es ist noch stärker als H_2O über H-Brücken assoziiert – der hohe Siedepunkt und die beinahe ölige Konsistenz zeigen deutlich seinen polymeren Charakter. Seine Dielektrizitätskonstante beträgt bei 25 °C 93, mit 35% Wasser verdünnt sogar 120 (!). Es ist danach noch besser als H_2O zur Solvatation geeignet. Die Gleichgewichtskonstante der Eigendissoziation von H_2O_2 in verdünnter wäßriger Lösung

$$H_2O_2 + (x+y)\,H_2O \rightleftharpoons H^+ \cdot (xH_2O) + HO_2^- \,(\cdot\, yH_2O)$$

$K_{H_2O_2}\,(20°) = 1{,}5 \cdot 10^{-12}$ zeigt, daß H_2O_2 auch ein stärkerer Protonendonor (stärkere Säure) ist als Wasser.

Das H_2O_2-Molekül hat einen „hausdachförmigen" Bau. Der O—O-Abstand beträgt 1,49 Å, der O—H-Abstand 0,97 Å, der Winkel O—O—H 96° 52′ und der Winkel der beiden O—H-Bindungen gegeneinander (in der Projektion auf die O—O-Verbindungsachse) 93° 51′. (Die bei tiefen Temperaturen geforderte Existenz eines dazu isomeren H_2O_2 mit zwei H-Atomen, die an ein O-Atom gebunden sein sollen: $H_2O \rightarrow O$, konnte bis jetzt nicht bestätigt werden.)

H_2O_2 ist eine endotherme Verbindung, die leicht in H_2O und O_2 zerfällt. Dieser Zerfall wird – auch noch in wäßriger Lösung – sehr stark katalysiert durch rauhe Oberflächen, viele Schwermetallionen, Basen, Fermente (Katalasen), Temperaturerhöhung usw. Der Umgang mit reinem H_2O_2 oder konzentrierten Lösungen erfordert daher sauberstes Arbeiten. Konzentrierte H_2O_2-Lösungen (in H_2O) werden heute am besten in Behältern aus reinstem Aluminium aufbewahrt. Die im Handel erhältlichen Lösungen von 3% und 30% H_2O_2 („Perhydrol") enthalten gewöhnlich „Stabilisatoren" wie Phosphorsäure (s. S. 183) oder Stannate (s. S. 267), von denen die Zersetzungskatalysatoren chemisch gebunden werden.

Der wesentliche Unterschied zwischen H_2O_2 und H_2O besteht in der stark verschiedenen Oxydationswirkung, die quantitativ durch das Redoxpotential ausgedrückt wird.

Redoxpotential

Redoxvorgänge sind Reaktionen, bei denen Elektronen vom Reduktionsmittel zum Oxydationsmittel übergehen (s.S. 68). Die Richtung des Elektronenübergangs hängt von den jeweiligen Partnern ab – absolute Oxydationsmittel und Reduktionsmittel gibt es nicht. Die relative Oxydations- und Reduktionskraft eines Atoms, Moleküls oder Ions läßt sich experimentell bestimmen und als Redoxpotential angeben.

Redoxreaktionen können immer in zwei Teilschritte aufgelöst werden, z. B.

$$\begin{array}{r} {}^1/_2\,H_2 \rightleftharpoons H^+ + e^- \\ e^- + {}^1/_2\,Cl_2 \rightleftharpoons Cl^- \\ \hline {}^1/_2\,H_2 + {}^1/_2\,Cl_2 \rightleftharpoons HCl. \end{array}$$

Sehr viele solcher Ionen-Elektronen-Reaktionen können in geeigneten elektrochemischen Zellen als Anoden- oder Kathoden-Prozesse experimentell verifiziert werden. Dabei läßt sich die Tendenz zur Abgabe oder Aufnahme von Elektronen als elektromotorische Kraft messen und als Potentialwert (in Volt) angeben. Absolute Potentiale lassen sich dabei nicht ermitteln, wohl aber relative Werte – sie genügen zur Voraussage von chemischen Reaktionen – wenn ein willkürlicher Standard gewählt wird. Als solcher wird der Reaktion

$$\begin{array}{l} {}^1/_2\,H_2\,(1\,\text{atm}) \rightleftharpoons H^+\,(a = 1) + e^- \\ E_0 = \pm 0{,}000\,V \end{array}$$

das Potential Null zugeteilt. Da das Gleichgewicht jeder Reaktion stark von der Konzentration der reagierenden Partner und von der Temperatur abhängt, können Potentiale nur dann miteinander verglichen werden, wenn sie unter gleichen Bedingungen bestimmt wurden. Als Bedingungen für die „*Normalpotentiale*“ E_0 gelten: Temperatur = 25 °C (298 °K), beteiligte Gase unter einem Druck von 1 atm, beteiligte gelöste Ionen von der *Aktivität* 1 (unter Aktivität versteht man die „wirksame“ Ionenkonzentration. Sie ist in sehr verdünnten Lösungen praktisch identisch mit der molaren Konzentration, so daß a = 1 ~ einer einmolaren Lösung – 1 Mol/Liter – entspricht. Mit zunehmender Konzentration beeinträchtigt die elektrostatische Wechselwirkung zwischen den entgegengesetzt geladenen Ionen deren freie Beweglichkeit aber so, daß der Unterschied zwischen a und der Konzentration c immer größer und damit der Aktivitätskoeffizient f in der Beziehung a = fc immer kleiner wird).

Alle Systeme, die leichter als Wasserstoff Elektronen abgeben, erhalten vor ihrem relativen Potentialwert ein negatives Vorzeichen und entsprechend die schwerer oxydierbaren Systeme ein positives Vorzeichen. Je negativer also ein Potential ist, desto stärker reduziert die linke Seite des betreffenden Systems, je positiver es ist, desto stärker oxydiert die rechte Seite dieses Systems (wenn – definitionsgemäß – die Elektronen immer auf der rechten Seite stehen). Dabei bewegen sich die Normalpotentiale aller chemischen Systeme zwischen ~ –3 V und ~ +3 V und lassen sich damit zwischen die Extreme Lithium und Fluor exakt einordnen

$$\begin{array}{lll} Li \rightleftharpoons Li^+ + e^- & & E_0 = -3{,}02\ V \\ \vdots & & \\ {}^1/_2 H_2 \rightleftharpoons H^+ + e^- & & E_0 = \pm 0{,}000\ V \\ \vdots & & \\ F^- \rightleftharpoons {}^1/_2 F_2 + e^- & & E_0 = +3{,}03\ V. \end{array}$$

Die rechte Seite eines beliebigen Systems in solchen Tabellen oxydiert also immer die linke Seite aller Systeme, die darüber stehen (und umgekehrt).

Die meisten chemischen Reaktionen laufen nicht unter „*Normalbedingungen*“ ab. Wenn im jeweiligen konkreten Fall gültige Potentiale benötigt werden, müssen diese aus den Normalpotentialen mit Hilfe der *Nernst*schen Gleichung ermittelt werden (für 25 °C):

$$E = E_0 + \frac{0{,}058}{n} \cdot \log \frac{a(\text{oxydierte Form})}{a(\text{reduzierte Form})}.$$

Dabei bedeutet n die Zahl der übergehenden Elektronen und a wieder die Aktivitäten (wenn diese = 1 sind, wird – log 1 = 0 – das ganze Zusatzglied 0 und damit definitionsgemäß $E = E_0$). Danach lassen sich durch Konzentrationsänderungen teilweise drastische Potentialverschiebungen erreichen, auf deren praktische Bedeutung noch öfters hinzuweisen ist (s. z. B. Goldgewinnung, Band II).

In saurer Lösung gelten für H_2O_2 die Potentiale

$$2H_2O \rightleftharpoons H_2O_2 + 2H^+ + 2e^- \qquad E_0 = +1{,}77\ V$$
$$H_2O_2 \rightleftharpoons O_2 \quad + 2H^+ + 2e^- \qquad E_0 = +0{,}68\ V$$

und in alkalischer Lösung

$$3OH^- \rightleftharpoons HO_2^- + H_2O + 2e^- \qquad E_0 = +0{,}87\ V.$$

Es wirkt danach über den gesamten p_H-Bereich als starkes Oxydationsmittel, wobei die Oxydationen in saurer Lösung erheblich langsamer verlaufen als die sehr raschen Oxydationen bei $p_H > 7$. Der – im alkalischen Bereich rasche – Selbstzerfall von H_2O_2 in H_2O und O_2 ist eine Selbstoxydation bzw. -reduktion.

In der Praxis wird H_2O_2 häufig als Oxydationsmittel verwandt. Als Reduktionsmittel wirkt es nur gegenüber noch stärkeren Oxydationsmitteln wie Permanganate, mit denen es quantitativ bestimmbar ist (s. Band II) oder das bereits besprochene Chlor ($Cl^- \rightleftharpoons {}^1/_2\,Cl_2 + e^-$, $E_0 = 1{,}36\ V$), das dabei nach

$$Cl_2 + H_2O_2 \rightarrow 2HCl + O_2$$

zu HCl reduziert wird.

Technisch wird H_2O_2 heute nicht mehr aus BaO_2 (s. S. 153), sondern entweder durch Hydrolyse von elektrolytisch erzeugter Peroxodischwefelsäure (s. S. 138) mit heißem Wasserdampf nach

$$H_2S_2O_8 + 2H_2O \rightarrow 2H_2SO_4 + H_2O_2$$

oder neuerdings noch mehr durch Autoxydation von 2-Äthylanthrahydrochinon gewonnen, das in organischer Lösung neben H_2O_2 das entsprechende Chinon liefert, das seinerseits dann wieder mit Wasserstoff an Palladiumkatalysatoren kontinuierlich zum Hydrochinon reduziert wird

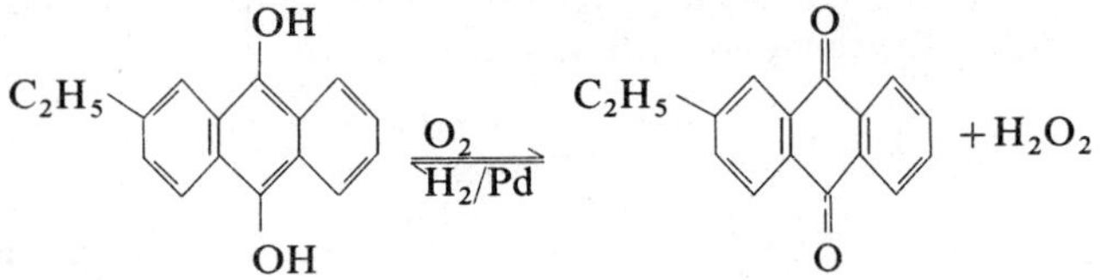

Das dabei gebildete H_2O_2 wird mit Wasser aus der organischen Phase ausgeschüttelt und fällt dabei – wie auch beim zuerst genannten Prozeß –

direkt in ~ 20proz. Konzentration an. Höhere Konzentrationen werden durch mehrfach wiederholte sorgfältige fraktionierte Destillationen erhalten.

Die Derivate des Wasserstoffperoxids werden bei den jeweiligen Elementen besprochen.

H_2O_2 findet, meist in sehr verdünnten Lösungen, vielseitige Verwendung in Laboratorium und Praxis, so etwa zur oxydativen Bleichung von Haaren, Federn, Natur- und Kunstseide, Wolle, Baumwolle, Papier, Fetten, Ölen, Seifen, Tabak, Leim usw., in gewissen Fällen (wie Milch oder Fische) zur Lebensmittelkonservierung. Es dient daneben als Ausgangsmaterial zur Synthese organischer Peroxide und anderer Produkte wie Glyzerin oder Caprolactam. In hochkonzentrierter Form (~ 90%) kann es allein oder zusammen mit flüssigem Sauerstoff zur Oxydation des Brennstoffes in Raketenmotoren oder in Walther-Motoren für U-Boote eingesetzt werden.

Wasserstoffhyperoxid

Beim Behandeln von festem Ozon mit atomarem Wasserstoff soll sich bei tiefen Temperaturen die Verbindung HO_2 bilden. Bereits oberhalb −60°C zerfällt sie in H_2O_2 und O_2. Im Gegensatz dazu sind einige Derivate des Wasserstoffhyperoxids − KO_2, RbO_2 und CsO_2 (s. S. 115) beständig. Ansäuern dieser Salze führt primär wohl zu HO_2, das dabei aber nicht isolierbar ist und sofort weiter zerfällt:

$$KO_2 + HCl \rightarrow KCl + HO_2$$
$$2\,HO_2 \rightarrow H_2O_2 + O_2.$$

β) *Mit Edelgasen*

Aus den bei den Edelgasfluoriden (S. 52) angedeuteten Überlegungen kommt als Reaktionspartner für stark elektronegative Elemente wie F_2 und O_2 von den Edelgasen am ehesten Xe in Betracht. Bis heute ist es aber noch nicht gelungen, Xe und O_2 direkt miteinander zur Reaktion zu bringen. Durch Reaktion von Xenonfluoriden mit Wasser (Hydrolyse) bzw. mit wäßrigen Basen sind jedoch die ersten Xe—O-Verbindungen zugänglich geworden, die derzeit intensiv untersucht werden.

Aus XeF_2 und H_2O bildet sich keine Sauerstoffverbindung:

$$XeF_2 + H_2O \rightarrow Xe + {}^1\!/_2\,O_2 + 2\,HF.$$

XeF_4 reagiert dagegen in einer „*Disproportionierung*“ (gleichzeitige Bildung einer höheren und niedrigeren Oxydationsstufe), wobei Xenontrioxid XeO_3 neben Xenon gebildet wird:

$$3\,XeF_4 + 6\,H_2O \rightarrow 2\,Xe + XeO_3 + {}^3/_2\,O_2 + 12\,HF.$$

Reines XeO_3 kann aus XeF_6 und einem Gemisch von H_2O und Magnesiumoxid (s. S. 153) als farbloser, kristalliner Festkörper erhalten werden. Es ist ungewöhnlich explosiv. Die geringste Erschütterung oder Berührung führt zu heftigsten Explosionen. Dagegen sind die farblosen und geruchlosen Lösungen von XeO_3 in verdünnten wäßrigen Säuren beständig. Ob in solchen Lösungen im Gleichgewicht mit XeO_3 nach

$$XeO_3 + H_2O \rightleftharpoons H_2XeO_4$$

auch eine Xenonsäure vorliegt, ist noch nicht geklärt. Die Lösungen wirken erwartungsgemäß stark oxydierend (geschätztes Normalpotential $Xe \rightleftharpoons Xe^{+6} + 6\,e^- = +1{,}8$ V, in alkalischer Lösung $+0{,}9$ V).

Lösungen von XeO_3 in Basen werden von Ozon quantitativ zu Perxenaten oxydiert, also zu Salzen der Perxenonsäure H_4XeO_6 mit der Oxydationsstufe $+8$ für Xe. Die durch Ansäuren der wäßrigen Salzlösungen erhältliche verdünnte Säure ist ein extrem starkes Oxydationsmittel (geschätztes Normalpotential $Xe^{+6} \rightleftharpoons Xe^{+8} + 2\,e^- = +3{,}0$ V!). Von dieser ungewöhnlichen Säure wurde bereits eine Reihe von Alkali- und Erdalkalisalzen in reiner Form dargestellt. Sie entstehen auch bei der Disproportionierung von XeF_6 in verdünnten Basen, z. B.

$$2\,XeF_6 + 16\,NaOH \rightarrow Na_4XeO_6 + O_2 + Xe + 12\,NaF + 8\,H_2O.$$

Bis jetzt wurden noch keine anderen Edelgas-Sauerstoffverbindungen bekannt, doch kann sich gerade auf diesem Gebiet unser Wissen praktisch täglich entscheidend vermehren.

γ) *Mit Halogenen*

Fluor

Fluor ist das einzige Element, das *elektronegativer* ist als Sauerstoff. In ihren binären Verbindungen müssen daher die kovalenten Bindungen so polarisiert sein, daß Sauerstoff positive und Fluor negative Teilladungen tragen. Da Sauerstoff gegenüber allen übrigen Elementen – auch gegenüber den anderen Halogenen – negativ auftritt, müssen sich die F—O-Verbindungen davon wesentlich unterscheiden und deshalb auch getrennt behandelt werden. Alle anderen Sauerstoffverbindungen heißen *Oxide*. Mit der Endung -id wird meist der in einer Verbindung negativere Bestandteil bezeichnet. Deshalb sind die F—O-Verbindungen nicht *Fluor-Oxide*, sondern *Sauerstoff-fluoride*. Man kennt davon die Glieder OF_2, O_2F_2, O_3F_2 und O_4F_2.

Sauerstoffdifluorid, OF_2, ist ein äußerst giftiges, hellgelbes Gas, das bei $-145\,°C$ siedet und bei $-224\,°C$ schmilzt. Es ist gewinkelt gebaut ($\measuredangle$ 103,2°, F—O-Abstand 1,418 A). Man kann es unter geeigneten Bedingungen nach

$$2F_2 + 2NaOH \rightarrow 2NaF + OF_2 + H_2O$$

aus Fluor und Natronlauge (oder durch Elektrolyse von FSO_3H in $(HF)_x$) erhalten, wenn es möglichst rasch dem Kontakt mit der wäßrigen Base entzogen wird. Es reagiert mit Wasser relativ langsam – mit Dampf explosionsartig – nach

$$OF_2 + H_2O \rightarrow O_2 + 2HF.$$

Wenn es, verglichen mit dem nur formal analogen Cl_2O (s. S. 104) auch relativ stabil ist, stellt es doch ein recht starkes potentielles Oxydationsmittel dar, das mit vielen Metallen, den Halogenen, Schwefel, Phosphor, Wasserstoff usw. und mit organischen Verbindungen, besonders bei höheren Temperaturen, heftig reagiert unter Bildung von Fluoriden und Oxiden.

Die höheren Sauerstoff-fluoride entstehen bei der elektrischen Entladung in entsprechenden F_2—O_2-Gemischen bei $-180\,°C$ unter vermindertem Druck. Ihre Eigenschaften (sie sind experimentell extrem schwierig zu handhaben) sind noch wenig erforscht. O_2F_2 ist fest gelb (Schmelzpunkt $-160\,°C$), flüssig rot (Siedepunkt unter Zersetzung $-57\,°C$). Das blutrote O_3F_2 („*Ozonfluorid*") schmilzt bei $-190\,°C$ und zersetzt sich bereits bei $-157\,°C$ in O_2 und O_2F_2. Das rotbraune O_4F_2 zersetzt sich oberhalb $-73\,°C$.

Daß diese neuen Verbindungen wegen ihrer äußerst guten Oxydationseigenschaften als potentielle Bestandteile von Raketentreibstoffen großes Interesse finden, ist leicht verständlich. Noch interessanter wäre aber die Aufklärung ihrer Struktur, die evtl. zum erstenmal das Vorliegen von (beim homologen Schwefel schon lange bekannten – s. S. 118) Sauerstoffketten ergeben und damit auch eine Möglichkeit zur Synthese neuer Sauerstoffmodifikationen eröffnen könnte.

Chlor, Brom und Jod

Binäre Halogenoxide

Folgende Halogenoxide sind bis jetzt bekannt: Cl_2O, Cl_2O_3, ClO_2, Cl_2O_6, Cl_2O_7; Br_2O, Br_3O_8 (bzw. BrO_3?), BrO_2; J_2O_4, J_4O_9, J_2O_5. Sie sind, abgesehen von den Jod-Verbindungen, alle mehr oder weniger stark explosiv und demgemäß in reiner Form – unverdünnt mit Stickstoff oder

Edelgasen – experimentell schwierig zu handhaben. Das dürfte ein Hauptgrund dafür sein, daß sie, obwohl prinzipiell schon lange bekannt, erst relativ wenig studiert sind und – abgesehen von ClO_2 – praktisch nicht verwandt werden.

Das gewinkelt gebaute Dichlormonoxid, Cl_2O ($\sphericalangle = 111°$, Cl—O = 1,71 Å) stellt bei Zimmertemperatur ein gelbrotes Gas dar, das bei 2 °C siedet und bei −116 °C fest wird. Geringste Verunreinigungen oder Erhitzen führen zum explosionsartigen Zerfall in Cl_2 und O_2. Das starke Oxydationsmittel löst sich gut in Wasser. Die gelbe Lösung enthält neben Cl_2O auch *unterchlorige Säure* (s. S. 106). Cl_2O wird am besten aus Chlor und Quecksilberoxid dargestellt (Vorsicht!) nach

$$2\,Cl_2 + 2\,HgO \rightarrow HgCl_2 \cdot HgO + Cl_2O.$$

Das ebenfalls gewinkelt gebaute Chlordioxid, ClO_2 ($\sphericalangle = 117°$, Cl—O = 1,49 Å), ist ein gelbes Gas, das bei 11 °C siedet und bei −59 °C schmilzt. Es ist äußerst explosiv und nur in reinster Form zu handhaben. Es ist ein *Radikal*, d. h. es hat eine ungerade Zahl von Elektronen (Außenelektronen: $7 + 2 \cdot 6 = 19$). Daß sich ClO_2-Moleküle trotzdem nicht unter Spinkopplung ihrer einsamen Außenelektronen zum unbekannten Cl_2O_4 dimerisieren, wie das für die meist nur äußerst kurzlebigen Radikale typisch ist, wird – in einem grob qualitativen Bild – auf die Stabilisierung des ungepaarten Elektrons in einer „Dreielektronenbindung" zurückgeführt. Wenn zwischen den Atomen X und Y drei Bindungselektronen zur Verfügung stehen, dann kann Resonanz zwischen den Formen X· :Y und X: ·Y zu einer als X···Y symbolisierbaren Bindung führen, sofern die Elektronegativitätsdifferenz zwischen X und Y nur gering ist (wie im Falle Cl—O). Solche Dreielektronenbindungen sind etwa halb so stabil wie gewöhnliche Elektronenpaarbindungen. Treten sie, wie im :Ö—Cl···Ö:, zusätzlich zu einer Elektronenpaarbindung auf, dann wird die Energie eines solchen Systems sehr ähnlich der dimeren Anordnung (s. z. B. NO_2—N_2O_4 S. 166). Jeder konkrete Fall muß dann einzeln untersucht werden.

Aufgrund der äußerst unbequemen Eigenschaften war ClO_2 bis vor kurzem nur eine „Laboratoriumskuriosität". Wegen seiner hervorragend praktischen Eignung zur Sterilisierung von Trinkwasser, zur Bleichung von Cellulose und von Mehl sowie zur Synthese von Chloriten wird es heute aber großtechnisch dargestellt (und im Gemisch mit Luft – unter 70 mm ClO_2 – Partialdruck sind die Mischungen ungefährlich – gelagert und in Pipelines sogar transportiert). Im Laboratorium wird es aus Oxalsäure und Kaliumchlorat (s. S. 111) nach

$$2\,KClO_3 + 2\,H_2C_2O_4 \rightarrow 2\,ClO_2 + 2\,CO_2 + K_2C_2O_4 + 2\,H_2O,$$

technisch entweder elektrolytisch nach

$$2\,NaCl + 2\,NaClO_2 + 2\,H_2O \xrightarrow{\text{elektr.}} 2\,ClO_2 + 2\,NaCl + 2\,NaOH + H_2$$

oder aus Chlorat und Schwefeldioxid in verdünnter Schwefelsäure gewonnen nach

$$2\,NaClO_3 + SO_2 + H_2SO_4 \rightarrow 2\,ClO_2 + 2\,NaHSO_4.$$

Seine starke Oxydationskraft ergibt sich aus dem Potential

$$Cl^- + 2\,H_2O \rightleftharpoons ClO_2 + 4\,H^+ + 5\,e^- \quad E_0 = +1{,}50\,V.$$

Das praktisch unwichtige *Dichlorhexoxid* Cl_2O_6 entsteht aus ClO_2 und Ozon bei 0 °C als rote Flüssigkeit vom Schmelzpunkt 3,5 °C und (extrapoliertem!) Siedepunkt 203 °C. Er reagiert als starkes Oxydationsmittel bereits mit Hahnfett explosionsartig. Das dimere Cl_2O_6 (diamagnetisch) dissoziiert in Substanz und in wäßriger Lösung teilweise

$$Cl_2O_6 \rightleftharpoons 2\,ClO_3$$

zum paramagnetischen Radikal ClO_3. Seine Struktur ist noch nicht gesichert. Nicht ganz so unbeständig und so stark oxydierend wie die niederen Chloroxide ist *Dichlorheptoxid*, Cl_2O_7 (Schmelzpunkt −91 °C, Siedepunkt 80 °C), doch kann es bei Temperaturerhöhung oder Erschütterungen ebenfalls noch heftig explodieren. Der genaue Bau der Verbindung ist noch nicht geklärt. Cl_2O_7 wird als farbloses Öl durch Entwässern von Perchlorsäure (s. S. 112) mit P_4O_{10} (s. S. 181) erhalten. Mit Wasser bildet es als echtes Säureanhydrid Perchlorsäure zurück.

Die Bromoxide sind noch sehr wenig untersucht. Sie sind thermisch sehr unbeständig. Mit Wasser reagieren sie unter noch nicht aufgeklärten Disproportionierungsreaktionen. In einigen beständigen organischen Lösungsmitteln wie Tetrachlorkohlenstoff sind sie löslich. Das dunkelbraune Br_2O, das wie Cl_2O aus HgO und Br_2 darstellbar ist (Schmelzpunkt 19 °C), zerfällt bereits oberhalb −40 °C in die Elemente. Das farblose Br_3O_8, für das auch die Zusammensetzung BrO_3 diskutiert wird (Struktur unbekannt), ist nur bis −80 °C stabil. Es bildet sich aus Br_2 und Ozon. Gelbes, festes Bromdioxid, BrO_2, zerfällt oberhalb −40 °C. Es ist durch elektrische Entladung in einem Br_2—O_2-Gemisch unter vermindertem Druck zugänglich. Bequemer kann man es neuerdings aus Lösungen von Ozon in Frigenen (S. 88) mit Br_2 erhalten.

Binäre Jod-Sauerstoffverbindungen sind viel beständiger (jedoch ebenfalls noch gute Oxydationsmittel) als Cl- und Br-Oxide. Jedoch ist davon nur das durch Entwässern von Jodsäure (s. S. 111) bei 200 °C darstellbare Di-Jodpentoxid

$$2\,HJO_3 \xrightarrow{200^\circ} J_2O_5 + H_2O$$

von Bedeutung und genauer untersucht. Das farblose Oxid ist bis 300 °C beständig. Als echtes Anhydrid bildet es mit Wasser sofort Jodsäure zurück. Es dient zur wichtigen quantitativen Bestimmung von Kohlenmonoxid (s. S. 243) nach

$$5CO + J_2O_5 \rightarrow J_2 + 5CO_2,$$

wobei das als Reduktionsprodukt auftretende Jod titriert wird (s. S. 139). Die Strukturen der beiden gelben Verbindungen J_2O_4 (beständig bis 85 °C) und J_4O_9 (beständig bis 75 °C) sind noch unbekannt.

Sauerstoffsäuren

Chlor, Brom und Jod bilden Sauerstoffsäuren, bei denen an das zentrale Halogenatom 1, 2, 3 oder 4 Sauerstoffatome in einer polarisierten Atombindung gebunden sein können. Ein Sauerstoffatom trägt dabei noch ein Wasserstoffatom. Sauerstoff als negativerer Partner hat darin immer die formale Oxydationsstufe (S. 73) – 2. Das formal + 1 wertige Wasserstoffatom kann an Basen abgegeben werden. Deshalb sind die Verbindungen Säuren. Den Halogenen kommen dann – in Abhängigkeit von der Zahl der gebundenen Sauerstoffatome, die Oxydationsstufen + 1, + 3, + 5 und + 7 zu. (Von Fluor sind naturgemäß keine Sauerstoffsäuren zu erwarten.)

Chlor bildet die vollständige Reihe *Hypochlorige Säure* HOCl, *Chlorige Säure* $HClO_2$ (HOClO), *Chlorsäure* $HClO_3$ ($HOClO_2$) und *Perchlorsäure* $HClO_4$ ($HOClO_3$). Bei Brom und Jod fehlen einige Glieder. Es ist leicht einzusehen, daß die *Säurestärke*, d. h. die Leichtigkeit der Abgabe des Protons an eine Base, in der angegebenen Reihenfolge stark zunehmen muß. Die Ablösung des Protons aus der Bindung $\overset{\delta+}{H}—\overset{\delta-}{O}—\overset{\delta+}{X}$ muß ja um so leichter erfolgen, je größer die positive Ladungsdichte auf dem Zentralatom X ist, die ihrerseits durch Anlagerung weiterer negativer Sauerstoffatome mit der Erhöhung der Oxydationsstufe und damit auch Verkleinerung von X stark ansteigt.

Quantitative Angaben über die Stärke von Säuren und Basen lassen sich, ebenso wie über Oxydationsmittel und Reduktionsmittel, nicht absolut, sondern nur relativ machen. Nach der Definition von Brønsted (S. 94) gilt die Beziehung

$$\text{Säure (1)} + \text{Base (2)} \rightleftharpoons \text{Säure (2)} + \text{Base (1)}.$$

Die Gleichgewichtskonstanten K (S. 96) solcher Reaktionen

$$K = \frac{[\text{Säure (2)}]\,[\text{Base (1)}]}{[\text{Säure (1)}]\,[\text{Base (2)}]}$$

(eckige Klammern bedeuten immer Konzentrationen in Mol/Liter, bei endlichen Konzentrationen exakter Aktivität s.S. 99) können dann zu relativen Angaben von Säure- und Base-Stärken herangezogen werden, wenn eines der beiden Säure-Base-Paare konstant gehalten wird. Da sehr viele Säure-Base-Reaktionen in wäßriger Lösung ablaufen, wird dafür Wasser gewählt, das ja sowohl als Säure als auch als Base wirken kann:

$$\text{Säure} + H_2O \rightleftharpoons H_3O^+ + \text{Base}.$$

$$K \text{ wird dann } = \frac{[H_3O^+][\text{Base}]}{[\text{Säure}][H_2O]}.$$

In verdünnten Lösungen (nur darin sind quantitative Vergleiche möglich) kann die „*Konzentration des Wassers in sich selbst*" bzw. seine Aktivität als konstant angesehen und in die Gleichgewichtskonstante mit einbezogen werden. Die Lage dieser Gleichgewichte ist ein direktes Maß für die Stärke einer Säure bzw. Base in verdünnten wäßrigen Lösungen. Sie werden durch die Gleichgewichtskonstanten

$$K_s = \frac{[H_3O^+][\text{Base}]}{[\text{Säure}]}$$

bzw.

$$K_B = \frac{[\text{Säure}]}{[H_3O^+][\text{Base}]}$$

zahlenmäßig ausgedrückt. Häufig wird, wie beim pH-Wert (S. 96), vereinfachend der negative Logarithmus der Konstanten als pK_s-Wert angegeben. Aus dieser Definition folgt logisch, daß nur für solche Säuren Zahlenwerte angebbar sind, die schwächer als das H_3O^+-Ion (korrespondierende Base = H_2O) sind, für das $K_s = 55{,}5$ und $pK_s = -1{,}74$ ist. Alle „stärkeren" Säuren sind in verdünnt wäßriger Lösung gleich stark, weil sie darin vollständig dissoziieren und quantitativ in H_3O^+ und die – entsprechend schwache – korrespondierende Base übergehen. Entsprechendes gilt natürlich für alle Basen, die „stärker" sind (schwächer sauer) als das OH^--Ion (korrespondierende Base O^{--}) mit $K_s < 10^{-36}$ und $pK_s > 36$.

Als qualitative Regel für die Säurestärke von Verbindungen der allgemeinen Formel $XO_y(OH)_z$ (X = ein beliebiges Zentralatom) gilt recht gut, daß für y = 0 die Säure sehr schwach ist ($K_s \geqq 10^{-7}$), für y = 1 schwach ($K_s \cong 10^{-2}$), für y = 2 stark ($K_s \cong 10^3$) und für y = 3 sehr stark ($K_s \cong 10^8$).

Cl_2, Br_2 und J_2 lösen sich etwas in Wasser (0,09, 0,2 und 0,001 Mol/Liter). (Die drastische Erhöhung der Löslichkeit von J_2 bei Gegenwart von KJ rührt von der Bildung des J_3^--Ions her, s. S. 77.) Dabei disproportioniert das Halogen teilweise in Halogenid und Hypohalogenige Säure

$$X_2 + H_2O \rightleftharpoons H\overset{+1}{O}X + H^+ + \overset{-1}{Cl^-}.$$

Dieses Gleichgewicht liegt aber nur für X = Cl in nennenswertem Umfang auf der rechten Seite ([HOX] bei 25 °C in gesättigten Lösungen bei Cl = 0,03, Br $\sim 1{,}1 \cdot 10^{-3}$, J $\sim 6 \cdot 10^{-6}$!). Vom gelösten Chlor ist also $^1/_3$ disproportioniert, während „Bromwasser" und „Jodwasser" praktisch nur hydratisierte Halogenmoleküle enthalten.

Diese unterschiedlich stark ablaufende Hydrolyse von Halogenmolekülen läßt sich mit folgender (experimentell noch nicht gesicherten!) Hypothese mechanistisch deuten. Abgesehen von Fluor haben die Halogenatome durch Einbeziehung ihrer freien d-Bahnen die Möglichkeit, das „Oktett" zu überschreiten. Die ausgezeichnete thermische Beständigkeit des Cl_2-Moleküls kann auf solche „Mehrfachbindungsanteile" $|\underline{Cl} \rightrightarrows \overline{\underline{Cl}}| \leftrightarrow |\overline{\underline{Cl}} \leftleftarrows \underline{Cl}|$ zurückgeführt werden (S. 43).

Die *Schalenerweiterungstendenz* führt zum *„elektrophilen"* Verhalten des X_2-Moleküls, also zu einem Bestreben, freie Elektronen eines geeigneten *„nucleophilen"* Partners anzulagern, der die umgekehrte Tendenz zur Anlagerung an eine – zumindest potentielle – „Elektronenlücke" zeigt. Als nucleophiler Partner kommt für das elektrophile Cl_2-Molekül in wäßriger Lösung das immer vorhandene $|\overline{\underline{O}}—H^-$-Ion (S. 95) mit seinen freien Elektronenpaaren in Frage. Die Reaktion führt zu einem *„Übergangszustand"* (kurzlebiges molekulares Gebilde im Gegensatz zum beständigen Molekül),

$$HO^- + \overline{\underline{Cl}} \rightrightarrows \overline{\underline{Cl}}| \rightleftarrows [H—\overline{\underline{O}}—\overline{\underline{Cl}} \rightrightarrows \overline{\underline{Cl}}|]^- \rightleftarrows H—\overline{\underline{O}}—\overline{\underline{Cl}}| + Cl^-$$

der sich durch Abgabe eines Cl^--Ions stabilisieren kann. Im gebildeten HOCl-Molekül können dann die freien Elektronen (p) des Sauerstoffs mit den leeren d-orbitalen des Cl-Atoms in Wechselwirkung treten und so ebenfalls in einer „dativen Rückbindung" oder $(p \rightarrow d)_\pi$-Bindung eine Bindungsverstärkung $H—\underline{O} \rightrightarrows \overline{\underline{Cl}}|$ bewirken. (Solange eine – sicher äußerst schwierige, wenn überhaupt mögliche – exakte wellenmechanische Behandlung solcher noch öfters zu besprechender Phänomene von Mehrfachbindungsanteilen usw. noch aussteht, haben die dafür verwandten, manchmal umstrittenen primitiven Bilder eine gewisse Berechtigung. Die Erkenntnis ihres ungenügenden Symbolcharakters sollte zu weiteren Untersuchungen intensiv anregen!).

Nucleophiler und *elektrophiler* Charakter lassen sich nicht absolut angeben. Sie hängen vom jeweiligen Partner bzw. von ihrer Anpassungsfähigkeit an den konkreten Übergangszustand ab. In jedem Fall wird das stärker nucleophile Teilchen das schwächer nucleophile Teilchen vom elektrophilen Zentrum abdrängen. Solche Reaktionen sind letztlich nur Spezialfälle gewöhnlicher Redoxreaktionen, bei denen der nucleophile Partner oxydiert und der elektrophile Partner reduziert wird.

Im obigen Beispiel liegen die nucleophilen Stärken der miteinander konkurrierenden Teilchen $|\overline{\underline{O}}—H^-$ und $|\overline{\underline{Cl}}|^-$ in vergleichbaren Größenordnungen, so daß auch die angegebene Rückreaktion nach dem gleichen Mechanismus möglich ist. Es stellt sich das beobachtete Gleichgewicht ein, das bei konstanter Temperatur dann nur von den OH^- und Cl^--Konzentrationen bestimmt ist. Der für die gewünschte (HOCl-Bildung)-Reaktion vollständige Ablauf nach rechts kann deshalb gleichermaßen durch Erhöhung der OH^--Konzentration oder durch Erniedrigen der Cl^--Konzentration erzwungen werden. Darauf beruht die präparative Darstellung wäßriger Lösungen der Hypohalogenigen Säuren, die entweder aus wäßrigen Basen oder aus wäßrigen Suspensionen von Quecksilberoxid (Abfangen von X^- durch Bildung von unlöslichem $HgO \cdot HgX_2$) mit Halogen erhalten werden:

$$X_2 + OH^- \rightleftharpoons HOX + X^-$$
$$2X_2 + 2HgO + H_2O \rightarrow HgO \cdot HgX_2 + 2HOX.$$

Daß im Falle von Br_2 und J_2 die Gleichgewichte mit Wasser praktisch ganz auf der Seite der freien Halogene liegen, kommt daher, daß Br^- und noch mehr J^--Ionen stärker nucleophil sind als Cl^- und OH^-. Der stark zunehmende Radius ermöglicht eine stärkere Deformierung (Polarisierung) der „weicheren" Anionen und damit eine bessere Einstellung auf den *Übergangszustand*. In der Konkurrenz mit dem OH^--Ion gewinnen die, verglichen damit (und auch mit Cl^-), erheblich stärker nucleophilen Ionen Br^- und J^-, wodurch das „*Hydrolysegleichgewicht*" dieser Halogene praktisch ganz auf der linken Seite liegt. Der gewünschte Reaktionsablauf kann aber auch in diesen Fällen durch starke Erhöhung von $[OH^-]$ oder durch Abfangen von Br^- bzw. J^- erzwungen werden.

Die geringe Beständigkeit und auch Säurestärke nehmen in Richtung HOCl ($K_s = 10^{-3}$), HOBr ($K_s = 2{,}10^{-9}$), HOJ ($K_s = 1{,}10^{-11}$) noch stark ab, wohl wegen der abnehmenden Fähigkeit zur $(p \rightarrow d)_\pi$-Bindungsverstärkung zwischen O und den schwereren Halogenen. Die Säuren sind deshalb nur in verdünnter Lösung etwas beständig, können aber nicht in Substanz isoliert werden. Ihre Lösungen sind starke Oxydationsmittel (Potentiale s. Tab. III.11) – in saurer Lösung erheblich stärker als in alkalischer Lösung.

Praktisch spielen neben dem wichtigen Desinfektionsmittel „Chlorkalk“ (gemischtes Chlorid-Hypochlorit des Calciums, dargestellt nach $Ca(OH)_2 + Cl_2 \rightarrow CaCl(OCl) + H_2O$) nur Na – und neuerdings besonders LiOCl – eben wegen ihrer Oxydationswirkung – als Desinfektionsmittel in Swimming-pools eine Rolle. Sie sind in fester Form längere Zeit haltbar. Die Salze sind in Wasser – wie alle Salze starker Basen mit schwachen Säuren – fast vollständig „hydrolytisch gespalten“, weil das Hypochlorit-Ion ClO^- eine viel stärkere Base als Wasser ist und diesem entsprechend Protonen entzieht

$$\begin{array}{ll} NaClO & \rightarrow Na^+ + ClO^- \\ ClO^- + H_2O & \rightarrow HClO + OH^- \\ \hline NaClO + H_2O & \rightarrow Na^+ + HClO + OH^-, \end{array}$$

weshalb Hypochloritlösungen stark alkalisch reagieren müssen. Die Salze entstehen neben den Chloriden aus NaOH bzw. LiOH (S. 115) und Cl_2. HOX-Lösungen zerfallen in der Kälte langsam unter Sauerstoffentwicklung nach

$$HOX + H_2O \rightarrow H_3O^+ + X^- + \tfrac{1}{2}O_2.$$

Bei höheren Temperaturen (HOJ schon oberhalb 0 °C) – etwa in 50–80 °C warmen Lösungen – oxydieren die Verbindungen sich selbst zu den Halogensäuren HXO_3 (Oxydationsstufe +5) (in alkalischer Lösung zu deren Salzen), wobei als entsprechende Reduktionsprodukte die Halogenide entstehen. Auf dieser Disproportionierung nach der Summengleichung

$$3HOX \rightarrow 2X^- + 3H^+ + XO_3^-$$

beruht die praktische Darstellung von Halogenaten aus heißer Lauge und freiem Halogen. Auch diese Reaktion läßt sich durch folgenden (hypothetischen) Stufenmechanismus verstehen:

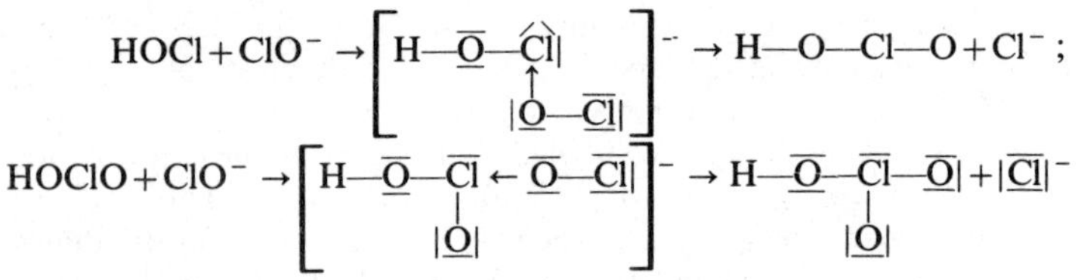

Halogensäuren sind erwartungsgemäß (S. 107) viel stärker sauer als die Hypohalogenigen Säuren ($K_2 \sim 2{,}10^{-1}$). Die Lösungen ihrer Salze reagieren neutral. Die immer noch stark ausgeprägte Oxydationskraft ist dagegen etwas abgeschwächt (Tab. III.11.). Trotz erheblich gesteigerter

Beständigkeit sind Chlorsäure und Bromsäure nur in Lösung bekannt. Sie zersetzen sich bei zunehmender Konzentration. Dagegen kann freie Jodsäure in Form farbloser rhombischer Kristalle vom Schmelzpunkt 110 °C leicht durch Oxydation von Jod, etwa mit Ozon, H_2O_2, Cl_2 oder konzentrierter Salpetersäure (S. 171) erhalten werden. Die Salze aller Halogensäuren sind recht gut beständig.

Das ClO_3^--Anion ist pyramidenförmig gebaut mit Cl an der Spitze und den 3 O-Atomen an den Ecken des Basisdreiecks. Das freie Elektronenpaar an Cl „besetzt" die vierte Ecke eines Tetraeders mit Cl im Zentrum.

Die meisten Chlorate sind gut löslich, die Bromate erheblich weniger und viele Jodate, bes. solche von Schwermetallen, sind unlöslich in Wasser. Als einziger Vertreter kommt $NaJO_3$ in erheblichen Mengen als Beimischung im Chilesalpeter in der Natur vor, aus dem J_2 durch Reduktion gewonnen wird. Im Laboratorium werden Bromate und Jodate als Oxydationsmittel, bes. in der quantitativen Analyse, verwendet. Kaliumchlorat findet auch in größerem Maße praktisch Verwendung, z. B. in Zündholzköpfchen ($KClO_3$, Leim, Farbstoffe, Schwefel oder Antimonsulfide und Glaspulver – die Reibfläche besteht aus Phosphor, Dextrin und Antimonsulfid), in gewissen Sprengstoffen und Leuchtsätzen sowie im Gemisch mit Dextrin und Phosphor in Zündblättchen. Chlorate sind im Gemisch mit reduzierenden Stoffen, z. B. Schwefel, Phosphor und organischen Verbindungen wie Zucker, reibungs- und stoß-empfindlich!

In der zwischen Hypohalogeniten und Halogenaten liegenden Oxydationsstufe +3 bildet nur Chlor eine Sauerstoffsäure. Die schwache ($K_s \sim 10^{-2}$) und wegen ihrer Unbeständigkeit nur in verdünnter Lösung (aus Bariumchlorit und Schwefelsäure) einige Zeit haltbare *Chlorige Säure $HClO_2$* steht in ihrer Oxydationskraft zwischen HOCl und $HClO_3$ (s. Tab. III.11.). Ihre Alkalisalze, die nur in der Kälte beständig sind, stellen in Lösung ausgezeichnete Bleichmittel für Cellulosematerial dar. Bei höheren Temperaturen sind sie – wie die Schwermetallsalze schon bei Raumtemperatur – unberechenbar explosiv. Man erhält sie – neben Chloraten – aus Basen und ClO_2 nach

$$2ClO_2 + 2OH^- \rightarrow ClO_2^- + ClO_3^- + H_2O,$$

oder rein aus Peroxiden (S. 113) und ClO_2 nach

$$Na_2O_2 + 2ClO_2 \rightarrow 2NaClO_2 + O_2.$$

Während ihre Lösungen bei pH > 7 beständig sind, zerfallen sie in saurer Lösung rasch nach

$$4HClO_2 \rightarrow 2ClO_2 + ClO_3^- + Cl^- + 2H^+ + H_2O.$$

In der höchsten Oxydationsstufe, +7, bilden Chlor, Brom und Jod Sauerstoffsäuren. Perchlorsäure kann als einzige Chlorsauerstoffsäure in wasserfreier Form als farblose Flüssigkeit (Schmelzpunkt −112 °C, Zers. P. 90 °C) isoliert werden (Vorsicht!). In dieser Form ist sie allerdings sehr gefährlich. Handelsübliche „konzentrierte" $HClO_4$ (72 % $HClO_4$, 28 % H_2O) und verdünntere Lösungen sind dagegen sehr beständig. Sie oxydieren schwächer als $HClO_3$, $HClO_2$ und HOCl, aber immer noch gut (Tab. III.11.). Heiße, konzentrierte Lösungen oxydieren sehr stark!

$HClO_4$ ist wohl die stärkste aller bekannten Säuren ($K_s \gg 55$). Sie bildet mit allen Metallen recht beständige Salze, die, mit Ausnahme von K, NH_4 (S. 160), Rb und Cs in Wasser sehr gut löslich sind. Silberperchlorat löst sich sogar in organischen Lösungsmitteln. Das tetraedrisch gebaute ClO_4^--Ion bildet bemerkenswerterweise keinerlei Komplexbindungen zu Metallen (S. Band II) aus.

Perchlorate können entweder durch sorgfältig kontrollierte thermische Zersetzung von Chloraten

$$4\,KClO_3 \rightarrow 3\,KClO_4 + KCl,$$

oder, technisch besser, durch anodische Oxydation von Chloraten dargestellt werden. Die Säure erhält man durch doppelte Umsetzung von Bariumperchlorat mit Schwefelsäure, weil das nach

$$H_2SO_4 + Ba(ClO_4)_2 \rightarrow BaSO_4 + 2\,HClO_4$$

entstehende Bariumsulfat (S. 134) wasserunlöslich ist und abfiltriert werden kann. Bei sehr hohen Temperaturen zerfallen alle Perchlorate in Chlorid und Sauerstoff. Sowohl die Lösungen der Säure als auch ihre Salze finden im Laboratorium vielfache Anwendung (z. B. Nachweis von Kalium und seine Trennung von Natrium). Das wichtigste Salz ist Kaliumperchlorat. Es wird im Gemisch mit Reduktionsmitteln wie Paraffin, Teer, Schwefel usw. als relativ stoßunempfindlicher Sprengstoff verwandt. Ammoniumperchlorat dient in großen Mengen als Oxydationsmittel in Feststoffraketen – polymere organische Stoffe dienen dabei gleichzeitig als Treibstoff und Binder.

Die der Perchlorsäure entsprechende Metaperiodsäure HJO_4 kann wegen der Größe des Jodatoms noch zwei Wassermoleküle zur Paraperiodsäure H_5JO_6 anlagern, in der Jod oktaedrisch von 6 Sauerstoffatomen umgeben ist. Beide sind in freier Form (weiße Kristalle) isolierbar und durch anodische Oxydation von Jodsäure darstellbar. Sie sind starke Oxydationsmittel und auch sehr stark sauer. Ihre Salze ($Na_2H_3JO_6$ bzw. $Na_3H_2JO_6$ oder $NaJO_4$) sind direkt aus den Säuren oder durch anodische

Oxydation von Jodaten, nicht aber durch thermische Disproportionierung von Jodaten zugänglich – im Gegensatz zu den Verhältnissen bei Chlor zerfallen Periodate thermisch in Jodate und nicht umgekehrt.

Zum Abschluß seien in Tab. III.11. die für die Chemie der Halogensauerstoffsäuren in wäßriger Lösung sehr wichtigen *Normalpotentiale* zusammengestellt, die ein gutes Verständnis ihrer vielseitigen Reaktionen im sauren und alkalischen Bereich ermöglichen. Diese Tabelle zeigt ein Abfallen der Oxydationskraft von den freien Säuren zu ihren Salzen. Innerhalb dieser Gruppe fällt sie mit steigender Oxydationsstufe und steigendem Atomgewicht des Halogens (Ausnahmen: Periodat oxydiert stärker als Iodat, Bromsäure oxydiert stärker als Chlorsäure und Jodsäure).

Tabelle III.11. Normalpotentiale der Halogensauerstoffsäuren (sauer und alkalisch) in Volt

Reaktion X=	Cl	Br	J
$1/2\,X_2 + H_2O \rightleftharpoons H^+ + HOX + e^-$	+1,63	+1,59	+1,45
$1/2\,X_2 + 2\,H_2O \rightleftharpoons 3\,H^+ + HXO_2 + 3e^-$	+1,64	—	—
$1/2\,X_2 + 3\,H_2O \rightleftharpoons 6\,H^+ + XO_3^- + 5e^-$	+1,47	+1,52	+1,20
$1/2\,X_2 + 4\,H_2O \rightleftharpoons 8\,H^+ + XO_4^- + 7e^-$	+1,42	?	+1,34
$X^- + 2\,OH^- \rightleftharpoons XO^- + H_2O + 2e^-$	+0,89	+0,76	+0,49
$X^- + 4\,OH^- \rightleftharpoons XO_2^- + 2\,H_2O + 4e^-$	+0,78	—	—
$X^- + 6\,OH^- \rightleftharpoons XO_3^- + 3\,H_2O + 6e^-$	+0,63	+0,61	+0,26
$X^- + 8\,OH^- \rightleftharpoons XO_4^- + 4\,H_2O + 8e^-$	+0,56	?	+0,39

δ) *Mit Alkalimetallen*

Oxide, Peroxide und Hyperoxide

Wenn in den drei bekannten kovalenten Wasserstoffoxiden H_2O, H_2O_2 und HO_2 die Wasserstoffatome durch die viel elektropositiveren Alkalimetalle ersetzt werden, entstehen als ionogen aufgebaute „Salze" die Oxide, Peroxide und Hyperoxide. Sie sind darstellbar durch Verbrennung der Metalle an Luft. Dabei bildet sich Li_2O, Na_2O_2, KO_2, RbO_2 und CsO_2. Die einfachen Oxide der schwereren Alkalimetalle müssen aus dem freien Metall und dem Hyperoxid oder aus praktischen Gründen besser mit dem Nitrat (S. 171) durch Erhitzen dargestellt werden, z. B.

$$5K + KNO_3 \rightarrow 3K_2O + {}^1/_2N_2.$$

Peroxide und Hyperoxide sind erst von Na bzw. K ab beständig (NaO_2 kann zwar aus Na_2O_2 mit O_2 unter Druck dargestellt werden, ist aber instabil), wobei die Stabilität mit zunehmender Größe des Kations (abnehmender Ladungsdichte) zunimmt. O_2^- ist nur als echtes Ion beständig, eine Polarisierung (Verzerrung seiner Elektronenhülle) durch positive Nachbarn führt zu einem kovalenten Bindungsanteil und damit zum Zerfall (vgl. die spontane Zersetzung des kovalenten HO_2, S. 101). O_2^--Ionen existieren deshalb nur im Verband mit K^+, Rb^+ und Cs^+.

Lösungen der Alkalimetalle in flüssigem Ammoniak (S. 158) reagieren bereits bei tiefen Temperaturen mit O_2. Durch diese Tieftemperaturoxydation sind die verschiedenen möglichen Me–O-Verbindungen gut in reiner Form zugänglich.

Oxide:

Li_2O und Na_2O sind, auch bei hohen Temperaturen, weiß. Die übrigen Glieder ändern beim Erhitzen ihre Farbe: K_2O weiß → gelb, Rb_2O gelb → orange, Cs_2O gelb → violett. Außer Cs_2O („Fluorit"-Gitter des CaF_2 (s. S. 152) mit sehr kurzen Cs—O-Abständen und demgemäß deutlich polarisierten Cs^+-Ionen; hier liegt einer der seltenen Fälle einer spürbaren Deformation des Kations durch das Anion vor, die gewöhnlich – wegen der Radienverhältnisse – in entgegengesetzter Richtung geht) kristallisieren die Alkalioxide im „Antifluorit"-Gitter. Dabei ist jedes Me^+-Ion tetraedrisch von 4 O^{--}-Ionen, und jedes O^{--}-Ion kubisch von 8 Me^+-Ionen umgeben. Daraus ergibt sich für O^{--} die Koordinationszahl 8 und für Me^+ die Koordinationszahl 4.

Als Salze dissoziieren diese Oxide in Wasser in $2Me^+ + O^{--}$. Das O^{--}-Ion als extrem starke Base entzieht der schwächeren Base (stärkeren Säure) H_2O sofort ein Proton nach

$$H_2O + O^{--} \rightarrow 2OH^-,$$

so daß die Alkalioxide durch „Hydrolyse" mit Wasser sofort Hydroxide bilden,

$$Na_2O + H_2O \rightarrow 2Na^+ + 2OH^-.$$

Diese Hydrolyse ist die charakteristischste Eigenschaft dieser Verbindungsklasse.

Peroxide:

Die gelb gefärbten Alkaliperoxide Me_2O_2 sind salzartig aus Me^+- und O_2^{--}-Ionen aufgebaut. Sie hydrolysieren wie die Oxide, wobei Hydroxid und H_2O_2 entsteht:

$$\begin{array}{c} Me_2O_2 \rightarrow 2Me^+ + O_2^{--} \\ O_2^{--} + 2H_2O \rightarrow H_2O_2 + 2OH^- \\ \hline Me_2O_2 + 2H_2O \rightarrow H_2O_2 + 2Me^+ + 2OH^-. \end{array}$$

Das wichtigste Glied, Na_2O_2, ist leicht durch Verbrennen von Natrium zugänglich ($\sim 5\%$ NaO_2-Gehalt). Es diente früher als Ausgangsmaterial für H_2O_2 und wird häufig als Oxydationsmittel (wie H_2O_2) verwendet.

Hyperoxide:

Die orangeroten Hyperoxide sind im Gegensatz zu den diamagnetischen Oxiden und Peroxiden paramagnetisch, weil das nur im Gitter beständige O_2^--Ion ein ungepaartes Elektron (13 Außenelektronen) hat ($:\ddot{O}\dot{-}\ddot{O}:^-$). Sie kristallisieren wie Calzium-Carbid (S. 260), (C_2^{--} anstelle von O_2^-) in einem verzerrten Kochsalzgitter (S. 76). Die äußerst starken Oxydationsmittel reagieren mit Wasser stürmisch nach

$$\begin{array}{c} 2KO_2 \rightarrow 2K^+ + 2O_2^- \\ 2O_2^- + 2H_2O \rightarrow 2HO_2 + 2OH^- \\ 2HO_2 \rightarrow H_2O_2 + O_2 \\ \hline 2KO_2 + 2H_2O \rightarrow 2K^+ + 2OH^- + H_2O_2 + O_2. \end{array}$$

Bei den manchmal beschriebenen Verbindungen Me_2O_3 handelt es sich wohl um Gemische von Peroxiden mit Hyperoxiden; O_3^{--} existiert danach nicht. Dagegen gelang kürzlich die Darstellung von Alkaliozoniden MeO_3, die aber noch nicht näher untersucht sind. Das sicher gewinkelte Ozonidion O_3^- ist isoster mit ClO_2.

Hydroxide:

Die farblosen Alkalihydroxide MeOH sind im festen Zustand als Salze aus Me^+-Kationen und OH^--Anionen aufgebaut. Dabei sind die OH^--Ionen untereinander zusätzlich über Wasserstoffbrückenbindungen verknüpft. Sie bilden, etwa im monoklinen KOH, in dem die K^+-Ionen von $6OH^-$-Ionen (verzerrtes Oktaeder) umgeben sind, Zickzack-Ketten mit einem O—H···O-Abstand von 3,35 Å. Das thermische Aufbrechen dieser Bindungen bedingt die Umwandlung in die kubische Hochtemperaturmodifikation von KOH.

Alkalihydroxide sind unzersetzt schmelzbar (Li 450 °C, Na 320 °C, K 360 °C) und bei ähnlichen Temperaturen auch sublimierbar (in der Gasphase liegen H-Brückengebundene Assoziate wie $(MeOH)_2$ usw. vor).

Alle Glieder der Reihe sind, von LiOH zu CsOH zunehmend, gut in Wasser und auch in Alkoholen löslich, wobei die Ausbildung von

H-Brücken wieder eine entscheidende Rolle spielt. Sie dissoziieren dabei vollständig in Me^+- und OH^--Ionen. Da OH^--Ionen die stärkste in Wasser beständige Base darstellen, sind wäßrige MeOH-Lösungen die „typischen" Basen schlechthin (z.B. „Natronlauge", „Kalilauge"). Sie reagieren mit allen starken Säuren, wie etwa den Halogenwasserstoffsäuren, quantitativ unter Bildung von Wasser und einem neuen Salz aus dem Metallkation und dem Säurerest-Anion, die beide an der Umsetzung unbeteiligt bleiben. Diese nach einer veralteten, weil zu engen Säure-Base-Definition (Arrhenius) als *„Neutralisation"* bezeichnete Reaktion ist nach der allgemeiner gültigen Definition von Brønsted (auf die sich alle quantitativen Angaben über Säure- bzw. Base-Stärken in Wasser beziehen!, S. 107) die praktisch ganz nach rechts ablaufende Umsetzung der Säure-Base-Paare

$$\underset{\text{(Säure 1)}}{H_3O^+} + \underset{\text{(Base 2)}}{OH^-} \rightarrow \underset{\text{(Säure 2)}}{H_2O} + \underset{\text{(Base 1).}}{H_2O}$$

Die daran nicht beteiligten, entgegengesetzt geladenen Ionen lagern sich beim Abdestillieren des Wassers zum neuen Salzgitter zusammen. Die Schreibweise

$$NaOH + HCl \rightarrow NaCl + H_2O$$

ist eine sehr grob vereinfachende Abkürzung des geschilderten Reaktionsablaufs. Solche Reaktionen zwischen Alkalihydroxiden und Säuren sind in der Praxis sowohl im Laboratorium als auch in der Technik zur Synthese vieler wichtiger Alkalisalze der verschiedenartigsten Säuren von großer Bedeutung. Eine entscheidende Rolle spielen sie auch in der analytischen Chemie zur quantitativen Bestimmung von Säuren *(Acidimetrie)* und Basen *(Alkalimetrie)*.

Um den unbekannten Gehalt einer Lösung an einer beliebigen Säure (bei starken Säuren, d.h. vollständiger Dissoziation ist dieser ja identisch mit der H^+-Ionen-Konzentration) zu bestimmen, wird eine genau abgemessene Menge dieser Lösung mit einem Farbindikator versehen, der seine Farbe in einem sehr engen pH-Bereich bei pH = 7 charakteristisch ändert, wie z.B. Lackmus oder Bromthymolblau. Dann tropft man unter gutem Rühren aus einer geeichten Bürette solange die Lösung einer Base mit genau bekanntem Gehalt zu, bis der Indikator eben seine Farbe wechselt (z.B. Lackmus rot → blau), bis also in der unbekannten Lösung pH 7 vorliegt bzw. diese neutral reagiert. Aus dem genau (an der Bürette ablesbaren) bekannten Verbrauch an Lauge läßt sich der unbekannte Gehalt an Säure dann leicht errechnen. Entsprechend läßt sich naturgemäß ein unbekannter Basengehalt durch Zugabe einer abgemessenen

Säuremenge bis zum Indikatorumschlag ermitteln. Um aus dem Verbrauch der Maßlösung in ccm direkt ohne Umrechnung die Menge gesuchter Substanz zu erfahren, verwendet man bei diesen Titrationen – ebenso wie bei anderen maßanalytischen Verfahren (Iodometrie S. 139, Manganometrie Band II usw.) sogenannte Normal- oder 0,1-Normallösungen (z.B. n oder 0,1 n NaOH). Sie enthalten im Liter 1 Mol bzw. 0,1 Mol der wirksamen Substanz gelöst (z.B. 40,00 bzw. 4,00 g NaOH oder 36,46 bzw. 3,646 g HCl). Gleiche Mengen „entgegengesetzter" Lösungen müssen sich dann genau kompensieren – dies dient zum „Einstellen" und zur Kontrolle solcher im Laboratorium sehr häufig benötigten Normallösungen.

Alle Alkalihydroxide können leicht aus den Metallen oder ihren Hydriden (S. 67) mit Wasser dargestellt werden:

$$Me + H_2O \rightarrow MeOH + {}^1/_2 H_2$$
$$MeH + H_2O \rightarrow MeOH + H_2.$$

Die sehr stürmischen Reaktionen, auf welchen die Verwendung von Natriumdraht oder LiH zum „Trocknen" organischer Lösungsmittel beruhen, verlaufen von Kalium ab so exotherm, daß sich der gebildete Wasserstoff leicht entzünden kann (Vorsicht!). Für die Technik, wo riesige Mengen an NaOH und KOH benötigt werden, sind diese Verfahren viel zu teuer. Man bedient sich dafür der „Chloralkalielektrolyse". Die Elektrolyse wäßriger NaCl- oder KCl-Lösungen liefert an der Anode Chlor ($Cl^- \rightarrow {}^1/_2 Cl_2 + e^-$) und an der Kathode Natrium ($Na^+ + e^- \rightarrow Na$), das mit Wasser sofort zu NaOH und H_2 reagiert (daß wegen hier nicht zu erörternder „Überspannungsphänomene" wahrscheinlich gar nicht das Na^+-, sondern direkt das H^+-Ion reduziert wird, ändert am Gesamtablauf der Reaktion nichts). Um eine Vermischung des anodisch entwickelten Chlors mit NaOH zu verhindern, die zur Bildung von OCl^- und ClO_3^- (S. 110) führen würde, müssen Anodenraum und Kathodenraum durch ein „Diaphragma" voneinander getrennt werden. In den neueren Großanlagen ist dies nicht mehr notwendig. Die Anoden, an denen Cl_2 entwickelt wird, bestehen wie früher aus Graphit. Als Kathode wird flüssiges Quecksilber (in flachen, großen Trögen von der wäßrigen MeCl-Lösung bedeckt) verwendet. Das daran entladene Natrium reagiert wegen der am Quecksilber liegenden Spannung nicht mit der wäßrigen Lösung, sondern löst sich im Quecksilber zu Natriumamalgam (S. 283). Dieses wird aus dem Trog gepumpt und reagiert dann – ohne angelegte Spannung – mit Wasser nach $Na + H_2O \rightarrow NaOH + {}^1/_2 H_2$. Das Quecksilber wird dann erneut als Kathode geschaltet.

Die bei diesem großtechnischen Prozeß in gleichen stöchiometrischen Mengen erhaltenen „Nebenprodukte" Cl_2 und H_2 sind natürlich ebenfalls sehr wertvoll und ermöglichen erst die Wirtschaftlichkeit des Prozesses (elektrochemische Verfahren bedingen zwangsläufig sehr hohe Energiekosten). Die wäßrigen MeOH-Lösungen werden durch Eindampfen entweder nur konzentriert und als solche eingesetzt, oder in nickelplattierten Eisengefäßen (heiße Alkalilaugen greifen keramisches Material wie Glas und Porzellan, aber auch Platin! stark an) zur Trockene eingedampft. Die Hydroxide sind als Schuppen, Stangen oder Plätzchen im Handel. Sie werden äußerst vielseitig verwendet, technisch u.a. zur Enthärtung von Kesselspeisewasser, zum Merzerisieren von Baumwolle, für „Ätznatronschmelzen" in der organischen Chemie, zur Herstellung von Zellwolle und Kunstseide, in besonders großen Mengen auch zum Herstellen von Seifen (Spaltung der Ester von Fettsäuren mit Glycerin), wobei die K-Seifen weich (Schmierseifen) und die Na-Seifen fest (Kernseifen) sind.

Alle Alkalihydroxide ätzen die Haut und besonders Schleimhäute äußerst unangenehm, weshalb beim Umgang damit besondere Vorsicht geboten ist (besonders Augenschutz!).

2. *Schwefel, Selen und Tellur*

a) *Elemente*

Modifikationen: Im Gegensatz zu Sauerstoff zeigt Schwefel eine stark ausgeprägte Tendenz, sich mit sich selbst zu unverzweigten Verbindungen der Zusammensetzung S_x zu vereinigen, wobei x Werte von 2 bis 10^6 (!) annehmen kann. Diese besonders starke Ring- bzw. Ketten-Bildungstendenz kann, zusammen mit dem Befund, daß –S—S-Bindungen fast doppelt so beständig sind wie vergleichbare –O—O-Bindungen in Peroxiden (vgl. F—F, Cl—Cl, S. 43) durch eine $(p \rightarrow d)_\pi$Bindungsverstärkung im Element und in kettenförmigen Schwefelverbindungen erklärt werden. Danach bewirkt die Wechselwirkung freier p-Elektronen mit leeren d-Bahnen der Nachbaratome einen Mehrfachbindungsanteil in —S—S-Bindungen, auf den später noch eingegangen wird.

Trotz der verwirrenden Vielzahl der möglichen, noch viel zu wenig bekannten Schwefelmodifikationen ist bei Raumtemperatur nur eine einzige Form thermodynamisch beständig. In diese wichtigste Form, Cyclooktaschwefel S_α, lagern sich alle anderen Moleküle und Molekülgemische mehr oder weniger rasch um. S_α ist aus S_8-Ringen in der „Kronenform" (zwei übereinanderliegende Quadrate aus je 4 S-Atomen, um 45° gegeneinander um die gemeinsame Achse verdreht) aufgebaut. S – S 2,04 Å, ∢ 107°, Dihedralwinkel 99°. S_α kristallisiert orthorhombisch (Elementarzelle: a = 10,47 Å, b = 12,87 Å, c = 24,49 Å. 16 Moleküle = 128 Atome in der Zelle; Raumgruppe D_{2h}-Fddd; D = 2,07; Schmelzpunkt 118,8 °C). Er wandelt sich enantiotrop (beide Formen sind ineinander umwandelbar) bei 95,8 °C in den monoklinen Cyclooktaschwefel S_β um

$$S_\alpha \rightleftharpoons S_\beta .$$

Auch S_β besteht aus Achtringen in der Kronenform. Elementarzelle: a = 11,02 Å, b = 10,96 Å, c = 10,90 Å, β = 96,7°; 6 Moleküle = 48 Atome in der Zelle; Raumgruppe $P2_1/c$; D = 1,96; Schmelzpunkt = 119,25 °C.

Neben diesem gegenüber S_α etwas lockereren und ungeordneteren S_β gibt es als dritte kristalline S_8-Form noch Cyclooktaschwefel S_γ („perlmutterartiger" Schwefel, der unter speziellen Bedingungen aus Schwefelschmelzen oder Lösungen in organischen Lösungsmitteln entstehen kann. Er wandelt sich bei höheren Temperaturen so rasch in S_α bzw. S_β um, daß sein Schmelzpunkt nicht ermittelt werden kann). S_γ kristallisiert ebenfalls monoklin (Elementarzelle: a = 8,57 Å, b = 13,05 Å, c = 8,23 Å, β = 112,9°; 4 Moleküle = 32 Atome in der Zelle, Struktur noch nicht endgültig aufgeklärt).

Neben den 3 bekannten S_8-Formen existiert noch Cyclohexaschwefel S_6 oder S_ρ, Cycloheptaschwefel S_7, Cyclodecaschwefel S_{10} und Cyclododekaschwefel S_{12} (Darstellung S. 127). Der rhomboedrische S_ρ besteht aus Sechsringen in der „Sesselform". Er ist, im Gegensatz zum „schwefelgelben" S_8, orangerot und an Licht nur einige Stunden haltbar (Umwandlung in S_8 über polymere Formen). Bei ~60 °C sintert er unter Zersetzung, um dann wie gewöhnlicher Schwefel bei ~119 °C zu schmelzen (hexagonale Elementarzelle: a = 10,82 Å, c = 4,28 Å; 3 Moleküle = 18 Atome in der Zelle; D = 2,17).

Fast farbloser S_{12} kristallisiert orthorhombisch (Elementarzelle: a = 4,73 Å, b = 9,104 Å, c = 14,574 Å; 2 Moleküle = 24 Atome in der Elementarzelle; D = 2,04). S_{12} ist erheblich beständiger als S_6, weil er bis zu seinem Schmelzpunkt von 148 °C (!) erhitzt werden kann (wobei dann rasche Umwandlung in S_8 erfolgt). Die Strukturen von S_7 und S_{10} sind noch nicht aufgeklärt.

Bei den zuweilen beschriebenen anderen Schwefel-Modifikationen handelt es sich wohl nur um ungewöhnliche äußere Erscheinungsformen der bekannten S_8-Modifikationen. Bevor weder ihr Molekulargewicht noch ihre Struktur ermittelt ist, sollte nicht fast das gesamte griechische Alphabet zu ihrer Bezeichnung strapaziert werden. Ob die auf S. 127 aufgezeigte erstmalige Möglichkeit zur gezielten Synthese neuer Schwefelmodifikationen weitere Ergebnisse bringen wird, muß die Zukunft zeigen.

Bei 119,25 °C schmilzt Schwefel zu einer klaren, hellgelben, dünnflüssigen Schmelze. Der langsame Abfall von diesem „idealen" Schmelzpunkt auf den „natürlichen" Schmelzpunkt von 115,2 °C wird durch die

Bildung offener S_8-Ketten erklärt, die den Schmelzpunkt als „Verunreinigung" in der Cyclooktaschwefelschmelze erniedrigen. Die Schmelze enthält bis 159 °C im wesentlichen S_8-Ringe. Dann wird sie schlagartig undurchsichtig schwarzrot und fest wie Harz. Bei 160 °C werden genügend Ringe thermisch gespalten, daß die polaren und radikalischen Kettenenden (durch heterolytische und homolytische Spaltung von –S–S-Bindungen entstanden) auch noch geschlossene Ringe aufspalten. Das stark temperaturabhängige und sich sehr rasch einstellende Gleichgewicht

$$x\,S_8 \rightleftharpoons S_{8x}$$

verschiebt sich dabei schlagartig auf die Seite des harzartigen Polymeren, das bei ~200 °C eine Kettenlänge bis zu 10^6 S-Atome erreicht! Bei weiterer Temperatursteigerung werden diese Ketten zu kleineren Bruchstücken „gecrackt". Bei 400 °C ist die Schmelze wieder dünnflüssig und besteht beim Siedepunkt von 444 °C wieder aus S_8-Teilchen. Die außerordentlich komplizierten Verhältnisse in Schwefelschmelzen bedürfen zur endgültigen Klärung wohl noch vieler Untersuchungen. Dies gilt auch für die „abgeschreckten" Schmelzen (Eingießen von flüssigem Schwefel in kaltes Wasser), die als „plastischer" Schwefel bezeichnet werden. In frischem Zustand verhält sich plastischer Schwefel wie Gummi. Er ist aber nicht einheitlich, sondern besteht aus einem – entsprechend S_8 – in Schwefelkohlenstoff löslichen Anteil (S_α) und einem – wie alle höherpolymeren Schwefelformen – darin unlöslichen Teil (S_μ). Frisch dargestellter S_μ gibt im gestreckten Zustand ein Röntgendiagramm, aus dem eine Helixstruktur (schraubenförmig angeordnete Ketten) ableitbar ist. Unlöslicher Schwefel entsteht auch bei chemischen Reaktionen zuweilen (z. B. S. 127). Er wandelt sich aber beim Stehen immer in S_α um.

Auch Schwefeldampf ist zwischen ~400 und 800 °C ein kompliziertes, noch lange nicht aufgeklärtes Gleichgewichtsgemisch zwischen S_8, S_7, S_6, S_5, S_4, S_3 und S_2, in dem merkwürdigerweise die geradzahligen Moleküle überwiegen. Bei –200 °C daraus eingefrorene S_2-Moleküle sind grün und entsprechen in ihrer Elektronenkonfiguration den – ebenfalls paramagnetischen – O_2-Molekülen (S. 81).

Auch *Selen* existiert in verschiedenen Modifikationen, die aber noch viel weniger als beim Schwefel untersucht sind. Die beiden unbeständigen roten Modifikationen (orthorhombisch und monoklin) bestehen ebenfalls aus Achtringen (Se_8). Sie sind in CS_2 löslich, wandeln sich aber in die einzig thermodynamisch stabile, kristalline (CS_2-unlösliche) Form des „grauen" Selens um. Sie besteht aus spiralig angeordneten polymeren Se-Ketten. Die Delokalisierung von p-Elektronen, die in Schwefelketten oder -ringen intramolekular erfolgt – alle Versuche zur Darstellung von

„metallischem" Schwefel bei höchsten Drucken sind fehlgeschlagen – erfolgt hier wegen des größeren Atomradius offensichtlich in gewissem Maße intermolekular, also zwischen den Ketten. Dadurch wird eine Andeutung von „Metallcharakter" erzielt, der sich in einer, wenn auch geringen elektrischen Leitfähigkeit – allerdings mit negativem Temperaturkoeffizienten – äußert (ihre Lichtabhängigkeit ist praktisch für Selenphotozellen von großer Bedeutung!).

Von *Tellur* kennt man bis jetzt erst die silberweiße halbmetallische Modifikation genau, die mit grauem Selen isomorph ist (Mischkristalle bildet). Sie besteht ebenfalls aus polymeren Ketten, zwischen denen die bei Se beschriebene Wechselwirkung und damit der „Halbmetallcharakter" wegen des vergrößerten Atomradius gesteigert ist. Der immer noch negative Temperaturkoeffizient der schon ziemlich angestiegenen Leitfähigkeit wird allerdings erst beim hier nicht zu behandelnden nächst höheren Homologen, dem echt metallischen, kubischen Polonium positiv.

Im tiefgefärbten Dampf von Se und Te ist unter vergleichbaren Bedingungen die Konzentration an den paramagnetischen Se_2- und Te_2-Molekülen und auch an Se- und Te-Atomen erheblich größer als bei Schwefel.

Darstellung

Schwefel wird heute praktisch nur noch aus dem in Erdgasquellen in großen Mengen vorkommenden Schwefelwasserstoff durch Oxydation (S. 130) oder, noch viel mehr (~25000000 Tonnen/Jahr), aus den mit Kalkstein vermengten riesigen Elementarschwefellagern (S_8) aus dem Miozän, die in 100–400 m Tiefe unter Schwimmsand in verschiedenen Teilen der Erde, besonders in USA (Louisiana und Texas, teilweise in der Küste vorgelagerten Meeresbuchten) vorkommen, gewonnen. Dazu wird der unterirdisch gelagerte Schwefel nach dem *Frash*-Verfahren mit überhitztem Wasserdampf (175 °C), der durch ein weites, in der Tiefe der Schwefelschicht perforiertes Rohr eingeleitet wird, geschmolzen. Durch ein engeres Rohr wird in die Schmelze Preßluft eingeführt, die den Schwefel-Luft-Schaum im Zwischenraum zwischen den konzentrisch angeordneten Rohren in die Höhe treibt. Er wird sogar teilweise flüssig in Tankwagen oder Tankschiffen (entsprechend wärmeisoliert) transportiert, z. B. von USA nach Europa.

Die dagegen nur in verschwindenden Mengen benötigten Elemente Se und Te, die als „Verunreinigungen" in sulfidischen Erzen vorkommen, werden bei deren Aufarbeitung entweder aus „Flugstaub" oder „Bleikammerschlamm" durch Reduktion ihrer Oxide isoliert.

b) *Verbindungen*

α) *mit Wasserstoff*

Einfache Chalkogenwasserstoffe

Im Gegensatz zum polymeren Wasser sind die – wegen der von O nach S stark abfallenden Elektronegativität – aus diskreten, gewinkelten Molekülen bestehenden Hydride H_2X, *Schwefelwasserstoff*, *Selenwasserstoff* und *Tellurwasserstoff* bei Zimmertemperatur Gase (Siedepunkte −61 °C, −41,5 °C und −1,8 °C). Sie lösen sich in Wasser zu schwachen Säuren auf, wobei, aus den gleichen Gründen wie bei den Halogenwasserstoffen (S. 94), die Säurestärke innerhalb der Gruppe von oben nach unten erheblich zunimmt (K_s, jeweils für die erste Dissoziationsstufe: H_2O 10^{-16}, H_2S 10^{-7}, H_2Se $2 \cdot 10^{-4}$, H_2Te $2 \cdot 10^{-3}$). Chalkogenwasserstoffe sind „*zweibasige*" Säuren. Dabei wird aus den bereits negativ geladenen XH^--Ionen das zweite Proton naturgemäß (erhöhte elektrostatische Anziehung) viel schwerer abgegeben als das erste aus XH_2. Die stark basischen „Säuren" XH^- haben dementsprechend viel niedrigere Gleichgewichtskonstanten ($K_s < 10^{-36}$, $\sim 10^{-15}$, $\sim 10^{-10}$, $\sim 10^{-5}$). Sowohl die „sauren Salze" Me^IXH als noch viel mehr die „neutralen" Salze Me^I_2X müssen in Lösung deshalb stark hydrolytisch gespalten sein, also basisch reagieren.

In der Reihenfolge $H_2S \rightarrow H_2Se \rightarrow H_2Te$ nimmt die thermische Beständigkeit stark ab und die Reduktionskraft so drastisch zu, daß mit den sehr unbeständigen H_2Se und H_2Te nur unter strengem Luftausschluß (O_2 oxydiert sofort zu rotem Selen bzw. grauem Tellur) gearbeitet werden kann. Dies empfiehlt sich besonders auch wegen der außerordentlichen *Giftigkeit* und des unbeschreiblich ekelerregenden Geruches dieser Gase, der wochenlang an Haut und Kleidung haftet! Sie spielen nur in der Forschung und zur Synthese bestimmter Halbleiter eine gewisse Rolle.

Dagegen ist Schwefelwasserstoff von viel größerer Bedeutung, vor allem in der *qualitativen* und *quantitativen Analyse*. Viele Metalle bilden damit charakteristisch und intensiv gefärbte Verbindungen, die wegen ihrer hohen Gitterenergie schwerlöslich sind (viele Metalle kommen in der Erdrinde deshalb als *sulfidische Erze* vor!) und sich deshalb ausgezeichnet zu Nachweis und Trennung eignen. H_2S stellt eines der stärksten *Atemgifte* dar! Sein auch noch in größter Verdünnung mit Luft widerlichen Geruch nach „faulen Eiern" (der in der Tat von Spuren H_2S aus dem Schwefelgehalt von Eiweiß stammt), warnt allerdings rechtzeitig vor Vergiftungen. Nach

$$H_2S \rightleftharpoons S + 2H^+ + 2e^-, \qquad E_0 = +0{,}141\ \mathrm{V}$$

kann er leicht zu Schwefel oxydiert werden (von starken Oxydationsmitteln, z.B. bei der mit blauer Flamme ablaufenden Verbrennung $H_2S + 1^1/_2 O_2 \rightarrow H_2O + SO_2$ auch zu höheren Oxydationsstufen des Schwefels). Seine quantitative Bestimmung mit Jod in wäßriger Lösung beruht darauf:

$$H_2S + J_2 \rightarrow S + 2HJ.$$

In der Natur kommt H_2S in riesigen Mengen in Erdgasen vor (z.B. in Lacq/Frankreich zu 14% und in Alberta/Canada zu 40%), aus denen es durch Oxydation (*Claus*-Prozeß, S. 130) entfernt werden muß. Sehr geringe Mengen in Mineralquellen *(„Schwefelbäder")* sollen eine Heilwirkung haben. Durch Abbaureaktionen („Fäulnis") von Eiweißen, die Schwefel enthalten, ist H_2S in Spuren praktisch „allgegenwärtig". Dies zeigt sich etwa im „Anlaufen" von Silberbesteck oder im allmählichen „Nachdunkeln" von Gemälden („Aufhellen" mit Ozon, S. 87): Es entsteht schwarzes Silber- bzw. Blei-Sulfid (aus dem „Bleiweiß" der Bilder). Die Bildung schwarzer Sulfide wird auch im Laboratorium als empfindlicher Nachweis für H_2S benützt.

Schwefelwasserstoff kann zwar prinzipiell aus den Elementen bei höherer Temperatur dargestellt werden (mit Se und Te verläuft die Reaktion umgekehrt)

$$S_x + xH_2 \rightleftarrows xH_2S,$$

doch eignet sich diese Synthese nicht für die Praxis. Man stellt ihn durch Ansäuern von Sulfiden (z.B. $FeS + 2HCl \rightarrow FeCl_2 + H_2S$ im *Kipp*schen Apparat) oder durch Erhitzen von Schwefel mit Paraffinen (genauer Reaktionsablauf unbekannt) auf $\sim 120-180\,°C$ dar. H_2Se und H_2Te erhält man durch Hydrolyse von aus den Elementen gewinnbarem Aluminium-Selenid bzw. -Tellurid Al_2X_3 mit verdünnten Säuren.

Sulfane

Während H_2Se und H_2Te die einzig bekannten Wasserstoffverbindungen dieser Elemente sind, stellt H_2S nur das Anfangsglied der Reihe der *Sulfane* H_2S_x dar. Es handelt sich dabei um gewinkelte, unverzweigte Ketten aus Schwefelatomen, deren Enden durch Wasserstoffatome abgesättigt sind. Die Bindungsverhältnisse sind darin gleich wie im elementaren Schwefel (Mehrfachbindungsanteile), dem sie sich mit steigender Kettenlänge in ihren Eigenschaften rasch nähern. (Die Oxydationsstufe der ganzen Kette ist immer -2; $\overset{+1}{H}-\overset{-2}{S_x}-\overset{+1}{H}$; mit zunehmendem Wert von x geht die mittlere Oxydationsstufe der einzelnen Atome solcher

Ketten rasch auf Null zu: −2, −1, −0,66, −0,5, −0,4, −0,33 usw., was natürlich ein immer „schwefelähnlicheres" Verhalten bedingt.) Deshalb konnten bis jetzt nur die vom Element stark verschiedenen niederen Glieder der praktisch endlosen Reihe H_2S_x getrennt dargestellt werden. Die schwierige experimentelle Handhabung erschwert das Studium ihrer vielseitigen und interessanten Reaktion, das erst ziemlich am Anfang steht, sehr.

Neben dem gasförmigen Grundglied, *Monosulfan* H_2S, sind die Sulfane von *Disulfan* H_2S_2 bis *Oktasulfan* H_2S_8 flüssig. Farbloses, dünnflüssiges H_2S_2 siedet bei 70,1 °C. Mit zunehmender Kettenlänge nimmt die Viskosität und die bei H_2S_3 noch helle gelbe Farbe stark zu, während die Löslichkeit in organischen Lösungsmitteln schnell abnimmt (bis auf CS_2). H_2S_3 und H_2S_4 können im Vakuum noch unzersetzt destilliert werden, während die höheren Glieder dabei zerfallen. Höhere Sulfane ($> H_2S_8$) sind wachsartig fest und weder untereinander noch von Schwefel zu trennen.

Alle Sulfane sind thermodynamisch unbeständig bezüglich der Reaktion

$$H_2S_x \rightarrow H_2S + S_{x-1},$$

die sehr stürmisch verlaufen kann und bereits durch Spuren basischer Substanzen und auch durch rauhe Oberflächen (Glasschliffe!) eingeleitet wird. Die extreme Empfindlichkeit gegenüber *nucleophilen* Stoffen ist die charakteristischste Eigenart der Sulfane, die die Grundsubstanzen aller kettenförmiger Schwefelverbindungen wie etwa organischer Polysulfide, anorganischer *Polysulfide* (S. 128), *Halogensulfane* (S. 126) und *Sulfansulfonsäuren* (S. 140) darstellen. Man stellt die einzelnen Glieder aus dem „*Rohöl*" genannten Sulfangemisch ($H_2S_4 - H_2S_8$) dar, das beim Eintragen einer Alkalipolysulfidlösung (S. 128) in überschüssige Salzsäure als Öl ausfällt (außer H_2S sind die Sulfane wasserunlöslich). H_2S_2 und H_2S_3 als wichtigste Vertreter entstehen daraus durch thermische Zersetzung *(Crackdestillation)* unter vermindertem Druck. Die höheren Glieder entstehen durch *Kondensation* niederer Sulfane mit S_2Cl_2 oder SCl_2 (S. 127) unter HCl-Abspaltung nach

$$H-S_x-\boxed{H+Cl}-S_y-\boxed{Cl+H}S_x-H \rightarrow 2\,HCl + H-S_{2x+y}-H,$$

wobei das niedere Sulfan in großem Überschuß eingesetzt und dann mit dem gebildeten HCl abdestilliert werden muß, wenn einigermaßen reine Produkte entstehen sollen. Diese Reinheit bzw. die Zusammensetzung von Sulfangemischen kann durch *Protonenresonanzspektroskopie* elegant bestimmt werden, die für die einzelnen Glieder getrennte Signale ergibt und damit auch das Vorliegen stärkerer Wasserstoffbrückenbindungen zwischen Sulfanen ausschließt (H_2O—H_2O_2-Gemische ergeben nur ein Signal!).

β) *Mit Halogenen*

Schwefel, Selen und Tellur verbinden sich mit Fluor, Chlor und Brom zu einer Reihe binärer Verbindungen, während Jod mit diesen Elementen keine stabilen Bindungen einzugehen vermag.

Fluor

Schwefeldifluorid, SF_2, das aus den Elementen oder aus S_2F_2 entstehen soll, ist noch nicht näher beschrieben worden. S_2F_2 existiert in zwei *isomeren* Formen (*Isomerie* liegt vor, wenn zwei Moleküle die gleiche Atomzusammensetzung, aber verschiedenen Bau, also verschiedene Atomanordnung haben): als *Thio-thionylfluorid* $S{=}SF_2$ (die Vorsilbe „Thio" bedeutet, daß in einer Verbindung ein Sauerstoffatom durch ein Schwefelatom ersetzt ist, hier im Thionylfluorid OSF_2, S. 142) und als *Difluordisulfan* F—S—S—F. SSF_2 entsteht neben SF_4 aus SCl_2 und KF nach

$$3\,SCl_2 + 6\,KF \rightarrow SSF_2 + SF_4 + 6\,KCl$$

als farbloses Gas (Siedepunkt −10,6 °C, Schmelzpunkt −165 °C), das kinetisch bis 200 °C beständig, in bezug auf Schwefel und SF_4 nach

$$2\,SSF_2 \rightarrow {}^3/_8\,S_8 + SF_4$$

thermodynamisch aber instabil ist. Mit Wasser entsteht in komplizierten Reaktionen neben *Sulfandisulfonaten* (S. 140) HF. HF spaltet SSF_2 bereits bei tiefen Temperaturen (< -80 °C) in SF_4 und S_8.

Das isomere F—S_2—F bildet sich aus Schwefel und Silberfluorid als ebenfalls farbloses Gas (Siedepunkt ~ -30 °C), das im Gegensatz zu Thio-thionylfluorid Glas nicht angreift, aber unbeständiger ist als dieses und sich durch KF katalytisch beschleunigt, deshalb leicht umlagert nach F—S—S—F → SSF_2.

Präparativ am bedeutungsvollsten ist *Schwefeltetrafluorid*, SF_4, das als farbloses Gas (Siedepunkt −40 °C, Schmelzpunkt −121 °C) nach

$$3\,SCl_2 + 4\,NaF \rightarrow SF_4 + S_2Cl_2 + 4\,NaCl$$

in Acetonitril als Reaktionsmedium leicht erhältlich ist. Das „*Dezett*" (durch Rückbindung von F-Atomen sicher noch eine größere Elektronendichte) am Zentralatom zeigt eindeutig, daß die „*Oktettregel*" bei Elementen mit freien d-Orbitalen nicht mehr gilt. SF_4-Moleküle bilden eine *trigonale Bipyramide* mit dem S-Atom in der Dreiecksebene und dem freien Elektronenpaar an einer Äquatoriallage (SeF_4, TeF_4 sowie S–, Se und Te–Cl_4 sind prinzipiell gleich gebaut).

Chemisch sind die Tetrafluoride (Se und Te allerdings noch wenig untersucht) sehr reaktionsfähig und werden z. B. von H_2O sofort hydrolysiert ($SF_4 + 2H_2O \rightarrow SO_2 + 4HF$). Ihre wichtigste Reaktion ist jedoch die leichte Umwandlung organischer und anorganischer Sauerstoffverbindungen in Fluorverbindungen, wobei =O durch $<^{F}_{F}$ und —OH durch —F ersetzt wird, die präparativ vielseitig genutzt wird (z. B. *Ketone* $>C{=}O \rightarrow >C<^{F}_{F}$, *Carbonsäuren* —COOH → —CF_3, *Alkohole* $\geq C{-}OH \rightarrow \geq C{-}F$, *Oxide*, z. B. UO_3 → Fluoride, UF_6). Bei der direkten Reaktion von Schwefel (Se, Te) mit F_2 bildet sich (neben Spuren SF_4) SF_6 und etwas S_2F_{10} (SeF_6, TeF_6, Te_2F_{10}). SF_6, ein farbloses Gas (Siedepunkt –51 °C, Schmelzpunkt –65 °C) ist ungewöhnlich reaktionsträge. Es reagiert nicht mit Wasser, ja nicht einmal mit geschmolzenem KOH oder 500 °C heißem Dampf. Dieser inerte Charakter der oktaedrischen Moleküle rührt sowohl von der sterischen Abschirmung des Zentralatoms und seiner koordinativen Absättigung (6), als auch von der durch Rückbindung besonders stabilen (um 0,2 Å verkürzten!) S—F-Bindung her, die aber noch nicht ganz so stabil ist als in SF_4 mit 78 kcal/Mol. Fast ebenso inert ist das ähnlich gebaute S_2F_{10} (Ersatz von F- durch F_5S-). Eine gewisse Reaktivität, z. B. Oxydation von S, rührt von der ungewöhnlich langen —S—S-Bindung von 2,21 Å (!) („gewöhnliche" Einfachbindung ~ 2,06 Å) her, die das Molekül etwas labilisiert. Wegen der zunehmenden Atomradien sind die entsprechenden Se- und Te-Verbindungen reaktionsfähiger. TeF_6 hat bereits schwachen „Lewis-Säure"-Charakter (S. 132) und addiert F^--Ionen zum komplexen TeF_8^{--}; es wird langsam hydrolysiert.

Chlor

Mit Schwefel bildet Chlor die Reihe der *Dichlorsulfane* S_xCl_2 mit x=1—8 (längere Ketten existieren ebenfalls, sind aber nicht mehr voneinander zu trennen – mit zunehmender Länge werden sie „schwefelähnlicher"). Sie stellen alle rote, ölige Flüssigkeiten von beißendem, aufdringlichem Geruch dar, die von Wasser leicht unter Bildung von HCl, Schwefel und komplizierten Gemischen verschiedener Schwefel-Sauerstoffsäuren hydrolysiert werden. Als kovalente Verbindungen lösen sie sich in organischen Lösungsmitteln, nicht aber in Wasser. Das wichtigste

Glied ist S_2Cl_2, das in großen Mengen aus Cl_2 und geschmolzenem Schwefel dargestellt wird. Es dient in der Technik als sehr gutes Lösungsmittel für Schwefel für die *Vulkanisation* von Kautschuk durch Schwefel. Mit Cl_2 entsteht daraus bei 0 °C SCl_2, das aber bei Temperaturerhöhung (bei 20 °C bereits 16 %) reversibel zerfällt nach

$$2\,SCl_2 \rightleftharpoons S_2Cl_2 + Cl_2.$$

Die höheren Chlorsulfane entstehen wie die Sulfane (S. 124), nur durch Umkehrung der Mengenverhältnisse der Ausgangsmaterialien, nach

$$Cl{-}S_x{-}\boxed{Cl + H}{-}S_y{-}\boxed{H + Cl}{-}S_x{-}Cl \rightarrow 2\,HCl + Cl{-}S_{2x+y}{-}Cl.$$

Diese charakteristische Kondensation zwischen —SH und ClS-Gruppen läßt sich beim Einsatz stöchiometrischer Mengen zur Synthese von unlöslichem polymerem Schwefel heranziehen nach

$$H_2S_x + Cl_2S_y \rightarrow 2\,HCl + S_{x+y}.$$

Beim Arbeiten in sehr verdünnten Lösungen können gezielte Ringschlüsse zu niedermolekularen neuen Schwefelmodifikationen erzielt werden ($H_2S_4 + S_2Cl_2 \rightarrow S_6$, $H_2S_6 + S_6Cl_2 \rightarrow S_{12}$).

Mit Bromwasserstoff lassen sich die Chlorsulfane in die entsprechenden, ebenfalls flüssigen roten *Bromsulfane* S_xBr_2 umwandeln, denen jedoch keine praktische Bedeutung zukommt. Mit festem KJ können sie teilweise in *Jodsulfane* S_xJ_2, umgewandelt werden, die aber selbst in Lösung innerhalb weniger Minuten zerfallen.

Von Selen und Tellur sind bisher nur die dem S_2Cl_2 sehr ähnlichen, aber unbeständigeren Chloride Se_2Cl_2 und Te_2Cl_2 bekannt geworden.

Bei −78 °C reagiert SCl_2 mit überschüssigem Cl_2 zu gelbem, festem SCl_4, das mit H_2O SO_2 und HCl liefert, aber nur bis −30 °C beständig ist (darüber zerfällt es in SCl_2 und Cl_2). Die entsprechenden festen weißen Halogenide $SeCl_4$, $SeBr_4$ und $TeCl_4$ (darstellbar aus den Elementen) sind erheblich beständiger, können aber nicht unzersetzt (Rückbildung der Elemente) destilliert werden.

γ) *Mit Alkalimetallen*

Die Bildung der *Alkalimetallchalkogenide* Me_2X erfolgt leicht in Redoxreaktionen nach

$$2x\,Me + X_x \rightarrow x\,Me_2X$$

entweder durch Zusammenschmelzen der Elemente (Feuererscheinung) oder schonender bereits bei tiefen Temperaturen in flüssigem Ammoniak.

Diese farblosen Salze kristallisieren alle im „*Antifluorit*"-Gitter (S. 152). Sie sind sehr oxydationsempfindlich und gehen an Luft leicht in *Thiosulfate* (S. 139) (Selenide und Telluride in noch nicht aufgeklärte Oxydationsprodukte) über. In wäßriger Lösung sind sie stark hydrolysiert, z. B.

$$Na_2S + H_2O \rightarrow 2Na^+ + SH^- + OH^-$$

(wegen der von H_2S nach H_2Te zunehmenden Säurestärke natürlich in abnehmendem Maße S, Se, Te). Wäßrige Sulfid-Lösungen können leicht durch Einleiten von H_2S in die Alkalihydroxidlösungen dargestellt werden, z. B.

$$Na^+ + OH^- + H_2S \rightarrow Na^+ + H_2O + SH^-$$

(mit weniger H_2S entstehen die „neutralen" Sulfide, mit Überschuß die „sauren" oder Hydrogensulfide MeHS beim Eindampfen der Lösungen; die Sulfide kristallisieren dabei mit viel „Kristallwasser" aus, z. B. $Na_2S \cdot 9H_2O$). Die einzig praktisch wichtigen Verbindungen Na_2S und K_2S (z. B. Haarentfernung, bes. in der Gerberei, und Darstellung organischer „Schwefelfarben") werden, allerdings in unreiner Form, technisch am billigsten durch Reduktion der Sulfate mit Kohle oder Wasserstoff bei Rotglut dargestellt, z. B.

$$Na_2SO_4 + 4H_2 \rightarrow Na_2S + 4H_2O.$$

Alkalipolysulfide, Me_2S_x, entstehen, wenn Alkalisulfidlösungen mit Schwefel behandelt werden, in einem *Schwefelabbau* (S. 140). Das S^{--} bzw. SH^--Ion wirkt gegenüber elementarem Schwefel besonders stark nucleophil („*thiophil*") und spaltet daher den S_8-Ring nach $S_8 + SH^- \rightarrow$ $\rightarrow S_9H^-$ zur offenen *Nonasulfan*kette auf. Diese ist noch stärker elektrophil als S_8 und wird deshalb sofort von weiteren SH^--Ionen stufenweise (von den endständigen S-Atomen der Kette her, welche die elektrophilen Zentren darstellen) weiter abgebaut. Dabei ist jede Lösung einer —S—S-Bindung der Kette mit der Neuknüpfung einer solchen Bindung vom angreifenden SH^--Ion zum abgespaltenen Schwefelatom verbunden, z. B. $S_9^{--} + SH^- \rightarrow S_8^{--} + S_2H^-$. Das S_2H^- bzw. S_2^{--}-Ion kann als neues nucleophiles Teilchen erneut die elektrophile Schwefelkette angreifen, wobei es unter deren Verkürzung zum S_3^{--}-Ion aufgebaut wird. In solchen Lösungen von Schwefel in Sulfidlösungen läuft also ein dauernder Abbau von Schwefelketten parallel mit einem gleichzeitigen Aufbau solcher Ketten ab. Dabei stellt sich ein *dynamisches Gleichgewicht* zwischen verschiedenen Polysulfidionen ein. Das Ansäuern solcher Gemische kann deshalb nie zu reinen Verbindungen, sondern zwangsläufig nur zu Gemischen, d. h. dem „Rohöl" (S. 124) führen.

Einige reine Alkalipolysulfide können durch Zusammenschmelzen der Elemente oder durch deren Umsetzung in organischen Lösungsmitteln bzw. in flüssigem Ammoniak erhalten werden. Ihre Struktur beweist, daß es sich dabei um Derivate der gewinkelten, unverzweigten Sulfane (S. 124) handelt.

Entsprechende Verbindungen des Selens und Tellurs (Polyselenide, Polytelluride) können nach den gleichen Prinzipien erhalten werden. Bei deren Ansäuern sind aber immer nur H_2Se bzw. H_2Te neben Selen bzw. Tellur isoliert worden.

δ) *Mit Sauerstoff*

Schwefel, Selen und Tellur bilden mehrere binäre Oxide, Sauerstoffsäuren und Säurehalogenide. Sie sollen getrennt behandelt werden. Da praktisch nur die Schwefelverbindungen von Bedeutung sind, beschränken wir uns im wesentlichen auf diese. Sofern die entsprechenden Selen- und Tellur-Verbindungen charakteristisch von den Schwefelverbindungen abweichen (in den meisten Fällen sind sie erst sehr unvollkommen studiert), soll dies jeweils angedeutet werden.

Binäre Oxide

Bekannt und untersucht sind die Oxide XO_2 und XO_3. Die lange als SO bezeichnete Verbindung ist ein Gemisch von S_2O und SO_2. Das gasförmige Produkt der „unvollständigen" Verbrennung von Schwefel, S_2O läßt sich als unbeständige Verbindung (auch bei manchen hier nicht zu besprechenden chemischen Reaktionen als Zwischenprodukt postuliert) bei tiefen Temperaturen als kirschroter Festkörper isolieren. Unsere Kenntnisse darüber sind noch äußerst mangelhaft. Es zerfällt leicht nach $2S_2O \rightarrow 3S + SO_2$ in Schwefel und das beständige Schwefeldioxid.

SO_2 entsteht sowohl bei der mit charakteristisch schwachblauer Flamme ablaufenden Verbrennung von Schwefel nach

$$S_{fest} + O_2 \rightarrow SO_2 + 70{,}9\ \text{kcal},$$

als auch beim *„Rösten"* sulfidischer Erze wie *Pyrit* (S. Band II) nach

$$4FeS_2 + 11O_2 \rightarrow 2Fe_2O_3 + 8SO_2$$

in sehr großen Mengen als stechend riechendes, farbloses Gas, das bereits bei $-10\,°C$ zu einer Flüssigkeit (Schmelzpunkt $-75{,}5\,°C$) kondensiert, die ein gutes Lösungsmittel für viele salzartige Verbindungen darstellt (Das so gewonnene SO_2 enthält $\sim$ 3–4% SO_3).

Die große Stabilität der gewinkelten Moleküle (129°) resultiert, wie der sehr kurze S-O-Abstand (1,46 A) zeigt, aus p_π—p_π-Bindungen, wie sie in der Resonanzformulierung

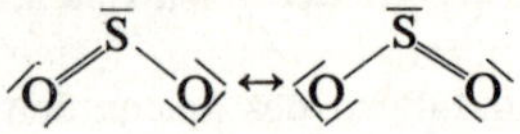

zum Ausdruck kommen, und zusätzlich noch aus Rückbindungen vom $(p \rightarrow d)_\pi$-Typ.

Sowohl die reduzierende (gegen O_2 bei der SO_3-Synthese!) als auch die oxydierende Wirkung von SO_2 werden großtechnisch ausgenützt: Der in Erdgasen vorhandene Schwefelwasserstoff muß daraus als starkes Gift entfernt werden. Dazu wird (*Claus*-Prozeß) ein Drittel des H_2S zu SO_2 verbrannt und der Rest dann mit diesem SO_2 zu Schwefel oxydiert:

$$SO_2 + 2H_2S \rightarrow 2H_2O + 3S.$$

Das giftige (bes. für Pflanzen) SO_2 wird im Kleinen als Desinfektionsmittel verwandt („Ausschwefeln" von Weinfässern usw.). Diese Giftwirkung stellt mit zunehmender Industrialisierung eine immer größer werdende Gefahr dar („Luftverpestung"), weil sowohl Kohle als auch Erdöl erhebliche Mengen Schwefelverbindungen enthalten, die beim Verbrennen als SO_2 in die Atmosphäre entweichen: 1964 wurden auf diese Weise ~60 Millionen Tonnen Schwefel „unfreiwillig" verbrannt, während der Weltbedarf an Schwefel im gleichen Zeitraum „nur" 25 Millionen Tonnen betrug!

Beim größeren Selen ist offenbar die Rückbindungsenergie vom Sauerstoff her nicht mehr so günstig wie beim Schwefel (vgl. intermolekulare Elektronenwechselwirkung beim elementaren Se, S. 120), weshalb es zur Ausbildung gewinkelter, nicht ebener Ketten kommt (*inter*molekulare $(p \rightarrow d)_\pi$-Bindung):

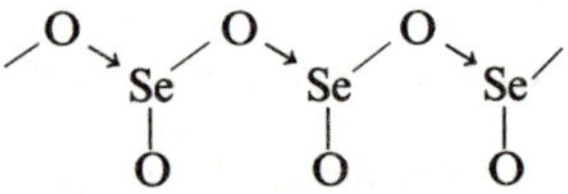

Das polymere SeO_2 ist natürlich fest, kann aber (Depolymerisation) bei ~300 °C unzersetzt sublimiert werden. Dagegen ist das ebenfalls feste, weiße TeO_2 (abnehmende Elektronegativität S → Se → Te) bereits ionogen aufgebaut („Rutil"-Gitter) und deshalb nicht mehr flüchtig.

SeO_2 und TeO_2 entstehen aus den Elementen beim Verbrennen oder mit konzentrierter Salpetersäure. In der Reihenfolge SO_2, SeO_2,

TeO_2 nimmt der „saure" Charakter und die Reduktionskraft ab (Oxydationskraft zu).

Das gleiche gilt auch für die Reihe SO_3, SeO_3 und TeO_3, von der nur SO_3 praktische Bedeutung hat (SeO_3 ist nur sehr schwer rein darstellbar und reagiert als extrem starkes Oxydationsmittel mit organischen Stoffen unter Feuererscheinung. TeO_3 ist bereits basisch).

SO_3 als technisch bedeutungsvollstes Chalkogenoxid entsteht nach

$$SO_2 + {}^1/_2\, O_2 \rightleftharpoons SO_3 + 23{,}5\ \text{kcal.}$$

Obwohl diese Redoxreaktion thermodynamisch sehr begünstigt ist, läuft sie bei niedrigen Temperaturen wegen der Trägheit der O_2-Moleküle nur sehr langsam ab. Nach dem *Massenwirkungsgesetz* muß eine zu starke Temperaturerhöhung aber die Umkehrung der gewünschten Reaktion, also die thermische Spaltung von SO_3 in SO_2 und O_2, bewirken. Im gut geeigneten Temperaturbereich zwischen 400 °C und 500 °C muß die Umsetzung durch Katalysatoren beschleunigt werden. Dafür verwendet man („*Kontaktprozeß*") feinverteiltes Platin oder – praktisch fast ausschließlich – *Vanadinpentoxid* V_2O_5 (S. Band II). Im veralteten „*Bleikammerprozeß*" wurden Stickoxide als Sauerstoffüberträger für SO_2 eingesetzt.

Im Gaszustand (Siedepunkt 44,8 °C) ist SO_3, wie SO_2, monomer. In den ebenen Dreiecksmolekülen (S im Zentrum, O an den Ecken), sind die sehr kurzen S—O-Bindungen (1,43 Å) ebenfalls durch p_π—p_π-Bindungen

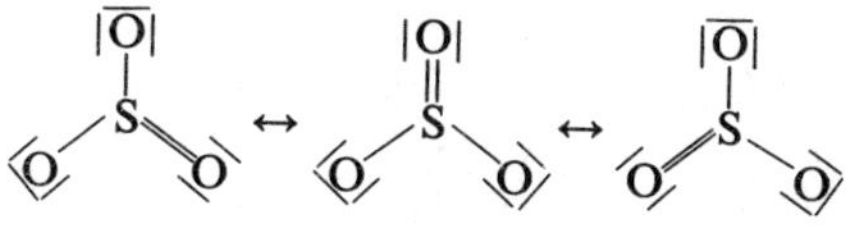

und zusätzlich noch durch $(p \rightarrow d)_\pi$-Bindungen stabilisiert. Im flüssigen und festen Zustand ist SO_3 dagegen wie SeO_2 polymer. Dabei kennt man drei Formen: Das *eisartige* γ-SO_3 (Schmelzpunkt 16,8 °C) ist trimer und besteht aus $(SO_3)_3$-Sechsringen („Sesselform"). Das *asbestartige* β-SO_3 (Schmelzpunkt 32,5 °C) besteht aus langen, schraubenförmigen, isolierten $(SO_3)_\infty$-Ketten und die stabilste α-Form (Schmelzpunkt 62,3 °C) ebenfalls aus solchen Ketten, die aber untereinander unregelmäßig vernetzt sind:

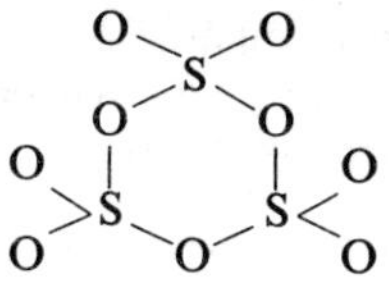

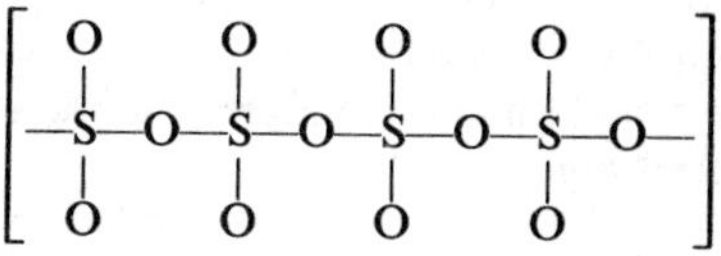

Die technisch wichtige Stabilisierung von flüssigem SO_3 (Gemisch aus Monomerem und Trimerem) gelingt durch geringe Zusätze von B_2O_3 (S. 212) oder Silikonen (S. 277) usw.

In SO_3 ist durch die Erhöhung der Oxydationsstufe von +4 auf +6 der *„elektronisch ungesättigte Charakter“* des Zentralatoms gegenüber SO_2 erhöht und kann durch Rückbindungseffekte, wie auch im SeO_2 (wegen dessen größerem Radius) nur unbefriedigend ausgeglichen werden. Die potentielle „Elektronenlücke“ wird in solchen Fällen durch Ausbildung einer Atombindung zu solchen Atomen oder Molekülen „geschlossen“, die freie Elektronenpaare zur Verfügung haben. In solchen *„semipolaren“ Bindungen* (weil die beiden Partner dann formal entgegengesetzte Ladungen tragen) stammt das bindende Elektronenpaar nicht, wie üblich, zu gleichen Teilen von den Partnern, sondern einseitig vom *„Donor“*-Atom. Die Schwefelatome im SO_3 wirken gegenüber den Donor-Sauerstoffatomen eines Nachbarmoleküls in den polymeren Formen als *„Acceptor“*-Atome.

Atome, Moleküle oder Ionen, die elektronisch ungesättigt sind, also *„Elektronenlücken“* aufweisen, heißen (nach *Lewis*) *Lewis-Säuren.* (Diese Lücken sind meist nur potentiell vorhanden, weil sie in isolierten Teilchen immer, so gut eben möglich, durch Rückbindungen von den Liganden her „ausgefüllt“ werden. Formulierungen mit Elektronensextett, wie z. B.

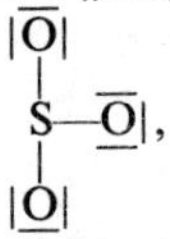

, sind irreal und reiner Formalismus, weil der Schwefel darin nicht wirklich ein Sextett aufweist.) Umgekehrt sind dann alle Atome, Moleküle oder Ionen, die „freie“ Elektronenpaare zur Absättigung solcher Lücken zur Verfügung stellen können, *Lewis-Basen.* Diese Säure-Base-Definition geht weit über die von *Brønsted* (S. 94) hinaus, weil sie unabhängig ist von einem bestimmten Element (bei Brønsted H). Sie widerspricht ihr aber nicht, sondern schließt sie als Spezialfall von Säure-Base-Verhalten ein. Eine Lewis-Base reagiert mit einer Lewis-Säure unter Adduktbildung (durch semipolare Bindung). Dieses Addukt kann als solches beständig sein oder sich sekundär durch Umlagerungen zu isomeren Molekülen oder auch durch Dissoziation in Ionen stabilisieren. Diese Sekundärreaktionen haben nichts mehr mit der Säure-Base-Reaktion zu tun – sie sind ausschließlich vom Energieinhalt des Primärproduktes oder eventueller Sekundärprodukte bestimmt, der immer einem Minimum zustrebt. So ist etwa die Brønstedsche Säure-Base-Reaktion

$$HCl + H_2O \rightleftharpoons H_3O^+ + Cl^-$$

auch nach *Lewis* zu deuten: Das positivierte H-Atom in HCl („Elektronenmangel" von H^+) reagiert mit der Lewis-Base H_2O (freies Elektronenpaar am O-Atom) zum Addukt $\overset{H}{\underset{H}{>}}O \rightarrow H—\overline{\underline{Cl}}|$. In diesem Fall stabilisiert sich das Primärprodukt dann sekundär durch Dissoziation in $H_3O^+ + Cl^-$. Im Falle der Addition von SO_3 „an sich selbst" ist das Primärprodukt – polymeres SO_3 – beständig. Die Polymerisation von SO_3 ist danach, ebenso wie die von SeO_2, eine Folge von Säure-Base-Reaktionen, wobei SO_3 sowohl als Lewis-Säure als auch als Lewis-Base wirkt.

Die wichtigste Reaktion von Schwefeltrioxid, das als solches u. a. zur Sulfonierung organischer Verbindungen eingesetzt wird, ist die gleich zu besprechende Bildung von *Schwefelsäure.*

Sauerstoffsäuren

Die bekannten Schwefel-Sauerstoffsäuren kann man sich abgeleitet denken (im Laboratorium meist auch so darstellen) aus der Umsetzung der Oxide mit den Stoffklassen H_2O_x und H_2S_x. Dabei entstehen beim Molverhältnis Oxid: Hydrid = 1 : 1 die *Monosulfonsäuren* und beim Verhältnis 2 : 1 die entsprechenden *Disulfonsäuren* (mit SO_3; mit SO_2 entsprechende Sulfinsäuren):

	H_2O	H_2O_2	H_2S	H_2S_x
SO_3	$H_2SO_4 \xrightarrow{SO_3} H_2S_2O_7$	$H_2SO_5 \xrightarrow{SO_3} H_2S_2O_8$	$H_2S_2O_3 \xrightarrow{SO_3} H_2S_3O_6$	$H_2S_{x+1}O_3$
	SO_2 ↓			SO_3 ↓
	$H_2S_2O_6$			$H_2S_{x+2}O_6$
	SO_3 ↑			
	$H_2SO_3 \xrightarrow{SO_2} H_2S_2O_5$			
SO_2	SO ↓			
	$H_2S_2O_4$			

Derivate des Wassers

Die *Lewis*-Base Wasser lagert sich an die *Lewis*-Säure SO_3 zum Addukt $H_2O \rightarrow SO_3$ an, das sich sofort durch Umlagerung (Wanderung eines Protons) zur *Monosulfonsäure* des Wassers, HO—SO_3H, stabilisiert:

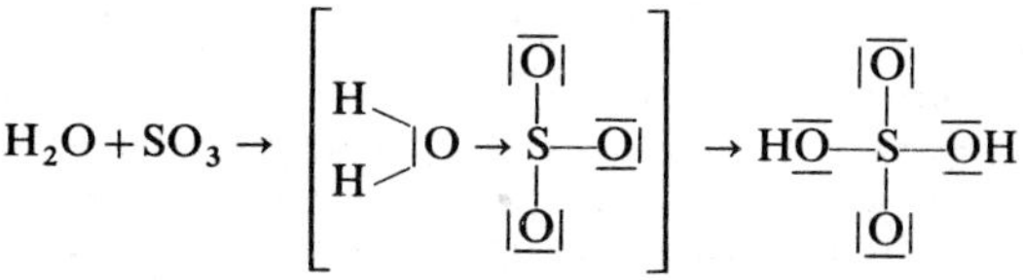

Diese *Schwefelsäure*, H_2SO_4, ist die wichtigste Schwefelverbindung und gleichzeitig die bedeutendste Säure. Sie wird technisch in riesigen Mengen dargestellt aus SO_3 (durch Oxydation von SO_2 nach dem Kontaktverfahren) und Wasser (zur Milderung der heftigen Reaktionswärme bei der Vereinigung von SO_3 mit H_2O aus praktischen Gründen in konzentrierter Schwefelsäure). Es gibt kaum ein Produkt der chemischen Großindustrie, das auf seinem „Werdegang" nicht einmal mit Schwefelsäure „in Berührung" gekommen ist. Die Produktion an Schwefelsäure gilt als gewisser Maßstab für die Wirtschaftskapazität eines Landes!

H_2SO_4 ist eine farblose, ölige Flüssigkeit (Schmelzpunkt 10,4 °C, Siedepunkt unter Zersetzung in SO_3 und H_2O = 338 °C); die Schwefelatome sind tetraedrisch von vier Sauerstoffatomen umgeben (in der undissoziierten wasserfreien Form sind die —OH-Gruppen über H-Brücken miteinander verbunden). Das SO_4^{--}-Ion ist völlig symmetrisch gebaut und durch folgende Resonanzformeln zu umschreiben.

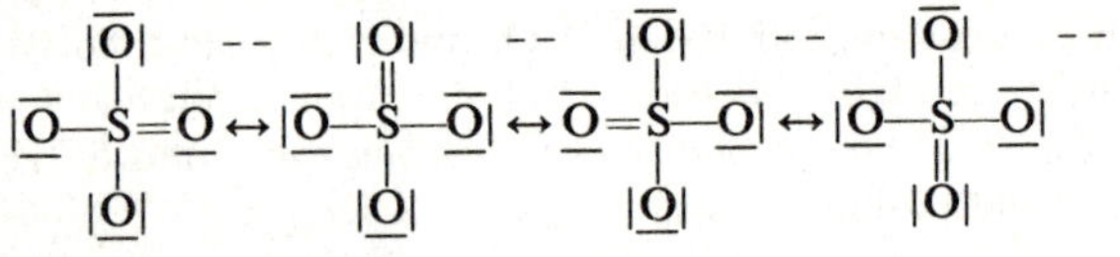

Der S—O-Abstand von 1,51 Å zeigt darüber hinaus das Vorliegen von $(p \rightarrow d)_\pi$-Rückbindungsanteilen an.

In wäßriger Lösung ist H_2SO_4 eine starke *zweibasige* Säure ($H_2SO_4 + H_2O \rightarrow HSO_4^- + H_3O^+$ liegt ganz auf der rechten Seite: pK für $HSO_4^- \rightleftharpoons H^+ + SO_4^{--} = \sim 2$). Danach sind *neutrale* und *„saure" Sulfate* praktisch aller Metalle bekannt. Sie sind, abgesehen von Ca, Ba und Pb, alle gut wasserlöslich.

Konzentrierte Schwefelsäure ist ein kräftiges Oxydationsmittel, das organische Stoffe oft „verkohlt" – unter Schwarzfärbung werden ihnen die Bestandteile des Wassers entzogen. Die Vereinigung von H_2SO_4 mit H_2O, mit dem es in jedem Verhältnis mischbar ist, erfolgt sehr exotherm (Vorsicht beim Verdünnen von H_2SO_4 mit H_2O!). Deshalb wird konzentrierte Schwefelsäure als Trockenmittel in *Exsiccatoren* verwendet. Verdünnte H_2SO_4-Lösungen sind dagegen nur schwache Oxydationsmittel.

Mit weiterem SO_3 reagiert H_2SO_4 zur *Disulfonsäure des Wassers*, der *„Pyroschwefelsäure"* $H_2S_2O_7$ (HO_3S—O—SO_3H) (Lösungen von SO_3 in H_2SO_4, also Gemische von H_2SO_4 mit $H_2S_2O_7$, heißen *„Oleum"*). Sie wird von Wasser quantitativ in Schwefelsäure gespalten ($H_2S_2O_7$ +

$+H_2O \rightarrow 2H_2SO_4$). Ihre Salze (Pyrosulfate) sind leicht durch Erhitzen von Hydrogensulfaten unter Wasserabspaltung darstellbar, z. B.

$$2NaHSO_4 \rightarrow Na_2S_2O_7 + H_2O.$$

Selensäure H_2SeO_4 (farblose Kristalle, Schmelzpunkt 59 °C) entspricht in ihrem Verhalten sehr weitgehend der Schwefelsäure, doch ist sie thermisch unbeständiger als diese (O_2-Abspaltung bei ~ 200 °C) und stärker oxydierend ($H_2SeO_3 + H_2O \rightleftharpoons SeO_4^{--} + 4H^+ + 2e$; $E_O = 1{,}15$ V). Auch den Pyrosulfaten entsprechende *Pyroselenate* ($Se_2O_7^{--}$) sind bekannt. Dagegen unterscheidet sich die *Tellursäure* völlig von ihren leichteren Homologen. Die feste Säure hat die Zusammensetzung $Te(OH)_6$ (Oktaedrische Anordnung der —OH-Gruppen um das Zentralatom). TeO_4^{--}-Ionen sind unbekannt. Die stark oxydierende Verbindung (dargestellt aus TeO_2 und H_2O_2 oder anderen kräftigen Oxydationsmitteln) ist eine sehr schwache, zweibasige Säure, von der sich die Salze $Me^ITeO(OH)_5$ und $Me^I_2TeO_2(OH)_4$ ableiten (K_s für die erste Dissoziation $\sim 10^{-7}$).

Schweflige Säure, H_2SO_3, ist weder in Lösung noch gar in Substanz beständig. Ihre Salze mit Alkali- und Erdalkalimetallen sind sehr stabil.

Eine wäßrige Lösung von SO_2 in Wasser (Löslichkeit bis 10 Gew.-%) wird zuweilen als „Schweflige Säure“ bezeichnet, doch handelt es sich dabei um komplizierte Gemische von hydratisierten SO_2-Molekülen mit HSO_3^--, SO_3^{--}- und $S_2O_5^{--}$-Ionen, deren Zusammensetzung stark konzentrations-, temperatur- und bes. auch pH-abhängig ist. H_2SO_3 liegt darin praktisch nicht vor. Solche Lösungen reagieren nur schwach sauer („scheinbarer“ pH-Wert für $H_2SO_3 = \sim 2$). Dementsprechend reagieren wäßrige Sulfitlösungen deutlich alkalisch ($SO_3^{--} + H_2O \rightarrow \rightarrow HSO_3^- + OH^-$). Sie bilden sich beim Zusammengeben stöchiometrischer Mengen von Base und SO_2-Lösung. „*Neutrale*“ Alkalisulfite Me_2SO_3 können durch Eindampfen ihrer Lösungen als feste Salze isoliert werden (Die schwerlöslichen Salze $BaSO_3$ und $PbSO_3$ fallen beim Zugeben von Ba^{++} oder Pb^{++}-Ionen direkt aus). Das Sulfition SO_3^{--} ist pyramidenförmig gebaut (das freie Elektronenpaar „besetzt“ die vierte Tetraederecke mit S im Zentrum).

Hydrogensulfite („saure“ Sulfite) mit dem Ion HSO_3^- können aber nicht im festen Zustand isoliert werden, weil sich beim Konzentrieren ihrer Lösungen das Gleichgewicht

$$2HSO_3^- \rightleftharpoons S_2O_5^{--} + H_2O$$

so stark nach rechts verschiebt, daß dabei die *Pyrosulfite* $Me_2S_2O_5$ (*Pyroschweflige Säure* ist ebenso wie H_2SO_3 nicht existenzfähig) ausfallen.

Diese Salze, z. B. $Na_2S_2O_5$, werden irrtümlicherweise auch heute noch oft als „*Bisulfite*" bezeichnet. Das Pyrosulfition $S_2O_5^{--}$ ist insofern besonders bemerkenswert, als dabei nicht, wie in anderen „*Pyrosäuren*" (z. B. $H_2S_2O_7$ oder Pyrophosphorsäure – S. 183) Sauerstoffbrücken —S—O—S— vorliegen. Es ist vielmehr *unsymmetrisch* gebaut und besitzt eine Schwefel-Schwefel-Bindung (S—S = 2,18 Å, S—O = 1,46 Å):

$$\left[\begin{array}{c} \mathrm{O}\ \ \mathrm{O} \\ \mathrm{OS{-}SO} \\ \mathrm{O} \end{array}\right]^{--}$$

Charakteristisch für alle Lösungen von SO_2, Sulfiten, Hydrogensulfiten und Pyrosulfiten ist ihr Verhalten als Reduktionsmittel, das aus den Potentialen (in saurer und basischer Lösung) hervorgeht:

$$SO_2 \cdot xH_2O \rightleftharpoons SO_4^{--} + 4H^+ + (x-2)H_2O + 2e^- \qquad E_O = +0{,}18\ V$$
$$SO_3^{--} + 2OH^- \rightleftharpoons SO_4^{--} + H_2O + 2e^- \qquad E_O = -0{,}93\ V.$$

Bereits von Luftsauerstoff können sie zu Schwefelsäure bzw. Sulfaten oxydiert werden. Auch die quantitative Bestimmung von Sulfiten durch Titration mit Jodlösung beruht darauf:

$$SO_3^{--} + H_2O + J_2 \rightarrow SO_4^{--} + 2H^+ + 2J^-.$$

Gegenüber starken Reduktionsmitteln wie H_2S können sie aber auch oxydierend wirken:

$$\text{„}H_2SO_3\text{"} + 2H_2S \rightarrow 3S + 3H_2O$$

(dabei bildet sich unter bestimmten Bedingungen neben Schwefel ein als „*Wackenrodersche* Flüssigkeit" bezeichnetes kompliziertes Gemisch verschiedener Sulfan-sulfonsäuren, dessen schon viel studierter Bildungsmechanismus noch nicht endgültig aufgeklärt werden konnte).

Auch SeO_2 löst sich, wie SO_2, in Wasser. Diese Lösungen enthalten tatsächlich *Selenige Säure* $(HO)_2SeO$, die sogar im festen Zustand isolierbar ist (Schichten aus SeO_3-Gruppen, die miteinander über Wasserstoffbrücken verbunden sind). Man kann aus solchen Lösungen mit Basen *neutrale Selenite* Me_2SeO_3 und *Hydrogenselenite* $MeHSeO_3$ isolieren, die stärker oxydierend wirken als die entsprechenden Sulfite (E_O in saurer Lösung = +0,74 V) und z. B. auch SO_2 oxydieren.

Dagegen löst sich TeO_2 praktisch nicht in Wasser zu einer Säure, wohl aber in starken Basen zu entsprechenden Telluriten auf.

Mit Schwefel der formalen Oxydationsstufe +5 steht *Dithionsäure* $H_2S_2O_6$ zwischen H_2SO_4 und H_2SO_3. Dithionate werden dementsprechend durch Oxydation von Sulfiten, am besten mit *Mangandioxid* (S. Band II) dargestellt, wobei naturgemäß auch Sulfate mitentstehen:

$$2SO_3^{--}+MnO_2+4H^+ \rightarrow Mn^{2+}+S_2O_6^{--}+2H_2O.$$

Das *Dithionation* $(O_3S{-}SO_3)^{--}$ (jedes Schwefelatom tetraedrisch von 3O und einem S-Atom umgeben; S—S 2,06 Å, S—O 1,43 Å) ist überraschend beständig und zeigt praktisch weder reduzierende noch oxydierende Eigenschaften. Alle Dithionate sind wasserlöslich. Durch Ansäuern ihrer Lösungen (z. B. das Bariumsalz mit H_2SO_4) entstehen Lösungen der mittelstarken freien Säure, die bis ~30% konzentriert werden können. Bei höheren Konzentrationen spaltet $H_2S_2O_6$ (wie auch ihre Salze beim Erhitzen) SO_2 ab.

$$H_2S_2O_6 \rightarrow H_2SO_4+SO_2.$$

Ebenfalls eine ungerade Oxydationsstufe (+3) hat Schwefel in der *Dithionigen Säure*, $H_2S_2O_4$, die bereits in Lösung sehr unbeständig ist und rasch zerfällt nach

$$2H_2S_2O_4 \rightarrow 2H_2O+3SO_2+S.$$

Ihre Salze (*Dithionite*, praktisch nur von Zn^{++} und Na^+ bekannt), werden durch Reduktion von „Schwefliger Säure" mit Zink-Staub oder mit Natriumamalgam dargestellt:

$$2H_2SO_3+2Na \rightarrow Na_2S_2O_4+2H_2O.$$

Das aus solchen Lösungen mit NaCl „aussalzbare" $Na_2S_2O_4 \cdot 2H_2O$ muß sehr rasch mit Alkohol entwässert werden, da nur ganz trockenes Dithionit einigermaßen beständig ist. Die Lösungen zerfallen nach

$$2S_2O_4^{--} \rightarrow S_2O_3^{--}+SO_3^{--}+SO_2.$$

Im symmetrischen 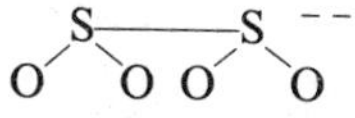 -Ion liegt der längste bisher bekannt gewordene S—S-Bindungsabstand von 2,39 Å (S—O 1,51 Å) vor.

Dithionite sind sehr starke Reduktionsmittel ($S_2O_4^{--}+4OH^- \rightleftharpoons 2SO_3^{--}+2H_2O+2e^-$ $E_O = -1{,}4$ V), die bereits bei Raumtemperatur mit Luftsauerstoff (bei Anwesenheit geeigneter Katalysatoren wie β-Anthrachinonsulfonsäure) quantitativ reagieren. Diese Reduktionswirkung wird technisch in der „*Küpenfärberei*" und beim „*Ätzdruck-Verfahren*" für Textilien in großem Maße ausgenützt, wozu direkt Dithionit oder das daraus mit Formaldehyd darstellbare Natriumsalz der Oxymethansulfinsäure, $HO{-}CH_2{-}SO_2Na$ („*Rongalit*") eingesetzt wird.

Derivate des Wasserstoffperoxids

Wie H_2O kann auch H_2O_2 eine Mono- und eine Disulfonsäure bilden. Lösungen der *Peroxodischwefelsäure*, $H_2S_2O_8$, oder ihrer Alkali (und NH_4)-Salze entstehen bei der anodischen Oxydation konzentrierter H_2SO_4-oder $MeHSO_4$-Lösungen in Gegenwart von F^--Ionen bei 5°–10 °C mit hoher Stromdichte.

$$2\,HSO_4^- \rightarrow H_2S_2O_8$$

Im $S_2O_8^{--}$-Ion, $^-O_3S—O—O—SO_3^-$, liegt die Peroxogruppierung wie im H_2O_2 vor. Die S-Atome sind tetraedrisch von je 4 O-Atomen umgeben (O—O = 1,31 Å, S—O = 1,50 Å). Dementsprechend sind *Peroxodisulfate* sehr starke Oxydationsmittel, die im Gegensatz zu H_2O_2 selbst Mn^{2+} zu Permanganat (s. Band II) oxydieren können und keine reduzierenden Eigenschaften mehr zeigen ($2SO_4^{--} \rightleftharpoons S_2O_8^{--} + 2e^-$; $E_O = +2{,}05$ V). Als Zwischenprodukt bei der elektrolytischen H_2O_2-Darstellung (S. 101) spielt $H_2S_2O_8$ technisch eine wichtige Rolle. Sie wird nämlich von Wasser – über die Stufe der *Peroxomonoschwefelsäure* – schließlich quantitativ zu Schwefelsäure und H_2O_2 hydrolysiert, das aus den Lösungen abdestilliert wird:

$$H_2S_2O_8 + H_2O \rightarrow H_2SO_4 + H_2SO_5,$$
$$H_2SO_5 + H_2O \rightarrow H_2O_2 + H_2SO_4.$$

Die *Peroxomonoschwefelsäure*, $HOOSO_3H$ („*Caro*sche Säure“) ist etwas unbeständiger und noch stärker oxydierend als $H_2S_2O_8$ (beständige Salze sind davon noch nicht bekannt geworden). Sie kann in wasserfreier Form aus *Chloroschwefelsäure* (S. 144) und H_2O_2 erhalten werden nach

$$HO_3S—\boxed{Cl + H}—O—O—H \rightarrow HCl + HO_3S—OO—H.$$

Entsprechende Se- und Te-Verbindungen sind bekannt, aber noch kaum untersucht und ohne praktische Bedeutung.

Derivate der Sulfane

Wie H_2O und H_2O_2 bilden auch die Sulfane H_2S_x Mono- und Disulfonsäuren. Die *Sulfan-monosulfonsäuren* $H_2S_{x+1}O_3$ sind gewinkelte, unverzweigte Schwefelketten mit einem H-Atom an einem und einer HO_3S-Gruppe am anderen Kettenende. Sie können als thermisch unbeständige Stoffe nur bei tiefen Temperaturen (~ −80 °C) aus SO_3 und Sulfanen erhalten werden ($SO_3 + H-S_x-H \rightarrow H-S_x-SO_3H$) und zerfallen bereits unterhalb 0 °C in Umkehrung ihrer Bildung. Ab $x > 1$ sind auch ihre Salze wegen der extremen Empfindlichkeit offener Schwefelketten

(S. 140) gegenüber nucleophilen Substanzen in Wasser unbeständig und werden sofort abgebaut. Letzteres gilt naturgemäß nicht für das Grundglied der Reihe (x = 1), die *Monosulfan-monosulfonsäure = Thioschwefelsäure*, $H_2S_2O_3$, die in Äther ($SO_3 + H_2S \rightarrow H_2S_2O_3$) bei $-80\,°C$ darstellbar ist, aber oberhalb $-10\,°C$ in SO_3 und H_2S zerfällt. Der gleiche Zerfall tritt auch beim Ansäuern wäßriger Thiosulfatlösungen auf. In Gegenwart von Wasser oxydiert SO_3 aber H_2S, so daß schließlich Schwefel und SO_2 entsteht:

$$\begin{array}{r} H_2S_2O_3 \rightarrow H_2S + SO_3 \\ SO_3 + H_2S \rightarrow SO_2 + H_2O + S \\ \hline H_2S_2O_3 \rightarrow SO_2 + H_2O + S. \end{array}$$

Neutrale, nicht aber saure Alkali- und Erdalkali*thiosulfate* sind sowohl als feste Salze wie auch in Lösung beständig (Schwermetallthiosulfate zerfallen wie die freie Säure spontan, z.B. $Ag_2S_2O_3 \rightarrow Ag_2S + SO_3$). Das Natriumthiosulfat $Na_2S_2O_3 \cdot 5H_2O$ spielt als Komplexbildner beim photographischen Prozeß (s. Band II) („*Fixiersalz*"), besonders aber als Reduktionsmittel (Schwefelwasserstoffderivat!) sowohl im Laboratorium (Jodometrie) als auch in der Technik („*Antichlor*") eine wichtige Rolle.

Die Reduktionswirkung geht hervor aus

$$2S_2O_3^{--} \rightleftharpoons S_4O_6^{--} + 2e^-; \qquad E_O = +0{,}17\,V.$$

Schwache Oxydationsmittel wie Jod oxydieren danach zu *Disulfan-Disulfonat (Tetrathionat)* (S. 141). Die glatt und quantitativ noch in sehr verdünnten Lösungen ablaufende Umsetzung $J_2 + 2S_2O_3^{--} \rightarrow 2J^- + S_4O_6^{--}$ bildet die Grundlage der im Laboratorium sehr wichtigen „*Jodometrie*": Ein quantitativ zu bestimmendes Oxydationsmittel wird mit Überschuß an Jodid versetzt, aus dem dann die der unbekannten Menge an Oxydationsmittel entsprechende Menge J_2 entsteht. Dieses wird durch Titration mit einer Normallösung (S. 117) von $Na_2S_2O_3$ reduziert (das Ende der Reaktion ist leicht am Verschwinden der – durch Stärkezusatz intensivierten – Jodfarbe zu erkennen). Aus dem Verbrauch an Thiosulfatlösung ergibt sich direkt die gesuchte Menge des Oxydationsmittels.

Stärkere Oxydationsmittel, z.B. Br_2, Cl_2, H_2O_2 usw. oxydieren Thiosulfate bis zur Stufe des Sulfats. Darauf beruht seine Verwendung als „*Antichlor*" zur Entfernung von Chlorresten in Textilien, die vom Bleichen her übriggeblieben sind:

$$S_2O_3^{--} + 4Cl_2 + 5H_2O \rightarrow 2HSO_4^- + 8H^+ + 8Cl^-.$$

Das $S_2O_3^{--}$-Ion ist wie das SO_4^{--}-Ion tetraedrisch gebaut. Der Ersatz eines O-Atoms durch ein S-Atom bedingt den Namen „Thio“-sulfat. Dabei hat das Zentralatom die Oxydationsstufe $+6$, das äußere Schwefelatom aber -2, wodurch sich die formale mittlere Oxydationsstufe $+2$ pro S-Atom ergibt, die bei der Oxydation mit Jod auf $+2{,}5$, mit Chlor auf $+6$ steigt (es wird pro Mol $S_2O_3^{--}$ also 8mal soviel Chlor wie Jod verbraucht).

Thiosulfate bilden sich in bis jetzt noch nicht aufgeklärten Reaktionen bei der „*Autoxydation*“ wasserfreier Sulfide an Luft. Praktisch werden sie durch Oxydation wäßriger Sulfitlösungen durch elementaren Schwefel dargestellt nach

$$S_8 + 8\,SO_3^{--} \rightarrow 8\,S_2O_3^{--}.$$

Dabei greift im *geschwindigkeitsbestimmenden* (langsamsten) Reaktionsschritt ein (gegenüber Schwefel besonders stark) nucleophiles Sulfition mit seinem freien Elektronenpaar (*Lewis*-Base) den elektrophilen Schwefel (*Lewis*-Säure) an und bricht dadurch den Ring zur offenkettigen *Oktasulfan-monosulfonsäure*, $H_2S_9O_3$, auf:

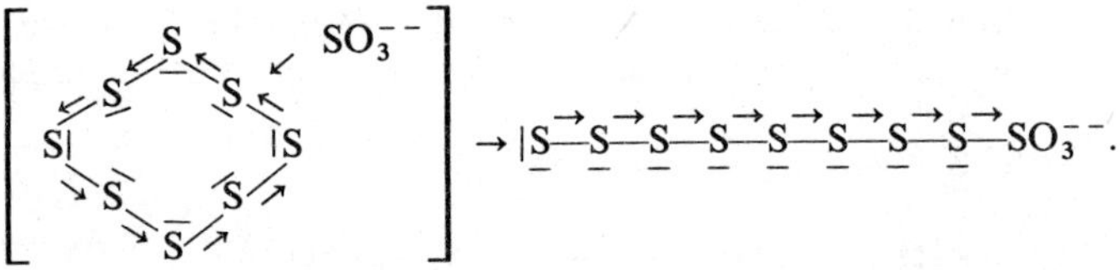

Das endständige Atom dieser Kette stellt mit seinem formalen *Oktett* an Elektronen (die übrigen Atome haben ein *Dezett*) das elektrophile Zentrum für den nächsten Angriff des nucleophilen Ions dar

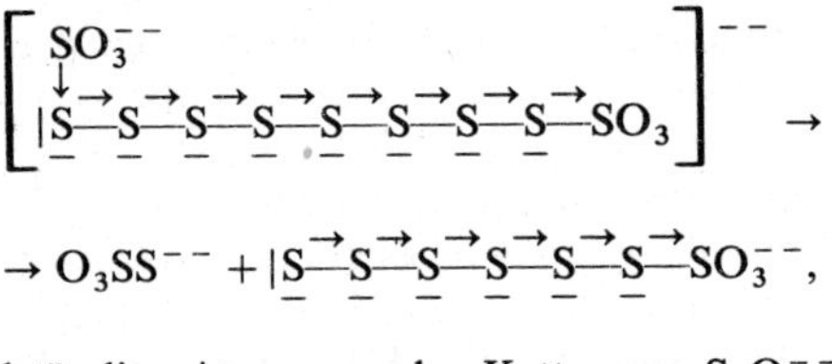

der dieses endständige Atom von der Kette zum $S_2O_3^{--}$-Ion abbaut, wodurch ein neues *elektrophiles Zentrum* (wieder endständig) an der um ein Atom verkürzten Kette gebildet wird. Dieser Vorgang wiederholt sich noch 6mal, bis der „*Sulfitabbau*“ des elementaren Schwefels zum Thiosulfat über Sulfan-monosulfonate beendet ist.

Die *Sulfan-disulfonsäuren*, $H_2S_{x+2}O_6$ *(Polythionsäuren)* entstehen in wasserfreier Form bei tiefen Temperaturen übersichtlich entweder aus

Sulfanen und SO_3 in Äther

$$H_2S_x + 2SO_3 \rightarrow HO_3S{-}S_x{-}SO_3H$$

oder durch Oxydation wasserfreier Sulfan-monosulfonsäuren mit Chlor

$$HO_3S{-}S_x\boxed{H + Cl{-}Cl + H}S_x{-}SO_3H \rightarrow 2HCl + HO_3S{-}S_{2x}{-}SO_3H.$$

Sie sind bei Zimmertemperatur, ebenso wie auch konzentrierte wäßrige Lösungen, nicht lange beständig, wobei die Stabilität mit steigender Kettenlänge abnimmt. Ihr thermischer Zerfall ist äußerst kompliziert. Bis jetzt sind die Glieder von x = 1 bis 12 bekannt (*Monosulfan-disulfonsäure* $H_2S_3O_6$, „*Trithionsäure*" bis *Dodekasulfan-disulfonsäure* $H_2S_{14}O_6$ = „*Tetradekathionsäure*"; *Dithionsäure*, $H_2S_2O_6$, steht in keinem Zusammenhang mit dieser Stoffklasse, deren Grundglied die Monosulfan-disulfonsäure $H_2S_3O_6$ ist!). Deren Salze sind bis x = 2 (*Tetrathionate*) gegen Basen beständig; ab $x \geqq 3$ verhindert die Empfindlichkeit von Schwefelketten gegenüber *Lewis*-Basen (nucleophilen Partnern) ihre Haltbarkeit, wenn die Lösungen nicht angesäuert sind. Als typisches Beispiel solcher Abbaureaktionen von Schwefelketten sei wieder der „*Sulfitabbau*" der Sulfan-disulfonate beschrieben, der analog auch mit vielen anderen *Lewis*-Basen wie OH^-, CN^-, AsO_3H^{--} usw. verläuft und der auch analytisch ausnutzbar ist. Alle Sulfan-disulfonate reagieren mit Sulfitüberschuß in wäßriger Lösung nach der Summengleichung

$$S_xO_6^{--}\ (x > 3) + (x-3)\,SO_3^{--} \rightarrow S_3O_6^{--} + (x-3)\,S_2O_3^{--}$$

unter Bildung von *Trithionat* und *Thiosulfat*. In den Sulfan-disulfonaten stellen nach

$$^{-}O_3\underset{\alpha}{S}\overset{\leftarrow}{-}\underset{\bar\beta}{S}\overset{\leftarrow}{-}\underset{-}{S}\overset{\leftarrow}{-}\underset{-}{S}\overset{\leftarrow}{-}\underset{\bar\beta}{S}-\underset{\alpha}{S}O_3^{-} \leftrightarrow {}^{-}O_3\underset{\alpha}{S}-\underset{\bar\beta}{S}\overset{\rightarrow}{-}\underset{-}{S}\overset{\rightarrow}{-}\underset{-}{S}\overset{\rightarrow}{-}\underset{\bar\beta}{S}\overset{\rightarrow}{-}\underset{\alpha}{S}O_3^{-}$$

die gleichberechtigten β-Atome (als endständige Atome der zugrunde liegenden Sulfane) mit ihrer im „Mittel" formalen „*Neunerschale*" die elektrophilen Zentren dar, an denen der nucleophile Angriff erfolgen muß:

$$\left[\begin{matrix} & & & & SO_3^{--} & \\ & & & & \swarrow & \\ ^{-}O_3S & \overset{\leftarrow}{-}\underline{S} & \overset{\leftarrow}{-}\underline{S} & \overset{\leftarrow}{-}\underline{S} & \overset{\leftarrow}{-}\underline{S} & -SO_3^{-} \end{matrix}\right] \rightarrow {}^{-}O_3S{-}S{-}SO_3^{-} + {}^{-}O_3S{-}S{-}S{-}S^{-}.$$

Dabei entsteht das stabile *Trithionat* und ein *Sulfan-monosulfonat*, das dann vom endständigen Atom aus sofort weiter bis zum Thiosulfat abgebaut wird, so wie es oben beim Sulfitabbau des Schwefels bereits beschrieben wurde. Solche Abbaureaktionen, die immer in einer bestimmten

Reihenfolge und nicht etwa „statistisch" erfolgen, sind charakteristisch für alle höheren Sulfan-disulfonate. Ihre Darstellung (sie entstehen als Gemische nach noch ungeklärten Mechanismen in verschiedenen Disproportionierungsreaktionen von Schwefel und Schwefel-Verbindungen) erfolgt entweder durch Oxydation von Thiosulfaten (mit $H_2O_2 \rightarrow S_3O_6^{--}$, mit $J_2 \rightarrow S_4O_6^{--}$, mit $HNO_2 \rightarrow S_5O_6^{--}$ und $S_6O_6^{--}$) oder am elegantesten aus Chlorsulfanen und Sulfan-monosulfonsäuren nach

$$HO_3S{-}S_x\boxed{H + Cl}{-}S_y{-}\boxed{Cl + H}S_x{-}SO_3H \rightarrow 2\,HCl +$$
$$+ HO_3S{-}S_{2x+y}{-}SO_3H.$$

Säurehalogenide

Von den besprochenen Chalkogensauerstoffsäuren (nicht mit Te!) mit den Oxydationsstufen 4 und 6 leiten sich, formal durch Ersatz beider HO-Gruppen durch Halogenatome, die *Säurehalogenide* SOX_2, SO_2X_2 und $S_2O_5X_2$ ab.

Die *Thionylhalogenide* SOF_2, $SOCl_2$, $SOBr_2$, SOFCl und *Selenylhalogenide* $SeOF_2$, $SeOCl_2$, $SeOBr_2$ sind pyramidenförmig gebaut ($\sim sp^3$-Hybride des Spitzenatoms S bzw. Se mit dem freien Elektronenpaar in die leere, vierte Tetraederecke gerichtet). Die kurzen S—O-Abstände ($\sim$ 1,45 Å) zeigen wieder starke $(p \rightarrow d)_\pi$-Mehrfachbindungsanteile an:

$$>\overset{+}{S}{-}\overset{-}{\underline{\overline{O}}}| \leftrightarrow >S{=}\underline{\overline{O}} \leftrightarrow >\overset{-}{S}{\leftleftarrows}\overset{+}{O}|.$$

Wegen der ungefüllten d-Bahnen des Zentralatoms wirken die Moleküle als *Lewis*-Säure ($SeOCl_2$ lagert sogar zwei Pyridinmoleküle zu einem stabilen Komplex an). Charakteristisch ist ihre darauf beruhende „*Hydrolyse*", die über das *Lewis*-Addukt mit der Base Wasser abläuft, das dann sekundär durch HX-Abspaltung die stabilen Endprodukte bildet

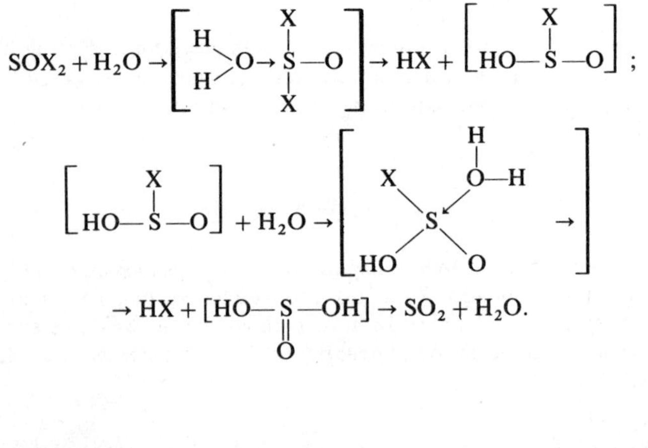

Abgesehen von dem mit Wasser nur sehr träge reagierenden SOF_2 (farbloses Gas) verläuft diese nach der Bruttogleichung $SOX_2 + H_2O \rightarrow SO_2 + 2HX$ ablaufende Hydrolyse mit den übrigen durchwegs flüssigen Thionyl- und Selenylhalogeniden sehr rasch und leicht (Rauchen an feuchter Luft, beißender Geruch nach HX und SO_2).

Thionylchlorid (Siedepunkt 79 °C) wird praktisch etwa zur Darstellung organischer Säurechloride oder zur Synthese wasserfreier Metallchloride eingesetzt. Diese können entweder aus *Oxiden* bei ~300 °C im Bombenrohr nach

$$MeO + SOCl_2 \rightarrow MeCl_2 + SO_2$$

oder aus kristallwasserhaltigen *Chloriden* durch die wasserentziehende Wirkung von $SOCl_2$ erhalten werden, z. B.

$$CrCl_3 \cdot 6H_2O + 6SOCl_2 \rightarrow CrCl_3 + 6SO_2 + 12HCl.$$

$SOCl_2$ erhält man am besten aus PCl_5 (S. 178) und SO_2 nach $PCl_5 + SO_2 \rightarrow SOCl_2 + POCl_3$. Mit SbF_3 reagiert es zu SOF_2 und SOFCl, mit HBr zu $SOBr_2$. $SeOCl_2$ entsteht aus SeO_2 mit $SeCl_4$; es liefert mit AgF $SeOF_2$, mit HBr $SeOBr_2$.

Die sich formal von H_2SO_4 ableitenden *Sulfurylhalogenide* SO_2F_2 und SO_2Cl_2 (die gleich gebauten gemischten Halogenide SO_2FCl und SO_2FBr sowie SeO_2F_2 sollen hier nicht näher besprochen werden) sind tetraedrisch gebaut. Die Bindungsverhältnisse sind ähnlich wie bei den Thionylhalogeniden, was auch für die praktisch gleich ablaufende Hydrolyse (Summengleichung $SO_2Cl_2 + 2H_2O \rightarrow H_2SO_4 + 2HCl$) gilt. Das fast inerte, gasförmige SO_2F_2 bildet sich beim Erhitzen von Bariumfluorsulfat nach

$$Ba(SO_3F)_2 \overset{500°}{\rightleftarrows} SO_2F_2 + BaSO_4,$$

das viel reaktionsfähigere flüssige SO_2Cl_2 (Siedepunkt 69 °C) direkt aus SO_2 und Cl_2 ($SO_2 + Cl_2 \rightarrow SO_2Cl_2$) bei Anwesenheit von Katalysatoren wie *Campher* oder *Aktivkohle*. Es wird praktisch zu *Chlorierungen* und *Sulfonierungen* in der organischen Chemie eingesetzt (*Pyrosulfurylchlorid* $S_2O_5Cl_2$ verhält sich sehr ähnlich wie SO_2Cl_2; es wird aus SO_3 mit CCl_4 dargestellt).

Halogenschwefelsäuren

Der Ersatz nur einer HO-Gruppe durch Halogen führt zu den Halogenschwefelsäuren. *Fluoroschwefelsäure*, FSO_3H, entsteht nach

$$HF + SO_3 \rightarrow [HF \rightarrow SO_3] \rightarrow FSO_3H$$

(praktisch durch Umsetzung von Fluoriden mit rauchender Schwefelsäure = Oleum) als stabile, farblose Flüssigkeit vom Siedepunkt 165,5 °C. Sie wird von Wasser nur langsam hydrolysiert zu HF und H_2SO_4. Salze bilden sich leicht aus Fluoriden und SO_3 (z.B. $NaF + SO_3 \rightarrow NaO_3SF$).

Chloroschwefelsäure, $ClSO_3H$ (*„Chlorsulfonsäure)* entsteht nach

$$HCl + SO_3 \rightarrow [HCl \rightarrow SO_3] \rightarrow ClSO_3H$$

als farblose Flüssigkeit vom Siedepunkt (unter Zersetzung in HCl und SO_3) 152 °C. Von H_2O wird sie sofort stürmisch in HCl und H_2SO_4 gespalten, weshalb sie an feuchter Luft stark raucht (Anwendung zur „*Verneblung*" im Krieg). Sie eignet sich ausgezeichnet zur „Sulfurierung" organischer Verbindungen und zur Darstellung organischer Säurechloride aus ihren Anhydriden.

Bromoschwefelsäure, $BrSO_3H$, entsteht bei tiefen Temperaturen in flüssigem SO_2 aus HBr und SO_3. Bei Zimmertemperatur zerfällt sie wegen der stark reduzierenden Eigenschaft von Br^- unter Bildung von Brom und SO_2. Die Oxydationswirkung von +6-wertigem Schwefel auf Br^- und noch mehr auf J^- verhindert auch die Existenz von SO_2Br_2 oder gar SO_2J_2, die von +6-wertigem Selen bereits die von SeO_2Cl_2. Dagegen kann *Chloroselensäure*, $ClSeO_3H$, unter schonenden Bedingungen, wie $BrSO_3H$, in flüssigem SO_2 noch dargestellt werden (aus SeO_3 und HCl).

Das einzige bekannte Monohalogenid der Schwefligen Säure ist die *Fluorsulfinsäure*, FSO_2H, die als Kaliumsalz aus SO_2 mit KF entsteht. Kaliumfluorsulfinat ist wie $KClO_3$ gebaut. Es ist präparativ vielseitig anwendbar, besonders zum Austausch von Chlor gegen Fluor

$$(SOCl_2 + 2KSO_2F \rightarrow SOF_2 + 2KCl + 2SO_2).$$

E. Die Erdalkalimetalle (II. Hauptgruppe des Periodensystems)

Die sechs Elemente *Beryllium*, *Magnesium*, *Calcium*, *Strontium*, *Barium* und *Radium* heißen (wegen des „erdigen" Verhaltens ihrer kaum schmelzbaren Oxide) Erdalkalimetalle. Sie haben in der äußersten Elektronenschale nur zwei Elektronen, stehen also jeweils zwei Stellen nach einem Edelgas und bilden so die *II. Hauptgruppe des Periodensystems.* Dadurch ist, abgeschwächt, aber doch ähnlich wie bei den Alkalimetallen (S. 66), eine so starke Reaktivität bedingt, daß diese Elemente in der Natur nicht frei, sondern immer nur mit anderen (elektronegativeren) Elementen verbunden vorkommen können. In allen ihren Verbindungen haben sie die

Tabelle III.12. Einige Eigenschaften der freien Erdalkalimetalle

Eigenschaft	Be	Mg	Ca	Sr	Ba	Ra
Ordnungszahl	4	12	20	38	56	88
Elektronenanordnung	[He] $2s^2$	[Ne] $3s^2$	[Ar] $4s^2$	[Kr] $5s^2$	[Xe] $6s^2$	[Rn] $7s^2$
Atomgewicht	9,012	24,312	40,08	87,62	137,36	226,05
Dichte bei 0 °C in g/ccm	1,86	1,75	1,55	2,6	3,59	~ 5
Schmelzpunkt °C	1280	651	850	800	850	~ 960
Siedepunkt °C	1500	1107	1487	1366	1537	~1140
1. Ionisierungspot.	9,320	7,644	6,111	5,692	5,210	5,277
2. Ionisierungspot. in eV	18,206	15,03	11,87	10,98	9,95	~ 10,10
E_0 in V für $Me \rightleftharpoons Me^{+2} + 2e$	− 1,70	− 2,34	− 2,87	− 2,89	− 2,90	− 2,92
Atomradius in Å	0,889	1,364	1,736	1,914	1,981	
Ionenradius Me^{2+}	0,31	0,65	0,94	1,10	1,29	1,50
Elektronegativität (n. Pauling)	1,5	1,2	1,0	1,0	0,9	

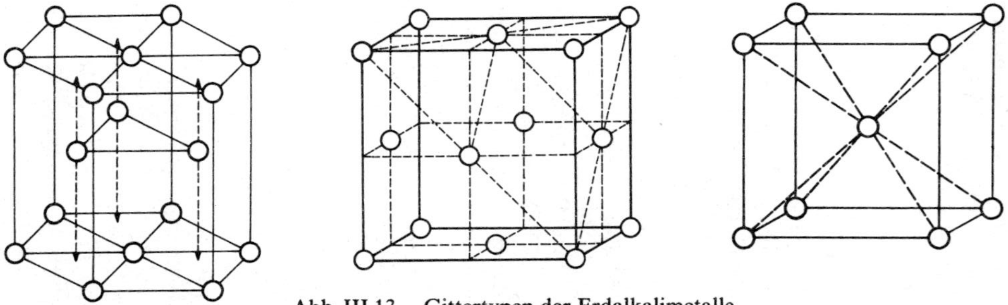

Abb. III.13. Gittertypen der Erdalkalimetalle

Oxydationsstufe +2. Ihr natürliches Vorkommen (nur Mg und Ca sind relativ „häufig", die übrigen Glieder der Gruppe dagegen ziemlich bis extrem (Ra) selten) beschränkt sich im wesentlichen auf *Silikate, Carbonate, Sulfate* und *Halogenide* in der festen Erdrinde, bzw. im Meerwasser (Be $6 \cdot 10^{-4}\%$, Mg 2,09%, Ca 3,63%, Sr 0,03%, Ba 0,025% und Ra $1{,}3 \cdot 10^{-10}\%$ – alle seine Isotope sind radioaktiv; das als Glied der natürlichen Zerfallsreihe von ^{238}U auftretende stabilste Isotop ^{226}Ra hat eine Halbwertszeit von 1600 Jahren). Tab. III.12. gibt Auskunft über einige Eigenschaften dieser Leichtmetalle, soweit sie bekannt sind.

Aus den bereits bei den Alkalimetallen erörterten Gründen können ihre Atome keine einfachen Moleküle aufbauen, sondern stabilisieren sich beim Fehlen fremder Partner durch Ausbildung von *Metallgittern* (die Dämpfe bestehen aus Atomen). Ba bildet, wie die Alkalimetalle, ein *kubisch raumzentriertes Gitter*, Sr und Ca eine *kubisch dichteste Kugelpackung*, Mg und Be eine *hexagonal dichteste Kugelpackung*. Abb. III.13. symbolisiert (wegen der Übersicht nur Atomschwerpunkte, nicht die sich gegenseitig berührenden Wirkungssphären gezeichnet) diese 3 Metallgittertypen.

Tab. III.12. zeigt, daß sich innerhalb der II. Hauptgruppe mit steigender Ordnungszahl etwa die Radien, Ionisierungspotentiale, Elektronegativitäten, Normalpotentiale usw. erwartungsgemäß verändern. Die gegenüber den Alkalimetallen wegen der höheren Kernladung verkleinerten Atomradien bedingen die höhere Dichte und größere Härte der Erdalkalimetalle (doppelt soviel Bindungselektronen). Trotz der recht hohen Ionisierungspotentiale sind diese Metalle stark positiv und gehen leicht in die Oxydationsstufe +2 über, weil die *Gitterenergie* bzw. *Hydratationsenergie* der kleinen Me^{2+}-Ionen sehr hoch ist. Dadurch werden ihre Redoxpotentiale denen der Alkalimetalle sehr ähnlich. Eine Ausnahme macht – wie das erste Element einer Gruppe immer mehr oder weniger stark – Beryllium. Die anomal starke Radienverkleinerung von Mg → Be und die dadurch bedingte drastische Erhöhung des Ionisierungspotentials (S. 25) können selbst durch die Gitterenergie nicht mehr kompensiert werden und bewirken, daß Be^{2+}-Ionen nicht existieren können. Ihre hohe Ladungsdichte (Verhältnis Ladung/Radius für $Be^{++} = 6{,}5$ für $Ca^{++} = 1{,}8$!) polarisieren die Bindungspartner so stark, daß daraus selbst mit den elektronegativsten Elementen bevorzugt kovalente Verbindungen resultieren. Die kovalenten Be-Verbindungen unterscheiden sich von den bevorzugt salzartigen Verbindungen seiner schwereren Homologen so sehr, daß eine getrennte Behandlung zweckmäßig erscheint. Be ähnelt in vielerlei Hinsicht viel mehr dem später zu besprechenden *Aluminium* (S. 221) als den übrigen Erdalkalimetallen.

1. *Beryllium und seine Verbindungen*

Das wichtigste Vorkommen für Beryllium ist das Mineral $Be_3Al_2[Si_6O_{18}]$, das je nach seiner (von geringen „Verunreinigungen" herrührenden) Farbe als *Beryll*, *Smaragd* oder *Aquamarin* bekannt ist. Aus dem daraus erhältlichen wasserfreien $(BeCl_2)_x$ wird durch *Schmelzflußelektrolyse* (Zusatz von NaCl bewirkt die Leitfähigkeit) das sehr spröde, grauweiße Metall dargestellt. Es findet u.a. Verwendung als Moderator- und Reflektormaterial in Kernreaktoren, als „Fenster"-Material in Röntgenapparaturen und als Zusatz zu Kupfer, dessen Härte durch einige Prozent Be wesentlich gesteigert wird.

Obwohl metallisches Beryllium von verdünnten Säuren, ja selbst von Wasser aufgrund seines niedrigen Potentials (Tab. III.12.) unter H_2-Entwicklung oxydiert werden sollte, ist es dagegen beständig, weil es an seiner Oberfläche sofort einen dünnen, aber sehr beständigen und wasserunlöslichen Film von BeO bildet.

In monomeren kovalenten Verbindungen hat Beryllium nur eine *„Viererschale"* an Elektronen. Solche *„Elektronenmangelverbindungen"* müssen naturgemäß als sehr starke *Lewis*-Säuren (S. 132) wirken. Daher kommt es, daß Beryllium – verglichen mit den viel größeren Alkali- und den anderen Erdalkali-Metallen – eine starke Neigung zur Ausbildung von *Komplexen* (stabile, über semipolare Atombindungen zusammengehaltene Addukte mit *Lewis*-Basen) zeigt. Beim Fehlen geeigneter Basen als Komplexpartner fungieren die negativen Liganden an Be als solche (ähnlich wie in SO_3, S. 132), z.B. im polymeren *Berylliumhydrid*, $(BeH_2)_n$, das nicht aus den Elementen, sondern durch thermische Zersetzung von *Berylliumdiäthyl* (S. 257) (oder aus $LiAlH_4$ und $BeCl_2$) zugänglich ist:

$$Be(C_2H_5)_2 \rightarrow BeH_2 + 2\,C_2H_4.$$

Beryllium erreicht darin die angestrebte Koordinationszahl 4 (sp^3-Hybrid-Orbitale) durch *„Hydridbrücken"* (als *„Anionenbrücken"* prinzipiell verschieden von den bekannten *Wasserstoffbrücken* über positivierte H-Atome!):

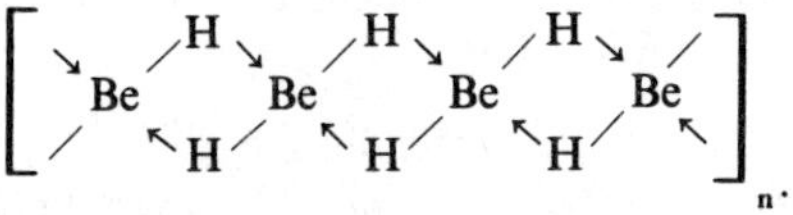

Bei höheren Temperaturen zerfällt $(BeH_2)_n$ in die Elemente, mit positiviertem Wasserstoff reagiert es in der für Metallhydride charakteristischen Reaktion (S. 74), z.B. nach

$$BeH_2 + 2\,H_2O \rightarrow Be(OH)_2 + 2\,H_2.$$

Berylliumchlorid, $BeCl_2$ (dargestellt aus BeO und CCl_4 bei 800 °C) ist bei hohen Temperaturen monomer und linear gebaut (zwei gleiche sp-Hybride für die beiden bindenden Elektronenpaare). Im dimeren

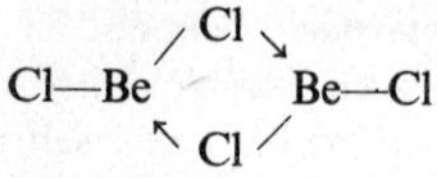

(bei 560 °C ~20%) hat Be die Koordinationszahl 3, die im festen $(BeCl_2)_n$ (Siedepunkt 488 °C, Schmelzpunkt 405 °C) schließlich den angestrebten Wert 4 mit tetraedrischer Umgebung des Zentralatoms erreicht:

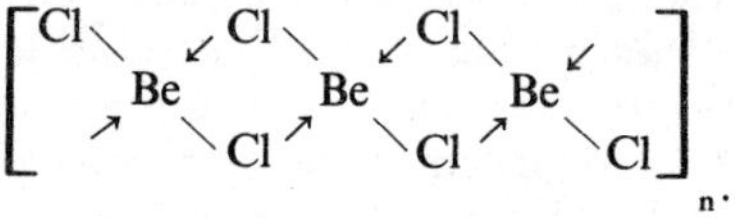

Vergleichbare Strukturen gelten auch für $(BeF_2)_n$ (glasartig wegen unregelmäßiger Anordnung der Ketten) und $(BeBr_2)_n$ bzw. $(BeJ_2)_n$.

Eine weitere Möglichkeit zur Erreichung der Koordinationszahl 4 (Oktett an Be) besteht in der Komplexbildung mit anderen Lewis-Basen wie Wasser oder seinen organischen Derivaten Äther, R_2O und Alkohol, ROH (R– bedeutet immer einen einwertigen organischen Rest) oder Halogenidionen, z. B. F^-. So löst sich etwa $(BeCl_2)_n$ sehr gut in Äther unter Bildung *von Ätheraten* $Cl_2Be(OR_2)_2$ und in Wasser unter Bildung von $[Be(\leftarrow OH_2)_4]^{++}$ neben Cl^-, (BeF_2) sehr gut in F^--Lösungen unter Bildung von $[BeF_4]^{--}$-Ionen auf. Auch in den hier nicht zu besprechenden *„Chelaten"*, etwa mit *Acetylaceton*, oder in den *„basischen" Berylliumcarboxylaten* und anderen „basischen" Berylliumsalzen gilt das gleiche Prinzip der tetraedrischen Umgebung des – nie als freies Ion auftretenden – Be^{++}-Teilchens. Es gilt auch für *Berylliumoxid*, BeO, das aus BeO_4-Tetraedern besteht und, ebenso wie das im *Zinkblendegitter* (S. 287) kristallisierende kovalente BeS (Darstellungen aus den Elementen), in Wasser unlöslich ist.

Eine Reihe kovalenter Be-Verbindungen löst sich, etwa wie die kovalenten Halogenwasserstoffe (S. 93), in Wasser unter Ausbildung des sehr beständigen $[Be(OH_2)_4]^{++}$-Ions, das als solches dann echte Salze (z. B. $[Be(OH_2)_4]Cl_2$ und $[Be(OH_2)_4]SO_4$) bildet (sie reagieren wegen der geringen Basizität des unlöslichen $[Be(OH)_2]_n$, das aus solchen Lösungen durch Basenzusatz ausgefällt werden kann, durch Hydrolyse sauer).

2. *Mg, Ca, Sr, Ba, Ra und ihre Verbindungen*

Aus dem in Tab. III.12 gezeigten Gang der Atomradien und der damit zusammenhängenden Eigenschaften ging die Sonderstellung des nur kovalente Verbindungen bzw. komplexstabilisierte Ionen bildenden Berylliums hervor. Die schwereren Erdalkalimetalle sind groß und positiv genug, um mit elektronegativen Elementen Ionengitter zu bilden (Atombindungsanteil mit fallender Elektronegativität und steigender Polarisierbarkeit des Partners – etwa von $F^- \rightarrow J^-$ – naturgemäß zunehmend). *Magnesium* steht in dieser Beziehung zwischen Be einerseits und der Gruppe Ca, Sr, Ba, Ra andererseits. Die meisten seiner Verbindungen haben noch einen hohen Atombindungsanteil, ähneln aber doch mehr den schwereren Homologen als dem Beryllium, zu denen es in einem ähnlichen Verhältnis steht wie Lithium zu den höheren Alkalimetallen (eine gewisse Ähnlichkeit zwischen Li und Mg – viel stärker noch zwischen Be und Al – wird als „*Schrägbeziehung*" im Periodensystem bezeichnet).

Elemente: Magnesium kommt hauptsächlich in folgenden Mineralien vor: in den Silikaten *Olivin, Enstatit, Talk, Meerschaum, Serpentin, Asbest* usw.; in sehr großen Mengen als *Dolomit,* $CaMg(CO_3)_2$ und *Magnesit.*$MgCO_3$; im Meerwasser bzw. daraus entstandenen Salzlagern, z.B. als *Carnallit* $MgCl_2 \cdot KCl \cdot 6H_2O$, *Kainit* $KCl \cdot MgSO_4 \cdot 3H_2O$, *Kieserit* $MgSO_4 \cdot H_2O$ usw.

Es wird in sehr großen Mengen durch *Schmelzelektrolyse* des wasserfreien Chlorids (Leitfähigkeitserhöhung der Schmelze durch Zusatz von NaCl, KCl und $CaCl_2$) oder auch durch Reduktion des Oxids mit Silicium bei hohen Temperaturen im Vakuum gewonnen ($2MgO + Si \rightarrow 2Mg + SiO_2$). Trotz seines niedrigen Potentials wird Mg, ebenso wie Be, von Wasser nicht angegriffen, weil es durch einen *Oxidfilm* oberflächlich geschützt *(„passiviert")* ist. Dieser reagiert aber, im Gegensatz zu BeO, mit verdünnten Säuren, weshalb Magnesium sich darin rasch auflöst. Technisch wird das hellgraue Metall, hauptsächlich legiert mit Aluminium (S. 221) und kleinen Mengen anderer Metalle, für Leichtmetallkonstruktionen in großem Umfang verwandt. In der Metallurgie dient es wegen seiner ausgezeichneten Reduktionswirkung zuweilen zur Darstellung teuerer Metalle, z. B. nach

$$TiCl_4 + 2Mg \rightarrow Ti + 2MgCl_2.$$

Calcium ist sowohl in *Silikaten* (z.B. *Kalkfeldspäte*) und als Sulfat *(Gips)*, als auch besonders als *Carbonat (Kalkstein, Marmor, Kreide)* weit verbreitet. Es entsteht bei der Schmelzelektrolyse von $CaCl_2$ (Zusatz von 15% KCl) als silberweißes, zähes Metall, das mit Wasser, besonders mit verdünnten Säuren, unter Bildung von H_2 und $Ca(OH)_2$ heftig reagiert. Als sehr starkes Reduktionsmittel findet es in der Metallurgie einige Verwendung, so z.B. zur Gewinnung der schweren Alkalimetalle aus ihren Chloriden bei hohen Temperaturen

$$(2\,RbCl + Ca \rightarrow CaCl_2 + Rb).$$

Strontium kommt als Begleiter von Ca in Carbonaten ($SrCO_3$ = *Strontionit*) und als Sulfat *(Cölestin)*, *Barium* hauptsächlich als $BaSO_4$ *(Schwerspat)* in der Natur vor. Die silberweißen, relativ weichen Metalle werden durch Schmelzelektrolyse von $MeCl_2$—KCl-Gemischen dargestellt. Sie werden an Luft rasch oxydiert und reagieren stürmisch mit Wasser zu H_2 und $Me(OH)_2$.

Radium kommt in sehr geringen Mengen (1 g in 3500 kg *Pechblende* = UO_2) in Uranmineralien vor, aus denen es nach mühsamer Aufarbeitung zusammen mit $BaSO_4$ als schwerlösliches $RaSO_4$ abgetrennt wird.

b) *Verbindungen der Erdalkalimetalle*

α) *Hydride:* $(MgH_2)_n$ kann wie die entsprechende Be-Verbindung (S. 147) durch thermische Zersetzung von Magnesiumdiäthyl, oder, im Gegensatz zu Be, auch direkt aus den Elementen (H_2 unter Druck!) synthetisiert werden. Die weiße Verbindung ist wie $(BeH_2)_n$ über *Hydridbrücken* polymerisiert (nicht ionogen). Dagegen stellen die Hydride der schwereren Erdalkalimetalle, z.B. CaH_2, stabile *Ionengitter* dar (wie die Alkalihydride), die schon unter recht milden Bedingungen aus den Elementen (zunehmend leicht und heftig von Ca → Ba) entstehen, z.B.

$$Ca + H_2 \rightarrow CaH_2.$$

Wegen der negativen Ladung des Wasserstoffs reagieren alle Erdalkalihydride mit Verbindungen, die positiven Wasserstoff enthalten (S. 73), z.B. mit Wasser nach

$$CaH_2 + 2\,H_2O \rightarrow Ca(OH)_2 + 2\,H_2,$$

was manchmal zur Darstellung von H_2 herangezogen wird.

β) *Halogenide:* Die Erdalkalimetalle bilden alle denkbaren Halogenide MeX_2 als farblose, hochschmelzende Festkörper, die entweder durch Oxydation der Metalle (bzw. ihrer Hydride) mit den Halogenen ($Me + X_2 \rightarrow MeX_2$) bzw. den Halogenwasserstoffen ($Me + 2\,HX \rightarrow MeX_2$

$+H_2$) oder durch Umsetzung der Hydroxide (S. 152) mit Halogenwasserstoffsäuren ($Me(OH)_2 + 2HX \rightarrow MeX_2 + 2H_2O$), leicht darstellbar sind. Dabei sind die Mg-Verbindungen (außer MgF_2) erwartungsgemäß bevorzugt kovalent aufgebaut (löslich in komplexbildenden organischen Lösungsmitteln wie Äther), entsprechend den Be-Verbindungen, während die schwereren Homologen aus Ionengittern bestehen. Die Ionenbindung ist natürlich bei RaF_2 am „idealsten", während sie bei CaJ_2 den stärksten kovalenten Anteil aufweist. Die Fluoride sind (höchste Gitterenergie) in Wasser schwerlöslich. Die übrigen Halogenide lösen sich dagegen sehr gut. Im Falle der kovalenten Mg-Verbindungen beruht dies auf der Ausbildung des oktaedrisch gebauten *Komplex-Ions* $[Mg(OH_2)_6]^{++}$ mit einer Zehnerschale am Mg-Atom. Tab. III.14. zeigt die Schmelz- und Siedepunkte der Halogenide, aus denen grob der Gang des Bindungscharakters ableitbar ist.

Tabelle III.14. Schmelzpunkte (1. Zahl) und Siedepunkte (2. Zahl) der Erdalkalihalogenide in °C.

Metall	MeF_2		$MeCl_2$		$MeBr_2$		MeJ_2	
Be	800 (sublim.)		405	488	490	520	510	590
Mg	1396	2239	708	1412	700	—	~700	—
Ca	1360	—	772	> 1600	765	810	575	718
Sr	1450	2490	873	—	643	—	402	—
Ba	1285	2137	962	1560	847	—	740	—
Ra	—	—	~1000	—	728	—	—	—

Von gewisser praktischer Bedeutung sind folgende Halogenide und andere Derivate bereits behandelter Säuren: das aus wäßrigen Lösungen kristallisierende Hexahydrat $MgCl_2 \cdot 6H_2O$ ist *hygroskopisch* (der H_2O-Dampfdruck über dem Salz und seiner gesättigten Lösung ist geringer als der in Luft, weshalb Wasser aus der Luft „angezogen" wird und das Salz „zerfließt"); es dient deshalb in großen Mengen in der Baumwollspinnerei dazu, die Fasern feucht und geschmeidig zu halten. Seine konzentrierten Lösungen erstarren mit MgO zu einer steinharten Masse *(Sorel-Zement)*, die zusammen mit Sägespänen z. B. „*Steinholz*"-Fußbödenbeläge u. ä. liefert.

Das schwerlösliche Calciumfluorid CaF_2 stellt als „*Flußspat*" das wichtigste Fluormineral dar, aus dem mit H_2SO_4 Flurwasserstoff gewonnen wird ($CaF_2 + H_2SO_4 \rightarrow 2HF + CaSO_4$). Sein Kristallgitter (Abb. III.15.) ist für viele Salze charakteristisch.

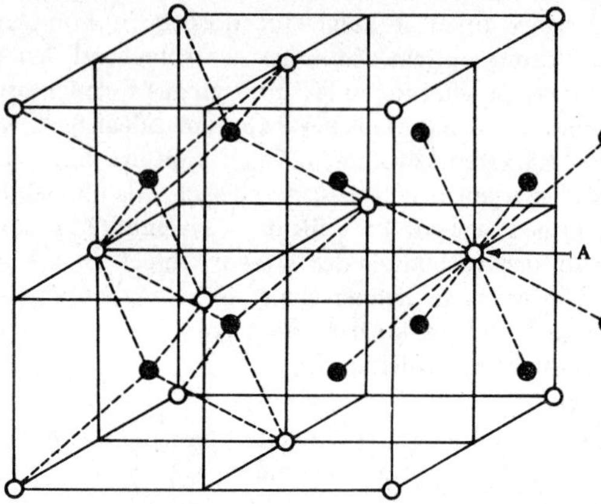

Abb. III.15. Fluorit-Gitter (o = Ca^{++}, • = F^-)

Wasserfreies *Calciumchlorid*, $CaCl_2$ dient, weil es sehr hygroskopisch ist und mit H_2O leicht $CaCl_2 \cdot 6H_2O$ bildet, wieder als – besonders billiges – Trockenmittel, besonders für Gase wie Luft. Es entsteht in großen Mengen als Nebenprodukt beim *Solvay*-Prozeß (S. 247).

Der bereits besprochene „*Chlorkalk*" (S. 110), CaCl(OCl) wird in großen Mengen als sehr billiges Desinfektionsmittel eingesetzt.

Die Chloride, Bromide und Jodide von Ca, Sr und Ba liefern beim Zusammenschmelzen mit den entsprechenden Hydriden die ungewöhnlich stabilen salzartigen *Hydridhalogenide* HMeX, z. B.

$$CaH_2 + CaCl_2 \rightarrow 2HCaCl,$$

welche die Eigenschaften der Hydride und Halogenide zusammen aufweisen. Die entsprechenden sehr reaktionsfähigen kovalenten Magnesiumverbindungen sind aus den Halogeniden mit *Diboran* (S. 199) nur als komplexe *Diätherate* (Tetrahydrofuran als Äther) $HMgX \cdot 2THF$ (sp^3-Konfiguration am Mg) bekannt, aus denen der Äther naturgemäß nicht ohne Zersetzung entfernt werden kann.

γ) *Chalkogenide:* Die Metalle Mg, Ca, Sr, Ba (auch ihre Hydride) vereinigen sich mit allen Chalkogenen in exothermen, einfachen Redoxreaktionen zu den ionogen aufgebauten Chalkogeniden MeX, die alle im Kochsalzgitter (S. 76) kristallisieren. Praktisch wichtig davon sind die Oxide des Magnesiums, Calciums und Bariums, die leicht durch Verbrennen der Metalle (Mg-Staub als „*Blitzlichtpulver*") erhältlich sind. Technisch stellt man sie durch thermische Zersetzung der natürlich vorkommenden Carbonate (S. 245) dar:

$$MeCO_3 \rightleftharpoons MeO + CO_2 .$$

Mit Mg läuft die Reaktion bereits unterhalb Rotglut, mit Ca *(„Kalkbrennen")* erst bei 900–1000 °C ganz nach rechts ab. *Magnesiumoxid* wird u.a. zur Herstellung von *Sorel*-Zement und von „*Heraklit*"-Leichtbauplatten, wegen seines sehr hohen Schmelzpunktes (2800 °C) aber besonders zur Darstellung feuerfester „*Magnesit*"-Steine (zum Auskleiden von Öfen) verwandt.

Calciumoxid dient als „*gebrannter Kalk*" in großen Mengen zur Darstellung von *Mörtel*. Bariumoxid vereinigt sich mit Luftsauerstoff bei ~500 °C (2 atm Überdruck) nach

$$2\,BaO + O_2 \rightleftharpoons 2\,BaO_2 + 39\,\text{kcal}$$

zu *Bariumperoxid*, das früher (Umsetzung mit H_2SO_4) zur H_2O_2-Darstellung herangezogen wurde. Als kräftiges Oxydationsmittel findet es auch heute noch Verwendung. Da seine Bildung exotherm verläuft, muß sie bei höheren Temperaturen umkehrbar sein. Das reversible Gleichgewicht wurde früher zur Gewinnung von Sauerstoff (Abtrennung vom Stickstoff) ausgenützt.

Alle Erdalkalioxide bilden mit Wasser *Erdalkalihydroxide* (außer BeO):

$$MeO + H_2O \rightleftharpoons Me(OH)_2, \quad (O^{--} + H_2O \rightarrow 2\,OH^-),$$

die (wie die Alkalihydroxide) starke Basen darstellen (Stärke zunehmend mit größerem Ionenradius von Mg → Ba) und demgemäß mit wäßrigen Säuren neutral reagierende Salzlösungen ergeben (Mg-Salze reagieren ganz schwach sauer).

$Mg(OH)_2$, das im schichtförmigen „*Brucitgitter*" (wie MgJ_2) kristallisiert, ist praktisch wasserunlöslich, weshalb MgO mit Wasser natürlich nur oberflächlich reagieren kann. Man stellt es durch Ausfällen aus Mg-Salzlösungen mit OH^--Ionen dar. Das sehr wichtige *Calciumhydroxid („gelöschter Kalk")* ist die billigste Base und wird deshalb in der Technik häufig zum Unschädlichmachen überschüssiger Säuren eingesetzt (wegen der schlechten Löslichkeit in Wasser – 2 g/Liter –, als „*Kalkmilch*", d.h. Suspension). Es entsteht unter starker Wärmeentwicklung *(„Kalklöschen")* nach

$$CaO + H_2O \rightleftharpoons Ca(OH)_2 + 15\,\text{kcal}.$$

(Diese Reaktion verläuft erst bei hohen Temperaturen rückläufig) und bildet mit dem 2–3fachen Volumen an Wasser einen ziemlich steifen „*Kalkbrei*“. Dieser Brei dient, vermischt mit der 3–4fachen Menge Sand, als *Mörtel* zum Verbinden von Bausteinen. Dabei wird zunächst das überschüssige Wasser abgegeben *(„Abbinden“)*. Danach verwandelt das Kohlendioxid (S. 243) der Luft das $Ca(OH)_2$ ganz langsam (bei dicken Mauern im Verlauf von Jahrhunderten!) von außen nach innen in kristallines Calciumcarbonat ($Ca(OH)_2 + CO_2 \rightarrow CaCO_3 + H_2O$), das den beigemengten Sand „verkittet“.

Die Wasserlöslichkeit ist bei den gleich wie $Ca(OH)_2$ reagierenden Verbindungen $Sr(OH)_2$ (10 g/Liter) und $Ba(OH)_2$ (60 g/Liter) erheblich gesteigert. Sie kristallisieren aus solchen Lösungen als Oktahydrate $Me(OH)_2 \cdot 8\,H_2O$.

Die den Oxiden entsprechenden Sulfide (meist auch die Selenide und Telluride) von Mg, Ca, Sr und Ba sind alle wasserlöslich; sie reagieren dabei nach

$$S^{--} + H_2O \rightarrow SH^- + OH^-$$

unter Bildung basisch reagierender Lösungen, aus denen mit Säuren der gesamte Schwefel als H_2S in Freiheit gesetzt werden kann. Die Selenide und Telluride sind weniger stark hydrolytisch gespalten.

Zur Gewinnung von *Cellulose* aus Holz spielt eine Lösung von *Calciumhydrogensulfit* $CaHSO_3$ (~4% SO_2-Gehalt) als „*Sulfitlauge*“ eine wichtige Rolle (Auflösen der inkrustierenden Ligninstoffe).

Calciumsulfat $CaSO_4 \cdot 2\,H_2O$ ist als Gips von Bedeutung. Nach teilweiser thermischer Entwässerung nimmt er nach dem Anfeuchten das fehlende Wasser unter Verfestigung wieder auf. Er ist, wie auch $SrSO_4$ und $BaSO_4$, im Gegensatz zu $MgSO_4$, schwerlöslich in Wasser. Das „*Kristallwasser*“ ist in Gips über Wasserstoffbrücken an das Anion gebunden:

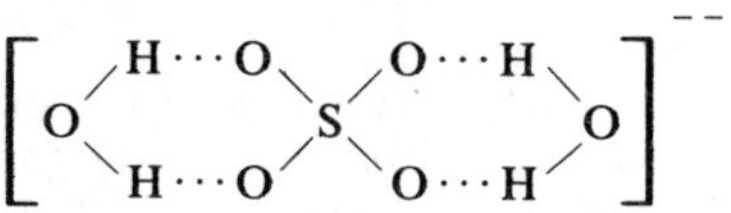

δ) *Komplexverbindungen*

Während beim Beryllium wegen seiner hohen Ladungsdichte Komplexverbindungen eine große Rolle spielen, bilden die größeren Erdalkalimetalle meist nur recht schwache Komplexe mit *Lewis*-Basen. Magnesium nimmt eine Mittelstellung ein (am wichtigsten ist der

Mg-Komplex *Chlorophyll*). Aber auch Calcium kann noch wichtige Komplexe bilden, z.B. mit Polyphosphaten (S. 189) (wichtig zur „*Wasserenthärtung*") oder den analytisch wichtigen *Chelatkomplex* mit *Äthylendiamintetraessigsäure* (ÄDTA):

$$Ca^{++} + „ÄDTA^{4-}“ \rightleftharpoons [Ca(ÄDTA)]^{--}.$$

F. Die V. Hauptgruppe des Periodensystems (Stickstoffgruppe)

Die fünf Elemente *Stickstoff*, *Phosphor*, *Arsen*, *Antimon* und *Wismut* haben fünf Außenelektronen (zwei gepaarte s- und drei ungepaarte p-Elektronen), stehen also jeweils drei Stellen vor dem nächsten Edelgas und bilden so die V. Hauptgruppe des Periodensystems. Ihr Anteil an der Erdoberfläche (einschließlich Atmosphäre) beträgt: N 0,03 ‰, P 0,118 ‰, As $5{,}10^{-4}$ ‰, Sb 10^{-4} % und Bi $2{,}10^{-5}$ %. Innerhalb der Gruppe ist ein Übergang vom nur in einer nichtmetallischen Modifikation auftretenden Stickstoff über Phosphor, Arsen und Antimon, die alle in verschiedenen nichtmetallischen und metallischen Modifikationen bekannt sind, zum reinen Metall Wismut zu beobachten. Stickstoff kommt in der Natur hauptsächlich elementar, die übrigen Elemente meist an Sauerstoff oder Schwefel gebunden, vor. Für das pflanzliche und tierische Leben sind Stickstoff und Phosphor als wesentliche Bestandteile des Eiweißes und der Knochensubstanz von fundamentaler Bedeutung. Sie sind auch die wichtigsten Elemente, die dem Ackerboden durch *künstliche Düngung* in großen Mengen zugeführt werden müssen.

Tab. III.16 zeigt einige wichtige Eigenschaften der Elemente.

Tabelle III.16. Einige Eigenschaften der Vb-Elemente

	N	P	As	Sb	Bi
rdnungszahl	7	15	33	51	83
lektronenanordnung	[He] $2s^2\,2p^3$	[Ne] $3s^2\,3p^3$	[Ar] $4s^2\,4p^3$	[Kr] $5s^2\,5p^3$	[Xe] $6s^2\,6p^3$
tomgewicht	14,007	30,974	74,92	121,75	208,98
edepunkt °C	−195,8	280,5	610	1380	1450
tomradius in Å	0,74	1,10	1,21	1,41	1,52
nisierungspotential eV	14,54	11,0	10	8,64	8
lektronegativität ach Pauling	3,0	2,1	2,0	1,8	

Die mit steigender Ordnungszahl bei gleicher äußerster Elektronenhülle zu erwartenden Eigenschaftsänderungen sind, wie auch in den übrigen Gruppen, zwischen dem 1. und 2. Element viel drastischer als zwischen den folgenden Gliedern (bedingt durch die starke Radienzunahme von N → P und das Auftreten freier d-Bahnen erst von P ab), so daß nicht Stickstoff, sondern Phosphor für die Gruppe typisch ist. Stickstoff soll daher vorweg getrennt behandelt werden.

1. *Stickstoff und seine Verbindungen*

Die einzig bekannte Verbindung des Stickstoffs mit sich selbst, das zweiatomige N_2-Molekül, ist zugleich die beständigste Stickstoffverbindung überhaupt. N_2 kommt als Hauptbestandteil der Luft (78 Vol.-% N_2) in praktisch unerschöpflichen Mengen vor und läßt sich aus verflüssigter Luft leicht durch fraktionierte Destillation vom höhersiedenden Sauerstoff abtrennen. N_2 stellt ein farb- und geruchloses Gas dar (Siedepunkt −195,8 °C, Schmelzpunkt −210°C), das bei Normaltemperatur ungewöhnlich reaktionsträge ist. In Wasser löst es sich etwas weniger als Sauerstoff (bei 0 °C 23 ccm/Liter).

Das Molekül ist durch 3 kovalente Bindungen zusammengehalten, wodurch der ungewöhnlich kurze Bindungsabstand von 1,094 Å und die extrem hohe Bildungswärme (aus den Atomen) von 226 kcal/Mol verständlich wird (selbst bei 3000 °C ist noch keine Dissoziation in die Atome feststellbar; für das Gleichgewicht $[N]^2/[N_2]$ ist $K_{25°} = 10^{-120}$!!). Nach der VB-Vorstellung (S. 34) ergibt sich das Bild :N:::N:. Aus einer MO-Betrachtung (S. 81) folgt die gleiche hohe Stabilität aus der vollen Besetzung der $\sigma(s)$, $\sigma^*(s)$, $\sigma(p_x)$, $\pi(p_y)$ und $\pi(p_z)$-orbitale (eine σ und zwei π-Bindungen).

N_2-Moleküle können unter vermindertem Druck durch stille elektrische Entladungen teilweise in N-Atome (im Grundzustand) gespalten werden (N_2—N-Gemische heißen „aktivierter" Stickstoff). N-Atome sind, verglichen mit N_2, extrem reaktionsfähig und bilden mit vielen Elementen, Metallen und Nichtmetallen, leicht Verbindungen. Besonders charakteristisch ist die von einem goldgelben „Nachleuchten" begleitete *Rekombination* der Atome ($2N \rightarrow N_2$), die merkwürdig langsam abläuft (Quantenrestriktionen).

a) Verbindungen mit Wasserstoff

α) Ammoniak und seine Derivate

Nach

$$N_2 + 3H_2 \rightleftarrows 2NH_3 + 23\,\text{kcal}$$

reagieren Stickstoff und Wasserstoff miteinander unter Bildung von NH_3. Wegen der Reaktionsträgheit von N_2 und auch H_2 läuft diese Reaktion bei gewöhnlicher Temperatur aber unmeßbar langsam, d. h. praktisch überhaupt nicht ab. Zu starke Temperaturerhöhung führt nach dem *Massenwirkungsgesetz* zur rückläufigen NH_3-Spaltung in N_2 und H_2. Andererseits muß nach dem Prinzip des kleinsten Zwanges die NH_3-Bildung durch Druckerhöhung gefördert werden, weil auf der linken Seite der Gleichung vier Gasvolumina, auf der rechten nur zwei stehen. Man maß also bei möglichst hohen Drücken und möglichst niedrigen Temperaturen, unter Verwendung von Katalysatoren, arbeiten. Praktisch geschieht dies nach dem „*Haber-Bosch*"-Verfahren bei ~ 500 °C unter ~ 350 atm. Druck an besonders aktiviertem Eisen als Katalysator. Dieser „*Griff in die Luft*" gehört zu den bedeutsamsten technischen Prozessen überhaupt. Danach wurden 1964 20 Millionen Tonnen N_2 chemisch gebunden (Darstellung von N_2 und H_2 dafür aus *Wassergas* und *Generatorgas*, s. S. 244).

Ammoniak ist ein stechend riechendes, farbloses Gas, das sich leicht verflüssigen läßt (Siedepunkt −33,4 °C, Schmelzpunkt −77,7 °C) und in vielerlei Beziehung eine gewisse Analogie zu Wasser aufweist. Wie dieses ist NH_3 im Gaszustand monomer, im flüssigen und festen Zustand aber polymer.

Das NH_3-Molekül (das gleiche gilt auch für alle *Amine*, in denen die H-Atome ganz oder teilweise durch organische Reste R ersetzt sind) ist pyramidenförmig gebaut mit dem N-Atom an der Spitze und den drei H-Atomen an den Ecken des darunterliegenden gleichseitigen Dreiecks. Der H—N—H-Winkel ist mit 106° 47′ viel größer als der für reine p-Bindungen (90°) und etwas kleiner als der für reine sp^3-Hybridbindungen (109° 28′) erwartete. Aus diesem Befund folgt, daß das freie Elektronenpaar am Stickstoff (H_3N:) nur noch wenig s-Charakter besitzt und somit nicht kugelsymmetrisch um den N-Kern verteilt ist, sondern vielmehr in einem Hybridorbital (angenähert sp^3) „konzentriert" räumlich gerichtet ist (vierte Tetraederecke vom N-Atom im Zentrum aus). Diese räumliche Orientierung bedingt das hohe Dipolmoment (1,47 Debeye), die stark ausgeprägte *Lewis*-Basen-Funktion (NH_3 und Amine sind ausgezeichnete Komplexliganden über dieses Elektronenpaar) und die Fähigkeit zur Ausbildung von Wasserstoffbrückenbindungen (S. 50) des Moleküls.

Besonders bemerkenswert ist, daß das N-Atom dauernd durch die Ebene der Wasserstoffatome in die entgegengesetzte Position (Basisdreieck als Spiegelfläche) und wieder zurückschwingt (~2,4 · 10^{10}mal in der Sekunde!, der „*Energieberg*" zwischen den beiden gleichen „*Potentialmulden*" beträgt nur 6 kcal/Mol).

Flüssiges und festes Ammoniak ist über Wasserstoffbrücken H_3N:—H polymerisiert, wodurch die hohe Verdampfungsenergie von 5,6 kcal/Mol bedingt ist. Die Dielektrizitätskonstante von 23 bei $-33\,°C$ (Wasser 81) bedingt, daß flüssiges NH_3 in der Lage ist, gegenüber Salzen nicht zu hoher Gitterenergie wie Wasser als solvatisierendes Lösungsmittel zu wirken. Es ist nach H_2O das wichtigste anorganische („*wasserähnliche*") Lösungsmittel. Die Analogie mit Wasser wird besonders deutlich in der „Eigendissoziation" (gleichzeitig Säure und Base):

$$2\,NH_3 \rightleftharpoons NH_4^+ + NH_2^- \qquad K_{50°} \text{ für } [NH_4^+]\,[NH_2^-] \sim 10^{-30}$$

$$2\,H_2O \rightleftharpoons H_3O + OH^- \qquad K_{25°} \text{ für } [H_3O^+]\,[OH^-] = 10^{-14}.$$

Danach sind „*Ammonium*"-Ionen NH_4^+ in flüssigem NH_3 Säuren wie H_3O^+ Ionen in Wasser, *Amidionen* NH_2^- entsprechen den OH^- Ionen. Säure-Base-Reaktionen in H_2O, wie z. B.

$$H_3O^+ + Br^- + K^+ + OH^- \rightarrow Br^- + K^+ + 2\,H_2O,$$

verlaufen in NH_3 dann analog

$$NH_4^+ + Br^- + K^+ + NH_2^- \rightarrow Br^- + K^+ + 2\,NH_3.$$

Alkalimetalle und Erdalkalimetalle (außer Be und Mg), die mit H_2O sofort unter H_2-Entwicklung reagieren, lösen sich in flüssigem Ammoniak zu intensiv blauen Lösungen, die *solvatisierte Metallkationen* neben *solvatisierten Elektronen* enthalten *(in extrem reinem* H_2O *sollen auch entsprechende Lösungen von* K *und* Na *kurzzeitig existieren)*, z. B.

$$Na + (x+y)\,NH_3 \rightarrow Na^+ \cdot x\,NH_3 + e^- \cdot y\,NH_3.$$

Solche Lösungen sind *Leiter zweiter Kasse.* Sie wirken naturgemäß als extrem starke Reduktionsmittel und reagieren etwa mit H_2 oder O_2 und den schwereren Chalkogenen glatt unter Bildung der entsprechenden Hydride bzw. Chalkogenide. Die genaue Natur der die blaue Farbe bedingenden „*Solvatisierten Elektronen*" ist noch ebenso wenig bekannt wie die Natur der höherkonzentrierten, bronzefarbenen Metallösungen in NH_3, die beinahe metallische Leitfähigkeit zeigen.

Die Lösungen sind instabil in bezug auf die Reaktion

$$Na + NH_3 \rightarrow Na(NH_2) + 1/2\,H_2,$$

die allerdings ohne Katalysatoren (z. B. Eisensalze) nur sehr langsam, damit jedoch rasch abläuft. So lassen sich alle Alkali- und Erdalkali-*Amide* leicht als farblose Salze darstellen. Sie sind nicht nur in flüssigem

Ammoniak, sondern auch gegenüber Wasser starke Basen und werden demgemäß vollständig hydrolysiert:

$$NH_2^- + H_2O \rightarrow NH_3 + OH^-.$$

Das praktisch wichtige *Natriumamid* wird technisch aus geschmolzenem Natrium und NH_3 dargestellt. Es dient u. a. als gutes *Kondensationsmittel* in der organischen Chemie.

Von Li und den Erdalkalimetallen sind daneben auch salzartige *Nitride* mit dem N^{3-} Ion bekannt, die durch Erhitzen der Metalle mit NH_3 oder N_2 zugänglich sind (Kovalente Nitride mit weniger elektropositiven Elementen und „*legierungsartige*" Nitride mit Übergangsmetallen s. Band II). Auch sie werden von Wasser zu Hydroxiden und Ammoniak hydrolysiert:

$$N^{3-} + 3H_2O \rightarrow NH_3 + 3OH^-.$$

Die technisch bedeutungsvollste Reaktion des Ammoniaks ist seine Umsetzung mit Sauerstoff. Normalerweise verläuft diese *Verbrennung* unter Bildung von Stickstoff und Wasser nach

$$4NH_3 + 3O_2 \rightarrow 2N_2 + 6H_2O + 302\,\text{kcal}.$$

Sie kann aber bei $\sim 800\,°C$ an einem Platin-Rhodium-Kontakt (Berührungszeit $< \frac{1}{1000}$ Sekunde) praktisch quantitiv so gesteuert werden, daß dabei *Stickstoffoxid* (S. 166) entsteht:

$$4NH_3 + 5O_2 \rightarrow 4NO + 6H_2O + 216\,\text{kcal}.$$

Nach diesem „*Ostwald*-Verfahren" werden riesige Ammoniakmengen zu NO verbrannt, aus dem dann *Salpetersäure* (S. 171) gewonnen wird.

Auch die Reaktion von NH_3 mit Wasser spielt eine große Rolle. In kaltem Wasser löst sich Ammoniak extrem gut unter Wärmeentwicklung (8,4 kcal/Mol NH_3) (bei 0 °C 900 g NH_3/Liter!). Bei solchen „Lösungen" („Salmiakgeist") handelt es sich nicht um physikalische Gemische diskreter Moleküle, sondern vielmehr um ungewöhnlich kompliziert gebaute hochpolymere, flüssige Verbindungen zwischen NH_3 und H_2O, die über die möglichen Wasserstoffbrückenbindungen (deren exotherme Ausbildung sich in der positiven „Lösungswärme" äußert) —OH ····· N, NH ····· O, NH ····· N und OH ····· O dreidimensional miteinander vernetzt sind. Da Wasserstoffbrückenbindungen durch Erwärmen leicht gelöst werden können, muß die „Löslichkeit" von NH_3 in H_2O mit steigender Temperatur stark abnehmen (bei 20 °C 520 g, bei 40 °C 340 g und bei 100 °C nur noch 75 g/Liter). Man kann deshalb durch Erhitzen der im Laboratorium aufstehenden ~25%igen „Lösungen" leicht NH_3 austreiben. Bei tiefen Temperaturen kann man kristalline Hydrate, z. B. $NH_3 \cdot H_2O$ (Schmelzpunkt −79 °C) aus solchen $H_2O—NH_3$-Gemischen isolieren. Diese Verbindung enthält weder NH_4^+ und OH^--Ionen, noch die nicht existenzfähigen NH_4OH-Moleküle. Es handelt sich dabei vielmehr um Wasserketten (O ····· H Brücken 2,76 Å), die über NH_3 Moleküle dreidimensional verknüpft sind (OH ····· N 2,78 Å, NH ····· O 3,25 Å). Zu einem ganz geringen Teil ($\frac{2}{10000}$ bei 25 °C) bilden sich aus diesem Gemisch nach

$$(x\,NH_3 \cdot y\,H_2O) + H_2O \rightleftharpoons NH_4^+ + OH^-$$

Ammonium-Ionen NH_4^+ und OH^--Ionen ($K\,[NH_4^+][OH^-]/[NH_3] = 1{,}8 \cdot 10^{-5}$). Das Gleichgewicht kann natürlich durch Abfangen der OH^--Ionen (Säurezusatz) ganz nach rechts verschoben werden. Umgekehrt kann durch OH^--Zusatz zu Ammoniumsalzen NH_3 freigemacht werden. Das Ammonium-Ion ist tetraedrisch gebaut (sp^3-Hybrid). Da sein Radius mit 1,43 Å zwischen denen von K^+ (1,33 Å) und Rb^+ (1,48 Å) liegt, verhalten sich Ammoniumsalze in der Regel wie Kaliumsalze (außer NH_4ClO_4 praktisch alle gut wasserlöslich; in flüssigem Ammoniak starke Säuren). Sie sind leicht aus NH_3 und Säuren in Wasser oder auch wasserfrei (z. B. $H_3N\!: + H—Cl \rightarrow [H_3N \rightarrow H—Cl] \rightarrow NH_4^+ + Cl^-$) darstellbar. Bei höheren Temperaturen (~250–350 °C) zerfallen sie in ihre Bestandteile (sofern die Säure nicht oxydierend auf NH_3 wirkt wie HNO_2 oder HNO_3, z. B.

$$NH_4Cl \rightarrow NH_3 + HCl$$

(Verwendung von Ammoniumchlorid als „*Hochtemperatur*-HCl" beim Löten usw.).

β) *Hydrazin*, $H_2N—NH_2$, steht als erstes Oxydationsprodukt des Ammoniaks zu diesem in einem ähnlichen Verhältnis wie H_2O_2 zu H_2O (OH ersetzt durch das isoelektronische NH_2). In wasserfreier Form stellt es eine farblose, sehr hygroskopische Flüssigkeit dar (Schmelzpunkt 2 °C, Siedepunkt 113,5 °C), die über Wasserstoffbrücken polymerisiert ist. Das hohe Dipolmoment (1,85 Debye) bedingt die recht hohe Dielektrizitätskonstante 51. Die sich daraus ergebenden guten Lösungsmitteleigenschaften für ionogen aufgebaute Verbindungen (ähnlich, aber besser als NH_3) können hier nicht besprochen werden. Mit Wasser ist es in jedem Verhältnis mischbar (H-Brücken!). Die Lösungen sind schwächer basisch als NH_3 (ähnlich, wie $H_2O_2—H_2O$), doch bildet Hydrazin zwei Reihen von Salzen: $N_2H_5^+$ und $N_2H_6^{++}$, von denen letztere nur in konzentrierten Säuren beständig sind, weil sie sonst sofort hydrolysiert werden

$$N_2H_6^{++} + H_2O \rightarrow N_2H_5^+ + H_3O^+$$

und demgemäß stark sauer reagieren. Als *Lewis*-Base kann es natürlich auch als Komplexligand fungieren.

Hydrazin kann gegenüber stärkeren Reduktionsmitteln oxydierend wirken. Viel charakteristischer ist aber seine reduzierende Wirkung, besonders in alkalischer Lösung, etwa gegenüber O_2, Halogenen, vielen Metallsalzen usw., die auch praktisch ausgenützt wird. Dabei bildet sich N_2 als Oxydationsprodukt. Besonders wichtig ist die enorm energiereiche Verbrennung von wasserfreiem oder hochkonzentriertem Hydrazin, wegen der N_2H_4 (bzw. organische Derivate wie unsymmetrisches *Dimethylhydrazin* $(CH_3)_2N{-}NH_2$) als flüssiger Raketentreibstoff (mit H_2O_2 oder Tetranitromethan oder flüssigem O_2 als Oxydationsmittel) verwendet wird:

$$N_2H_4 + O_2 \rightarrow N_2 + 2\,H_2O + 148{,}6\ \text{kcal}.$$

Die Ungiftigkeit der Verbrennungsprodukte macht Hydrazin auch als Treibstoff für erdgebundene Fahrzeuge potentiell sehr interessant (zur Zeit allerdings noch viel zu teuer!).

Die Hydrazinmoleküle sind ähnlich wie H_2O_2 gebaut: N—N 1,47 Å (in den Salzen etwas verkürzt!), N—H 1,04 Å, H—N—H $\sphericalangle$ 110°, keine freie Drehbarkeit um die N—N-Achse, fixiert in der „*Gauche*"-Konfiguration.

Hydrazin wird durch Oxydation von NH_3 mit Hypochlorit („*Raschig*-Prozeß") dargestellt:

$$2\,NH_3 + OCl^- \rightarrow N_2H_4 + H_2O + Cl^-.$$

Dabei entsteht *Chloramin* (ob als echtes Zwischenprodukt der Hydrazinbildung, ist noch nicht gesichert), das bereits gebildetes N_2H_4 wieder zersetzt nach

$$2\,NH_2Cl + N_2H_4 \rightarrow N_2 + 2\,NH_4^+ + 2\,Cl^-.$$

Die letztere Reaktion wird bereits durch Spuren von Schwermetallionen (bes. Cu^{++}) stark katalysiert, die deshalb durch Zusatz von *Gelatine* oder *Leim* (Komplexierung von Cu^{++}) unwirksam gemacht werden müssen. Aus der verdünnten Lösung wird ein *azeotropes Gemisch* (Siedepunkt tiefer als der beider Bestandteile) aus 58% N_2H_4 und 42% H_2O abdestilliert. Daraus kann entweder mit Schwefelsäure das schwerlösliche Sulfat $N_2H_6SO_4$, oder durch Destillation über viel NaOH bzw. BaO wasserfreies Hydrazin erhalten werden. Da es in dieser Form leicht, z. T. explosionsartig (!) zerfallen kann nach

$$3\,N_2H_4 \rightarrow N_2 + 4\,NH_3,$$

wenn der Zerfall durch Verunreinigungen eingeleitet wird, wird es als beständigeres Monohydrat $N_2H_4 \cdot H_2O$ gelagert und gehandelt.

γ) *Stickstoffwasserstoffsäure*, HN_3, entsteht bei der Oxydation von Hydrazin in saurer Lösung mit starken Oxydationsmitteln, z. B. mit *Salpetriger Säure* (S. 171), allerdings immer in schlechten Ausbeuten:

$$N_2H_5^+ + HNO_2 \rightarrow HN_3 + H_3O^+ + H_2O.$$

Ihre Salze heißen *Azide*. Natriumazid kann durch Oxydation von $NaNH_2$ mit $NaNO_3$ in flüssigem NH_3 (unter Druck bei ~150 °C)

$$3\,NaNH_2 + NaNO_3 \rightarrow NaN_3 + 3\,NaOH + NH_3,$$

oder besser mit N_2O (S. 166) bei 190 °C technisch erhalten werden

$$2\,NaNH_2 + N_2O \rightarrow NaN_3 + NaOH + NH_3.$$

Die Mechanismen dieser komplizierten Reaktionen sind noch unbekannt. Das lineare *Azid-Ion* N_3^- ist hochsymmetrisch

$$:\overset{(-)}{\ddot{N}}::\overset{(+)}{N}::\overset{(-)}{\ddot{N}}: \leftrightarrow :\overset{(+)}{N}:::N:\overset{(2-)}{\underset{..}{\ddot{N}}}: \leftrightarrow :\overset{(2-)}{\underset{..}{\ddot{N}}}:\overset{(+)}{N}:::N:$$

(N—N-Abstand mit 1,16 Å zwischen Doppel- und Dreifachbindungslänge), worauf wohl die Stabilität der Alkali- und Erdalkali-Azide (außer Be und Mg) zurückführbar ist, die erst bei ~300 °C kontrollierbar in Metall und Stickstoff (Möglichkeit zur Reindarstellung der Metalle und von N_2 im Laboratorium) zerfallen, z. B.

$$2\,NaN_3 \rightarrow 2\,Na + 3\,N_2.$$

Die freie Säure kann aus ihren Salzlösungen wegen des niedrigen Siedepunktes (37 °C) nach Ansäuern mit H_2SO_4 leicht als farblose Flüssigkeit (sehr giftig, extrem explosiv!) abdestilliert werden. Sie ist jedoch, wie auch die einen kovalenten Bindungsanteil aufweisenden Schwermetallsalze, im Gegensatz zu den rein salzartigen Aziden sehr empfindlich gegen Schlag oder höhere Temperaturen (z. B. Verwendung von *Bleiazid* $Pb(N_3)_2$ als Initialzünder in Patronenhülsen). Das läßt sich auf die durch den unsymmetrischen Bau bedingte geringere Resonanzstabilisierung zurückführen:

$$H:\overset{(-)}{\underset{..}{\ddot{N}}}:\overset{(+)}{N}:::N: \leftrightarrow H:\overset{(+)}{\ddot{N}}::N::\overset{(-)}{\ddot{N}}:$$

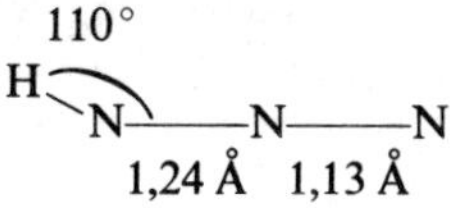

HN_3 ist eine schwache Säure ($K_s = 1{,}8 \cdot 10^{-5}$), die in Wasser sowohl oxydierend (z. B. gegen Halogenwasserstoffe außer HF) als auch reduzierend wirkt (z. B. gegen Jod).

Wegen seiner Ähnlichkeit mit den Halogenidionen wird das *Azid-Ion* (ähnlich wie einige andere einwertig negative Atomgruppierungen, die mit Wasserstoff Säuren bilden und zur Oxydationsstufe 0 oxydierbar sind) als „*Pseudo-Halogenid*"-Ion bezeichnet. Wenn auch das freie Pseudohalogen N_3—N_3 nicht bekannt ist, kennt man die Gruppe N_3 doch in den *Interhalogenverbindungen* XX' entsprechenden *Inter-Pseudohalogen-halogenmolekülen* FN_3 *(Fluorazid)*, ClN_3 *(Chlorazid)*, BrN_3 *(Bromazid)* und JN_3 *(Jodazid)*. Sie sind alle hochexplosiv!

Als *Pseudohalogenide* entsprechen die Azide in ihren Löslichkeitsverhältnissen weitgehend denen der Halogenide.

Bei sorgfältiger thermischer Zersetzung gasförmiger HN_3 unter vermindertem Druck lassen sich nach $HN_3 \rightarrow NH + N_2$ *Iminradikale* erzeugen und bei $-200\,°C$ als blaue paramagnetische Festsubstanz einfrieren, die sich schon bei $-150\,°C$ in farbloses *Ammoniumazid* umlagert ($4NH \rightarrow NH_4N_3$). Mit HN_3 reagiert NH sofort zum ebenfalls unbeständigen *Diimin* $HN{=}NH$, ($HN_3 + NH \rightarrow N_2H_2 + N_2$) das organische Doppelbindungen glatt hydriert ($HN{=}NH + {>}C{=}C{<} \rightarrow N_2 + {>}\underset{H}{\underset{|}{C}}-\underset{H}{\underset{|}{C}}{<}$). Es tritt als Zwischenprodukt bei der Oxydation von Hydrazin und der thermischen Zersetzung einiger organischer Azoverbindungen auf.

δ) Hydroxylamin, H_2NOH, steht in manchen seiner Eigenschaften zwischen N_2H_4 und H_2O_2, ist aber noch unbeständiger als diese. In freier Form (farblose Nadeln, Schmelzpunkt 33 °C) kann es nur unterhalb 0 °C länger aufbewahrt werden. Darüber zerfällt es (manchmal explosionsartig) in NH_3, Wasser und Stickstoffoxide. Es löst sich sehr gut in organischen Lösungsmitteln und in Wasser. Nach

$$HONH_2 + H_2O \rightarrow HONH_3^+ + OH^- \quad (K_s = 6{,}6 \cdot 10^{-9})$$

reagieren die wäßrigen Lösungen (weniger als NH_3) alkalisch und bilden mit starken Säuren relativ gut beständige *Hydroxylammonium-Salze*, z. B. $HONH_3Cl$ (das auch in Alkoholen sehr gut löslich ist; die freie Base gewinnt man am besten daraus mit Natriumalkoholat: $HONH_3Cl + NaOR \rightarrow HONH_2 + NaCl + HOR$). Während saure wäßrige NH_2OH-

Lösungen nur sehr langsam zerfallen (häuptsächlich in N_2O und NH_3), entwickeln alkalische Lösungen ziemlich rasch N_2 und NH_3 (Zerfallsmechanismus nicht geklärt). Gegenüber sehr starken Reduktionsmitteln wirkt Hydroxylamin oxydierend, doch ist seine auch praktisch vielseitig ausgenützte Reduktionswirkung viel charakteristischer. Technisch spielt es als Zwischenprodukt bei der Darstellung von *Polyamidfasern* eine wichtige Rolle.

Die Darstellung von Hydroxylamin beruht auf der Reduktion von Stickstoff-Sauerstoffverbindungen, die auf verschiedene Weise erfolgen kann: Hydrierung von NO an Platinkatalysatoren in Säuren nach

$$NO + 3/2\,H_2 + H_3O^+ \rightarrow HONH_3^+ + H_2O,$$

kathodische Reduktion von Salpetersäure (S. 171) in Schwefelsäure:

$$HNO_3 + 3\,H_3O^+ + H_2O + 6e^- \rightarrow H_2NOH + 3\,H_2O,$$

Reduktion von Salpetriger Säure mit Schwefliger Säure:

$$HNO_2 + 2\,SO_2 + 3\,H_2O \rightarrow H_2NOH + 2\,H_2SO_4,$$

(wobei intermediär *Hydroxylamin-bis-schwefelsäure* $HON(SO_3H)_2$ auftritt, die von Wasser über die recht beständige Stufe der *Hydroxylamin-schwefelsäure* $HONH(SO_3H)$ schließlich zu Hydroxylamin und Schwefelsäure hydrolysiert wird) und neuerdings auch durch mechanistisch noch nicht geklärte Hydrolyse primärer aliphatischer Nitroverbindungen in Schwefelsäure

$$RCH_2NO_2 + H_2O \rightarrow RCOOH + H_2NOH$$

(intramolekulare Reduktion des Stickstoffs).

b) *Verbindungen mit Halogenen*

Formal führt der Ersatz der drei H-Atome in NH_3 durch Halogenatome X zu den Verbindungen NX_3, die mit X = F, Cl, Br und J auch prinzipiell bekannt sind. Die *Stickstoff-Fluor-Verbindungen* unterscheiden sich trotz formaler Analogie aber prinzipiell von denen der schwereren Halogene, weil nur Fluor elektronegativer ist als Stickstoff. NF_3 ist mit der Polarisierung $>\overset{\delta+}{N}-\overset{\delta-}{F}$ ein Derivat von N^{3+}(Salpetrige Säure) und HF, während die übrigen Glieder mit der Polarisierung $>\overset{\delta-}{N}-\overset{\delta+}{X}$ Derivate von N^{3-} (Ammoniak) und den Unterhalogenigen Säuren HOX darstellen.

α) *Stickstofftrifluorid*, NF_3, bildet sich bei der Einwirkung von F_2 auf NH_3 direkt nach

$$4\,NH_3 + 3\,F_2 \rightarrow NF_3 + 2\,NH_4F$$

oder indirekt bei der Elektrolyse von $NH_4F \cdot HF$—$(HF)_n$-Gemischen. Es stellt ein farb- und geruchloses Gas (Siedepunkt −129 °C, Schmelzpunkt −206,8 °C) dar, welches bemerkenswert stabil ist (bei Raumtemperatur geradezu inert). Erst bei längeren Funkentladungen reagieren Gemische von NF_3 mit H_2O-Dampf, NH_3, H_2, H_2S, organischen Verbindungen usw. unter langsamer Fluoridbildung (zum Beispiel: $2\,NF_3 + 3\,H_2O \rightarrow 6\,HF + NO + NO_2$).

NF_3 ist wie NH_3 pyramidenförmig gebaut (N—F = 1,37 Å, F—N—F ∢ = 102,5°), hat aber im Gegensatz dazu nur ein minimales *Dipolmoment* (0,23 Debye) und zeigt keinerlei *Elektronendonoreigenschaft* (Basencharakter) mehr, was ein Hauptgrund für seine Reaktionsträgheit sein dürfte. Dieser zunächst überraschende Unterschied zwischen zwei gleich gebauten Molekülen kommt daher, daß sich im einen Fall (NH_3) die Dipolmomente der einzelnen Atombindungen mit dem Moment vom positiven N-Kern zum orientierten (S. 157) freien Elektronenpaar in gleicher Richtung addieren, während letzteres im zweiten Fall (NF_3) von den jetzt umgekehrt gerichteten *Bindungsmomenten* überkompensiert wird (Pfeile von + nach − gerichtet):

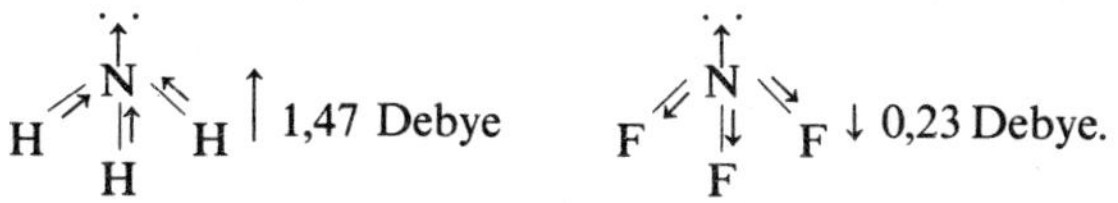

Bei sehr hohen Temperaturen wirkt NF_3 als kräftiges *Fluorierungsmittel*. Mit Metallen, bes. Kupfer, bildet es neben dessen Fluorid *Tetrafluorhydrazin*, N_2F_4, ein farbloses Gas (Siedepunkt −73 °C, Schmelzpunkt −168 °C), das thermisch sehr leicht in das überraschend beständige (bei tiefen Temperaturen dunkelblaue) NF_2-*Radikal* (ähnlich stabil wie NO, NO_2 und ClO_2) zerfällt:

$$N_2F_4 + 19\,\text{kcal} \rightleftharpoons 2\,NF_2.$$

N_2F_4 ist wie Hydrazin gebaut.

Difluordiazin, N_2F_2, entsteht in geringen Mengen als Nebenprodukt bei der elektrolytischen NF_3-Gewinnung aus $NH_4F \cdot HF$ als farbloses, tiefsiedendes Gas, von dem eine *cis*- und eine *trans*-Form bekannt sind:

β) *Chlorstickstoff*, NCl_3, entsteht aus Cl_2 und NH_3, am besten durch Elektrolyse wäßriger NH_4Cl-Lösungen, als tiefgelbes Öl (Siedepunkt ~70 °C), das in organischen Lösungsmitteln löslich ist und von Wasser hydrolysiert wird nach

$$NCl_3 + 3H_2O \rightarrow NH_3 + 3HOCl.$$

Es explodiert unberechenbar beim Kontakt mit Spuren von Verunreinigungen, beim geringsten Erschüttern oder Belichten mit UV-Strahlen äußerst heftig nach

$$2NCl_3 \rightarrow N_2 + 3Cl_2 + 110\,\text{kcal}.$$

In organischen Lösungsmitteln (am besten CCl_4) ist es beständiger.

Die entsprechend NCl_3 aus Br_2 bzw. I_2 mit Ammoniak darstellbaren Verbindungen *Bromstickstoff* NBr_3 und *Jodstickstoff* NJ_3 sind ohne angelagertes Ammoniak nicht existenzfähig. Das tiefrote $NBr_3 \cdot 6NH_3$ explodiert bei −67 °C. Das grüne $NJ_3 \cdot 3NH_3$ und das braune $NJ_3 \cdot NH_3$ zerfallen erst, wenn fast alles NH_3 abgegeben ist.

Chloramin, NH_2Cl, entsteht als unbeständiges Zwischenprodukt bei der NCl_3-Bildung aus Cl_2 und überschüssigem NH_3 oder bei der NH_3-Oxydation mit Hypochlorit ($NH_3 + OCl^- \rightarrow NH_2Cl + OH^-$). Es kann unter geeigneten Bedingungen isoliert und bei tiefen Temperaturen kurzzeitig gelagert werden. NH_2Br und NH_2J konnten dagegen ebenso wie $NHCl_2$, $NHBr_2$ und NHJ_2, zwar als Zwischenprodukte nachgewiesen, aber noch nicht isoliert werden. Sie sind alle sehr labil.

c) *Verbindungen mit Sauerstoff*

α) *Oxide*

Stickstoff bildet gegenüber Sauerstoff in binären Oxiden die formalen Oxydationsstufen 1, 2, 3, 4 und 5 aus: N_2O, NO, N_2O_3, $NO_2(N_2O_4)$ und N_2O_5. Die kovalenten Oxide sollen in dieser Reihenfolge kurz behandelt werden.

Distickstoffoxid, N_2O, bildet sich häufig bei Reduktionen höherer Oxide bzw. Säuren des Stickstoffs. Am besten wird es durch die Redoxreaktion zwischen NH_3 und HNO_3 dargestellt: Ammoniumnitrat zerfällt beim vorsichtigen Erhitzen in seine Bestandteile, die dann in der Gasphase miteinander reagieren

$$NH_4NO_3 \rightarrow NH_3 + HNO_3 \rightarrow N_2O + 2H_2O.$$

Das farblose, etwas süßlich riechende, schlecht wasserlösliche Gas (Siedepunkt −88,5 °C, Schmelzpunkt −91 °C) ist sehr reaktionsträge.

Erst bei hohen Temperaturen zerfällt es in die Elemente und kann dann wegen des O_2-Gehaltes Verbrennungen unterhalten. Wegen seiner narkotisierenden Wirkung (Anwendung nur mit O_2 gemischt!) hieß es früher „*Lachgas*".

N_2O ist linear gebaut (N—N mit 1,126 Å zwischen N≡N und N=N, N—O mit 1,186 Å zwischen N=O und N—O) und resonanzstabilisiert:

$$:\overset{(-)}{\ddot{N}}::\overset{(+)}{N}::\ddot{O}: \leftrightarrow :N:::\overset{(+)}{N}:\overset{(-)}{\underset{..}{\ddot{O}}}: .$$

Das als Zwischenprodukt für die HNO_3-Darstellung sehr wichtige *Stickstoffoxid* (Stickstoffmonoxid), NO, entsteht bei vielen Reduktionen von Salpetersäure sowie aus N_2 und O_2 bei sehr hohen Temperaturen (> 3000 °C). Technisch wird es aber nur durch Ammoniakverbrennung nach dem „*Ostwald*"-Verfahren gewonnen. Das monomere NO ist ein farbloses Gas (Siedepunkt −152 °C, Schmelzpunkt −163 °C). Erst im flüssigen und festen Zustand ist es blau und besteht aus sehr locker zusammengehaltenen dimeren Molekülen.

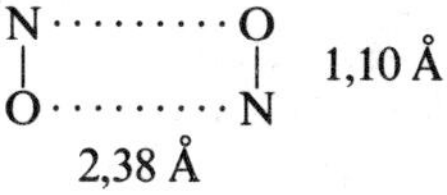

Angesichts des *Radikalcharakters* (11 Außenelektronen) ist diese Stabilität (Fehlen der für Radikale typischen Dimerisierungstendenz zur Spinkopplung der einsamen Elektronen) zunächst überraschend und mit der VB-Methode (S. 34) auch durch die übliche Resonanzformulierung

$$:\dot{N}::\ddot{O}: \leftrightarrow :\overset{(-)}{\ddot{N}}::\overset{(+)}{\dot{O}}:$$

bzw. *Dreielektronenbindung* ($:N\overset{\cdots}{\equiv}O:$) nicht so befriedigend zu deuten wie mit einfachen MO-Überlegungen (S. 81): NO besitzt ein Elektron mehr als N_2, das sich bei der Verteilung $(2s)\,\sigma^2\,(2s)\,\sigma^{*2}, (2p)\,\sigma^2, (2p)\,\pi^2, (2p)\,\pi^2, (2p)\pi^{*1}$ in einem *antibindenden* Zustand befindet. Die Bindungsordnung ([Zahl der bindenden Elektronen-Zahl der antibindenden Elektronen\2]) = (8 − 3)\2 = 2,5 (also um 0,5 weniger als in N_2). Bei einer Dimerisierung würde zwar der Elektronenspin der in beiden Molekülen ungepaarten Elektronen gekoppelt, aber in einem antibindenden Orbital. Die Bindungsordnung könnte damit naturgemäß nicht erhöht werden, sondern bliebe gleich. Diese MO-Betrachtung zeigt auch, daß NO unter Übergang in NO^+ viel leichter ein Elektron verlieren sollte als N_2, und daß die N—O-Bindung in NO^+ dann stärker sein sollte als in NO. Beide Voraussagen wurden experimentell bestätigt: Das Ionisierungspotential fällt von N_2 zu NO von 15,58 auf 9,25 eV, die NO-Schwingung im *Infrarotspektrum* steigt von NO zu NO^+ von 1840 auf 2200 cm^{-1} an.

NO ist nur bei Sauerstoffabwesenheit beständig, da seine wichtigste Reaktion die Oxydation nach

$$2NO + O_2 \rightleftharpoons 2NO_2 + 13{,}6 \text{ kcal}$$

ist, die spontan zum braunen NO_2 (S. 169) führt (bei hohen Temperaturen verläuft die Reaktion rückwärts). Auch von den Halogenen F_2, Cl_2 und Br_2 wird NO zu den kovalenten *Nitrosylhalogeniden* oxydiert:

$$2NO + X_2 \rightleftarrows NOX.$$

Sie sind gewinkelt gebaut $\dot{N}::\ddot{O}:$ / $:\ddot{X}:$ mit ungefährer sp^2-Hybridisierung am Stickstoff. Chemisch sind sie äußerst reaktionsfähig. Von Wasser werden sie stürmisch hydrolysiert ($NOX + H_2O \rightarrow HNO_2 + HX$), gegen viele Metalle wirken sie als kräftige Oxydationsmittel. An Lewis-Säuren geben sie unter Bildung des *Nitrosylkations*, NO^+, ihr Halogen als Anion ab (z. B. $NOF + BF_3 \rightarrow NO^+ BF_4^-$). Die Beständigkeit nimmt vom farblosen NOF (Siedepunkt $-59{,}5\,°C$) über das orangegelbe NOCl (Siedepunkt $-6{,}4\,°C$) zum roten NOBr (Siedepunkt $\sim 0\,°C$) stark ab (NOJ existiert nicht, NOBr ist bei Zimmertemperatur zu 7 %, NOCl zu 0,5 % in NO und X_2 gespalten).

Wenn NO (über N:→) als Elektronendonor in Komplexen wirkt, gibt es meist sein einsames Elektron unter Übergang in das mit dem guten Komplexliganden CO (S. 243) *isostere* NO^+ an das Zentralmetall ab.

Blaues Distickstofftrioxid, N_2O_3, existiert nur im festen Zustand (Schmelzpunkt $-111\,°C$) in reiner Form. Bereits die indigoblaue Schmelze ist – abhängig von der Temperatur – erheblich zerfallen nach

$$N_2O_3 \rightleftharpoons NO + NO_2.$$

Oberhalb $-10\,°C$ liegt praktisch nur noch ein gasförmiges Gemisch von NO und NO_2 vor, das durch entsprechend tiefes Abkühlen N_2O_3 von folgendem Bau bildet:

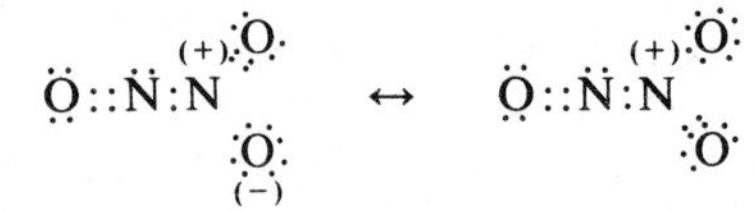

Mit wäßrigen Laugen bildet N_2O_3 Nitrite (S. 172), mit O_2 und H_2O Salpetersäure (S. 172), mit konzentrierter Schwefelsäure nach

$$N_2O_3 + 2H_2SO_4 \rightarrow 2NO^+ + 2HSO_4^- + H_2O$$

salzartiges *Nitrosylhydrogensulfat*, $NO^+HSO_4^-$, das isolierbar ist und im früheren „*Bleikammerprozeß*" bei der Oxydation von SO_2 mit NO_2 bei Gegenwart von H_2O eine Rolle gespielt hat (S. 134). Solche Nitrosylsalze (z. B. auch Nitrosylperchlorat NO^+ClO_4 usw.) werden von Wasser sofort zersetzt nach

$$NO^+ + 2H_2O \rightarrow HNO_2 + H_3O^+.$$

Das braune, paramagnetische *Stickstoffdioxid*, NO_2 steht mit dem farblosen und diamagnetischen *Distickstofftetroxid*, N_2O_4, in einem temperaturabhängigen Gleichgewicht

$$2NO_2 \rightleftharpoons N_2O_4,$$

das im festen Zustand ganz auf der rechten Seite liegt. Die Flüssigkeit (Schmelzpunkt $-11{,}2\,°C$) stellt, ebenso wie die Gasphase (Siedepunkt 21,3 °C), ein Gemisch dar, in dem mit steigender Temperatur der NO_2-Gehalt zunimmt (bei 100 °C 90 % NO_2 und 10 % N_2O_4). Dieses Gasgemisch wird technisch aus NO und Luft (S. 168) erzeugt. Im Laboratorium entsteht es durch Reduktion von Salpetersäure, wozu auch die thermische Zersetzung von Schwermetallnitraten zu rechnen ist ($Pb(NO_3)_2 \rightarrow \rightarrow PbO + 2NO_2 + \frac{1}{2}O_2$).

Das monomere Radikal NO_2 ist gewinkelt gebaut. Die Resonanzenergie

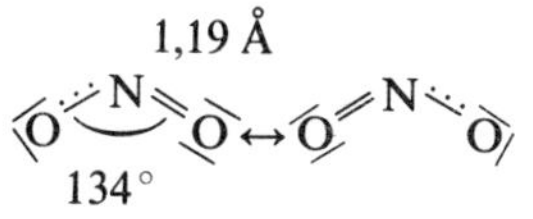

verhindert hier im Gegensatz zu NO nicht die Dimerisierung zum völlig ebenen (keine freie Drehbarkeit um die N—N-Bindung!) N_2O_4, in dem $2NO_2$-Teilchen praktisch völlig unverändert (gleicher N—O-Abstand und Winkel) über eine ungewöhnlich lange (verglichen mit 1,47 Å in $H_2N{-}NH_2$) Bindung verknüpft sind.

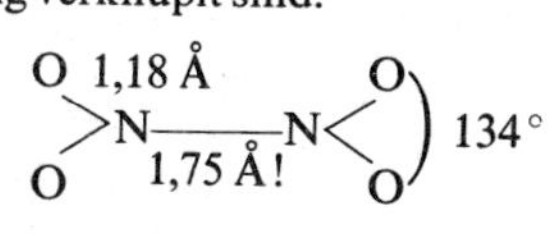

Trotz intensiven Studiums ist die Natur dieser merkwürdigen N—N-Bindung noch nicht endgültig geklärt. Vielleicht handelt es sich dabei um den bisher einzigen bekannten Fall einer π-Bindung ohne gleichzeitige σ-Bindung?

Bei tiefen Temperaturen kann infrarotspektroskopisch in geringen Mengen eine unsymmetrische Form $O{=}N{-}ONO_2$ nachgewiesen werden. Mit dieser Deutung von N_2O_4 als kovalentes Nitrosylnitrat läßt sich das chemische Verhalten des sehr reaktionsfähigen und aggressiven N_2O_4 leicht verstehen, wie etwa die Reaktion mit Wasser

$$NO^+NO_3^- + H_2O \rightarrow HNO_2 + HNO_3$$

oder die Bildung von wasserfreien, unzersetzt flüchtigen Metallnitraten wie $Cu(NO_3)_2$ (Band II) nach

$$2\,NO^+NO_3^- + Cu \rightarrow 2\,NO + Cu(NO_3)_2 .$$

In wasserfreien Säuren wie Schwefelsäure oder HNO_3 dissoziiert N_2O_4 in der Tat fast vollständig in die echten Ionen NO^+ und NO_3^-!

Das Radikal NO_2 kann, ebenso wie NO, sein ungepaartes Elektron verhältnismäßig leicht abgeben und so kovalente oder auch salzartige *Nitrylverbindungen* mit NO_2^+ bilden. Nach $F_2 + 2\,NO_2 \rightarrow 2\,NO_2F$ bildet sich leicht das farblose (Siedepunkt $-72\,°C$) *Nitrylfluorid*. Diese sehr reaktionsfähige Verbindung, die mit den meisten Metallen unter Bildung von Fluoriden und Oxiden, mit *Lewis*-Säuren wie BF_3 zu Salzen wie $NO_2^+BF_4^-$ reagiert, ist eben gebaut:

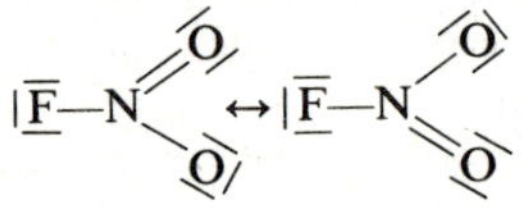

Das gleich gebaute und ähnlich reaktionsfähige farblose *Nitrylchlorid* (Siedepunkt $-6\,°C$) stellt man dar nach

$$ClSO_3H + HNO_3 \xrightarrow{0\,°C} NO_2Cl + H_2SO_4 .$$

Alle NO_2X-Verbindungen werden von Wasser hydrolysiert:

$$NO_2^+ + 2\,H_2O \rightarrow HNO_2 + H_3O^+ .$$

Das farblose, feste *Distickstoffpentoxid*, N_2O_5, entsteht als Anhydrid der Salpetersäure durch deren Entwässern mit P_4O_{10} (S. 182)

$$2\,HNO_3 \rightleftarrows N_2O_5 + H_2O$$

oder durch Oxydation von N_2O_4 mit Ozon. Schon bei 20 °C zersetzt sich das sehr hygroskopische Oxid langsam in N_2O_4 und O_2. Die Moleküle sind im Gaszustand wahrscheinlich eben gebaut: $\mathrm{^{O}_{O}}\!>\!N—O—N\!<\!\mathrm{^{O}_{O}}$;
im festen Zustand ist N_2O_5 als *Nitrylnitrat* $NO_2^+NO_3^-$ aufzufassen. Das NO_2^+-Ion ist wie das isoelektrische CO_2 (S. 243) symmetrisch linear gebaut (N—O = 1,154 Å).

β) *Sauerstoffsäuren*

Das Natriumsalz der noch wenig untersuchten *Hyposalpetrigen Säure*, $H_2N_2O_2$, erhält man am besten durch Reduktion von Na-Nitritlösungen mit Natriumamalgam:

$$2NO_2^- + 4Na + 2H_2O \rightarrow N_2O_2^{--} + 4Na^+ + 4OH^-.$$

Das Ion hat die trans-Konfiguration 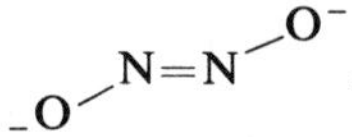 . Die freie Säure entsteht beim Umsetzen des Silbersalzes mit HCl in Äther ($Ag_2N_2O_2 + + 2HCl \rightarrow 2AgCl + H_2N_2O_2$) in Form weißer, sehr unbeständiger Kristalle. Ihre wässerige Lösung stellt eine sehr schwache Säure dar (sie zerfällt leicht irreversibel nach $H_2N_2O_2 \rightarrow N_2O + H_2O$). Sie reagiert stark reduzierend (gegenüber sehr starken Reduktionsmitteln natürlich auch oxydierend).

Nitramid, $H_2N—NO_2$, ist zur Hyposalpetrigen Säure *isomer* und stellt ebenfalls eine schwache, unbeständige Säure dar.

Salpetrige Säure, HNO_2, ist in wasserfreier Form unbekannt. Verdünnte wässerige Lösungen erhält man leicht durch Ansäuern von Nitritlösungen mit der berechneten Menge starker Säuren oder aus N_2O_3 und H_2O($H_2O + N_2O_3 \rightarrow 2HNO_2$). Aber auch solche Lösungen zerfallen, besonders in der Wärme, leicht reversivel nach

$$3HNO_2 \rightleftharpoons HNO_3 + H_2O + 2NO.$$

HNO_2 ist eine schwache Säure ($K_s = 6.10^{-4}$). Ihre Salze (nur Alkali-, Erdalkali- und das Silbersalz sind in fester Form beständig), die aus den entsprechenden Hydroxiden und $N_2O_3(NO + NO_2)$ leicht zugänglich sind, reagieren in Wasser entsprechend basisch. Angesäuerte Nitritlösungen spielen in der organischen Chemie eine wichtige Rolle. Sie können reduzierend wirken, besonders gegenüber Sauerstoff. Meist wird aber ihre viel ausgeprägtere Oxydationswirkung ausgenützt, z. B. gegen Ammoniak zur Darstellung reinen Stickstoffs im Laboratium:

$$NH_3 + HNO_2 \rightarrow 2H_2O + N_2.$$

Das NO_2^--Ion ist (wegen des freien Elektronenpaares am Stickstoff) gewinkelt gebaut und resonanzstabilisiert.

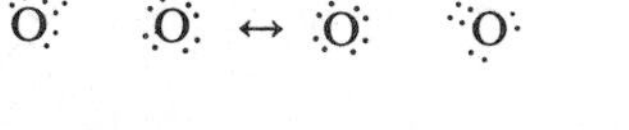

Technisch stellt man *Nitrite* durch Reduktion von *Nitraten* mit Blei, Eisen oder Koks dar, z. B. $NaNO_3 + Pb \rightarrow NaNO_2 + PbO$ (Erhitzen im festen Zustand).

Die wichtigste Säure des Stickstoffs ist die *Salpetersäure*, HNO_3. Sie stellt in reiner Form eine farblose Flüssigkeit vom Siedepunkt 86 °C und Schmelzpunkt −42 °C dar. Das Molekül hat folgenden Bau

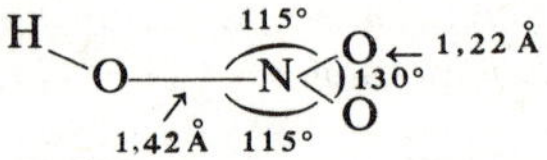

Praktisch ist 100 %ige HNO_3 allerdings meist gelb gefärbt durch NO_2, das durch Lichteinwirkung nach $2\,HNO_3 \rightleftarrows 2\,NO_2 + H_2O + \frac{1}{2}O_2$ gebildet wird. Das gilt auch noch für sogenannte „konzentrierte" Salpetersäure (ein konstant bei 120 °C siedendes *Azeotrop* von 68 % HNO_3 und 32 % H_2O), die nur durch Destillation eines Gemisches dieser konzentrierten Form mit wasserentziehenden Mitteln wie konzentrierte Schwefelsäure weiter angereichert werden kann. Reine HNO_3 leitet den elektrischen Strom nur minimal wegen der geringen Eigendissoziation nach

$$2\,HNO_3 \rightleftharpoons NO_2^+ + NO_3^- + H_2O.$$

In Wasser ist Salpetersäure eine sehr starke Säure (völlig in H_3O^+ und NO_3^- dissoziiert), die mit allen Metallen leichtlösliche, neutral reagierende *Nitrate* bildet. In riesigen Mengen wird vor allem *Ammoniumnitrat* als Stickstoffdünger sowie als Sicherheitssprengstoff (aus 40 bis 60 %iger HNO_3) dargestellt.

Natriumnitrat kommt in der Natur als „*Chilesalpeter*" vor. Daraus wurde früher durch Umsetzung mit Schwefelsäure ($2\,NaNO_3 + H_2SO_4 \rightarrow$ $\rightarrow Na_2SO_4 + 2\,HNO_3$) Salpetersäure für die Sprengstoffdarstellung erzeugt. Heute wird sie technisch ausschließlich durch Reaktion von NO_2 (aus dem *Ostwald*-Prozeß, S. 167) und O_2 mit H_2O dargestellt:

$$2\,NO_2 + \tfrac{1}{2}O_2 + H_2O \rightarrow 2\,HNO_3.$$

Verdünnte Salpetersäure wirkt nur recht schwach oxydierend (auch Nitrate sind erst bei hohen Temperaturen kräftige Oxydationsmittel). Die Oxydationskraft nimmt aber mit steigender Konzentration (und Temperatur) stark zu. Hochkonzentrierte HNO_3 ist ein ausgezeichnetes Oxydationsmittel, das mit vielen organischen Stoffen heftig, teilweise unter Entzündung, reagiert. Die meisten Nichtmetalle bilden mit HNO_3 die entsprechenden Sauerstoffsäuren, fast alle Metalle lösen sich darin als Nitrate, so auch Silber, nicht aber Gold (und Pt, Rh, Ir) (HNO_3 als „*Scheidewasser*"). Gold löst sich in einer Mischung von HNO_3 mit HCl im Verhältnis 1:3 („*Königswasser*"). Darin oxydiert HNO_3 die Salzsäure nach

$$HNO_3 + 3\,HCl \rightarrow NOCl + Cl_2 + 2\,H_2O,$$

so daß in Wirklichkeit ein Gemisch von *Salpetersäure, Nitrosylchlorid* und *Chlor* vorliegt. Die Tatsache, daß einige unedle (elektropositive) Metalle wie Al, Fe und Cr gegenüber konzentrierter Salpetersäure praktisch beständig sind, wird auf die Ausbildung eines dichten Oxidfilmes auf der Oberfläche zurückgeführt. Diese „*Passivität*" ist technisch sehr bedeutsam, weil HNO_3 in Gefäßen aus solchen Metallen dargestellt, transportiert und gelagert werden kann.

Als Reduktionsprodukte von Salpetersäure treten je nach Konzentration und Reduktionsmittel NO_2, NO, N_2O, N_2, NH_2OH und sogar NH_3 auf, so daß die Angabe von quantitativen Redoxpotentialen in diesem Fall ziemlich sinnlos ist. Mischungen von HNO_3 mit konzentrierter Schwefelsäure dienen in der organischen Chemie in großem Ausmaß als „*Nitriersäure*", etwa zur Gewinnung von *Nitrocellulose, Nitroglyzerin, Trinitrotoluol* usw. Dabei ist das *Nitrylkation* NO_2^+ das aktive Agens.

Das in allen Nitraten vorliegende NO_3^--Ion bildet ein ebenes, gleichseitiges Dreieck (N—O = 1,22 Å):

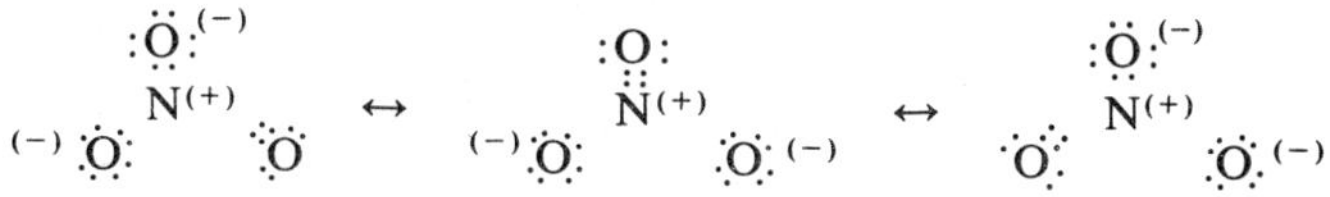

d) *Verbindungen mit Schwefel*

Die Elektronegativitätsdifferenzen zwischen Stickstoff einerseits (3,0) und Sauerstoff (3,5) bzw. Schwefel (2,5) andererseits sind zur Ausbildung von Ionenbindungen zwischen diesen Elementen zu gering. Aber auch kovalente N—O- und S—N-Bindungen müssen sich wegen dieser unterschiedlichen Elektronegativitätswerte insofern prinzipiell voneinander unterscheiden, als sie eine entgegengesetzte Polarisierung aufweisen: $\overset{\delta+}{N}—\overset{\delta-}{O}$, $\overset{\delta-}{N}—\overset{\delta+}{S}$. Demgemäß unterscheiden sich die bekannten Schwefelnitride auch prinzipiell von den beschriebenen Stickstoffoxiden.

Das wichtigste Schwefelnitrid ist *Tetraschwefeltetranitrid*, S_4N_4 (*„Schwefelstickstoff")*. Es bildet orangerote Kristalle vom Schmelzpunkt 187 °C, die in organischen Lösungsmitteln, nicht aber in Wasser löslich sind und bei Schlag oder Stoß heftig explodieren nach

$$S_4N_4 \rightarrow 2\,N_2 + {}^1/_2\,S_8 + 128{,}8\text{ kcal.}$$

S_4N_4 bildet ein „Käfigmolekül" (Abb. III.17.),

in dem die Schwefelatome ihr Oktett durch Wechselwirkung ihrer freien d-Bahnen mit den nichtbindenden Elektronenpaaren der Stickstoffatome überschreiten. Man stellt es durch *Ammonolyse* von S_2Cl_2 oder SCl_2 mit NH_3 in Tetrachlorkohlenstoff dar (der Bildungsmechanismus ist noch nicht aufgeklärt). Dabei bilden sich als Nebenprodukte auch *Heptaschwefelimid*, S_7NH und *Hexaschwefeldiimid*, $S_6(NH)_2$. Es handelt sich dabei um S_8-Ringe, in denen ein bzw. zwei Schwefelatome durch die isostere NH-Gruppe ersetzt sind.

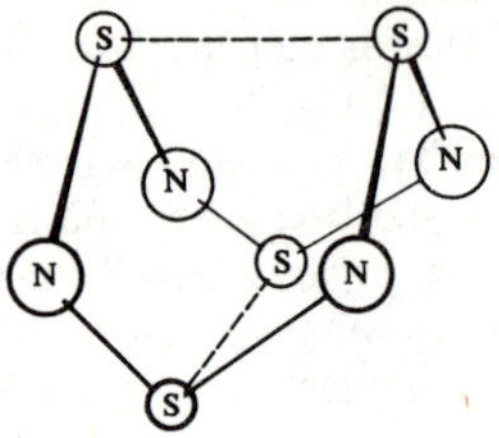

Abb. III.17. Bau von S_4N_4

Mit *Zinnchlorid*, $SnCl_2$ (S. 279) kann S_4N_4 zu *Tetraschwefeltetraimid*, $S_4N_4H_4$ (farbloser Festkörper) reduziert werden, das sich vom S_8-Ring durch symmetrischen Ersatz von vier Schwefelatomen durch vier NH-Gruppen ableitet.

Mit den Halogenen F_2, Cl_2 und Br_2 reagiert S_4N_4 zu den *Thiazylhalogeniden* $S_4N_4F_4$, $S_3N_3Cl_3$ bzw. $(SNBr)_n$. Mit Schwefel bildet S_4N_4 beim Erhitzen das rote, diamagnetische S_4N_2 (Schmelzpunkt 23 °C), dessen Konstitution und Eigenschaften noch unbekannt sind. Letzteres gilt auch für das offensichtlich polymere, blauschwarze $(SN)_x$, das den elektrischen Strom leitet (mit Temperaturerhöhung zunehmend) und das aus S_4N_4 durch vorsichtige thermische Zersetzung an 300 °C heißer Silberwolle entsteht.

Die dem S_4N_4 entsprechende Selenverbindung von unbekannter Molekülgröße, $(SeN)_x$, ist extrem erschütterungsempfindlich und demgemäß äußerst gefährlich!

Ersatz einer oder beider OH-Gruppen in H_2SO_4 führt zur *Amidoschwefelsäure* $H_2N{-}SO_3H$, (stabilisiert als „inneres" Salz $H_3\overset{\oplus}{N}{-}\overset{\ominus}{S}O_3$), bzw. zu *Sulfamid*, $SO_2(NH_2)_2$, die hier, ebenso wie entsprechende Amide und Imide der Schwefligen Säure, nicht näher besprochen werden sollen.

2. *Phosphor, Arsen, Antimon und Wismut*

a) Elemente

Phosphor kommt in der Natur besonders angereichert in *Phosphaten* hauptsächlich im *Apatit*, $Ca_5(F, OH, Cl)(PO_4)_3$ vor, aus denen er durch Reduktion mit Kohle (S. 186) dargestellt wird. Er kann mit sich selbst, wie etwa auch Schwefel, verschiedene chemische Verbindungen bilden, deren Strukturen und komplizierte Beziehungen untereinander erst sehr wenig bekannt sind und hier nicht näher besprochen werden können. Im festen Zustand existiert der aus diskreten P_4-Molekülen bestehende niedermolekulare weiße Phosphor als unbeständigste Modifikation neben verschiedenen hochpolymeren (rot, violett, schwarz) Formen, von denen nur das andere Extrem (schwarzer Phosphor) als beständigste Form strukturell genau bekannt ist.

Der bereits bei 44,1 °C schmelzende (Siedepunkt 280 °C), gut in Schwefelkohlenstoff lösliche *weiße Phosphor* bildet ein wachsweiches Molekülgitter aus P_4-Tetraedern (P—P = 2,21 Å, P—P—P ∢ = 60°)

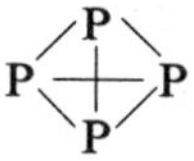

Der anomal kleine Bindungswinkel von 60° bedingt eine sehr hohe Spannung des Moleküls (23 kcal/Mol energiereicher als sechs gleichlange P—P-Bindungen mit normalen Bindungswinkeln!) und damit die große Reaktionsfähigkeit und Empfindlichkeit dieser Phosphormodifikation. Auch im Gaszustand besteht Phosphor bis 800–1 000 °C aus P_4-Molekülen, die bei noch höheren Temperaturen in P_2-Moleküle übergehen, die in ihrem Bau wohl den N_2-Molekülen entsprechen.

Der hochpolymere, in CS_2 unlösliche *schwarze Phosphor* (Schmelzpunkt 590 °C) ist viel reaktionsträger als weißer Phosphor. Er besteht aus Doppelschichten (gewellte, miteinander verknüpfte Sechsringe), die dadurch zustande kommen, daß die dritte Bindung der Phosphoratome einer Zickzack-Kette 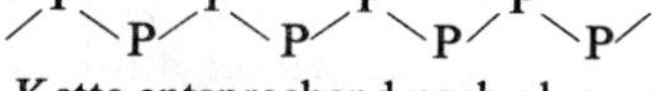 nach unten, die der darunterliegenden Kette entsprechend nach oben solche Ketten miteinander verknüpfen (P—P = 2,18 Å). Die einzelnen Schichten sind nur locker miteinander verbunden ((p → d) π-Bindungen?) (Schichtabstand = 3,69 Å), wovon der schuppenartige Charakter des schwarzen Phosphors herrührt. Diese Modifikation, die den elektrischen Strom leitet (zunehmend mit höherer Temperatur), entsteht aus P_4 entweder durch hohen Druck (12000 atm) bei 200 °C oder durch mehrtägiges Erhitzen mit etwas Quecksilber auf 380 °C.

Längeres Erhitzen auf 200–500 °C wandelt P_4 in *roten Phosphor* um, der ebenfalls polymer (thermisches Aufbrechen der gespannten Bindungen im P_4-Tetraeder und Neuknüpfungen von P—P-Bindungen mit normalem Bindungswinkel), aber nicht so hoch geordnet ist wie schwarzer Phosphor. Die verschiedenen beschriebenen roten Phosphorformen unterscheiden sich voneinander im Grad der Annäherung an den schwarzen Phosphor als beständigste Modifikation. Sie sind, wie natürlich auch P_4, Nichtleiter.

Bei der thermischen Behandlung von P_4 mit Quecksilber bildet sich unter bestimmten Bedingungen als erst kürzlich entdeckte und noch kaum untersuchte Form auch der *glasige, graue Phosphor.*

Roter Phosphor wird den Reibflächen von Zündholzschachteln beigefügt. Der meiste in elementarer Form gewonnene Phosphor dient aber als Ausgangsmaterial zur Darstellung von Verbindungen, bes. Phosphorsäure.

Arsen, Antimon und *Wismut* kommen zuweilen elementar, meist aber in sulfidischen Erzen vor, aus denen durch *Rösten* (S. 129) die Oxide entstehen. Aus diesen werden die Elemente durch Reduktion mit Kohle, Wasserstoff oder Eisen dargestellt.

Arsen und Antimon bilden, wie Phosphor, eine niedermolekulare, nichtmetallische Form, nämlich gelbes *As* und *Sb*, die aus As_4 bzw. Sb_4-Tetraedern besteht. Sie sind viel unbeständiger als P_4 und wandeln sich beim Erwärmen (Sb_4 bereits bei −90 °C!) oder Belichten über mehr oder weniger amorphes *schwarzes As* bzw. *Sb*, die dem roten Phosphor entsprechen, in die stabile metallische Form um. Es handelt sich dabei um Schichtengitter ähnlich dem des schwarzen Phosphors. Von Wismut ist nur diese metallische Form bekannt.

Die freien Metalle As, Sb und Bi finden als Legierungsbestandteile Verwendung (z. B. ~1 % As in Blei für Schrotkörner, Sb (~20 %) mit Blei in der Druckerei als Lettermetall oder als Lagermetall, Bi zur Herstellung tiefschmelzender Legierungen mit Blei und Zinn).

b) *Verbindungen mit Wasserstoff*

P, As, Sb und Bi bilden die Hydride XH_3, die formal dem Ammoniak entsprechen. Sie sind aber thermisch und gegen Luftsauerstoff viel unbeständiger als NH_3, wobei die Stabilität von PH_3 zu BiH_3 so stark abfällt, daß letzteres *(Bismutin)* bis jetzt nur in Spuren dargestellt werden konnte (auch *Stibin*, SbH_3 läßt sich nur unter Luftausschluß und bei tiefen Temperaturen handbaben). Die Hydride bilden sich bei der Hydrolyse von Metall-Phosphiden, -Arseniden usw. (die sich von XH_3 durch

Ersatz des Wasserstoffs durch Alkali- und bes. Erdalkalimetalle oder Aluminium ableiten und durch Zusammenschmelzen der betreffenden Elemente erhältlich sind) z. B. nach

$$P^{---} + 3H_2O \rightarrow PH_3 + 3OH^-$$

oder durch Reduktion höherer Oxydationsstufen mittels „*naszierendem*" Wasserstoff (S. 285) oder an einer Kathode. Am bequemsten stellt man sie aber durch doppelte Umsetzungen der Trichloride XCl_3 mit Metallhydriden, z. B. Lithiumalanat (S. 224) in Äther dar, z. B.

$$4PCl_3 + 3LiAlH_4 \rightarrow 4PH_3 + 3LiCl + 3AlCl_3.$$

α) *Phosphin*, PH_3, bildet sich auch bei der Disproportionierung von P_4 in Laugen (S. 184) und der Hydrolyse von PH_4I (s. unten). Es ist, wie auch die schwereren Homologen, entsprechend NH_3 pyramidenförmig gebaut (P—H = 1,419 Å, H—P—H ∢ = 93,7°). Der gegenüber NH_3 stark verkleinerte Bindungswinkel nähert sich stark dem Wert reiner p-Bindungen (90°) und deutet so einen (durch den starken Eigenschaftssprung zwischen N- und P-Atomen bedingten, S. 155) wesentlichen Unterschied zwischen PH_3 und NH_3 an: das am Zentralatom verbleibende freie Elektronenpaar hat fast reinen s-Charakter, ist also kaum bevorzugt in die „vierte Tetraederecke" gerichtet, sondern sphärisch um den P-Kern orientiert. Daraus folgt, daß PH_3 fast keinen Basencharakter mehr hat. Da wegen der geringen Polarität der P—H-Bindung auch keine Wasserstoffbrückenbindungen ausgebildet werden (PH_3 ist nicht assoziiert, Siedepunkt −87,7 °C), löst sich PH_3 natürlich kaum in Wasser. Nur mit der stärksten nichtoxydierenden Säure, HJ, bildet es bei Wasserausschluß ein einigermaßen beständiges *Phosphoniumjodid*, PH_4J, das von Wasser sofort hydrolysiert wird nach

$$PH_4^+ + H_2O \rightarrow PH_3 + H_3O^+$$

(PH_4Cl und PH_4Br, dargestellt aus PH_3 und HCl bzw. HBr bei tiefen Temperaturen, zerfallen bereits unterhalb Raumtemperatur in Umkehrung ihrer Bildung, was bei Ammoniumsalzen erst bei ~300 °C beobachtet wird).

Alle hier behandelten Hydride XH_3 sind sehr starke Reduktionsmittel, die an Luft leicht entzündlich sind und – zuweilen explosionsartig – zu den entsprechenden Oxiden verbrennen.

Trotz einiger Hinweise auf die Existenzmöglichkeit mehrkerniger Hydride wie X_2H_4, X_3H_5 usw. ist von diesen denkbaren Verbindungen erst das flüssige *Diphosphin*, P_2H_4 (Siedepunkt 51,7 °C) bekannt geworden, das in kleinen Mengen bei der PH_3-Synthese durch Hydrolyse von Aluminiumphosphid mitgebildet wird. Es hat, im Gegensatz zu N_2H_4, keinerlei basische Eigenschaften. Bereits an Licht zerfällt es in PH_3 und einen gelben Festkörper unbekannter Zusammensetzung. Seine Reduktionskraft ist so ausgeprägt, daß es sich an der Luft spontan entzündet.

c) *Verbindungen mit Halogenen*

Die Vb-Elemente bilden prinzipiell die binären Halogenide $XHal_3$, $XHal_5$ und X_2Hal_4 (-Oxyhalogenide S. 179, -Thiohalogenide S. 179 und -Nitrilhalogenide S. 195). Tab. III.18 zeigt einige Eigenschaften der *Trihalogenide*.

Tabelle III.18. Einige physikalische Eigenschaften der Halogenide $XHal_3$

$XHal_3$	Schmp. °C	Sdp. °C	X-Hal in Å	∢ Hal-X-Hal in °	Farbe
PF_3	−151,5	−101,15	1,52	104	farblos
PCl_3	−111,8	74,2	2,00	101	farblos
PBr_3	− 40	175,3	2,23	100	farblos
PI_3	61,0		2,47	98	rot
AsF_3	− 5,95	63	1,72		farblos
$AsCl_3$	− 13	130	2,16		farblos
$AsBr_3$	31	220	2,33		farblos
AsJ_3	141	~400	2,54		rot
SbF_3	~290	319			farblos
$SbCl_3$	72,9	221	2,37		farblos
$SbBr_3$	96	288	2,52		farblos
SbJ_3	170,3	~410	2,75		rot
BiF_3					farblos
$BiCl_3$	230	447	2,48	100±6	farblos
$BiBr_3$	218	453			farblos
BiJ_3	~440	~500			rotviolett

Die Schmelz- und Siedepunkte deuten an, daß alle Trihalogenide im wesentlichen kovalent gebaut sind (wie PH_3 pyramidenförmig), wobei der ionogene Bindungsanteil bei gleichbleibendem Halogen natürlich von P zu Bi und bei gleichbleibendem Zentralatom von J zu F zunehmen muß (BiF_3 bereits sehr salzartig). Sie werden (außer PF_3) in exothermen Reaktionen aus den stöchiometrischen Mengen der Elemente dargestellt, z. B.

$$P_4 + 6Cl_2 \rightarrow 4PCl_3.$$

Das gasförmige PF_3, das ähnlich wie CO (S. 243) als guter Komplexligand wirken kann, entsteht aus PCl_3 und ZnF_2 beim Erhitzen. Die Trihalogenide (bes. AsF_3 und SbF_3) wirken (außer PF_3) gegenüber Halogenidionen als *Lewis*-Säuren und bilden damit komplexe Halogenidanionen (z. B. nach $AsF_3 + F^- \rightarrow AsF_4^-$) wie AsF_4^-, SbF_4^-, AsF_5^{--}, SbF_5^{--}, $BiCl_5^{--}$ usw. Darauf beruht auch die für diese Verbindungsklasse charakteristische Reaktion mit Wasser, die mit von P zu Bi stark abnehmender Heftigkeit verläuft (PF_3 allerdings nur sehr langsam) und zu HHal und $X(OH)_3$ führt, z. B.:

$$\begin{array}{rcl} PCl_3 + H_2O \rightleftharpoons [H_2O \rightarrow PCl_3] & \rightleftharpoons & HOPCl_2 + HCl \\ HOPCl_2 + H_2O \rightleftharpoons [H_2O \rightarrow PCl_2(OH)] & \rightleftharpoons & (HO)_2PCl + HCl \\ (HO)_2PCl + H_2O \rightleftharpoons [H_2O \rightarrow PCl(OH)_2] & \rightleftharpoons & P(OH)_3 + HCl \\ \hline & PCl_3 + 3H_2O \rightleftharpoons P(OH)_3 + 3HCl. & \end{array}$$

$PHal_3$ und $AsHal_3$ sind praktisch vollständig hydrolysiert, während aus $SbHal_3$ und $BiHal_3$ in Wasser die Ionen SbO^+ bzw. BiO^+ entstehen. Durch hohe $H_3O^+Hal^-$-Konzentrationen läßt sich in diesen Fällen das Halogenid (z. B. $BiCl_3$ aus konzentrierter Salzsäure) aus den wäßrigen Lösungen in fester Form zurückgewinnen. In alkalischen Lösungen verläuft die Hydrolyse in allen Fällen naturgemäß völlig quantitativ.

Gegenüber Sauerstoff, Schwefel und Halogen wirken die Trihalogenide als Reduktionsmittel und bilden damit Oxy-, Thio- bzw. Penta-Halogenide (außer Bi; die Beständigkeit der Oxydationsstufe +5 und damit die Reduktionskraft der +3-Verbindungen nimmt von P zu Sb stark ab und ist bei Bi praktisch verschwunden).

Die in Tab. III.18. aufgeführten reinen Trihalogenide können durch Erwärmen geeigneter Gemische in der Gasphase auch in gemischte Trihalogenide überführt werden, die in ihren Eigenschaften erwartungsgemäß zwischen denen der reinen Halogenide stehen und hier nicht näher besprochen werden sollen, z. B.

$$PF_3 + 2PCl_3 \rightarrow 3PFCl_2.$$

Von den denkbaren *Pentahalogeniden* $XHal_5$ sind nur PF_5 (Schmelzpunkt −83 °C, Siedepunkt −75 °C), PCl_5 (Sublp. 160 °C), PBr_5 (rotbraun, Schmelzpunkt < 100 °C), AsF_5 (Schmelzpunkt −80 °C, Siedepunkt −53 °C), SbF_5 (Schmelzpunkt ~ −40 °C) und $SbCl_5$ (Schmelzpunkt 2 °C, Zersp. 140 °C) bekannt, (die gemischten Halogenide, die in der Gasphase aus den reinen Verbindungen praktisch als statistische Gemische zugänglich sind, können hier nicht näher besprochen werden). Im Gaszustand und in flüssiger Form sind sie aus diskreten Molekülen aufgebaut (außer dem viskosen SbF_5; dieses ist über Fluor-Brücken zu Ketten $(SbF_5)_{5-10}$ assoziiert, wobei die Sb-Atome oktaedrisch von 6 F-Atomen umgeben sind: 2 F-Atome gehören dabei immer zwei benachbarten Oktaedern gemeinsam an). Die relativ seltene Koordinationszahl 5 führt in der sp^3d-Hybridisierung zu einer *trigonalen Bipyramide* mit dem Zentralatom in der Mitte eines gleichseitigen Dreiecks und den fünf Liganden an den drei Ecken bzw. symmetrisch darüber und darunter. (Weil dem Stickstoff als Element der zweiten Periode freie d-Orbitale fehlen, kann er keine Pentahalogenide bilden.) Dabei sind die Bindungsabstände (z. B. in PCl_5) zu den drei äquatorialen Liganden kürzer (2,04 Å) als zu den beiden restlichen Liganden (2,11 Å).

Im festen Zustand sind die Pentahalogenide aber aus Ionen aufgebaut: PCl_5 als $[PCl_4]^+ [PCl_6]^-$ (P—Cl im tetraedrischen Kation = 1,98 Å, im oktaedrischen Anion = 2,06 Å), PBr_5 als $[PBr_4]^+Br^-$.

Thermisch ist nur PF_5 gut beständig; PCl_5 zerfällt oberhalb ~300 °C in PCl_3 und Cl_2, PBr_5 bereits in der Schmelze entsprechend (PJ_5 ist bei Raumtemperatur nicht mehr beständig). Aus dem gleichen Grund ist auch das flüssige $SbCl_5$ ein kräftiges Chlorierungsmittel und BiF_5 ein Fluorierungsmittel.

Die Pentahalogenide sind *Lewis*-Säuren und vereinigen sich deshalb mit Halogenidionen zu komplexen Anionen wie PCl_6^-, AsF_6^-, SbF_6^- und $SbCl_6^-$. Aus dem gleichen Grund reagieren sie mit Wasser (nach dem selben Mechanismus wie die Trihalogenide), wobei die Zwischenstufe der relativ beständigen Oxyhalogenide faßbar ist, z. B.

$$\begin{array}{l} PCl_5 + H_2O \rightarrow OPCl_3 + 2\,HCl \\ \underline{OPCl_3 + 3\,H_2O \rightarrow OP(OH)_3 + 3\,HCl} \\ PCl_5 + 4\,H_2O \rightarrow OP(OH)_3 + 5\,HCl. \end{array}$$

Mit Schwefelwasserstoff anstelle von H_2O bleibt die Reaktion endgültig auf der Stufe des Thiohalogenids stehen, z. B.

$$PBr_5 + H_2S \rightarrow SPBr_3 + 2\,HBr.$$

Die Pentahalogenide können entweder aus den Vb-Elementen oder aus deren Trihalogeniden mit den freien Halogenen dargestellt werden (PF_5 besser aus PCl_5 und CaF_2 bei 300 °C).

Aus der Verbindungsklasse X_2Hal_4 sind bisher nur das farblose *Diphosphortetrachlorid*, P_2Cl_4 (elektrische Entladung in einem PCl_3—H_2-

Gemisch) und das rote P_2J_4 (aus P_4 und J_2 in Schwefelkohlenstoff) dargestellt worden. Sie sind empfindlich gegenüber Sauerstoff und Wasser. Beim Stehen zersetzen sie sich in Phosphortrihalogenide und polymere, noch unbekannte Verbindungen.

d) *Verbindungen mit Sauerstoff*

α) *Binäre Oxide.* Am Beispiel der Oxide der Vb-Elemente wird besonders deutlich, was prinzipiell auch für die anderen Gruppen des Periodensystems gilt: wenn die Elemente in verschiedenen Oxydationsstufen vorkommen können, dann nimmt die Beständigkeit der höchsten Oxydationsstufe innerhalb der Gruppe von oben nach unten ab. Gleichzeitig nimmt auch der sauere Charakter der entsprechenden Oxide ab (bzw. der basische Charakter zu), z. B. sind P- und As-III-Oxide sauer, Sb-III-Oxid amphoter und Bi-III-Oxid basisch.

Phosphor vereinigt sich begierig mit Sauerstoff. Wird er mit einem Unterschuß an Luft verbrannt oder in der Kälte langsam oxydiert, dann entsteht dabei *Tetraphosphorhexaoxid („Phosphortrioxid")*, P_4O_6, als farblose kristalline Masse (Schmelzpunkt 23,8°C, Siedepunkt 173°C). Diese leichtflüchtige Verbindung besteht aus diskreten Molekülen, die sich vom sehr gespannten P_4-Tetraeder dadurch ableiten, daß sich darin zwischen jede P—P-Bindung ein Sauerstoffatom eingeschoben hat (P—O = 1,65 Å, O—P—O = 99°, P—O—P = 127,5°). Dadurch wird der 60°-Winkel (P—P—P) auf 99° entspannt (O—P—O):

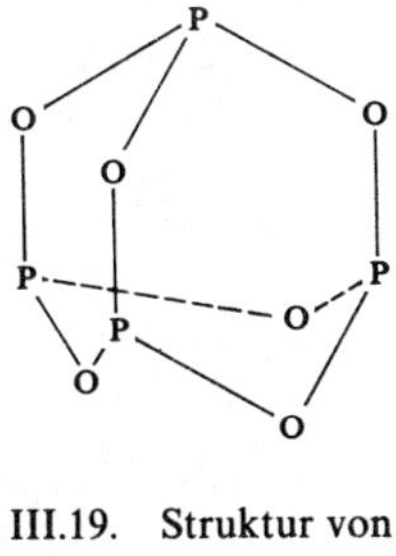

Abb. III.19. Struktur von P_4O_6

Mit Wasser, das nucleophil an den elektrophilen Phosphoratomen angreift, reagiert P_4O_6 als *Säureanhydrid* wie PCl_3 unter Bildung der *Phosphorigen Säure* (S. 185) nach

$$P_4O_6 + 6H_2O \rightarrow 4(HO)_3P.$$

Unter Sauerstoffausschluß zerfällt P_4O_6 bei 200–250 °C in *Phosphordioxid* unbekannter Molekülgröße, (PO_2), dessen Struktur und Eigenschaften noch wenig bekannt sind. Wahrscheinlich handelt es sich dabei um ein Mischoxid von P-III und P-V. Dafür spricht die Reaktion mit Wasser:

$$(PO_2)_x + (x+1)\,H_2O \rightarrow \frac{x}{2}\,H_3PO_4 + \frac{x}{2}\,H_3PO_3.$$

Im P_4O_6-Molekül hat jedes P-Atom noch ein freies Elektronenpaar, an das sich ein weiteres Sauerstoffatom anlagern kann (die Energie wird dabei als Lichtenergie frei, was das Leuchten des Phosphors und damit dessen Namen erklärt). Bei dieser Oxydation entsteht das wichtigste Phosphoroxid: *Tetraphosphordecaoxid („Phosphorpentoxid“)*, P_4O_{10}. Es wird in großen Mengen durch Verbrennen von Phosphor dargestellt und besteht, da es sich ja wie P_4O_6 vom P_4-Tetraeder ableitet, ebenfalls aus diskreten Molekülen. Jedes P-Atom ist darin tetraedrisch von vier O-Atomen umgeben, wobei wegen starker zusätzlicher $(p \rightarrow d)_\pi$-Bindungen der Abstand zwischen den an P_4O_6 angelagerten „äußeren“ O-Atomen und Phosphor mit 1,39 Å erheblich kürzer ist als der zwischen den Brücken-O-Atomen und P mit 1,62 Å. Das farblose P_4O_{10} kristallisiert hexagonal (H-Form) und sublimiert ohne zu schmelzen bei 360 °C. Durch Erhitzen auf >400 °C kann es in polymere Schichtgitter umgewandelt werden (O-Form, O′-Form, amorphes P_4O_{10}, glasiges P_4O_{10}), in denen der Phosphor ebenfalls immer tetraedrisch von vier Sauerstoffatomen umgeben ist. Seine wichtigste Eigenschaft ist seine ungewöhnlich starke Affinität zu Wasser, die auf dem elektrophilen Charakter der Phosphoratome im P_4O_{10} beruht. Es wird daher als ausgezeichnetes *Trockenmittel* für Gase und inerte organische Lösungsmittel im Laboratorium benützt. Aus dem gleichen Grund führt P_4O_{10} praktisch alle wasserfreien Sauerstoffsäuren in ihre Anhydride über (z. B. $HNO_3 \rightarrow N_2O_5$, S. 170) (An Luft „zerfließt“ P_4O_{10} wegen des Feuchtigkeitsgehaltes rasch). Mit genügend Wasser wird das Molekül (Anhydrid der Phosphorsäure) nach

$$P_4O_{10} + 6\,H_2O \rightarrow 4\,H_3PO_4$$

vollständig zu *Orthophosphorsäure* (S. 186) abgebaut. Mit weniger H_2O entstehen, weil nicht alle P—O—P-Bindungen hydrolysiert werden können, kondensierte *Meta-* und/oder *Polyphosphorsäuren* (S. 189).

Die Oxide des Arsens entsprechen weitgehend denen des Phosphors. *Tetraarsenhexaoxid („Arsenik“, „Arsentrioxid“)*, As_4O_6, entsteht beim Rösten sulfidischer Arsenerze und beim Verbrennen von Arsen als farbloser Festkörper (Schmelzpunkt 315 °C), der kubisch kristallisiert und wie P_4O_6 gebaut ist. Auch im Dampf liegen (bis ~1500 °C) As_4O_6-Moleküle vor. Mit Wasser bildet As_4O_6 Arsenige Säure ($As_4O_6 + 6H_2O \rightarrow 4As(OH)_3$).

Tetraarsendecaoxid („Arsenpentoxid"), As_4O_{10}, kann nicht aus As und O_2 dargestellt werden (Abnehmende Beständigkeit der Oxydationsstufe +5). Man gewinnt es durch Entwässern von *Arsensäure* (S. 192) als thermisch unbeständiges Produkt, das bei höheren Temperaturen das Trioxid bildet ($As_4O_{10} \rightarrow As_4O_6 + 2O_2$). Mit Wasser bildet es Arsensäure ($As_4O_{10} + 6H_2O \rightarrow 4H_3AsO_4$).

Die Verbrennung von Antimon (oder das Rösten von sulfidischen Antimonerzen) liefert farbloses *Tetraantimonhexaoxid („Antimontrioxid")* Sb_4O_6, das bis 570 °C wie P_4O_6 und As_4O_6 gebaut ist und sich bei noch höheren Temperaturen in eine polymere Form umlagert. Sein sauerer Charakter ist bereits so schwach, daß es sich nicht mehr in Wasser zu einer Säure, sondern nur noch in Basen zu *Antimoniten* (und wegen seines amphoteren Charakters, auch in HCl zu $SbCl_3$) auflöst. *Tetraantimondecaoxid („Antimonpentoxid")*, Sb_4O_{10} entsteht bei der Oxydation von Antimon mit HNO_3. Beim Erhitzen spaltet es leicht Sauerstoff ab unter Bildung von Sb_4O_6. Mit Basen liefert es zwar Antimonate, mit Wasser aber keine Antimonsäure. *Antimondioxid* $(SbO_2)_x$ ist ein Mischoxid aus Sb_4O_6 und Sb_4O_{10}.

Das einzige bekannte Wismutoxid ist das gelbe *Wismuttrioxid*, Bi_2O_3 (das daraus mit starken Oxydationsmitteln erhältliche braune Bi_2O_5 wurde nie rein erhalten und verliert bereits >100 °C Sauerstoff). Es zeigt keinerlei saure Eigenschaften mehr und ist unlöslich in Wasser und Basen. Aus wäßrigen Bi-Salzlösungen kann mit OH^- definiertes $Bi(OH)_3$ ausgefällt werden. In solchen Lösungen liegen hydratisierte Bi^{3+}-Ionen oder BiO^+-Ionen (auch schon von Sb, nicht aber As bekannt) vor.

β) *Sauerstoffsäuren*

Vom Phosphor leitet sich eine ungewöhnlich große Zahl von Sauerstoffsäuren ab, von denen einige in Form ihrer Salze von sehr großer technischer Bedeutung sind. Trotz häufiger intensiver Untersuchungen auf diesem Gebiet wurde das Verständnis vieler Phänomene erst in jüngster Zeit ermöglicht bzw. vertieft, wozu die sinnvolle Anwendung der *Papierchromatographie* als Trennungsmethode der meist sehr komplizierten Gemische von entscheidender Bedeutung war. Von der Forschung sind besonders im Bereich der Säuren mit Phosphor-Phosphor-Bindungen sowie der hochkondensierten Phosphate in Zukunft noch viele neue Ergebnisse zu erwarten.

Im folgenden können nur die wichtigsten Säuren kurz behandelt werden. Als Grundregel gilt dabei, daß das Phosphoratom immer tetraedrisch (sp^3-hydridisierte Atombindungen) von vier Liganden umgeben ist, von denen einer ein Sauerstoffatom (mit starker zusätzlicher $(p \rightarrow d)_\pi$-Bindung) und ein zweiter eine HO-Gruppe sein muß. Die zwei restlichen Liganden können entweder weitere HO-Gruppen, Wasserstoffatome oder Phosphoratome selbst sein. Nur der über Sauerstoff gebundene Wasserstoff kann an stärkere Basen als Proton abgegeben werden, nicht aber der direkt an P gebundene H. In „*einkernigen*" (nur ein P-Atom im Molekül) oder über P—O—P-Brücken kondensierten Säuren kann der Phosphor die Oxydationsstufen +1, +3 und +5 annehmen. Liegen dagegen P—P-Bindungen vor, dann wird die Oxydationsstufe zu einer rein formalen Rechengröße (wie immer beim Auftreten von Element—Element-Bindungen) und kann dann ganzzahlige oder auch gebrochene Werte zwischen +1 und +5 annehmen.

In der Oxydationsstufe +1 bildet Phosphor die *Hypophosphorige Säure*, H_3PO_2. Die farblose Säure schmilzt bei 26,5 °C und löst sich gut in Wasser als ziemlich schwache einbasige Säure ($K_s = 10^{-2}$) nach

$$OP(H)_2OH + H_2O \rightarrow H_3O^+ + \left[\begin{matrix} O \\ OPH \\ H \end{matrix}\right]^-,$$

weil die das Tetraeder komplettierenden H-Atome nicht abdissoziieren können. Alle Hypophosphite sind wasserlöslich und, wie auch die Säure, kräftige Reduktionsmittel. Sie sind aus weißem Phosphor und wäßrigen Basen darstellbar nach

$$P_4 + 3OH^- + 3H_2O \rightarrow 3H_2PO_2^- + PH_3.$$

Bei dieser Disproportionierung handelt es sich wohl um einen stufenweisen Abbau der P—P-Bindungen durch den Angriff der nucleophilen OH^-- bzw. H_2O-Moleküle an den elektrophilen P-Atomen, der sich formal folgendermaßen darstellen läßt: zunächst wird eine der sechs gleichwertigen P—P-Bindungen hydrolysiert, wodurch die Gleichartigkeit der vier P-Atome gestört wird

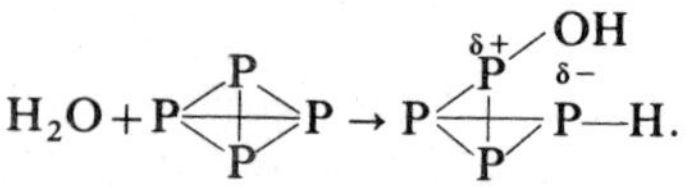

Zwei weitere Angriffe erfolgen wegen der negativen Teilladung auf dem einen P-Atom nun gerichtet so, daß dieses Atom als PH_3 „herausgeschält“ wird:

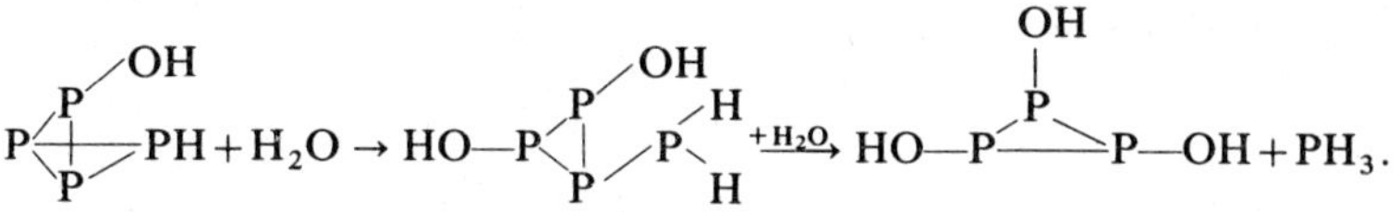

Das ringförmige Zwischenprodukt (das sich vermutlich zu einer noch unbekannten Säure $H_3P_3O_6$ oxydieren läßt) wird in drei weiteren Hydrolyseschritten dann zur Hypophosphorigen Säure abgebaut, die sich durch Wanderung eines Protons sofort in die bekannte stabile tautomere Form umlagert:

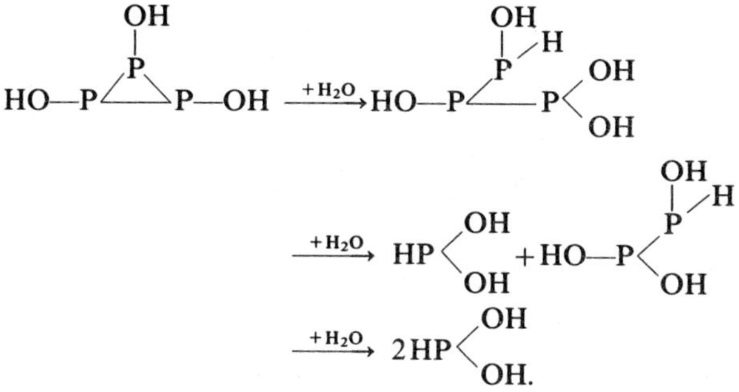

Von der Oxydationsstufe +3 leitet sich die *Phosphorige Säure*, H_3PO_3, ab. Die farblose, sehr hygroskopische Verbindung schmilzt bei 73,6 °C und löst sich sehr gut in Wasser als zweibasige Säure, von der „neutrale“ und „saure“ Salze $Me^I_2H_2PO_3$ bzw. $Me^IH_2PO_3$ darstellbar sind:

$$OP(H)(OH)_2 + H_2O \rightarrow H_3O^+ + [H\overset{O}{\underset{O}{P}}OH]^- \xrightarrow{+H_2O} H_3O^+ + [H\overset{O}{\underset{O}{P}}O]^{--}.$$

Die zweite Dissoziationskonstante ist erwartungsgemäß erheblich niedriger als die erste (S. 107): $K_{s1} = 10^{-2}$, $K_{s2} = 2 \cdot 10^{-7}$. „Neutrale“ Phosphite reagieren in Wasser dementsprechend stark basisch ($HPO_3^{--} + H_2O \rightarrow H_2PO_3^- + OH^-$).

Die Säure wird am einfachsten durch Hydrolyse ihres Chlorids nach

$$PCl_3 + 3H_2O \rightarrow P(OH)_3 + 3HCl\ .$$

dargestellt, wobei sie sich sofort in die stabile tautomere Form $OPH(OH)_2$ umlagert. Die Salze entstehen daraus einfach durch Umsetzung mit den entsprechenden Hydroxiden. Sie sind, wie auch die freie Säure, erwartungsgemäß starke Reduktionsmittel. Sich selbst gegenüber kann sie aber auch als Oxydationsmittel wirken. So ist ihre *Disproportionierung* in Phosphin und Phosphorsäure beim Erhitzen zu verstehen:

$$4\,H_3\overset{+3}{P}O_3 \rightarrow \overset{-3}{P}H_3 + 3\,H_3\overset{+5}{P}O_4$$

Die hier nicht zu besprechenden Ester der Phosphorigen Säure spielen in der organischen Chemie eine erhebliche Rolle.

Die wichtigste Verbindung des Phosphors ist die sich von der Oxydationsstufe +5 ableitende *Orthophosphorsäure*, H_3PO_4. Ihre wasserunlöslichen, tertiären Salze, vor allem die Mischverbindungen zwischen Calciumphosphat $Ca_3(PO_4)_2$ und $Ca(OH, F, Cl)_2$ *(Apatite* bzw. *Phosphorit* $3\,Ca_3(PO_4)_2 \cdot Ca(OH, F, Cl)_2 = Ca_5(PO_4)_3\,((OH, F, Cl))$ stellen die wichtigsten mineralischen Phosphorvorkommen dar. Das Element wird daraus durch Erhitzen mit SiO_2 (S. 267) und Kohle im elektrischen Ofen auf ~1350°C dargestellt. Dabei setzt das schwererflüchtige Kieselsäureanhydrid nach

$$Ca_3(PO_4)_2 + 3\,SiO_2 \rightarrow 3\,CaSiO_3 + {}^1/_2\,P_4O_{10}$$

aus dem Salz unter Silikatbildung das leichter flüchtige Anhydrid frei, das dann von Kohlenstoff nach

$$P_4O_{10} + 10\,C \rightarrow P_4 + 10\,CO$$

zum elementaren Phosphor reduziert wird. Im Gegensatz zu diesem „*trockenen*" Phosphataufschluß liefert der „*nasse*" Aufschluß mit halbkonzentrierter Schwefelsäure nach

$$Ca_3(PO_4)_2 + 3\,H_2SO_4 \rightarrow 3\,CaSO_4 + 2\,H_3PO_4$$

neben leicht abfiltrierbarem Gips Phosphorsäurelösungen (~ 50proz.) (wird eine nach

$$Ca_3(PO_4)_2 + 2\,H_2SO_4 \rightarrow Ca(H_2PO_4)_2 + 2\,CaSO_4$$

berechnete Menge Schwefelsäure eingesetzt, dann wandelt sich das unlösliche tertiäre Phosphat in ein Gemisch von löslichem primärem Phosphat mit Gips um. Dieses Gemisch stellt als „*Superphosphat*" ein sehr wichtiges Düngemittel dar, weshalb ~ 50% der Welterzeugung an H_2SO_4 für diesen Prozeß verbraucht werden. Verwendung der viel teuereren Phosphorsäure führt nach

$$Ca_3(PO_4)_2 + 4\,H_3PO_4 \rightarrow 3\,Ca(H_2PO_4)_2$$

zu gipsfreiem primärem Phosphat = „*Doppelsuperphosphat*").

Lösungen reiner Phosphorsäure erhält man z. B. durch Hydrolyse von PCl_5 (S. 179), praktisch aber immer durch Umsetzung von P_4O_{10} mit überschüssigem Wasser (Verlauf der Reaktion S. 182) nach

$$P_4O_{10} + 6\,H_2O \rightarrow 4\,H_3PO_4.$$

Sie können einfach durch Eindampfen (heiße H_3PO_4-Lösungen greifen Porzellan, Glas und auch Quarz stark an!) bis auf ~ 90 % konzentriert werden. Wegen der Ausbildung von starken Wasserstoffbrückenbindungen sind solche „Lösungen" hochpolymere, sehr zähe, viskose Flüssigkeiten, deren vollständige Entwässerung im Vakuum sehr schonend durchgeführt werden muß, weil dabei unter Wasserabspaltung leicht Polyphosphorsäuren (S. 189) entstehen.

Reine Orthophosphorsäure bildet farblose Kristalle vom Schmelzpunkt 42,3 °C, die sich nur unter geringer Wärmetönung in Wasser lösen. Sie ist sehr beständig und wirkt unterhalb ~ 400 °C praktisch nicht oxydierend. In wäßriger Lösung ist sie eine dreibasige Säure, wobei sich die einzelnen Dissoziationsstufen naturgemäß um jeweils ~ 10^5 voneinander unterscheiden müssen (S. 107): $K_{s1} = 0{,}7 \cdot 10^{-2}$, $K_{s2} = 8 \cdot 10^{-8}$; $K_{s3} = 4 \cdot 10^{-13}$. Selbst in der ersten Dissoziationsstufe ist H_3PO_4 aber eine schwächere Säure als die starken Säuren HCl, H_2SO_4, HNO_3 usw., weshalb sie auch in der Lebensmittelindustrie Verwendung findet (Ansäuern von Limonaden usw.). Ihre Salze („*Phosphate*" sind leicht durch Zusammengeben berechneter Mengen der Säure mit der entsprechenden Base darstellbar. Praktisch am wichtigsten ist das in vielen Mischdüngern enthaltene sekundäre *Ammoniumphosphat* $(NH_4)_2HPO_4$.

Das PO_4^{---}-Ion ist tetraedrisch gebaut wie auch die über Wasserstoffbrücken polymerisierte freie H_3PO_4(P—O = 1,58 Å). Phosphorsäure bildet praktisch mit allen Kationen Salze. Dabei nimmt die Löslichkeit in der Regel von den primären über die sekundären zu den tertiären Salzen stark ab. Die primären Phosphate sind alle wasserlöslich, von den sekundären und tertiären fast nur die Alkalisalze. Primäre Phosphate reagieren wegen

$$H_2PO_4^- + H_2O \rightleftharpoons H_3O^+ + HPO_4^{--}$$

sauer, sekundäre und natürlich noch viel stärker tertiäre Phosphate dagegen basisch wegen

$$HPO_4^{--} + H_2O \rightleftharpoons H_2PO_4^- + OH^-$$
$$PO_4^{---} + H_2O \rightleftharpoons HPO_4^{--} + OH^-.$$

Diese Tatsache macht man sich praktisch in Phosphat-Puffern zunutze. Ein *Puffer* ist ein System aus einer schwachen Säure (hier $H_2PO_4^-$) und der dazugehörigen Base (hier HPO_4^{--}) bzw. aus einer schwachen Base und der korrespondierenden Säure (S. 94). In einer *Pufferlösung* führt der Zusatz von Säuren oder Basen praktisch zu keinen oder nur zu geringfügigen Änderungen des pH-Wertes. Der Grund dafür sei an einer äquimolaren Lösung von primärem und sekundärem Natriumphosphat erläutert, die einen pH-Wert von 7,1 aufweist. Das Dissoziationsgleichgewicht des $H_2PO_4^-$-Ions ist definiert als

$$K = \frac{[HPO_4^{--}] \cdot [H^+]}{[H_2PO_4^-]}$$

Die Konzentration an H_3O^+-Ionen ist danach: $[H^+] = K \frac{[H_2PO_4^-]}{[HPO_4^{--}]}$, bei gleichen Konzentrationen an $H_2PO_4^-$ und HPO_4^{--} also $= K$. In gewöhnlichen, nicht gepufferten Lösungen bedingt bereits der Zusatz sehr geringer Mengen einer starken Säure oder Base eine sehr starke Veränderung des pH-Wertes durch die Störung des Dissoziationsgleichgewichts des Wassers (S. 95) ($[H^+]\,[OH^-] = 10^{-14}$). In der Pufferlösung werden aber zugesetzte H_3O^+-Ionen bzw. OH^--Ionen fast ohne Änderung von $[H^+]$ abgefangen nach $H^+ + HPO_4^{--} \rightarrow H_2PO_4^-$ bzw. $OH^- + H_2PO_4^- \rightarrow H_2O + HPO_4^{--}$: Das Ionengemisch *puffert*. Der pH-Wert ändert sich erst um eine Einheit, wenn so viel Säure zugesetzt ist, daß $[H_2PO_4^-]$ 10mal größer ist als $[HPO_4^{--}]$ (oder umgekehrt bei entsprechendem Basenzusatz).

Ersatz der HO-Gruppen in H_3PO_4 führt zu folgenden *Säurehalogeniden: Monofluorphosphorsäure*, FPO_3H_2, Difluor- bzw. *Dichlor-phosphorsäure* Hal_2PO_2H und den *Phosphoroxyhalogeniden* $POHal_3$. Die erwähnten Säuren können natürlich noch Salze bilden, die von Wasser zu HHal und Phosphaten hydrolysiert werden. Diese Hydrolyse charakterisiert auch die Oxyhalogenide POF_3, $POCl_3$ und $POBr_3$, von denen das nach

$$2\,PCl_3 + O_2 \rightarrow 2\,POCl_3$$

oder

$$P_4O_{10} + 6\,PCl_5 \rightarrow 10\,POCl_3$$

dargestellte *Phosphoroxichlorid* (Siedepunkt 105,1 °C) praktisch am bedeutungsvollsten ist. Sie sind erwartungsgemäß tetraedrisch (verzerrt) gebaut. Die bereits behandelten Pentahalogenide $PHal_5$ (S. 180) können ebenfalls als Phosphorsäurehalogenide aufgefaßt werden.

Ähnlich wie Schwefelsäure kann auch H_3PO_4 anodisch zur *Peroxodiphosphorsäure,* $H_4P_2O_8$, oxydiert werden, deren Hydrolyse über die Stufe der *Peroxomonophosphorsäure,* H_3PO_5, H_2O_2 und H_3PO_4 liefert. Die sowohl technisch als auch biologisch außerordentlich wichtigen Ester der Phosphorsäure mit Alkoholen fallen definitionsgemäß in den Bereich der organischen Chemie und können deshalb hier nicht behandelt werden.

Erhitzen von Orthophosphorsäure führt oberhalb ~ 200 °C allmählich zur Abspaltung von Wasser. Dabei entsteht aber nicht das Säureanhydrid, P_4O_{10}, sondern eine Reihe kettenförmiger *Polyphosphorsäuren,* $H_{n+2}P_nO_{3n+1}$, von denen die niederen Glieder von der *Diphosphorsäure* („Pyrophosphorsäure") $H_4P_2O_7$ bis zur *Hexaphosphorsäure,* $H_8P_6O_{19}$, bereits *papierchromatographisch* getrennt werden konnten. Es handelt sich dabei um Ketten aus PO_4-Tetraedern, die jeweils 1 (endständige Tetraeder) bzw. 2 (Tetraeder innerhalb der Kette) Sauerstoffatome als gemeinsame Ecken haben:

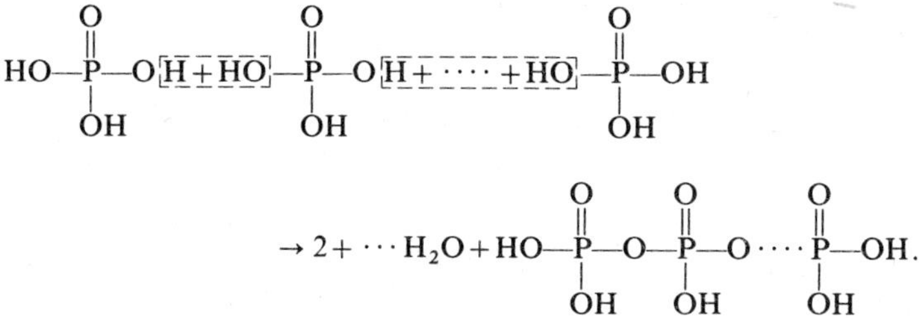

Dabei tragen die beiden endständigen Phosphoratome je zwei, die übrigen nur noch eine Hydroxylgruppe. Weil die beim Abdissoziieren eines Protons entstehende negative Ladung praktisch an dem davon betroffenen Tetraeder lokalisiert bleibt und nicht über die Sauerstoffbrücken „weitergeleitet" wird, hat jedes P-Atom der Kette ein stark saures Proton (entsprechend der ersten Dissoziation von H_3PO_4) und nur die beiden endständigen P-Atome zusätzlich noch ein zweites, schwach saueres Proton (entsprechend $H_2PO_4^-$), die durch Titration gegen verschiedene Indikatoren (oder potentiometrisch) leicht voneinander unterschieden werden können. Aus dem Verhältnis: stark sauere Protonen/schwach sauere Protonen ergibt sich dabei eindeutig die Anzahl der Phosphoratome und damit die Kettenlänge der Polyphosphorsäure (2:2 = $H_4P_2O_7$, 3:2 = $H_5P_3O_{10}$, 4:2 = $H_5P_4O_{13}$ usw.). Die daraus zu folgernden zwei Reihen von Salzen („sauer" und „neutral") sind allerdings nur bei der Diphosphorsäure gut verifizierbar: $Me^I_2H_2P_2O_7$ und

$Me^I_4P_2O_7$. Die höheren Glieder bilden praktisch nur „neutrale" Salze $Me^I_{n+2}P_nO_{3n+1}$. Sie werden, wie auch die freien Säuren, von Wasser nur langsam zur einkernigen Orthophosphorsäure .hydrolysiert. Viele Polyphosphate (gut untersucht und bekannt sind erst die Natrium- und Kaliumsalze) sind gute Komplexbildner; sie binden sehr große Wassermengen und emulgieren ausgezeichnet Fette in Wasser. Daraus ergeben sich vielseitige praktische Anwendungsmöglichkeiten (z. B. in der Lebensmittelindustrie als Zusätze zu *Marmeladekonserven*, *Schmelzkäse*, *Brühwürsten* und anderen *Fleischwaren*, als gelöste oder feste „*Ionenaustauscher*" (S. 274) zur *Wasserenthärtung* oder, bes. das $Na_5P_3O_{10} \cdot 6H_2O$, als *Waschmittel*).

Hochpolymere Polyphosphate (~ 1000–10000 P-Atome in der Kette) entstehen beim Erhitzen primärer Orthophosphate (die immer Spuren von sekundären Phosphaten enthalten) auf ~ 200–1200 °C. Je nach Darstellungsart unterscheidet man (weil Strukturen und Molekülgröße nicht genau bekannt sind), rein empirisch verschiedene Formen, von denen die praktisch wichtigsten kurz angeführt seien. NaH_2PO_4 bildet bei 200–300 °C nach

$$(n-2)NaH_2PO_4 + 2Na_2HPO_4 \rightarrow Na_{n+2}P_nO_{3n+1} + (n-1)H_2O$$

das kristalline, wasserunlösliche „*Madrellsche Salz*" $(NaPO_3)_n \cdot Na_2O$ (n ~ 1000–10000), das bei ~ 600 °C in das wasserlösliche Metaphosphat $Na_3(PO_3)_3$ übergeht, das bei 620 °C schmilzt. Die abgeschreckte glasige Schmelze heißt „*Grahamsches Salz*" und ist wasserlöslich („*Calgon*"). Das „*Kurrollsche* Salz" entsteht bei ~ 500 °C aus KH_2PO_4 als $(KPO_3)_n \cdot K_2O$ in Form hochpolymerer, unlöslicher Fasern (n ~ 5000), das mit NaCl in das lösliche Na-Salz umwandelbar ist, von dem bereits eine 0,01 n-Lösung so viskos und zäh wie Glyzerin ist (!).

Die *Metaphosphate* bzw. *Metaphosphorsäuren* $(PO_3^-)_n$ bzw. $(HPO_3)_n$ haben fast die gleiche analytische Zusammensetzung wie die Polyphosphorsäuren. Sie unterscheiden sich von diesen formal nur dadurch, daß ihnen die Bestandteile des Wassers (H und OH) einmal fehlen (was sich bei sehr hohen Werten für n kaum oder gar nicht mehr analytisch feststellen läßt). Trotzdem besteht ein wesentlicher Unterschied zwischen Polyphosphorsäuren und Metaphosphorsäuren; die ersteren sind Kettenmoleküle, die letzteren Ringmoleküle, die daurch entstehen, daß eine Polyphosphorsäure beim Erhitzen nicht *intermolekular* mit einem Nachbarmolekül, sondern *intramolekular* unter Wasserabspaltung kondensiert. So bildet sich die niedrigste bekannte Metaphosphorsäure, die *Trimetaphosphorsäure*, $H_3P_3O_9$, aus der Triphosphorsäure nach

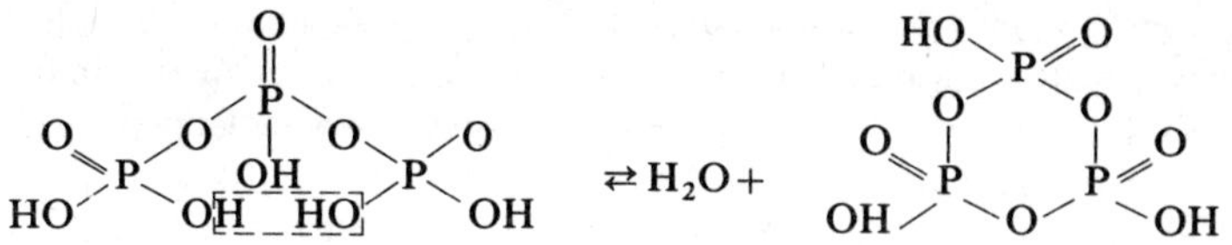

Bis jetzt sind definiert nur die Glieder $(HPO_3)_n$ mit n = 3 bis 6, also Sechs- bis Zwölfringe einzeln isoliert worden. Diese Ringe sind wegen der sp^3-Hybridisierung am Phosphor natürlich nicht eben, sondern gewellt gebaut. Die Anionen $(PO_3^-)_n$ sind isoelektronisch mit $(SO_3)_n$, so daß das *Trimetaphosphation* $(PO_3^-)_3$ dem *eisartigen, trimeren* SO_3 (S. 131) entspricht und auch gleich gebaut ist. Die Metaphosphorsäuren sind stark sauer (jedes P-Atom trägt ja nur noch eine OH-Gruppe). Von Wasser werden sie langsam über die Polyphosphorsäuren (s. Umkehrung der Bildungsgleichung für $H_3P_3O_9$) zu Orthophosphorsäure hydrolysiert. Löslich sind nur die Alkalisalze, die durch Erhitzen primärer Phosphate dargestellt werden

$$nNaH_2PO_4 \rightarrow nH_2O + (NaPO_3)_n.$$

Bei der Reaktion von P_4O_{10} mit Wasser bildet sich intermediär *Tetrametaphosphorsäure:*

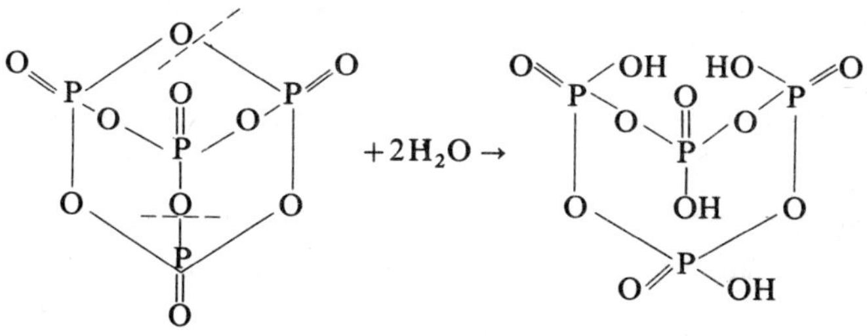

Neben den bisher beschriebenen *Phosphorsauerstoffsäuren*, die sich von den Oxydationsstufen +1, +3 und +5 ableiten, kennt man auch Säuren mit Phosphor-Phosphor-Bindungen im Molekül, wodurch sich formal andere Oxydationsstufen ergeben. Theoretisch läßt sich (besonders bei der Kombination von P—P-Bindungen mit P—O—P-Brücken) eine fast unbegrenzte Zahl von Säuren formulieren (immer mit tetraedrischer Umgebung am Phosphor und je einer =O und einer HO-Gruppe an jedem P-Atom der Kette), von denen früher nur das erste Glied als *Hypophosphorsäure*, $H_4P_2O_6$, bekannt war. Die Säure bzw. ihre Salze (nur das K-Salz der mittelstarken Säure, die zwei Reihen von Salzen bildet, ist gut löslich), bilden sich bei der Hydrolyse von elementarem Phosphor oder anderen Verbindungen mit P—P-Bindungen unter oxydierenden Bedingungen (z. B. mit Hypochlorit). Sie zerfällt in Wasser langsam nach

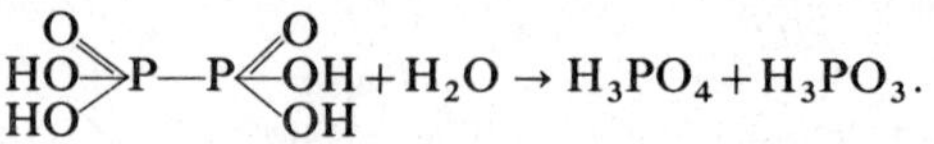

Die chromatographische Aufarbeitung der komplizierten Gemische, die bei der Behandlung von rotem Phosphor mit Hypochloritlösungen erhältlich sind, hat gezeigt, daß darin in der Tat viele neue Phosphorsäuren enthalten sind, von denen erst wenige isoliert und untersucht werden konnten. Mit geeigneten Methoden werden dabei in Zukunft sicher noch viele unbekannte Verbindungen – sowohl Ketten – als auch Ringmoleküle – gefunden werden. Hier sei nur ein rationeller Nomenklaturvorschlag für diese und auch die bereits bekannten Phosphorsauerstoffsäuren angedeutet, der wohl in absehbarer Zeit die bisherige Bezeichnungsweise ablösen wird, weil diese für die neu zu erwartenden Säuren verwirrend und unzureichend ist. Danach wird, unter der Voraussetzung der tetraedrischen Umgebung an jedem P-Atom, das immer eine $=O$ und mindestens eine HO-Gruppe bindet (Abweichungen von dieser Regel sind nicht bekannt), einfach das Ketten- bzw. Ringgerüst angegeben und über die P-Atome deren formale Oxydationszahl geschrieben. Einige Beispiele sollen das veranschaulichen: $H_3PO_3 = \overset{3}{P}$-Säure, $H_3PO_4 = \overset{5}{P}$-Säure, $H_4P_2O_7 = \overset{5}{P}—O—\overset{5}{P}$-Säure, $(HPO_3)_3 = (—\overset{5}{P}—O—)_3$-Ringsäure, $H_4P_2O_6 = \overset{4}{P}—\overset{4}{P}$-Säure; an neuen Verbindungen mit P—P-Bindungen wären dann u. a. denkbar (teilweise bereits nachgewiesen): $\overset{4}{P}—\overset{3}{P}—\overset{4}{P}$-Säure, $\overset{3}{P}—O—\overset{4}{P}—\overset{4}{P}$-Säure, $\overset{5}{P}—O—\overset{4}{P}—\overset{4}{P}$-Säure, $(—\overset{3}{P}—)_6$-Ringsäure, $(—\overset{3}{P}—)_3$-Ringsäure (postuliert beim P_4-Abbau mit Wasser S. 185) usw.

Eine der Phosphorigen Säure entsprechende Arsenverbindung ist weder in Substanz noch in Lösung bekannt. As_4O_6 löst sich in Wasser nur zu undefinierten Hydraten $As_4O_6 \cdot nH_2O$. Dagegen kennt man die daraus mit Basen darstellbaren *Arsenite* (allerdings erst recht ungenau) sowohl in der „Ortho-Form“ als $AsO_3^{-\,-\,-}$ als auch in höherkondensierten Formen. Sie sind starke Reduktionsmittel (*Lewis*-Basen) und reagieren bereits mit O_2 bzw. S_8 zu Arsenaten bzw. Thioarsenaten.

Orthoarsensäure, H_3AsO_4 kann durch Oxydation von As_4O_6 mit konzentrierter Salpetersäure dargestellt werden. Ihre wäßrige Lösung ist schwächer sauer als $H_3PO_4(K_{s1} = 5 \cdot 10^{-3})$, dafür aber stärker oxydierend (E_0 für $H_3PO_4 = -0{,}276$ V):

$$HAsO_2 + 2H_2O \rightleftharpoons H_3AsO_4 + 2H^+ + 2e^-: \quad E_0 = +0{,}559\ \text{V}.$$

Die Orthoarsenate sind den Phosphaten sehr ähnlich und mit diesen oft isomorph. Dagegen sind den Phosphaten entsprechende *Polyarsenate* in Wasser nicht beständig, sondern werden sofort zu Orthoarsenaten hydrolysiert.

Auch die *Antimonige Säure* ist nur in Form ihrer gut definierten Salze *(Antimonite)* bekannt. *Antimonsäure* ist nur in verdünnter Lösung als H_7SbO_6 bekannt. Die kristallinen Salze haben die Zusammensetzung $Me^I[Sb(OH)_6]$ mit oktaedrischer Umgebung am Antimon. SbO_4^{---}-Ionen sind nicht bekannt. Die formalen „*Antimonate*" $Me_3^ISbO_4$, $Me^{III}SbO_4$ und $Me_2^{II}Sb_2O_7$ enthalten SbO_6-Oktaeder und stellen Mischoxide zwischen Me_2^IO, $Me_2^{III}O_3$ bzw. $Me^{II}O$ mit Sb_4O_{10} dar.

Wegen der basischen Eigenschaften der Wismutoxide sind *Wismutsäuren* weder frei noch als gut definierte Salze bekannt.

e) *Verbindungen mit Schwefel*

Oberhalb $\sim 100\,^\circ C$ vereinigen sich Phosphor und Schwefel miteinander zu einer Reihe niedermolekularer *Phosphorsulfide*, von denen bis jetzt P_4S_3, P_4S_5, P_4S_7 und P_4S_{10} als gelbe, unzersetzt schmelz- und destillierbare kovalente Verbindungen charakterisiert werden konnten (P_4S_3 ist in Zündholzköpfchen enthalten, die an allen rauhen Flächen entzündet werden können). Sie leiten sich vom P_4-Tetraeder dadurch ab, daß zwischen einige P—P-Bindungen unter Winkelerweiterung Schwefelatome eingebaut sind (in P_4S_3 zwischen drei Bindungen, in P_4S_7 zwischen fünf Bindungen mit zwei S-Atomen als „äußere" Atome gebunden). P_4S_{10} entspricht in seinem Bau P_4O_{10} und hat daher keine P—P-Bindungen mehr im Molekül. Alle Phosphorsulfide verbrennen an Luft leicht zu P_4O_{10} und SO_2, mit Wasser reagieren sie zu H_2S und Phosphorsauerstoffsäuren. Die Selenide und Telluride entsprechen den Sulfiden weitgehend in Bau und Reaktionen.

Durch Ersatz der Sauerstoffatome in H_3PO_4 entstehen formal die Mono-, Di-, Tri- und Tetra-thiophosphorsäure, deren Salze durch Zusammenschmelzen von Metallsulfiden mit P_4S_{10}($6\,Na_2S + P_4S_{10} \rightarrow$ $\rightarrow 4\,Na_3PS_4$) bzw. aus P_4S_{10} mit Alkalihydroxiden entstehen. Die freien Säuren sind nur bei tiefen Temperaturen beständig und durch Umsetzung der Salze mit HCl in Äther darstellbar. Beim Erwärmen zerfallen sie in

H_2S und P_4S_{10}. Die *Monothiophosphorsäure* reagiert mit Chlorsulfanen (S. 126) zur Klasse der *Sulfandiphosphonsäuren:*

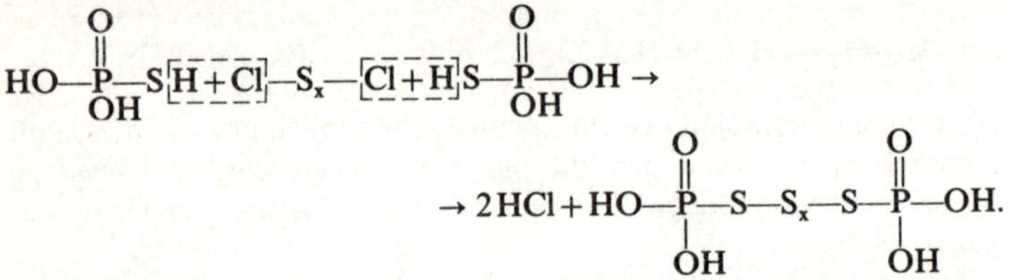

Aus *Tetrathiophosphorsäure*, H_3PS_4, entstehen nach dem gleichen Prinzip mit S_xCl_2 hochpolymere Schwefel-Phosphorverbindungen der Zusammensetzung $(PS_x)_n$.

Arsen bildet beim Schmelzen mit Schwefel ebenfalls mehrere Verbindungen, von denen das rote As_4S_4 (in der Natur als *Realgar)*, das zitronengelbe As_4S_6 und das hellgelbe As_4S_{10} näher untersucht sind. As_4S_4 ist ähnlich wie S_4N_4 (S. 174) gebaut, As_4S_6 und As_4S_{10} entsprechen den analogen Phosphorverbindungen. Zum Unterschied davon werden aber As—S-Verbindungen nicht zu den Sauerstoffverbindungen hydrolysiert. Sie entstehen im Gegenteil aus den Sauerstoffverbindungen mit Schwefelwasserstoff, sind also beständiger als die Oxide. So kann As_4S_6 bzw. As_4S_{10} aus *Arsenit-* bzw. *Arsenat*lösungen mit H_2S ausgefällt werden. Diese wasserunlöslichen Sulfide lösen sich in Alkalisulfidlösungen unter Bildung von *Thioarseniten* bzw. *Thioarsenaten* auf:

$$As_4S_6 \quad + 6\,S^{--} \rightarrow 4\,AsS_3^{---}$$
$$As_4S_{10} + 6\,S^{--} \rightarrow 4\,AsS_4^{---}.$$

Die diesen Salzen zugrunde liegenden *Thioarsensäuren* sind thermisch so unbeständig, daß sie beim Ansäuern ihrer Salze sofort zerfallen unter Rückbildung der unlöslichen Sulfide und H_2S-Entwicklung:

$$4\,H_3AsS_3 \rightarrow As_4S_6 \quad + 6\,H_2S$$
$$4\,H_3AsS_4 \rightarrow As_4S_{10} + 6\,H_2S.$$

Ähnlich wie bei Arsen liegen die Verhältnisse im System Antimon-Schwefel. Dabei ist aber nur das polymere *Antimontrisulfid*, $(Sb_2S_3)_n$, (in der Natur als „*Grauspießglanz*“, frisch gefällt orangerot) und das ebenfalls polymere, thermisch recht unbeständige *Antimonpentasulfid*, $(Sb_2S_5)_n$, näher bekannt. Sie entstehen aus den Elementen oder beim Behandeln von *Antimonit-* bzw. *Antimonatlösungen* mit Schwefelwasserstoff. Auch sie lösen sich in Sulfidlösungen zu *Thioantimoniten* (SbS_3^{--}) bzw. *Thioantimonaten* (SbS_4^{---}), aus denen sie wegen der thermischen Unbeständigkeit von H_3SbS_3 und H_3SbS_4 beim Ansäuern unter H_2S-Entwicklung wieder ausfallen.

Von Wismut ist nur das dunkelbraune Bi_2S_3 bekannt, das aus Bi-Salzlösungen mit H_2S ausfällt und in Sulfidlösungen nicht löslich ist.

Soweit bis jetzt untersucht, entsprechen die Verbindungen des Arsens, Antimons und Wismuts mit Selen und Tellur weitgehend denen des Schwefels. Sie sollen hier nicht näher besprochen werden.

f) *Verbindungen mit Stickstoff*

Phosphor und Stickstoff vereinigen sich nicht direkt miteinander. Bei höheren Temperaturen reagieren aber Phosphorsulfide und -oxide mit Ammoniak zu den polymeren Verbindungen P_3N_5, P_2N_3 und PN, deren Struktur noch nicht bekannt ist. Das weiße P_3N_5 gibt mit heißem Wasser *Ammoniumphosphat* und verbrennt bei 800 °C zu P_4O_{10} und N_2. P_2N_3 zerfällt bei 750 °C in N_2 und PN, das in zwei Formen (rot und gelb) bekannt ist. Wie Phosphorpentahalogenide mit H_2O bzw. H_2S Oxy- bzw. Thio-Halogenide liefern, entstehen bei ihrer Ammonolyse die *Phosphornitrilhalogenide*, $(PNHal_2)_n$, die monomer nicht beständig sind. Praktisch wird dazu PCl_5 mit NH_4Cl auf ~140 °C erhitzt. Dabei bilden sich die Glieder mit n = 3 bis ~ 8 als Ringe:

$$xPCl_5 + xNH_4Cl \rightarrow (PNCl_2)_x + 4xHCl.$$

(Die Phosphornitrilfluoride entstehen aus den Chloriden mit KSO_2F.) Trimeres $(PNCl_2)_3$ (Schmelzpunkt 114 °C, Siedepunkt 256 °C) ist fast eben gebaut

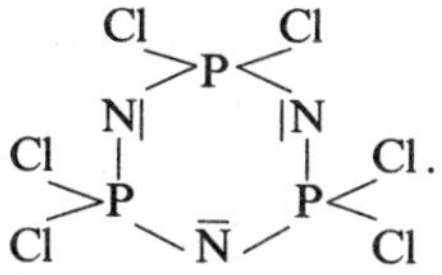

Dabei führt die Wechselwirkung der freien Elektronenpaare der Stickstoffatome mit den leeren d-orbitalen der Phosphoratome zu einem hohen „*Doppelbindungsanteil*", der zuweilen mit dem im Benzol vorliegenden „*aromatischen System*" verglichen wird (P—N = 1,60 Å). Die höheren $(PNCl_2)_n$-Ringe sind dagegen stark gewellt.

Beim Erhitzen auf ~ 250–300 °C brechen die Ringe auf und bilden hochpolymere Zickzack-Ketten

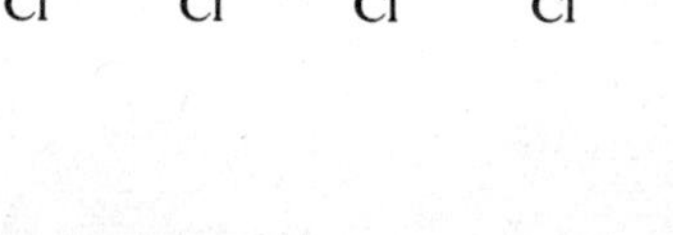

, die

eine Faserstruktur aufweisen und typisch gummielastisch sind *(„Anorganischer Kautschuk“)*. Oberhalb 350 °C wird dann wieder eine Depolymerisation beobachtet. Die Halogenatome in Phosphornitrilhalogeniden können in doppelten Umsetzungen ganz oder teilweise durch andere einwertige Liganden (—NR_2, OR usw.) ersetzt werden. Der mit Wasser recht langsam verlaufende Ersatz durch HO-Gruppen gibt ein Hexahydroxyderivat, das sich sofort in die beständigere tautomere *Metaphosphimsäure* umlagert (die von Wasser natürlich, allerdings langsam, weiter zu H_3PO_4 und NH_3 abgebaut wird):

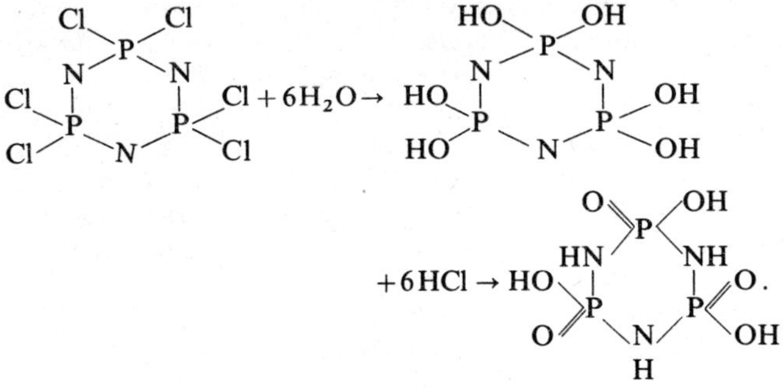

G. Die III. Hauptgruppe des Periodensystems (Borgruppe)

Die fünf Elemente *Bor* (B), *Aluminium* (Al), *Gallium* (Ga), *Indium* (In) und *Thallium* (Tl) haben in ihrer äußersten Schale jeweils 3 Elektronen (zwei gepaarte s-Elektronen und ein ungepaartes p-Elektron). Sie stehen immer fünf Stellen vor dem nächsten Edelgas und drei Stellen nach den jeweils leichteren Edelgasen (He, Ne) bzw. *„Pseudoedelgasen“* (Ni, Pd, Pt) und bilden so die dritte Hauptgruppe des Periodensystems. In der Natur kommen sie nicht elementar, sondern praktisch immer nur in Verbindungen mit Sauerstoff vor. Während Aluminium als auf der Erde dritthäufigstes Element einen entscheidenden Anteil am Aufbau der festen Erdrinde hat, sind die übrigen IIIb-Elemente relativ selten: B $3 \cdot 10^{-4}$ %, Al 8,13 %, Ga $1{,}5 \cdot 10^{-3}$ %, In 10^{-5} % und Tl 10^{-5} %. Die zu erwartenden Änderungen der Atomradien und demzufolge auch der damit zusammenhängenden Eigenschaften wie Ionisierungspotential, Elektronegativität usw. sind zwischen dem 1. und 2. Element dieser Gruppe wieder viel drastischer als zwischen den schwereren Homologen.

Trotz vieler, durch die gleiche Anordnung der drei Außenelektronen bedingter Ähnlichkeiten im chemischen Verhalten erscheint es daher zweckmäßig, das Nichtmetall *Bor* getrennt von den restlichen vier metallischen Elementen dieser Gruppe zu behandeln.

Tabelle III.20. Einige Eigenschaften der IIIb-Elemente

	B	Al	Ga	In	Tl
Ordnungszahl	5	13	31	49	81
Elektronenanordnung	$2s^2\,2p^1$	$3s^2\,3p^1$	$4s^2\,4p^1$	$5s^2\,5p^1$	$6s^2\,6p^1$
Atomgewicht	10,81	26,98	69,72	114,82	204,37
Schmelzpunkt °C	2300	659,8	29,78	155	303,5
Siedepunkt °C	~2550	2270	2070	1450	1457
Atomradius Å	~ 0,80	1,248	1,245	1,497	1,549
1. Ionisierungspotential in eV	8,296	5,984	6,00	5,785	6,106
Elektronegativität nach Pauling	2,0	1,5	—	—	—

1. *Bor und seine Verbindungen*

Wegen seines hohen Ionisierungspotentials kann Bor seine drei Außenelektronen auch an elektronegativste Partner nicht unter Bildung eines B^{3+}-Ions abgeben, sondern sie nur unter Ausbildung der einzigen beobachteten Oxydationsstufe $+3$ in kovalenten Bindungen mit ihnen teilen. Dies gilt auch für die natürlich vorkommenden Borsauerstoff-Verbindungen, von denen technisch am bedeutungsvollsten sind *Borax*, $Na_2B_4O_7 \cdot 10\,H_2O$ und *Kernit*, $Na_2B_4O_7 \cdot 4\,H_2O$. Die leicht durchführbare Reduktion des Borsäureanhydrids B_2O_3 (s. S. 212) mit Magnesium nach

$$B_2O_3 + 3\,Mg \rightarrow 2\,B + 3\,MgO$$

liefert nur recht unreines (95–98 %) amorphes Bor als braunes Pulver. Dagegen ist die Darstellung von reinstem Bor, nicht zuletzt wegen seines hohen Schmelzpunktes, außerordentlich schwierig. Sie gelingt durch thermische Zersetzung von Bortrihalogeniden im Vakuum oder in Wasserstoffatmosphäre an heißen Tantaldrähten bei ~ 1000 °C–1600 °C nach

$$BJ_3 \rightarrow B + 1^1/_2\,J_2$$
$$2\,BBr_3 + 3\,H_2 \rightarrow 2\,B + 6\,HBr,$$

wobei sich grauschwarzes, metallisch glänzendes kristallines Bor am Tantaldraht abscheidet. Man kennt vom reinen Bor sicher vier (wahrscheinlich gibt es noch mehrere) verschiedene Kristallformen: tetragonal I, α rhomboedrisch, tetragonal II und β-rhomboedrisch. Bis jetzt ist nur die Struktur der beiden erstgenannten Formen aufgeklärt. Die Struktur von kristallinem Bor ist einmalig und bemerkenswert. Ein Atom mit nur drei Außenelektronen kann nur drei klassische Atombindungen zu drei gleichen Nachbarn ausbilden; dabei erreicht es aber nur ein Sextett an Elektronen, also keine stabile Achterschale. Ein Verband von Boratomen muß deshalb eine typische „*Elektronenmangelverbindung*" sein, von der man eine *Delokalisierung* der Bindungen über den gesamten Kristall erwarten sollte, was gleichbedeutend wäre mit metallischem Charakter. Kristallines Bor ist aber ein Nichtmetall – seine geringe Leitfähigkeit nimmt – im Gegensatz zu echten Metallen – mit steigender Temperatur stark zu! Im Borgitter sind jeweils 12 Boratome zu einem *Ikosaeder* (regelmäßiges Polyeder mit 12 Spitzen, 30 Kanten und begrenzt von 20 gleichseitigen Dreiecken) verbunden. Das Gitter besteht aus einer kubisch dichten Packung solcher B_{12}-Ikosaeder. Im *Borikosaeder* besetzen die Boratome die 12 Ecken und sind jeweils mit 5 weiteren Boratomen (Ecken) des Polyeders kovalent verbunden. Für diese von jedem Atom ausgehenden fünf Bindungen stehen aber je Borikosaeder jeweils nur 26 der insgesamt 36 Außenelektronen zur Verfügung (die restlichen Außenelektronen dienen zur Ausbildung der Bindungen zwischen den Ikosaedern)! Es handelt sich bei diesen Atombindungen also nicht um klassische σ-Bindungen, bei denen ein gemeinsames Elektronenpaar im Kraftfeld zweier Atomkerne diese zusammenhält (Zwei-Zentren-Bindung), sondern, wie bei den bereits besprochenen Metallen, die ja ebenfalls Elektronenmangelverbindungen sind, um *Mehr-Zentren-Bindungen.* Solche Mehrzentrenbindungen treten besonders bei den *Borwasserstoffen* auf (s. S. 199). Ein gemeinsames Elektronenpaar bewegt sich darin im Kraftfeld von mehr als zwei – meist von drei – Atomkernen und bindet diese zusammen (ein Bindestrich symbolysiert dann nicht mehr, wie meist üblich, ein Elektronenpaar zwischen den verbundenen Atomen, sondern nur mehr eine kovalente Bindung durch weniger als zwei Elektronen). Die 26 im B_{12}-Ikosaeder bindenden Elektronen sind innerhalb des hochsymmetrischen und von den Boratomen besonders angestrebten (s. auch Carborane S. 206) Polyeders völlig delokalisiert, so daß in gewissem Sinne jedes Ikosaeder im Borgitter für sich ein „*winziges Stück Metall*" darstellt. Die einzelnen „*metallischen*" Polyeder sind durch normale, lokalisierte Elektronenpaarbindungen (σ-Bindungen) miteinander verbunden – jedes B-Atom im Ikosaeder hat noch ein zur Bindung befähigtes Außenelektron. Im tetragonalen (I) Bor bilden jeweils sechs, im α-rhomboedrischen Bor jeweils zehn der 12 Atome jedes Ikosaeders σ-Bindungen zu den benachbarten Polyedern aus. Die restlichen Atome (6 bzw. 2) sind in weiteren Mehrzentrenbindungen mit zwischen die Polyeder eingelagerten Boratomen verbunden. Ersetzt man diese eingelagerten Boratome durch Kohlenstoffatome, dann liegt das dem kristallinen Bor analog gebaute *Borcarbid* $B_{12}C_3$ (s. S. 260) vor.

Trotz der Delokalisierung des Hauptanteils der Bindungselektronen im kristallinen Bor ist dieses kein Metall, weil die einzelnen „metallischen" Polyederbereiche durch lokalisierte Elektronenpaarbindungen kovalent miteinander verbunden und damit elektrisch voneinander isoliert sind.

Dieses Gitter ist sehr stabil. Kristallines Bor ist nach *Diamant* (s. S. 235) die härteste Elementmodifikation (in der empirischen Härteskala nach *Moh* hat Bor den Wert 9,3 im Vergleich zum härtesten Stoff, Diamant, mit 10,0). Die relativ geringe Differenz zwischen dem wegen der Gitterstabilität hohen Schmelzpunkt und dem Siedepunkt läßt darauf schließen, daß auch in der Gasphase nicht etwa Boratome, sondern noch Ikosaeder vorliegen werden. Während das braune amorphe Bor chemisch recht reaktionsfähig ist und z. B. schon mit Wasser reagiert, widersteht kristallines Bor selbst kochenden Säuren wie HCl und HF und wird auch von stärksten Oxydationsmitteln nur äußerst langsam angegriffen.

a) *Verbindungen mit Wasserstoff*

Verbindungen zwischen Bor und Wasserstoff *(Borane)* sind zwar schon lange bekannt, doch verstehen wir ihren räumlichen Bau und die darin vorliegenden Bindungsverhältnisse erst seit wenigen Jahren wenigstens in groben Zügen. Die früher nur schwer darstellbaren und äußerst schwierig zu handhabenden (sehr giftig, teilweise selbstentzündlich an Luft, meist sehr reaktionsfähig gegenüber vielen Stoffen) Borane galten als reine Laboratoriumskuriositäten. Erst die Entdeckung der praktischen Bedeutung einiger Borane als Hydrierungsmittel und besonders als potentiell sehr wertvolle Treibstoffe für bemannte und unbemannte Flugkörper hat intensive Untersuchungen angeregt, die unsere Vorstellungen von der chemischen Bindung in *Elektronenmangelverbindungen* äußerst fruchtbar erweitert und vertieft haben. Diese Untersuchungen sind noch in vollem Fluß und versprechen, das Gebiet der Borane sowohl theoretisch als auch praktisch zu einem sehr bedeutungsvollen Teilbereich der anorganischen Chemie zu entwickeln. Im Rahmen eines kleinen Taschenbuches kann im gegenwärtigen Entwicklungsstadium aber nur eine grob qualitative und vereinfachend kurze Beschreibung gegeben werden.

Folgende Borane sind zur Zeit bekannt:

	B_2H_6	B_4H_{10}	B_5H_9	B_5H_{11}	B_6H_{10}	B_9H_{15}	$B_{10}H_{14}$	$B_{10}H_{16}$	$B_{18}H_{22}$
Schmp.	−165	−121	−47	−123	−63	−20	100	–	–
Sdp.	− 92	18	48	63	82		213	–	–

Für ihre Bezeichnung gilt die Regel, daß dem Wort Boran die Zahl der Boratome als griechisches Zahlwort vorangestellt wird. Die Zahl der Wasserstoffatome wird meist (nur wenn bei gleichviel Boratomen mehrere Borane verschiedenen Wasserstoffgehaltes existieren) als arabische Ziffer hinter dem Namen angegeben. Z. B.: Diboran (B_2H_6), Pentaboran —9(B_5H_9), Pentaboran —11(B_5H_{11}), Dekaboran —14($B_{10}H_{14}$) usw.

Neben den neutralen Boranmolekülen kennt man auch eine Anzahl Verbindungen, die Boran-Ionen enthalten. Obwohl auch diese Ionen von außerordentlich großem Interesse sind – vielleicht wird sich davon in naher Zukunft eine Chemie ableiten, die an Umfang und Mannigfaltigkeit an die organische Chemie heranreichen wird – können hier nur einige charakteristische Beispiele dafür aufgeführt werden, ohne daß weiter auf sie eingegangen wird: $B_3H_8^-$, $B_8H_{13}^-$, $B_{10}H_{18}^{--}$, $B_{12}H_{12}^{--}$, $B_{10}H_{14}^{--}$, $B_2H_7^-$ und $B_9H_{12}^-$.

Bei der Betrachtung der bekannten Borane ist zunächst die Frage zu beantworten: warum existiert unter Normalbedingungen kein Monoboran BH_3 als einfachster vorstellbarer Borwasserstoff? Das Boratom hat in seiner äußeren Schale (L Schale) 1 s und 3 p Orbitale zur Verfügung. Diese sind mit den 3 Außenelektronen nur zu $^3/_8$ gefüllt. Die Hybridisierung der s-Bahn mit 2 der 3 p-Bahnen führt zu drei gleichen, mit je einem Elektron halbgefüllten sp^2-Hybridbahnen, die mit den halbbesetzten s-Bahnen von 3 Wasserstoffatomen überlappen könnten. Dabei entstände dann ein trigonal ebenes *Monoboran* BH_3 (das unbesetzte dritte, nicht in die Hybridisierung am Boratom einbezogene p-Orbital ist dabei senkrecht zur BH_3-Ebene über und unter dem Boratom orientiert). Während *Bortrihalogenide* BX_3(X = F, Cl, Br, J) in dieser trigonal ebenen Form tatsächlich existieren (allerdings resonanzstabilisiert mit einem „*Oktett*" am Boratom s. S. 208), tritt das Boran bei verschiedenen Bildungen und Umsetzungen von Borwasserstoffen nur als kurzlebiges instabiles Zwischenprodukt auf, ist aber unter Normalbedingungen nicht monomer existenzfähig. Der Grund dafür ist im elektronisch ungesättigten Charakter des Boratoms in BH_3 zu sehen. BH_3 ist der Prototyp von

Elektronenmangelverbindungen und damit natürlich gleichzeitig auch eine typische *Lewis*-Säure. Obwohl das Monoboranmolekül elektrisch neutral und mit einfachen klassischen Atombindungen konstruierbar ist, ist das System $2\,BH_3$ um ~ 28 kcal/Mol energiereicher als das dimere Molekül *Diboran*, B_2H_6, in das es deshalb spontan unter Energieabgabe übergehen muß. BH_3 ist energiereich und damit instabil, weil das Boratom darin keine stabile Achterschale, sondern nur ein Sextett an Elektronen erreicht: $\overset{H}{\underset{H}{\overset{\cdot\cdot}{\underset{\cdot\cdot}{B}}}}{:}H$. Die Zahl der vorhandenen Außenelektronen (6) ist kleiner als das Doppelte der vorhandenen energetisch günstigen Orbitale (4). In all diesen Fällen (z. B. bei allen Metallen, s. Li_2-Molekül S. 63) liegen *Elektronenmangelverbindungen* vor.

Die *Lewis*-Säure BH_3 kann erwartungsgemäß durch Addition an eine Lewis-Base stabilisiert werden, deren freies Elektronenpaar das Sextett am Bor zum angestrebten Oktett auffüllt. Dabei ändert sich die Hybridisierung am Boratom von sp^2 durch Einbeziehung auch des dritten p-orbitals in vier gleiche sp^3-Bahnen, so daß die vier Liganden in solchen Addukten symmetrisch tetraedrisch um das Zentralatom angeordnet sind. Eine Reihe solcher Komplexe von BH_3 mit *Lewis*-Basen sind bekannt, wie z. B. $H_3B{:}CO$. Nur das praktisch bedeutungsvollste Monoboranderivat dieser Art kann hier beschrieben werden, das *Boranation* BH_4^-. Das Hydrid-Ion H^- ist mit seiner gefüllten Heliumschale eine *Lewis*-Base, die ihr Elektronenpaar zur Auffüllung der Lücke im Monoboran zur Verfügung stellen kann, wobei dann das recht beständige, tetraedrisch gebaute Boranat-Ion gebildet wird nach

$$H^- + BH_3 \rightarrow BH_4^-.$$

Praktisch wichtig sind besonders die *Alkaliboranate* $LiBH_4$ und $NaBH_4$, die man in verschiedenen Äthern aus Alkalihydriden mit Borfluorid (s. S. 208) darstellen kann, etwa nach

$$\begin{array}{l} 3\,LiH + BF_3 \rightarrow 3\,LiF \;\; + BH_3 \\ \underline{BH_3 \;\; + LiH \rightarrow LiBH_4 \qquad\qquad} \\ 4\,LiH + BF_3 \rightarrow LiBH_4 + 3\,LiF. \end{array}$$

In allen einfachen und komplexen Boranen ist die Bindung zwischen Bor und Wasserstoff wegen der geringen Elektronegativitätsdifferenz zwischen B(2,0) und H(2,1) kovalent, jedoch, wenn auch nur geringfügig, so polarisiert, daß Wasserstoff immer die negative Teilladung (Oxydationszahl -1) und Bor eine entsprechende positive Partialladung trägt (Oxydationszahl in Boranen ohne B—B-Bindung $+3$). Deshalb eignen sich alle Borane, wegen der leichten Zugänglichkeit und Handhabbarkeit und ihrer wenigstens teilweisen Löslichkeit in organischen Lösungsmitteln aber bevorzugt die Alkaliborante, sehr gut zu *Hydrierungen* in der anorganischen und organischen Chemie. Ihre praktische Verwendung wird nur noch von der dem Lithiumboranat entsprechenden Aluminiumverbindung $LiAlH_4$ (s. S. 224) übertroffen.

Die Stabilisierung von Monoboran durch Lewis-Basen ist als normale *Komplexbildungsreaktion* leicht zu verstehen. Wie aber steht es mit der beim Fehlen geeigneter Elektronenpaardonatoren zu beobachtenden spontanen Stabilisierung durch Dimerisierung nach

$$2\,BH_3 \rightleftharpoons B_2H_6.$$

Weder das zentrale Boratom noch die daran als Liganden gebundenen Wasserstoffatome können ja weitere Elektronen zur Auffüllung der instabilen Lücke am Boratom zur Verfügung stellen. Weder eine intramolekulare noch eine intermolekulare Absättigung ist somit nach den klassischen Bindungsvorstellungen denkbar, nach denen ein Wasserstoffatom als Element der ersten Periode maximal nur eine Atombindung eingehen kann (es steht ihm ja nur ein einziges stabiles s-orbital zur Bindungsbetätigung zur Verfügung). Die physikalische Strukturaufklärung liefert jedoch ein genaues Bild des Diboranmoleküls, nach dem in diesem Molekül zwei BH_2-Einheiten durch zwei „*Wasserstoffbrücken*" so miteinander verknüpft sind, daß die beiden Boratome mit den zwei Brückenwasserstoffatomen einen ebenen Vierring bilden; die vier endständigen Wasserstoffatome liegen auf einer gegenüber dem Ring um 90° verdrehten Ebene. Das B_2H_6-Molekül besteht also aus zwei verzerrten Tetraedern mit einer gemeinsamen Kante (Abb. III.21):

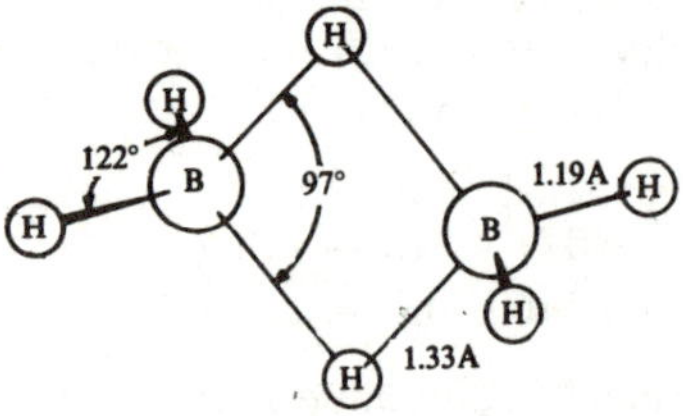

Abb. III.21. Struktur von Diboran

Die Wasserstoffbrücken mit zweibindigen Wasserstoffatomen im Diboran sind wesensmäßig prinzipiell verschieden von den Wasserstoffbrücken etwa in HF oder H_2O (s.S. 50). Im einen Fall liegt negativ geladener *(„anionischer")*, im anderen Fall aber stark positiv polarisierter *(„kationischer")* Wasserstoff vor. Sie dürfen nicht miteinander verwechselt werden!

Es hat sich gezeigt, daß die „normale" Atombindung als *Zweizentrenbindung* (zwei gemeinsame Elektronen im Kraftfeld zweier Atomkerne binden diese beiden Kerne zusammen) nur einen – allerdings besonders häufigen – Spezialfall der *Mehrzentrenbindung* darstellt. Die Linearkombination zweier Atomorbitale führt zu zwei neuen Molekülorbitalen, von denen eines *bindend* (energieärmer), das zweite *antibindend* (energiereicher) ist (s. S. 81). Die beiden gemeinsamen Elektronen besetzen die energieärmere bindende Bahn. Genauso wie zwei Orbitale zweier Atome können nun z. B. auch drei Atomorbitale dreier Atome linear kombiniert werden (LCAO-Verfahren); daraus resultieren dann drei Molekülorbitale, von denen eines bindend (energieärmer als die Ausgangsorbitale) und zwei antibindend (entsprechend energiereicher) sind. Stehen nun, wie in der Elektronenmangelverbindung Diboran für die drei Molekülorbitale nur insgesamt zwei Elektronen zur Verfügung, dann besetzen diese naturgemäß das bindende Orbital. Auf diese Weise können zwei gemeinsame Elektronen *drei* Atome (Zentren) miteinander verbinden. Sie gehören dann, ebenso wie im häufigsten Spezialfall der Mehrzentrenbindung (der Zweizentrenbindung) den miteinander verbundenen Atomen gemeinsam an. Die beiden Boratome erreichen damit ihre Achterschale ebenso wie die sechs Wasserstoffatome im B_2H_6-Molekül die von ihnen angestrebte (und nicht überschreitbare) Zweierschale (Heliumstruktur). Die sechs Wasserstoffatome sind darin aber elektronisch nicht mehr gleichartig umgeben und damit in ihrem Charakter nicht mehr identisch. Dies zeigt sich experimentell eindeutig etwa

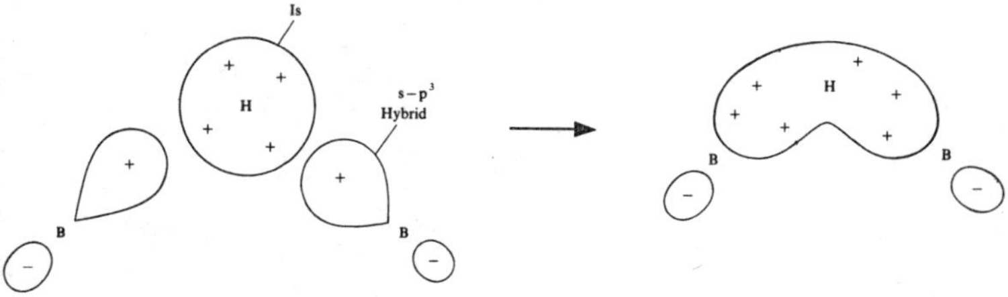

Abb. III.22. Dreizentrenbindung >B—H—B<

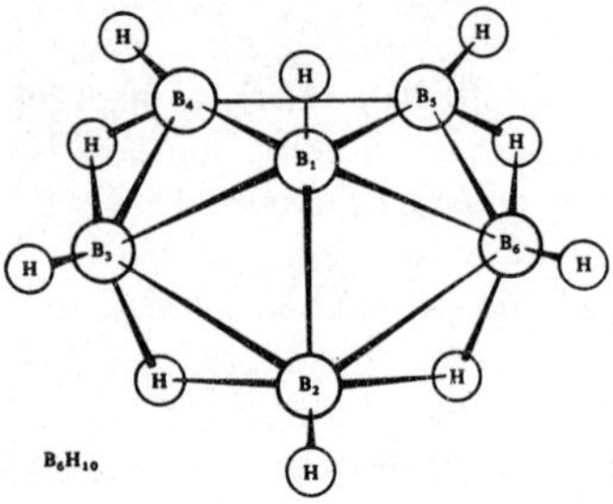

B_6H_{10}

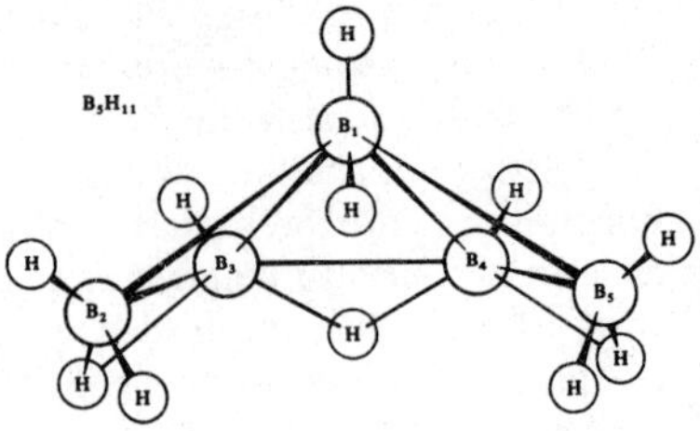

B_5H_{11}

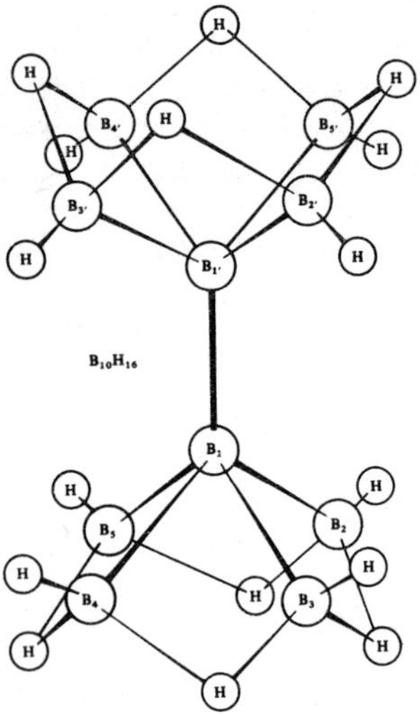

$B_{10}H_{16}$

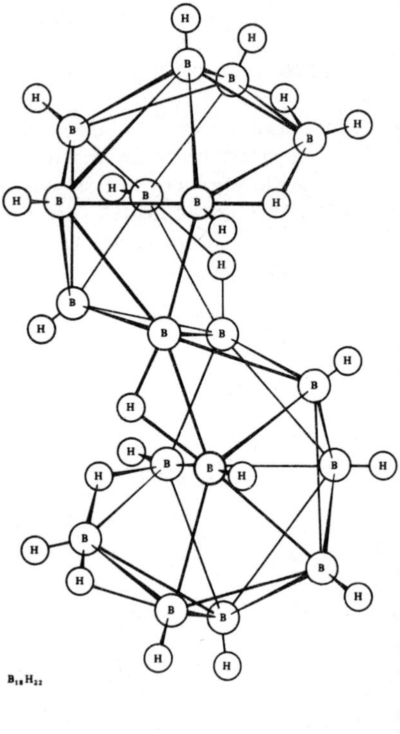

$B_{18}H_{22}$

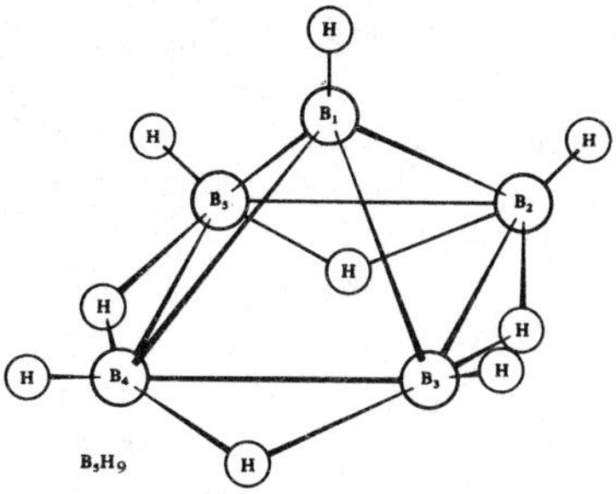

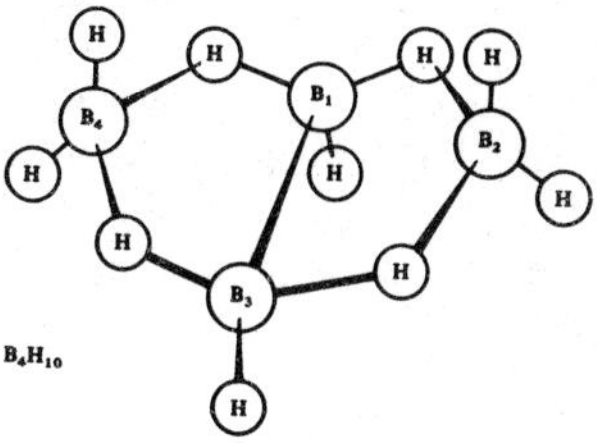

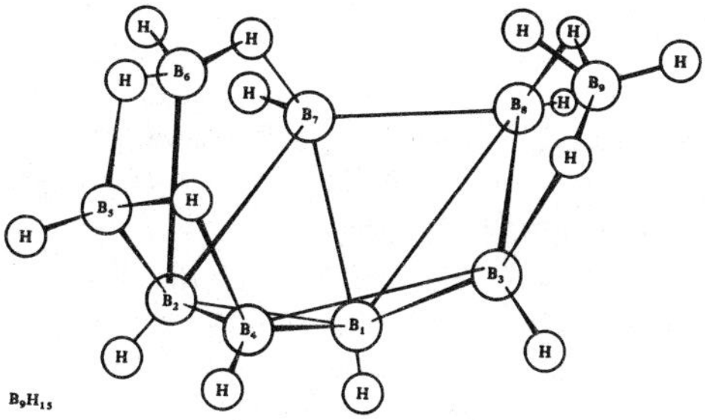

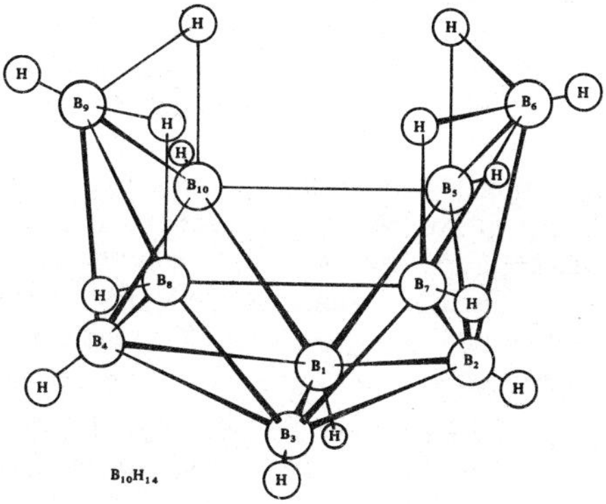

Abb. III.23. Strukturen einiger Borane

im *Protonenresonanzspektrum* des Diborans in der Unterscheidung zwischen den vier gleichartigen endständigen Wasserstoffatomen und den zwei Brückenwasserstoffatomen. Letztere stellen jeweils das Zentrum einer lokalisierten Dreizentrenbindung dar, die durch Linearkombination zweier sp^3-Orbitale der Boratome mit einem s-Orbital des Wasserstoffatoms als „gebogene" Dreizentrenbindung zustande kommt (Abb. III.22).

Ähnliche lokalisierte Dreizentrenbindungen sind in den höheren Boranen nicht nur als —B—H—B-Brücken, sondern auch zwischen drei Boratomen als B—B—B-Brücken möglich. Daneben gibt es noch – ohne daß hier näher darauf eingegangen werden kann – *delokalisierte Mehrzentrenbindungen* in den höheren Boranen wie auch im kristallinen elementaren Bor selbst. Sie erklären die Struktur der Borane, von denen einige, ohne näher darauf einzugehen, in Abb. III.23. wiedergegeben sind. Diese Abbildung zeigt die große Tendenz der Boratome zur Ausbildung von Bruchstücken regelmäßiger Polyeder, besonders des *Ikosaeders* (in dem eine Delokalisierung bindender Elektronen offensichtlich energetisch besonders begünstigt ist).

In diesen Abbildungen bedeuten nur noch die Bindestriche zwischen Boratomen und endständigen Wasserstoffatomen „normale" σ-Bindungen, also ein gemeinsames Elektronenpaar. In den anderen Fällen (B—H—B-Brücken und B—B—B-Bindungen) sind dadurch kovalente Mehrzentrenbindungen symbolisiert, in denen jeder Strich zwar noch eine Atombindung, aber weniger als zwei Elektronen repräsentiert. Je geschlossener das Polyeder, desto stabiler ist chemisch das Boran. Im Dekaboran −14 ist der „*Korb*" fast geschlossen. Dementsprechend ist dieser Borwasserstoff auch ungewöhnlich beständig. Ganz geschlossen ist das Ikosaeder erst im $B_{12}H_{12}^{--}$-Ion, das nicht nur ungewöhnlich interessant, sondern auch verblüffend stabil ist. Ersatz zweier Boratome in diesem Ikosaeder durch zwei Kohlenstoffatome als „*Heteroatome*" führt (die C-Atome haben ein Außenelektron mehr als die B-Atome) zum ungeladenen typischen „*Carboran*" $B_{10}C_2H_{12}$ von ungewöhnlicher Stabilität und ungewöhnlichen Reaktionen. Solche „*Carborane*" erschließen wohl in naher Zukunft der anorganischen Chemie als „*vollaromatische*" Systeme neue Horizonte.

Die Darstellung aller Borane erfolgt heute über Diboran. Dieses entsteht aus Borhalogeniden und Alkalihydriden in Äthern, am einfachsten aus Borfluorid und Lithiumboranat nach

$$3\,LiBH_4 + 4\,BF_3 \rightarrow 3\,LiBF_4 + 2\,B_2H_6.$$

Die thermische Behandlung von Diboran in Wasserstoffatmosphäre liefert zwischen 100–250 °C die übrigen bekannten Borane im Verlaufe noch nicht völlig aufgeklärter und komplizierter Spaltungs- und Umlagerungsreaktionen. Im wesentlichen bestimmen Temperatur und Wasserstoffdruck die Zusammensetzung der Endprodukte.

Chemisch sind die Borane einmal geprägt durch ihren Gehalt an negativ polarisiertem Wasserstoff und zum anderen durch die große Affinität von Bor zu Sauerstoff (s. Bor-Sauerstoff-Verbindungen S. 212). Wasserstoff der Oxydationszahl −1 reagiert immer spontan mit „positivem" Wasserstoff, wie er etwa in Halogenwasserstoffen oder Chalkogenwasserstoffen vorliegt, zu molekularem H_2, z. B.

$$B_2H_6 + 6\,H_2O \rightarrow 2\,B(OH)_3 + 6\,H_2.$$

Die große Affinität zu Sauerstoff zeigt sich äußerlich schon daran, daß die niedrigen Glieder der Borane sich an Luft spontan entzünden (und deshalb nur im Vakuum oder in Schutzgasatmosphäre gehandhabt werden können). Die Verbrennungswärme der Borane ist etwa doppelt so hoch wie die der als klassische *Treibstoffe* bis jetzt verwandten Kohlenwasserstoffe (s. S. 239). Diese Tatsache macht die Borane trotz ihrer schwierigen Darstellung und Handhabung natürlich als potentielle Treibstoffe interessant:

$$B_2H_6 + 3\,O_2 \rightarrow B_2O_3 + 3\,H_2O + 482\,\text{kcal}.$$

Diese hohe Verbrennungswärme beträgt umgerechnet auf 1 Gramm = 17,5 kcal (1 g Äthan „nur" 7,5 kcal!).

b) *Verbindungen mit Halogenen*

Alle vier möglichen reinen Bortrihalogenide BX_3 sind als kovalent gebaute Moleküle im Gegensatz zum Monoboran monomer beständig und bekannt. Ihre Schmelz- und Siedepunkte zeigt folgende Zusammenstellung:

	BF_3	BCl_3	BBr_3	BJ_3
Schmp. °C	−127	−107	−46	50
Siedepunkt °C	−101	12,5	91	210.

Obwohl die Atombindungen – naturgemäß von B—F zu B—J stark abnehmend – so polarisiert sind, daß das Zentralatom eine positive (Oxydationszahl +3) und die Liganden eine negative (Oxydationszahl −1)

Partialladung tragen, zeigen die Moleküle kein nach außen resultierendes Dipolmoment. Daraus folgt, ebenso wie aus den physikalischen Strukturbestimmungen der Borhalogenide im festen, flüssigen und gasförmigen Aggregatzustand, daß diese trigonal eben gebaut sind (Bindungswinkel Ligand—Bor—Ligand = 120°) – die Dipolmomente der einzelnen polaren Bindungen heben sich in einem solchen Molekül gegenseitig auf. Formal ergibt sich aus einer Überlappung dreier halbbesetzter sp^2-Orbitale des Boratoms (das dritte p-Orbital steht – formal unbesetzt – senkrecht zur BX_3-Ebene) mit drei halbbesetzten p-Orbitalen dreier Halogenatome das Molekül mit einem *Elektronensextett* am zentralen Boratom. In Analogie zum Monoboran sollten danach die Bortrihalogenide monomer nicht beständig sein. Im Gegensatz zum BH_3 tragen hier aber die Liganden noch jeweils freie Elektronenpaare. Diese treten nun mit dem freien p-Orbital des Boratoms gleichmäßig so in Wechselwirkung ($p \rightarrow p_\pi$-Bindung), daß das Boratom „im Mittel" ein *Oktett* an Elektronen und damit die angestrebte Edelgaskonfiguration erhält. In der Valenzbindungsschreibweise sind die ebenen Bortrihalogenidmoleküle also nicht durch eine einzige Formel (A) beschreibbar, sondern nur durch mehrere (B, C, D) *Resonanzformulierungen* (von denen keine einzige eine *physikalische Realität* beschreibt – s.S. 36) „umschreibbar".

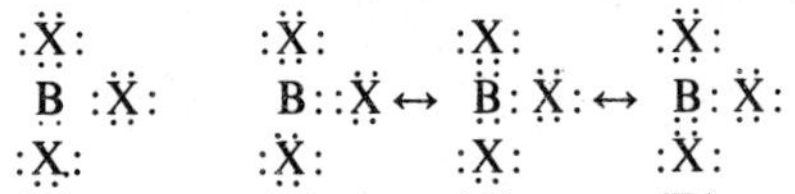

(A) (B) (C) (D)

Somit liegt in den BX_3-Molekülen neben den normalen Atombindungen gleichsam eine intramolekulare Wechselwirkung zwischen der *Lewis*-Säure Boratom und den daran gebundenen *Lewis*-Basen X vor. Es ist klar, daß die Bindung durch Überlappung des leeren vierten, senkrecht zur Molekülebene stehenden p-Orbitals mit einem ebenfalls senkrecht stehenden, aber gefüllten p-Orbital der Liganden ($p \rightarrow p_\pi$-Bindung) um so wirksamer sein wird, je geringer der Abstand zwischen Zentralatom und Ligand ist. Da in der Reihe der Halogene der Atomradius von Fluor zu Jod hin zunimmt, ist die $(p \rightarrow p)_\pi$-Stabilisierung im BF_3 am stärksten und im BJ_3 logischerweise am schwächsten.

Ein stärkerer Komplexbildner (= stärkere *Lewis*-Base) als der bereits σ-gebundene Ligand X wird erwartungsgemäß durch intermolekulare Wechselwirkung (Ausbildung einer Atombindung in die potentielle Elektronenlücke am zentralen Boratom unter Umhybridisierung von

sp^2 nach sp^3 und entsprechender geometrischer Umorientierung vom ebenen in ein tetraedrisches Molekül mit vier Liganden) die schwächere intramolekulare Stabilisierung aufheben. Gegenüber Molekülen oder Ionen mit freien Elektronenpaaren wirken die Borhalogenide mit ihrem „potentiellen" Sextett am Boratom also als *Lewis*-Säuren. Wegen der Radienzunahme von F → J und der dadurch bedingten Abnahme der inneren Stabilisierung in BX_3 muß danach – übrigens entgegen einem weit verbreiteten Vorurteil, nach dem BF_3 die stärkste, ja überhaupt die „typischste" *Lewis*-Säure ist – die *Lewis*-Säure – Stärke von BF_3 über BCl_3 und BBr_3 zu BJ_3 stark zunehmen, was vom Experiment auch eindeutig bestätigt wird.

Als praktisch wichtigstes Borhalogenid (Ausgangsmaterial für B_2H_6 und $LiBH_4$ oder z. B. als „saurer Katalysator" in der organischen Chemie zur Esterbildung aus Alkoholen und Säuren, zur Darstellung von Alkylbenzolen aus Benzol und Alkoholen, für „*Friedel-Crafts*"-Acylierungen und Alkylierungen und zur Polymerisation von Olefinen bzw. Olefinoxiden usw.) wird das gasförmige, erstickend riechende BF_3 technisch entweder durch Erhitzen von Bortrioxid (s. S. 212) mit Calciumfluorid nach

$$B_2O_3 + 3\,CaF_2 \rightarrow 2\,BF_3 + 3\,CaO$$

oder besser, in einem Mehrstufenprozeß aus Borax und Fluorwasserstoff dargestellt nach

$$Na_2B_4O_7 \cdot 10\,H_2O + 12\,HF \rightarrow Na_2O \cdot 4\,BF_3 + 16\,H_2O$$
$$Na_2O \cdot 4\,BF_3 + 3\,H_2SO_4 \rightarrow 2\,NaHSO_4 + H_2SO_4 + H_2O + 4\,BF_3$$

(dabei muß das Reaktionsprodukt der ersten Gleichung vor der Umsetzung mit konzentrierter Schwefelsäure in eisernen Trommeln getrocknet werden).

Im Laboratorium kann man reines BF_3 durch thermische Zersetzung von Tetrafluoroboranaten gewinnen nach

$$XBF_4 \rightarrow XF + BF_3 .$$

BCl_3 und BBr_3 entstehen in der Gasphase bei erhöhter Temperatur aus $AlCl_3$ bzw. $AlBr_3$ (s. S. 225) und BF_3 nach

$$AlX_3 + BF_3 \rightarrow BX_3 + AlF_3 \qquad (X = Cl, Br).$$

Technisch wird BCl_3 heute durch Erhitzen eines Gemisches von Borax mit NaCl auf > 1000 °C gewonnen.

Das thermisch instabile Bortrijodid kann nicht in Hochtemperaturreaktionen dargestellt werden. Am besten gewinnt man es aus Lithiumboranat und Jod in Cyclohexan als Lösungsmittel nach

$$LiBH_4 + 3J_2 \rightarrow LiJ + BJ_3 + 2HJ + H_2.$$

Die chemischen Eigenschaften der Borhalogenide sind gekennzeichnet durch ihre *Lewis*-Säure-Natur. Sie bilden mit Basen Addukte, die entweder als solche stabil sind oder sich in Sekundärreaktionen in stabilere Systeme umwandeln.

Von den Halogenidionen führt nur das Fluorid-Ion mit BF_3 nach

$$BF_3 + F^- \rightarrow BF_4^-$$

zu beständigen Tetrafluoroboraten (die recht starke *Tetrafluoroborsäure* HBF_4 ist nur in wäßriger Lösung, nicht aber als wasserfreie kovalente Verbindung bekannt – die BF_4-Einheit ist nur als negatives Ion im Gitter oder in Lösung beständig; kovalente Tetrafluoroborate XBF_4 zerfallen spontan in XF und BF_3). Entsprechende Tetrahalogenoborate BCl_4^-, BBr_4^- und BJ_4^- sind – abnehmend in dieser Reihenfolge – nur noch gegenüber sehr großen und demgemäß nicht mehr polarisierenden Kationen einigermaßen haltbar.

Mit den Chalkogenwasserstoffen H_2O und H_2S entstehen primär die Addukte $X_3B \leftarrow YH_2$ (X = F, Cl, Br, J; Y = O, S). Nur die Verbindungen $F_3B \cdot OH_2$, $F_3B \cdot SH_2$ und $Cl_3B \cdot SH_2$ sind davon in Substanz isolierbar. Sie reagieren aber, wie alle anderen denkbaren Addukte dieser Reihe, bei Chalkogenwasserstoffüberschuß leicht in „Solvolyse"-Reaktionen (mit Wasser = „Hydrolyse") weiter: Primär bildet sich das Addukt $X_3B \cdot OH_2$. Dieses stabilisiert sich (die Affinität von Bor zu Sauerstoff – der ebenso wie die Halogene X zum Zentralatom gut $(p-p)_\pi$-Bindungen ausbilden kann – ist unter Normalbedingungen größer als zu den Liganden X) durch Abspaltung von Halogenwasserstoff HX nach $X_3B \cdot OH_2 \rightarrow$ $\rightarrow X_2B{-}OH + HX$. Dieser Vorgang wiederholt sich insgesamt dreimal, so daß die Bruttogleichung der Hydrolyse (entsprechend auch der Thiolyse der schwereren Borhalogenide) unter Bildung von Borsäure (s. S. 213) und Halogenwasserstoff lautet

$$BX_3 + 3H_2O \rightarrow 3HX + B(OH)_3.$$

Weil diese Reaktion so leicht bereits mit der in der Luft enthaltenen Feuchtigkeit abläuft, „rauchen" die Bortrihalogenide an feuchter Luft sehr stark (Bildung von Nebeln konzentrierter HX-Lösungen und fester $B(OH)_3$ in der Gasphase). Sind im Wassermolekül beide Wasserstoffatome durch organische Reste ersetzt, dann liegen *Äther* vor. Sie sind wegen der freien Elektronenpaare am Sauerstoff zwar noch *Lewis*-Basen, doch können aus den mit BX_3 gebildeten „Ätheraten" naturgemäß keine Halogenwasserstoffe mehr abgespalten werden. Deshalb sind die Ätheraddukte der Bortrihalogenide beständig (BF_3 wird oft als bei Zimmertemperatur flüssiges $F_3B \cdot O(C_2H_5)_2$ eingesetzt. Umsetzungen von BX_3 mit Alkoholen ROH führen dagegen leicht zu den *Borsäureestern* $B(OR)_3$ neben 3HX).

Mit den Wasserstoffverbindungen der Elemente der V. Hauptgruppe, bes. den Aminen NR_3(R = H oder organische Gruppen) entstehen sogenannte „*Borazane*" $X_3B \leftarrow NR_3$, die teilweise beständig sind, sich zum Teil aber auch in hier nicht näher zu besprechenden Folgereaktionen weiter stabilisieren können.

Die Tatsache, daß die Bortrihalogenide BX_3 trotz ihrer intramolekularen Stabilisierung durch $(p \rightarrow p)_\pi$-Wechselwirkung sich auch in einem – allerdings nicht sehr beständigen und deshalb nicht isolierbaren – Brükkenmechanismus wie das Monoboran über Mehrzentrenbindungen dimerisieren können, geht aus dem spektroskopischen Befund hervor, daß sich in einem Gemisch zweier reiner Trihalogenide immer auch die gemischten Trihalogenide vorfinden, z. B.

$$BF_3 + BCl_3 \rightleftarrows \left[\begin{array}{ccccc} F & & F & & Cl \\ & >B< & & >B< & \\ F & & Cl & & Cl \end{array} \right] \rightleftarrows F_2BCl + FBCl_2.$$

Aus solchen mobilen Gleichgewichten muß beim Versuch der destillativen Trennung der Partner immer der leichtest flüchtige Anteil (d. h. immer das reine Trihalogenid mit dem leichtesten Halogen) zuerst entweichen. Deshalb lassen sich die im Gemisch zwar nachweisbaren Trihalogenide X_2BX' bzw. XBX'_2 nicht präparativ isolieren.

Subhalogenide des Bors: Bei der elektrischen Entladung eines BCl_3-Dampfes zwischen Quecksilberelektroden läßt sich B_2Cl_4 als farblose, nur bis 0°C beständige Flüssigkeit isolieren. Mit Antimontrifluorid erhält man daraus die entsprechende Fluorverbindung:

$$3\,B_2Cl_4 + 4\,SbF_3 \rightarrow 3\,B_2F_4 + 4\,SbCl_3.$$

Auch B_2Br_4 erhält man aus der Chlorverbindung nach

$$4\,BBr_3 + 3\,B_2Cl_4 \rightarrow 3\,B_2Br_4 + 4\,BCl_3,$$

während Dibortetrajodid bei vorsichtiger thermischer Zersetzung des Trijodids in Gegenwart von Silber entsteht:

$$2\,BJ_3 + 2\,Ag \rightarrow B_2J_4 + 2\,AgJ.$$

Die Verbindungen B_2X_4 mit einer Bor—Bor-Bindung im Molekül sind im kristallinen Zustand eben gebaut, während im Gaszustand freie Drehbarkeit um die B—B-Bindung beobachtet wird. Die sicher sehr interessante Chemie dieser Subhalogenide (formale Oxydationsstufe des Bors = +2) ist noch weitgehend unerforscht. Mit Sauerstoff (auch mit Stickstoff verdünnt, also mit Luft) reagieren sie alle explosionsartig. B_2Cl_4 liefert beim thermischen Zerfall je nach den Bedingungen die „Bor-I"-Halogenide (formale Oxydationsstufe +1) B_4Cl_4, B_8Cl_8 und $B_{12}Cl_{12}$. Die Existenz dieser äußerst interessanten (aber noch kaum untersuchten) Borhalogenide zeigt erneut die Fähigkeit und Tendenz der Boratome, sich untereinander in Mehrzentrenbindungen zu regulären Polyedern zu verbinden: Während die B—Cl-Bindungen in diesen Molekülen normale σ-Bindungen sind, bilden die Boratome in diesen *Elektronenmangelverbindungen* darin ein geschlossenes Tetraeder (wie P_4 – s. S. 175), ein *Antiprisma* (Polyeder mit 8 Ecken) bzw. ein *Ikosaeder* (wie im elementaren Bor, s. S. 198) durch Mehrzentrenbindungen.

c) *Verbindungen mit Chalkogenen*

α) *Bor-Sauerstoffverbindungen:* Die stabilsten (und dementsprechend in der Natur allein vorkommenden) Borverbindungen sind solche mit dem Element Sauerstoff. Ihrer kurzen Beschreibung sei vorangestellt, daß – entgegen den formalen Strukturformeln – darin immer dann, wenn dreibindige Boratome auftreten, die kovalenten $>\overset{\delta+}{B}-\overset{\delta-}{O}$-Bindungen durch $(p \rightarrow p)_\pi$-Wechselwirkung der „freien" p-Elektronen der Sauerstoffatome mit dem „leeren" vierten p-Orbital des Boratoms stabilisiert sind und so das formale *Sextett* am Zentralatom zum *Oktett* aufgefüllt wird, wie dies bei den Bortrihalogeniden bereits erklärt wurde (s. S. 208). Wegen des günstigen Radienverhältnisses von B zu O ist diese $(p \rightarrow p)_\pi$-Wechselwirkung besonders begünstigt und erklärt viele Eigenschaften der Bor-Sauerstoff-Verbindungen einfach. In der vorliegenden knappen Darstellung kann darauf bei den einzelnen Beispielen nicht jedesmal besonders hingewiesen werden.

Das wichtigste Oxid des Bors ist *Bortrioxid*, B_2O_3, das durch Wasserabspaltung aus *Borsäure* bei Rotglut gebildet wird nach

$$2nB(OH)_3 \rightarrow (B_2O_3)_n + 3nH_2O.$$

Das hochpolymere farblose Oxid ist in zwei Modifikationen bekannt. Die wichtigste davon ist die sehr harte, zähe und schwer pulverisierbare glasige Form, in der es praktisch immer anfällt. Ein „*Glas*" (s. S. 275) ist, etwas vereinfachend gesagt, eine „*unterkühlte Schmelze*" sehr hoher Viskosität, die wie ein kristalliner Festkörper („Normalfall" des festen Aggregatzustandes) unter Normalbedingungen ihre im „dünnflüssigen Zustand" gegebene Form beibehält. Im Gegensatz zum festen Kristall sind die das Glas aufbauenden Moleküle oder Ionen darin zwar in winzigsten Mikrobereichen („quasikristallin", wie ja auch die meisten Flüssigkeiten) nicht aber über den gesamten Bereich hinweg dreidimensional regelmäßig geordnet. So besteht das *glasige Bortrioxid* aus einem statistisch unregelmäßig aufgebauten dreidimensionalen Raumnetz aus

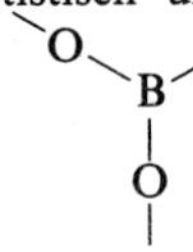

-Gruppen, in dem jedes Sauerstoffatom noch mit einem zweiten Boratom kovalent verbunden ist. Weil es seine in speziellen Fällen sehr erwünschten Eigenschaften (sehr geringe Kristallisationstendenz = „Entglasungstendenz") als Beimischung zu den üblichen Silikatgläsern und Emaillen (s. S. 275) beibehält, spielt es praktisch eine große Rolle.

Nur unter großen Schwierigkeiten ist die kristalline Form des hochpolymeren B_2O_3 darzustellen, in der spiralig geformten Ketten aus verzerrten BO_4-Tetraedern (drei B—O-Bindungen sind gleich lang, die vierte ist länger) miteinander (über B—O—B-Brücken) verbunden sind.

Bei sehr hohen Temperaturen ist Bortrioxid monomer verdampfbar, also destillierbar ($\overline{\text{O}}$—B—$\overline{\text{O}}$—B—$\overline{\text{O}}$-Winkel 130°).

Wasser löst den polymeren $(B_2O_3)_n$-Verband leicht unter Bildung der *Orthoborsäure* $B(OH)_3$ nach

$$(B_2O_3)_n + 3nH_2O \rightarrow 2nB(OH)_3.$$

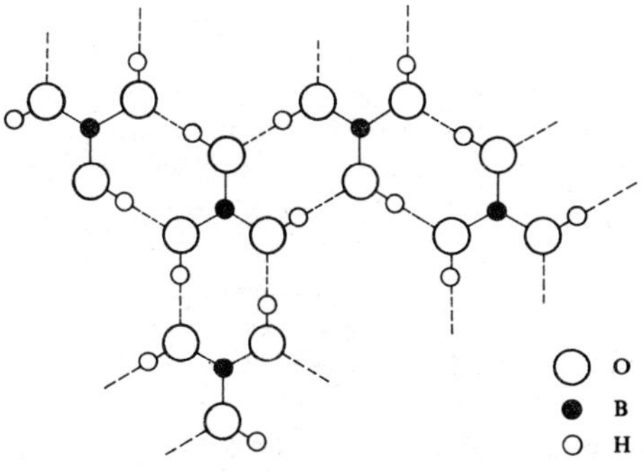

Abb. III.24. Struktur der Borsäure

Die feste Borsäure bildet weiße, perlmuttartig glänzende „fettige" Schuppen, weil sie aus nur durch schwache *van der Waals*sche Kräfte zusammengehaltenen (Abstand 3,2 Å) hexagonalen Schichten besteht. Diese Schichten (s. Abb. III.24) kommen durch Zusammenlagerung der ebenen $B(OH)_3$-Moleküle über Wasserstoffbrücken zustande.

Die in Wasser nur mäßig (mit Temperaturerhöhung wegen leichterer Lösung der H-Brücken in den Schichten stark zunehmend) lösliche Verbindung entsteht bei der Hydrolyse von Borhalogeniden (S. 208) bzw. Boranen (S. 199). Als sehr schwache einbasige Säure wirkt sie in Wasser nicht durch Abgabe von Protonen, sondern als *Lewis*-Säure durch Aufnahme von OH^--Ionen (Umhybridisierung von $sp^2 \rightarrow sp^3$)

$$B(OH)_3 + H_2O \rightleftharpoons B(OH)_4^- + H^+ \qquad (pK = 9{,}0!).$$

Beim Erhitzen geht feste Borsäure unter Wasserabspaltung über *Metaborsäure*, $(HBO_2)_n$ schließlich in *glasiges* B_2O_3 über:

$$[B(OH)_3]_n \rightleftharpoons (HBO_2)_n \rightleftharpoons (B_2O_3)_{n/2}.$$

Metaborsäure (und *Metaborat-Ionen* in ihren Salzen) existiert in trimerer Form als B—O-Sechsring oder in höherpolymerer Form als lange —B—O—B—O-Ketten (jeweils noch wie die feste Orthoborsäure über
 | |
OH   OH
Wasserstoffbrücken miteinander verbunden).

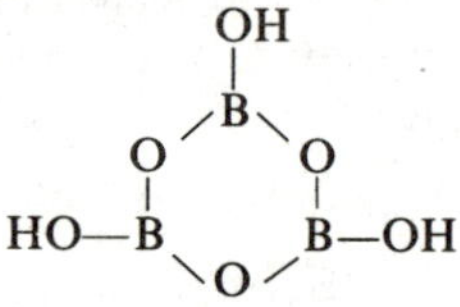

Ähnlich wie im Falle der *Phosphorsäuren* (S. 189) und der noch zu besprechenden *Kieselsäuren* (S. 268) sind auch hier zwischen den Grenzen der wasserreichsten, monomeren „Ortho"-Säure und der wasserärmsten polymeren „Meta"-Form verschiedene niedermolekulare bis höherpolymere *Polyborsäuren* denkbar. Im Falle des Bors sind diese recht komplizierten Verhältnisse aber erst sehr ungenügend erforscht. Bis jetzt kennt man freie Polyborsäuren weder wasserfrei noch in wäßriger Lösung mit Sicherheit. Dagegen gibt es viele Salze von Polyborsäuren, von denen einige nur wasserfrei, andere aber auch als feste Hydrate und in wäßriger Lösung beständig sind (praktisch alle natürlich vorkommenden Borate sind hydratisierte Salze solcher Polyborsäuren). Sie enthalten gewöhnlich nebeneinander dreibindige (trigonale BO_3-Gruppen) und vierbindige (tetragonale BO_4-Gruppen) Boratome in ihren Molekülen, wenn sie in Wasser beständig sind. Ihre stöchiometrische Zusammensetzung erlaubt meist keinen direkten Rückschluß auf ihren strukturellen Aufbau. Dies sei hier nur am Beispiel des bekannten *Borax*, $Na_2B_4O_7 \cdot 10H_2O$, gezeigt. Sein Gitter ist aufgebaut aus $[B_4O_5(OH)_4]^{--}$-Ionen mit 2 dreibindigen und 2 vierbindigen Boratomen (s. Abb. III.25.). Diese Ionen sind über H-Brücken miteinander verbunden. Die hydratisierten Na^+-Ionen bilden lange Ketten über gemeinsame Polyederecken der Solvatationshüllen, welche die Ladung der über Wasserstoffbrücken verbundenen Anionen kompensieren. Man sollte statt $Na_2B_4O_7 \cdot 10H_2O$ deshalb besser schreiben

$$\{[Na(H_2O)_4]_2[B_4O_5(OH)_4]\}_n$$

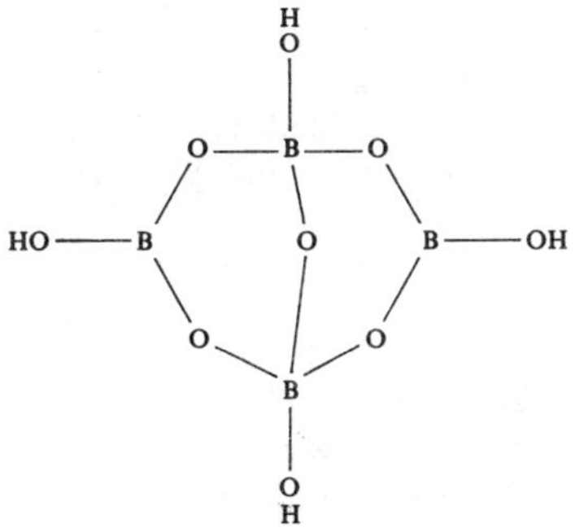

Abb. III.25. Anionen in Borax

Wasserfreie Borate können durch Zusammenschmelzen von $B(OH)_3$ bzw. B_2O_3 mit den entsprechenden Metalloxiden bzw. Hydroxiden im geeigneten Mengenverhältnis synthetisiert werden, z. B. Orthoborate und Metaborate nach

$$2B(OH)_3 + 3Me_2O \rightarrow 2Me_3BO_3 + 3H_2O$$
$$B_2O_3 + Me_2O \rightarrow 2MeBO_2.$$

Die *Orthoborate* enthalten diskrete, mit dem *Nitrat*-Ion isoelektronische Borat-Ionen 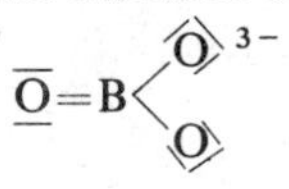 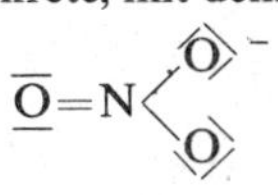, die *Metaborate* je nach

Kation ringförmige trimere (z. B. $K_3B_3O_6$) oder kettenförmige höherpolymere $(BO_2)_n$-Anionen (z. B. $[CaBO_2]_n$). *Orthoborate* reagieren wegen der geringen Säurestärke von $B(OH)_3$ in Wasser natürlich stark alkalisch (leicht aus den Bestandteilen erhältliche Esterkomplexe der Borsäure mit mehrwertigen Alkohlen wie *Glyzerin* reagieren dagegen wie mittelstarke einbasige Säuren und sind deshalb mit wäßrigen Basen leicht titrierbar, was für die quantitative Analyse von Borsäurelösung von Bedeutung ist). Metaborate werden von Wasser zu Orthoboraten abgebaut.

Die wasserbeständigen hydratisierten Polyborate können durch Umsetzung der sauren und basischen Bestandteile in den geeigneten Mengenverhältnissen direkt in Wasser synthetisiert werden.

Borsäure wird als mildes, nicht ätzendes *Desinfektionsmittel* in der Medizin als Lösung (Augenspülungen), Salbe und Puder, in der Lebensmittelindustrie als Konservierungsmittel von Fisch- und Fleisch-Konserven verwandt. Borate und Borsäure dienen wegen ihrer Fähigkeit zur Auflösung von Metalloxiden als Lötmittel und bei bestimmten metallurgischen Prozessen als Flußmittel; in der Glasfabrikation (S. 275) ersetzen sie in besonders lichtbrechenden *(Strass)* oder temperaturbeständigen (z. B. *Jenaer* Glas) Gläsern und Emaillen teilweise die billigere Kieselsäure.

Wegen ihrer technischen Bedeutung in der Waschmittelindustrie seien noch die sogenannten „*Perborate*" erwähnt, z. B. das Natriummetaborat-Peroxidhydrat $NaBO_2 \cdot H_2O_2 \cdot 3H_2O$, das aus H_2O_2 bzw. Na_2O_2 und Na-Borat bzw. Borsäure entsteht *(Persil* enthält davon ca. 10 %). Das Salz enthält keine O—O-Brücke zwischen Boratomen, sondern komplex gebundenes H_2O_2 (das beim Waschen frei wird und „bleichend" wirkt). Erst beim Erhitzen auf über 100 °C bildet sich daraus

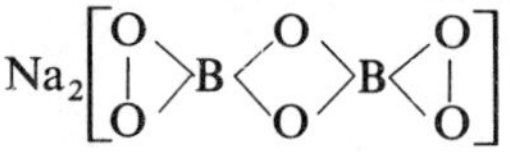

mit zwei Peroxogruppen, welche die beiden tetraedrischen Boratome absättigen. Es liefert mit Wasser stürmisch Sauerstoff.

β) *Bor-Schwefel-Verbindungen:* Beim Erhitzen von Bor mit Schwefel (oder H_2S) entsteht glasartiges, verhältnismäßig leicht flüchtiges *Bortrisulfid* $(B_2S_3)_n$ nach $2B + 3S \rightarrow B_2S_3$. Es reagiert mit Wasser spontan zum beständigen Oxid:

$$B_2S_3 + 6H_2O \rightarrow 2B(OH)_3 + 3H_2S,$$

mit Halogenwasserstoffen zu den Trihalogeniden, z. B.:

$$B_2S_3 + 6HCl \rightarrow 2BCl_3 + 3H_2S.$$

Die der Orthoborsäure entsprechende *Trithioborsäure* $B(SH)_3$ ist nur in Form übelriechender *Thioborsäureester* $B(SR)_3$, nicht aber als Säure oder Salz bekannt. Sie spaltet spontan H_2S ab unter Bildung der dimer und trimer bekannten Metathioborsäure $(HBS_2)_n$ $(n = 2{,}3)$

$$B(SH)_3 \rightarrow H_2S + (HBS_2)_n .$$

Diese zerfällt schon bei geringfügigem Erwärmen nach

$$2\,HBS_2 \rightarrow H_2S + B_2S_3$$

in Borsulfid. Sie wird dargestellt durch Thiolyse von BBr_3:

$$2\,BBr_3 + 4\,H_2S \rightarrow (HBS_2)_2 + 6\,HBr .$$

Die trimere Form ist der Grundkörper der *Borsulfole* (in Analogie zu Borazol, S. 219), Sechsringe aus drei Schwefel- und drei Boratomen, in denen die letzteren noch jeweils einen Liganden tragen wie H, Halogen, Aminogruppen oder organische Reste.

Ein thermisch auffällig beständiges Bor-Schwefel-Ringsystem bildet sich spontan aus Disulfan und Borhalogeniden nach

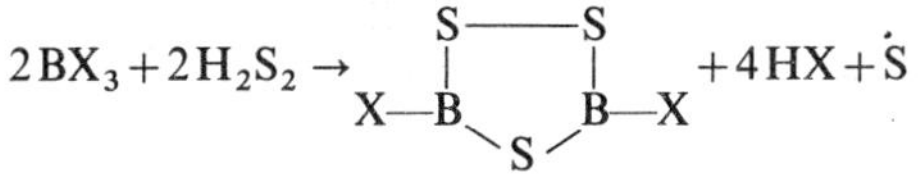

Die Liganden X können darin weitgehend variiert werden. In diesem ebenen Ringgerüst sind die „Lücken“ der Boratome durch Wechselwirkung mit „freien“ Elektronenpaaren der Schwefelatome abgesättigt, von denen offenbar insgesamt drei Paare eine Stabilisierung des Ringes bewirken, die dem *„aromatischen“* Benzol in gewisser Beziehung vergleichbar ist. Die große Bildungstendenz dieses stabilisierten Fünfringes geht aus der überraschenden Reaktion (bereits bei Raumtemperatur quantitativ!) zwischen der starken *Lewis*-Säure BJ_3 mit der nur sehr schwachen Base S_8 hervor (die leichteren Borhalogenide sind dafür zu schwach sauer):

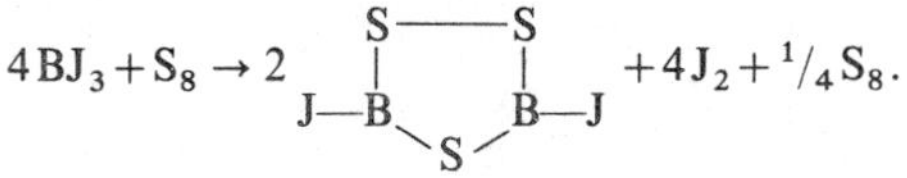

(BBr_3 und BCl_3 reagieren unter diesen Bedingungen nicht mit elementarem Schwefel.)

γ) *Verbindungen mit Stickstoff*

Bor als linker und Stickstoff als rechter Nachbar des Kohlenstoffs im Periodensystem haben zusammen gleich viel Außenelektronen (3 + 5 = 8) wie zwei Kohlenstoffatome (4 + 4 = 8). Eine B—N-Gruppe ist also *isoster* zu einer C—C-Gruppierung, wodurch trotz völlig unterschiedlichen chemischen Verhaltens Bor-Stickstoffverbindungen häufig ähnliche physikalische Eigenschaften aufweisen wie die dazu *isoelektronischen* Kohlenstoffverbindungen. Nur die wichtigsten Beispiele davon seien kurz beschrieben.

Borstickstoff (BN) entsteht bei der vollständigen „*Ammonolyse*" von Borhalogeniden über die Stufen des äußerst unbeständigen *Bor-trisamids*, $B(NH_2)_3$, und des in reiner Form isolierbaren *Borimids*, $B_2(NH)_3$ (isoelektronisch mit B_2O_3) bei höheren Temperaturen nach

$$\begin{array}{lll} 2BCl_3 + 6NH_3 & \rightarrow 2B(NH_2)_3 & + 6HCl \\ 2B(NH_2)_3 & \rightarrow B_2(NH)_3 & + 3NH_3 \\ B_2(NH)_3 & \rightarrow NH_3 & + 2BN \\ \hline 2BCl_3 + 2NH_3 & \rightarrow 2BN & + 6HCl. \end{array}$$

Bei Weißglut bildet auch elementares Bor mit Stickstoff oder Ammoniak (unter Wasserstoffabspaltung) $(BN)_n$. Bei diesen Darstellungsverfahren fällt das Bornitrid immer in der *hexagonalen Modifikation* als schuppiges, farbloses Pulver an, das thermisch außerordentlich beständig ist (bei 3000 °C noch nicht geschmolzen!) und sich deshalb als *Hochtemperaturschmiermittel* (leichte Spaltbarkeit in einer Richtung) sehr gut eignet. Hexagonales Bornitrid ist ähnlich aufgebaut wie *Graphit* $(C)_n$ (S. 234): Die Bor- und Stickstoff-Atome bilden ebene Schichten aus regelmäßigen Sechsecken *(„Bienenwabenstruktur")* mit einem B—N-Abstand innerhalb einer Schicht von 1,44 Å. Von den für jedes B—N-Paar vorhandenen 8 Außenelektronen werden nur 6 für die Bindungen innerhalb der Schichten verwandt. Die Schichten sind untereinander nicht durch die restlichen 2 Elektronen, sondern nur durch schwache *van der Waalssche* Kräfte zusammengehalten. Daraus resultiert sp^2-Hybridisierung der bindenden Orbitale sowohl für die N-Atome (trigonal eben von 3 B-Atomen umgeben) als auch für die B-Atome (trigonal eben von drei N-Atomen umgeben). Während im isosteren Graphit das vierte Elektronenpaar pro C—C-Gruppe wegen der gleichen Elektronegativität aller Atome der Schichten überall eine gleiche Aufenthaltswahrscheinlichkeit hat (dies führt zur elektrischen Leitfähigkeit von Graphit durch diese „überschüssigen" recht frei beweglichen Elektronen), ist dieses wegen der starken Elektronegativitätsdifferenz in der

B—N-Gruppe jeweils bevorzugt am Stickstoffatom lokalisiert. Deshalb ist $(BN)_n$ ein Nichtleiter.

Ebenso wie die hexagonale Modifikation des Kohlenstoffs (Graphit) durch hohe Drucke und Temperaturen in die *kubische C-Modifikation (Diamant*, S. 234) umgewandelt werden kann, gelingt dies auch bei Bornitrid: bei 1000–2000 °C und unter 70000–90000 atm. Druck entsteht daraus (Umhybridisierung von sp^2 nach sp^3 an beiden Atomsorten und Verwendung nun aller Außenelektronen für die von jedem Atom tetraedrisch ausgehenden vier gleichen σ-Bindungen) die kubische $(BN)_n$-Modifikation *Borazon*. Dieser *„anorganische Diamant"* hat die gleiche Härte (auch gleiches Aussehen) wie der isostere Diamant. Das chemisch sehr widerstandsfähige Borazon verbrennt an Luft aber erst oberhalb 1900 °C zu B_2O_3, während Diamant bereits bei ~ 850 °C zu CO_2 verbrennt (S. 234), und ist deshalb von erheblicher potentieller Bedeutung als industrielles Bohr- und Schleifmaterial.

Nicht nur zu den Elementmodifikationen Graphit und Diamant gibt es isostere B—N-Verbindungen mit vergleichbaren physikalischen Eigenschaften, sondern in besonders auffälliger Weise auch zu einer der wichtigsten Verbindungen der organischen Chemie, dem Benzol. Dieser Grundkörper der aromatischen Verbindungen besteht aus 6 über σ-Bindungen zu einem ebenen Sechsring verbundenen sp^2-hybridisierten Kohlenstoffatomen, die alle noch ein H-Atom tragen. Die 3 nicht für σ-Bindungen erforderlichen Elektronenpaare des Moleküls senken als gleichmäßig im Ring delokalisierte π-Elektronen in den senkrecht zur sp^2-Ebene stehenden vierten p-Orbitalen dessen Energie erheblich. Das stabile C_6H_6-Molekül kann nach der VB-Methode nur durch Resonanzformeln umschrieben werden, von denen die beiden charakteristischsten denen der isosteren B—N-Verbindung $B_3N_3H_6$ gegenübergestellt seien:

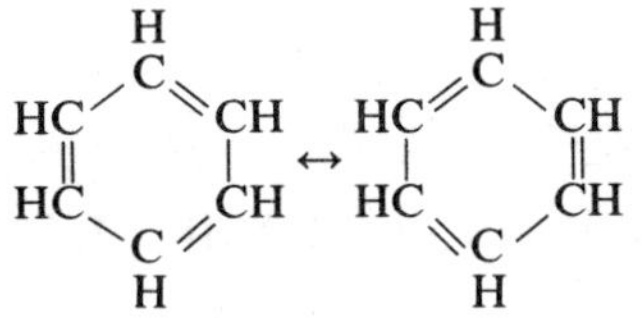

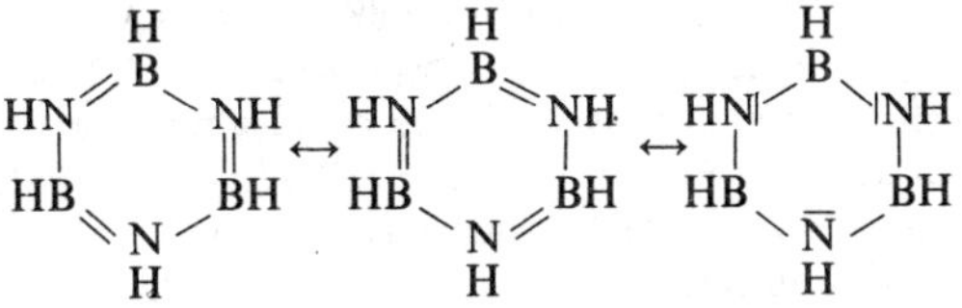

Dieses *Borazol („anorganisches Benzol")* stellt wie Benzol eine wasserklare, fettlösende, aromatisch riechende Flüssigkeit der (Schmelzpunkt −58 °C, Siedepunkt 55 °C). Borazol ist, allerdings nur in schlechter Ausbeute, darstellbar aus Diboran und Ammoniak. Die dabei als Zwischenprodukte auftretenden Bor-Stickstoffverbindungen sind ebenfalls zu bekannten einfachen Kohlenwasserstoffen isoster. Das Hauptprodukt ist dabei unter milden Bedingungen das *„Diammoniakat"* von B_2H_6 der Zusammensetzung $[H_2B(NH_3)_2]^+[BH_4]^-$. Auch $B_2H_5NH_2$ kann dabei isoliert werden.

Die Borazolbildung läßt sich prinzipiell folgendermaßen deuten (experimentell nicht bewiesen!): die Base NH_3 spaltet die Säure B_2H_6 unter Bildung des Lewis-Adduktes *Borazan* (isoster mit Äthan CH_3—CH_3)

$$B_2H_6 + 2\,NH_3 \rightarrow 2\,H_3B\text{—}NH_3 .$$

Beim Erwärmen spaltet Borazan (positiver H am N, negativer H an B) H_2 ab unter Bildung von *Borazen* (isoster mit Äthylen, $H_2C{=}CH_2$)

$$H_3B\text{—}NH_3 \rightarrow H_2B{=}NH_2 + H_2 .$$

Bei weiterer Temperatursteigerung wird noch einmal H_2 abgespalten unter Bildung von *Borazin* (isoster mit Azetylen, $HC{\equiv}CH$)

$$H_2B{=}NH_2 \rightarrow H_2 + HB{\equiv}NH .$$

Borazin ist monomer nicht beständig, sondern trimerisiert (wie Äthin bei höheren Temperaturen ebenfalls) zum thermisch bis ~ 500 °C beständigen Borazol:

$$3\,HB{\equiv}NH \rightarrow B_3N_3H_6 .$$

Die beste Darstellung für Borazol ist das Erhitzen von Lithiumboranat mit Ammoniumchlorid auf 300 °C:

$$3\,LiBH_4 + 3\,NH_4Cl \rightarrow B_3N_3H_6 + 3\,LiCl + 9\,H_2 .$$

Chemisch ist Borazol wegen der Polarität der B—N-Bindungen (trotz weitgehender Delokalisierung der 6-π-Elektronen) viel reaktionsfähiger als das beständige Benzol. Dies zeigt beispielsweise die Addition von HCl unter Anlagerung des negativen Chlors an das positive Bor und des positiven Wasserstoffs an den negativen Stickstoff. Das Addukt spaltet beim Erhitzen nicht wieder HCl, sondern H_2 ab, wobei als Borazolderivat B-Trichlorborazol entsteht:

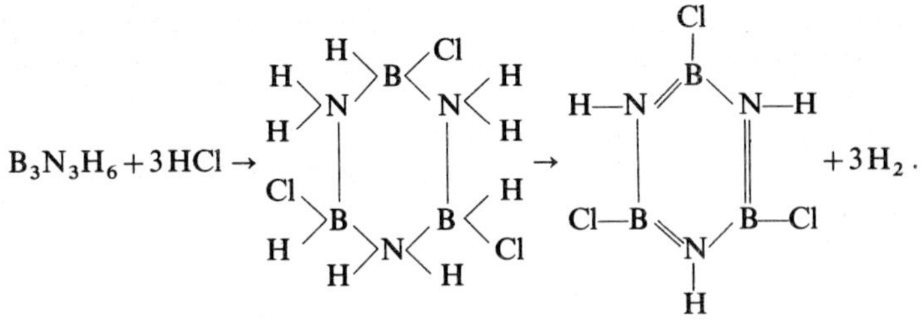

Die umfangreiche Chemie des Borazols und seiner Derivate (der Wasserstoff ist sowohl am Bor als auch am Stickstoff ganz oder teilweise etwa durch Halogen oder durch organische Reste ersetzbar) kann hier ebensowenig wie die der Aminoborane (organisch substituierte Borazane und Borazene) näher behandelt werden. Ebenso kann auf kovalente Bor-Phosphorverbindungen nur hingewiesen werden, wie sie etwa in dem sehr stabilen Ringmolekül

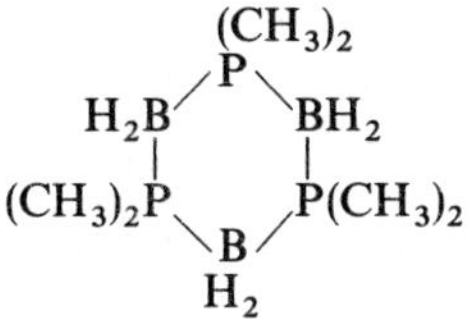

(auch eine analoge Arsenverbindung ist bekannt) vorliegen.

2. *Aluminium, Gallium, Indium und Thallium*

Der Hauptunterschied zwischen Bor einerseits und seinen vier schwereren Homologen andererseits ist – bei gleichbleibender Zahl und Art der Außenelektronen – der erheblich unterschiedliche Atomradius und damit die unterschiedlichen Ionisierungspotentiale der Außenelektronen. Die kleinen Boratome bilden ein nichtmetallisches Atomgitter aus durch Mehrzentrenbindungen innerhalb diskreter Polyeder. Das hohe Ionisierungspotential verhindert auch die Bildung von B^{3+}-Ionen, selbst in solvatisierter Form. Alle bekannten Borverbindungen sind daher kovalente *Elektronenmangelverbindungen.*

Bei den viel größeren Al, Ga, In und Tl-Atomen sind die Außenelektronen erheblich weniger stark vom Kern gebunden. Ein Erreichen der Edelgaskonfiguration durch Aufnahme von 5 Elektronen ist, ebenso wie bei Bor, energetisch ausgeschlossen. Deshalb können diese Elemente ebenfalls nur in positiven Oxydationsstufen auftreten, formal +3 und +1 (Außenkonfiguration ns^2np^1). Wie Bor bildet auch Aluminium unter

Normalbedingungen nur Verbindungen in der Oxydationsstufe +3. Von Ga und In sind dagegen auch einige wenige, recht unbeständige +1-Verbindungen bekannt. Die Oxydationsstufe +1 ist bei Thallium schließlich die beständigste. Die Gründe dafür (Effekt des „*inerten Paares*") sollen im Anschluß an die Besprechung der IIIb-Verbindungen der Oxydationszahl +3 behandelt werden (S. 231).

Weil die Außenelektronen der Borhomologen leichter für Bindungen zur Verfügung stehen (und diese deshalb stärkere Reduktionsmittel darstellen als Bor), können sie durch Delokalisierung über den ganzen Verband gleichartiger Atome hinweg den „normalen" Zustand von Elektronenmangelverbindungen zwischen gleichen Atomen ausbilden, nämlich Metallgitter. Wenn auch, im Gegensatz zu Bor, die Elektronegativitätsdifferenzen zu den elektronegativsten Elementen gerade noch zur Ausbildung bevorzugt ionogener Bindungen ausreichen, sind die meisten wasserfreien Verbindungen der IIIb-Metalle doch *kovalente Elektronenmangelmoleküle.* Erst die Solvatationsenergie bei der Komplexbildung mit stark polaren Lösungsmittelmolekülen, bes. Wasser, stabilisiert die Me^{3+}-Ionen und ermöglicht so eine Chemie dieser Elemente in wäßriger Lösung, die dem Bor völlig fehlt (abgesehen von den kovalent gebauten Borsäuren).

An dem für die ganze Gruppe typischen *Aluminium* soll die Chemie der vier Metalle dargestellt werden. Sie sind in reiner Form silbrig glänzend. Nur Aluminium als häufigstes aller Metalle hat davon großtechnische Bedeutung, nicht zuletzt, weil es mit einer Dichte von nur 2,70 g/cm^3 ein Leichtmetall darstellt. Wegen seines unedlen Charakters (gutes Reduktionsmittel) kann es in der Natur nicht elementar *(„gediegen")* vorkommen, sondern nur in Verbindungen mit elektronegativeren Partnern. Abgesehen von *Kryolith,* Na_3AlF_6, handelt es sich dabei immer um Sauerstoffverbindungen, von denen am weitesten verbreitet sind die *Aluminiumsilikate* (Silikate s. S. 275) *Feldspat, Kaolin* und andere *Tone* sowie *Glimmer.* Kristallines Aluminiumoxid findet sich farblos als *Korund* und *Schmirgel* sowie als durch Spuren von Chromoxid rot oder von Eisen und Titan blau gefärbter *Rubin* bzw. *Saphir.* Die Edelsteine *Chrysoberyll,* $Al_2(BeO_4)$, und *Spinell,* $MgAl_2O_4$, sind ebenso Aluminiumverbindungen wie *Türkis.*

Als Ausgangsmaterial für metallisches Aluminium kommt praktisch aber nur Aluminiumhydroxid, *Bauxit,* in Frage, der in kostspieligen Verfahren weitgehend von seinen Verunreinigungen (bes. Eisen und Silicium) befreit werden muß: entweder „*trockener*" Aufschluß: Erhitzen mit Na_2CO_3 und $CaCO_3$ im Drehrohrofen auf 1100 °C, Auslaugen des gebildeten Natriumaluminates mit Wasser und anschließendes Ausfällen des reinen Hydroxids mit Kohlendioxid nach $2Na[Al(OH)_4]+CO_2 \rightarrow$ $\rightarrow 2Al(OH)_3+Na_2CO_3+H_2O$, oder „*nasser*" Aufschluß: Lösen des rohen Bauxits in NaOH unter Druck und anschließendes „Ausrühren" des gereinigten Hydroxids aus der übersättigten Lösung nach dem Abkühlen mit frisch gefälltem $Al(OH)_3$; (Wiederverwendung der gebrauchten Lauge). Das reine Hydroxid wird durch Glühen zum Oxid, Al_2O_3, entwässert. Dieses wird (~ 7 %) in einer Schmelze von Kryolith (Na_3AlF_6) bei 1000 °C gelöst. Die Schmelze wird mit Gleichstrom zwischen Kohleelektroden elektrolysiert. Dabei scheidet sich (die Reaktionen bei dieser technisch wichtigsten Elektrolyse sind noch nicht völlig aufgeklärt!) an der Kathode flüssiges Aluminium ab ($Al^{+++}+3e^- \rightarrow Al$). An der Anode werden die Oxidionen zu Sauerstoff oxydiert ($O^{--} \rightarrow O+2e^-$), der die als Anodenmaterial dienende Kohle zu CO_2 verbrennt und als solches entweicht. Dieses aufwendige Verfahren (für 1 kg Al sind ~ 20 kWh erforderlich; Weltproduktion an Al ~ $5 \cdot 10^6$ t!) kann nicht durch die an sich viel billigere Reduktion des Oxids mit Kohle (wie etwa bei Eisen, s. Band II) ersetzt werden, weil bei den dazu erforderlichen hohen Temperaturen das Aluminium mit Kohlenstoff Aluminiumcarbid, Al_4C_3 bildet. Auch eine Elektrolyse wäßriger Aluminiumsalzlösungen ist nicht durchführbar, weil dabei an der Kathode nicht die Al^{+++}-Ionen, sondern bevorzugt die solvatisierten H^+-Ionen reduziert werden.

Dieses letztere Verfahren eignet sich dagegen gut zur einfachen Darstellung der Metalle Gallium, Indium und Thallium, die allerdings nur in kleinsten Mengen gewonnen werden. Davon hat Gallium den größten flüssigen Zustandsbereich aller bekannten Stoffe (Schmelzpunkt 29,78°C, Siedepunkt 2070 °C) (der Grund dafür ist noch nicht bekannt) und dient deshalb als Füllung für *Hochtemperaturthermometer*.

Reines Aluminium ist bereits in der Kälte gut verformbar und kann zu sehr dünnen Drähten und Folien verarbeitet werden (z. B. Stanniolersatz als Verpackungsmaterial). Bei hohen Temperaturen verbrennt es an Luft mit blendendem Licht zum Oxid Al_2O_3. Das sehr unedle Metall ($Al \rightleftharpoons Al^{3+}+3e^-$; $E_0 = -1{,}7$ V), müßte sich eigentlich wie die Alkali- und Erdalkalimetalle bereits bei Raumtemperatur mit Sauerstoff, aber auch mit Wasser umsetzen ($Al+3H_2O \rightarrow Al(OH)_3+3H_2$). Daß kompaktes Aluminium praktisch trotzdem sehr beständig ist und so vielerlei Anwendung in Technik und Haushalt findet, ist darauf zurückzuführen, daß sich an seiner Oberfläche eine dünne (10^{-6} cm), aber sehr festhaftende wasserunlösliche Oxidschicht ausbildet, die das Metall vor weiterem Angriff schützt (Zerstörung dieser Schicht etwa durch Amalgambildung mit Quecksilber führt zu rascher Reaktion mit Wasser!). Diese Schicht kann durch anodische Oxydation künstlich verstärkt (10^{-3} cm) werden (*„Eloxalverfahren“*),wodurch die Anwendungsbreite des Aluminiums und seiner Legierungen stark erweitert wird (solche Schichten sind auch leicht anfärbbar). Die *„Passivierung“* der Al-Oberfläche durch Oxidbildung fällt besonders in seinem Verhalten gegenüber der stark oxydierenden Salpetersäure auf, die auch in konzentrierter Form das unedle Metall erst in der Siedehitze angreift und auflöst. Auch nicht oxydierende Säuren (z.B. HCl) lösen in der Hitze, ebenso wie Laugen, das Metall auf.

Aluminium wird in der Eisenindustrie als Desoxydationsmittel verwendet (ein Zusatz von 1‰ befreit Eisen vom gelösten Oxid und ermöglicht blasenfreies Gießen). Als technisch besonders wichtige Al-Legierungen sind zu erwähnen das sehr feste Duraluminium (4% Cu, 1% Mg, 0,5% Mn und 1% Si), besonders für den Flugzeugbau und Hydronalium (7% Mg) wegen seiner guten Beständigkeit gegen Seewasser für den Schiffsbau.

α) *Verbindungen mit Wasserstoff:* Aus den bei Bor bereits erläuterten Gründen kann ein Alanmolekül AlH_3 monomer wegen des Sextetts am Zentralatom nicht beständig sein. Wegen des größeren (als B) Radius des Al-Atoms kann dieses gegenüber Wasserstoff aber die Koordinationszahl 6 ausbilden. Deshalb polymerisiert AlH_3 in drei Dimensionen zum *Aluminiumwasserstoff* $(AlH_3)_n$, in dem jedes Al-Atom oktaedrisch von 6 H-Atomen umgeben ist. Diese binden als Brücken in Mehrzentrenbindungen (S. 203) jeweils 2 Al-Atome zusammen. Wegen seiner hochpolymeren Natur ist der farblose, feste $(AlH_3)_n$ im Gegensatz zu den niedermolekularen Boranen weder in organischen Lösungsmitteln löslich, noch unzersetzt verdampfbar. Oberhalb 100 °C zerfällt er in die Elemente. Mit Wasser und anderen protonenaktiven Substanzen reagiert er erwartungsgemäß stürmisch, z. B.

$$AlH_3 + 3\,HOH \rightarrow Al(OH)_3 + 3\,H_2\,.$$

Von der *Lewis*-Base H^- wird monomeres Alan im wichtigen Alanatkomplex AlH_4^- stabilisiert. Das praktisch bedeutungsvollste komplexe Hydrid mit negativem Wasserstoff überhaupt, *Lithiumalanat*, wird aus wasserfreien Aluminiumchlorid (S. 226) und LiH in Äthern dargestellt nach

$$4\,LiH + AlCl_3 \rightarrow 3\,LiCl + LiAlH_4\,.$$

Technisch gelingt auch die Synthese aus LiH, feinverteiltem Aluminium und Wasserstoff in Tetrahydrofuran ($LiH + Al + 1^1/_2\,H_2 \rightarrow LiAlH_4$). Die ätherischen $LiAlH_4$-Lösungen (die Äthermoleküle stabilisieren wahrscheinlich als *Lewis*-Basen das AlH_4^--Ion durch Auffüllung der Koordinationszahl von 4 auf 6) stellen das beste Reagens für Hydrierungen in der anorganischen und organischen Chemie dar, weil die Hydridionen leicht in doppelten Umsetzungen gegen andere Liganden, bevorzugt Halogenatome, austauschbar sind. So wird z.B. Aluminiumwasserstoff (wie auch viele andere Hydride) leicht aus dem Chlorid und Alanat dargestellt

$$3\,LiAlH_4 + AlCl_3 \rightarrow 3\,LiCl + 4\,AlH_3 .$$

$(AlH_3)_n$ bildet nicht nur mit H^-, sondern auch mit anderen Hydriden praktisch interessante Komplexe, wie z.B. die salzartigen Alanate $NaAlH_4$ und $Ca(AlH_4)_2$ oder das kovalente, flüchtige Aluminiumboranat $Al(BH_4)_3$.

Die thermische Beständigkeit der ziemlich bedeutungslosen, den Al—H-Verbindungen entsprechenden Ga-, In- und Tl-Hydride nimmt innerhalb der Gruppe von oben nach unten so stark ab, daß Tl-III-Hydride selbst unterhalb $-100\,°C$ nicht mehr stabil sind.

β) *Verbindungen mit Halogenen:* Im Gegensatz zum kovalenten monomeren BF_3 bildet das farblose Aluminiumfluorid, AlF_3, ein hochschmelzendes (1290 °C) Ionengitter, in dem die Al-Atome durch Abgabe ihrer 3 Außenelektronen die Edelgaskonfiguration erreichen. AlF_3 ist demnach keine Elektronenmangelverbindung. Die kleinen Al^{3+}-Ionen sind oktaedrisch von 6 F^--Ionen umgeben. Die Koordinationszahl 6 gegenüber dem kleinen Fluor liegt auch in dem für die technische Al-Gewinnung bedeutenden Kryolith (S. 222) mit den diskreten Anionen $[AlF_6]^{---}$ vor. Die hohe Ladungsdichte der Al-Ionen bedingt nicht nur einen erheblichen kovalenten Bindungsanteil durch Polarisierung der F^--Ionen, sondern auch eine so hohe Gitterenergie, daß wasserfreies AlF_3 in Wasser, Säuren und Basen schwerlöslich ist. Man gewinnt es aus Aluminium (bei Rotglut auch aus Al_2O_3) und wasserfreiem HF ($Al + 3\,HF \rightarrow AlF_3 + 1^1/_2\,H_2$; $Al_2O_3 + 6\,HF \rightarrow 2\,AlF_3 + 3\,H_2O$). Ga, In und Tl bilden entsprechende Trifluoride mit vergleichbaren Eigenschaften.

$AlCl_3$, $AlBr_3$ und AlJ_3 schmelzen viel tiefer als AlF_3 (193 °C, 98 °C, 180 °C) und sind auch sehr leicht verdampfbar. Der Grund für diesen auffälligen Unterschied ist in den gegenüber Fluor geringeren Elektronegativitäten und größeren Atomradien der schwereren Halogene zu sehen. Einmal sind die Elektronegativitätsdifferenzen zu Al hier zu gering zur Ausbildung von echten Ionenbindungen und zum anderen die Ligandenradien so groß, daß Aluminium ihnen gegenüber nur mehr die Koordinationszahl 4 ausbilden kann. Im festen Kristall zeigen die wasserfreien Halogenide noch eine, allerdings sehr geringe, Ionenleitfähigkeit, was auf eine starke Polarisierung der Atombindungen hinweist. Im Gegensatz zu echten (in der Regel auch viel höher schmelzenden) Ionenkristallen ist diese Leitfähigkeit in der Schmelze aber völlig verschwunden. Diese Halogenide lösen sich als kovalente Verbindungen auch in organischen Lösungsmitteln wie Benzol. In diesen Lösungen liegen ebenso wie in der Schmelze und in der Gasphase kurz oberhalb der Siedepunkte dimere Moleküle Al_2X_6 vor. Während in den entsprechenden monomeren BX_3-Molekülen das Bor sein Oktett durch eine intramolekulare $(p \rightarrow p)_\pi$-Bindung auffüllt (S. 208), ist dies bei nicht allzu hohen Temperaturen wegen der größeren Bindungslänge Zentralatom – Ligand im Falle der Aluminiumverbindungen offensichtlich intermolekular energetisch günstiger. In einem Brückenmechanismus („*Anionenbrücken*") wirkt je ein Halogenligand zweier AlX_3-Moleküle mit einem freien Elektronenpaar (von denen jeder Ligand 3 besitzt) als *Lewis*-Base gegenüber der *Lewis*-Säure Aluminiumatom der Nachbarmoleküle mit seinem Elektronensextett. So kommt es zu einer Dimerisierung nach

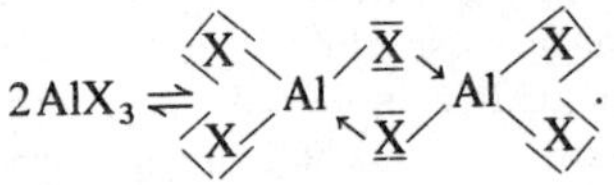

Die Al-Atome sind in diesen dimeren Halogeniden Al_2X_6 sp^3 hybridisiert und tetraedrisch (allerdings verzerrt) von vier Liganden umgeben. Die beiden verzerrten Tetraeder haben eine gemeinsame Kante (begrenzt durch die zwei Brückenatome). Die endständigen Al—X-Bindungen sind kürzer als die Brückenbindungen. Wahrscheinlich treten zusätzlich zu den die Komplexbildung (Dimerisierung) bewirkenden $(p \rightarrow p)_\pi$-Bindungen freie Elektronen der Liganden noch mit den leeren d-Orbitalen des Aluminiums (die bei Bor fehlen) in einer $(p \rightarrow d)_\pi$-Bindungsverstärkung in Wechselwirkung.

Erst bei höheren Temperaturen in der Gasphase dissoziieren die Al_2X_6-Moleküle in die monomeren Trihalogenide AlX_3, die nun trigonal eben (sp^2 hybridisiert) gebaut sind wie die entsprechenden Borhalogenide (Dissoziationswärmen ~12–15 kcal/Mol).

Die kovalenten Halogenide entstehen leicht aus den Elementen (bei entsprechend feiner Verteilung des Aluminiums unter Feuererscheinung) nach

$$2\,Al + 3\,X_2 \rightarrow Al_2X_6$$

oder aus den trockenen Halogenwasserstoffen nach

$$2\,Al + 6\,HX \rightarrow Al_2X_6 + 3\,H_2.$$

Das praktisch wichtige Al_2Cl_6 wird technisch aus *Phosgen* (S. 249) und Al_2O_3 bei 600 °C gewonnen nach

$$Al_2O_3 + 3COCl_2 \rightarrow Al_2Cl_6 + 3CO_2.$$

Die „*Anionenbrücken*“ der lösungsmittelfreien Aluminiumhalogenide (potentielle *Lewis*-Säuren) werden durch *Lewis*-Basen leicht gelöst unter Bildung neuer Komplexe, die häufig recht beständig sind. So lösen sie sich etwa gut in Äther unter Bildung von Ätheraten:

$$Al_2X_6 + 2R_2O \rightarrow 2R_2O\text{—}AlX_3.$$

Auch viele Addukte an Amine ($R_3N\text{—}AlX_3$) oder andere kovalente Halogenverbindungen sind bekannt (in letzterem Fall werden meist komplexe AlX_4^--Ionen gebildet, z.B. $2PCl_5 + Al_2Cl_6 \rightarrow 2PCl_4^+ AlCl_4^-$). Auf der Ausbildung labiler *Lewis*-Komplexe als Zwischenprodukte beruht die praktisch bedeutungsvolle Verwendung der Aluminiumhalogenide als Katalysatoren für *Friedel-Crafts*-Reaktionen der organischen Chemie.

Auch die äußerst stürmische Reaktion mit Wasser (die Halogenide „rauchen“ an feuchter Luft wegen der Bildung von HX-Nebeln) ist primär eine „Umkomplexierung“ nach

$$Al_2X_6 + 2H_2O \rightarrow 2X_3Al\text{—}OH_2.$$

Ist nur sehr wenig Wasser vorhanden, dann stabilisiert sich der zunächst gebildete Komplex (ähnlich wie bei der Hydrolyse von BX_3) durch HX-Abspaltung, die zu „*basischen*“ Halogeniden ($XAl(OH)_2$ bzw. AlOX) oder zum Hydroxid bzw. Oxid führt:

$$X_3Al\text{—}OH_2 \rightarrow X_2Al\text{—}OH + HX;$$

dieser Vorgang kann sich noch zweimal wiederholen. Liegt dagegen ein genügend großer Wasserüberschuß vor, dann dissoziieren die kovalenten Halogenide vollständig in solvatisierte Ionen:

$$Al_2X_6 + >6H_2O \rightarrow 2[Al(OH_2)_6]^{+++} + 6Cl^-.$$

Ähnlich wie beim Lösen des kovalenten Chlorwasserstoffs in Wasser (S. 93) wird die Bildung der im wasserfreien Zustand nicht existenzfähigen Ionen erst durch die besonders hohe Solvatationsenergie (hochgeladene sehr kleine Ionen!) ermöglicht. Wäßrige Aluminiumhalogenlösungen stellen danach echte „Salzlösungen“ mit elektrolytischer Leitfähigkeit dar, die nicht nur aus den wasserfreien Halogeniden mit Wasser, sondern auch einfach aus Aluminium und wäßrigen Halogenwasserstoffsäuren erhältlich sind. Solche Lösungen reagieren nicht neutral, sondern ziemlich sauer ($p_H < 7$), weil die oktaedrisch von $6\,H_2O$-Molekülen komplexierten Al^{3+}-Ionen stärkere Brønsted-Säuren sind als Wasser (S. 95):

$$[Al(OH_2)_6]^{+++} + H_2O \rightleftharpoons [Al(OH_2)_5OH]^{++} + H_3O^+.$$

Diese Gleichgewichtsreaktionen können bis zur Bildung des ungeladenen Aluminiumhydroxids weitergehen, wenn durch Konzentrieren der Lösungen beim Erwärmen das Dissoziationsgleichgewicht $H_3O^+ + X^- \rightleftharpoons HX + H_2O$ nach rechts verschoben wird. Dadurch entweichen die bei der Reaktion von Al_2X_6 mit überschüssigem Wasser gebildeten Halogenidionen schließlich als flüchtiger kovalenter Halogenwasserstoff und das „Hydrolyseprodukt" $Al(OH)_3$ bleibt zurück. Im Gegensatz etwa zu einer Natriumchloridlösung kann aus einer Aluminiumhalogenidlösung durch Eindampfen zur Trockene also nicht wieder das wasserfreie Halogenid zurückgewonnen werden. Die Reaktion von Al_2X_6 mit Wasser ist praktisch irreversibel!

Weil das hydratisierte Ion $[Al(OH_2)_6]^{3+}$ ein stärkerer Protonendonor ist als Wasser, reagieren alle wäßrigen Aluminiumsalzlösungen starker Mineralsäuren deutlich sauer.

Alles über Bau, Darstellung und Eigenschaften der kovalenten Aluminiumhalogenide und ihrer ionogenen wäßrigen Lösungen Gesagte gilt weitgehend auch für die Trichloride, -bromide und -jodide des Galliums, Indiums und Thalliums, die deshalb nicht besonders besprochen werden müssen. Bemerkt werden muß in diesem Zusammenhang aber die relative thermische Unbeständigkeit der Tl^{III}-Halogenide bezüglich der Reaktion $TlX_3 \rightarrow TlX + X_2$, die bereits unterhalb $\sim 40\,°C$ spontan abläuft (TlJ_3 ist wahrscheinlich gar nicht als solches, sondern als $Tl^+J_3^-$ bekannt).

Verbindungen mit Sauerstoff: Die außerordentlich hohe Bildungswärme von 399 kcal/Mol für Aluminiumoxid, Al_2O_3 bei der Verbrennung des Aluminiums zeigt die Affinität des Metalls zu Sauerstoff. Diese wird praktisch im „*aluminothermischen*" Verfahren ausgenützt, bei dem Oxide etwa des Mangans, Chroms oder Eisens mit stöchiometrischen Mengen Aluminiumgrieß gemischt und dann gezündet werden. Die Reduktion der Oxyde durch Aluminium erfolgt dabei so stark exotherm, daß die Metalle in flüssiger Form anfallen, z. B.

$$2\,Al + Fe_2O_3 \rightarrow Al_2O_3 + 2\,Fe + 203\ \text{kcal}$$

(letzteres Verfahren spielt als „*Thermit*"-Verfahren eine praktische Rolle). Vom in reiner Form farblosen Aluminiumoxid sind zwei kristalline Modifikationen bekannt: α-Al_2O_3 und γ-Al_2O_3. In der α-Form bilden die

O^{--}-Ionen eine kubisch dichte Kugelpackung, während die Al^{3+}-Ionen (Koordinationszahl 6) symmetrisch in die „oktaedrischen Lücken“ dieses Gitters eingebaut sind. Sie bildet sich aus der γ-Form (oder aus dem Hydroxid) oberhalb 1000 °C, ist dann aber auch bei Zimmertemperatur absolut beständig *(metastabil)*. Sie kommt in der Natur als *Korund* (Härte 9), *Schmirgel*, *Rubin* und *Saphir* vor (diese Edelsteine werden heute künstlich einfach aus Al_2O_3-Schmelzen – Schmelzpunkt 2050 °C – unter Zusatz der färbenden Metalloxidspuren – Cr, Ti, Fe – dargestellt). α-Al_2O_3 ist unlöslich in Wasser und in Säuren. Das kubische γ-Al_2O_3 bildet sich beim Entwässern des Hydroxyds unterhalb 500 °C. Es ist etwas reaktionsfähiger (und weicher) als die α-Form, in die es beim Glühen übergeht.

Reines Al_2O_3 ist als Ausgangsmaterial für die Aluminiumdarstellung von großer technischer Bedeutung (S. 223). Mit anderen Metalloxiden bildet es Mischoxide wie *Spinell*, $MgO \cdot Al_2O_3$, oder *Crysoberyll*, $BeO \cdot Al_2O_3$. Deren „*Spinellstruktur*“ wird auch von vielen anderen wichtigen Mischoxiden aus zwei- und dreiwertigen Metallen (z. B. Fe_3O_4 und Mn_3O_4, Band II) ausgebildet. Dabei bilden die O^{--}-Ionen wie im α Al_2O_3 eine kubisch dichte Packung. Die Hälfte der oktaedrischen Lücken wird von den Al^{3+}-Ionen, $^1/_4$ der tetraedrischen Lücken von den Mg^{++} bzw. Be^{++}-Ionen ausgefüllt. Das kubische γ-Al_2O_3 hat ein Spinell-Gitter, in dem ein Teil der Kationenplätze unbesetzt ist.

Neben den reinen Al_2O_3-Formen gibt es noch die hydratisierten Formen OAlOH als kristallines *Böhmit*. In der Natur kommt eine zweite OAlOH-Modifikation als *Diaspor* vor.

Aluminiumhydroxid, $Al(OH_3)$ fällt aus wäßrigen Al-Salzlösungen in der Kälte nach Zusatz von wenig Lauge zuerst als sehr schleimiger, stark wasserhaltiger Niederschlag aus, der beim Trocknen allmählich sein Wasser verliert. Das scheinbar amorphe Hydroxid „altert“ unter Wasser und geht über das instabile *Bayerit* schließlich in die stabilste $Al(OH)_3$-Form, *Hydrargillit*, über. Bei der Wasserabspaltung oberhalb 150 °C bildet sich daraus Böhmit, oberhalb 400 °C γ-Al_2O_3 und oberhalb 1000 °C α-Al_2O_3.

$Al(OH_3)$ ist wie $B(OH)_3$ eine einbasige Säure, doch ist der saure Charakter noch schwächer ausgeprägt als bei der Borsäure (S. 213). Er reicht aber noch aus, $Al(OH)_3$ in NaOH oder anderen Basen (bei genügendem OH^--Überschuß) zu Aluminaten aufzulösen nach

$$Al(OH)_3 + OH^- \rightleftharpoons Al(OH)_4^-.$$

Wird in solchen Aluniumatlösungen durch Zusatz schwacher Säuren wie NH_4^+ oder CO_2 (S. 243) der OH^--Überschuß aus dem Gleichgewicht entfernt, dann fällt wieder $Al(OH)_3$ aus (s. „*Aufschlußreaktionen*" zur Reinigung von Al_2O_3).

Im Gegensatz zur Borsäure geht $Al(OH)_3$ aber nicht nur in wäßrigen Laugen unter Aluminatbildung, sondern auch in wäßrigen Säuren unter Aluminiumsalzbildung in Lösung:

$$Al(OH)_3 + 3\,H_3O^+ \rightarrow [Al(H_2O)_6]^{+++}.$$

Dieses „*amphotere*" Verhalten ist deshalb möglich, weil die hohe Hydrationsenergie der Al^{3+}-Ionen diese in Wasser existenzfähig macht (bei Bor ist das Ionisierungspotential dafür zu hoch). Wird in solchen Lösungen das Gleichgewicht

$$[Al(OH_2)_6]^{+++} + 3\,H_2O \rightleftharpoons [(H_2O)_3Al(OH)_3] + 3\,H_3O^+$$

durch Laugenzusatz (Abfangen von H_3O^+) nach rechts verschoben, dann fällt, genauso wie auf Säurezusatz zu den Aluminatlösungen, wieder $Al(OH)_3$ aus. In beiden Fällen darf zum Ausfällen des Hydroxids also kein Überschuß des Fällungsmittels verwandt werden, in dem sich der „amphotere" Niederschlag sonst lösen würde.

Wäßrige Aluminiumsalzlösungen sind praktisch von allen stärkeren Säuren bekannt. Aus den bei den Halogeniden besprochenen Gründen reagieren sie alle sauer und können aus ihren Lösungen, in denen immer $[Al(OH_2)_6]^{3+}$-Ionen neben den entsprechenden Anionen vorliegen, nicht wasserfrei erhalten werden. Die thermische Zersetzung des hydratisierenden Kations führt immer zu Al_2O_3. Als Hydrate, in denen das komplex gebundene Solvatwasser im Kristall fest gebunden ist, können sie jedoch meist leicht isoliert werden. Neben den Halogeniden $AlCl_3 \cdot 6\,H_2O$ ist davon *Aluminiumsulfat* $Al_2(SO_4)_3 \cdot 18\,H_2O$, das ausgezeichnet löslich ist und in großen Mengen zum Leimen von Papier verwandt wird (Darstellung aus $Al(OH)_3 + H_2SO_4$), sehr wichtig. Es bildet mit allen Sulfaten einwertiger Kationen (außer Li, das dafür zu klein ist) prächtig kristallisierende Doppelsulfate $MAl(SO_4)_2 \cdot 12\,H_2O$ (*„Alaune"*) (M = = z. B. Na^+, K^+, NH_4^+). Deren kubische Gitter werden aus $[M(OH_2)_6]^+$, $[Al(OH_2)_6]^{3+}$ und entsprechend vielen SO_4^{--}-Ionen aufgebaut. Sie entstehen einfach beim Einengen gesättigter Lösungen der Bestandteile M_2SO_4 und $Al_2(SO_4)_3$. Praktisch werden sie zum „*Beizen*" von Wolle und Baumwolle in der Färberei eingesetzt (Abscheidung von $Al(OH)_3$ auf der Gewebeoberfläche durch Hydrolyse, wodurch saure Farbstoffe chemisch als „*Farblacke*" gebunden werden).

Die sauren Al-Salzlösungen werden teilweise wegen ihrer „*adstringierenden*" Wirkung auch in der Medizin verwendet (z. B. „*essigsaure*

Tonerde" = Aluminiumazetat, oder Aluminiumchlorat als „*Mallebrin*" zu Rachenspülungen).

Gallium, Indium und Thallium bilden in der Oxydationsstufe +3 Oxide, Hydroxide und Salze, die denen des Aluminiums weitgehend entsprechen (abgesehen von der thermischen Instabilität der Tl^{3+}-Verbindungen) und deshalb hier nicht gesondert behandelt werden.

Die einzige bis jetzt bekannte definierte Schwefel-(auch Se und Te)-Verbindung des Aluminiums ist das aus den Elementen unter Sauerstoffausschluß bei höheren Temperaturen darstellbare Sulfid Al_2S_3. Es verbrennt an Luft zu Al_2O_3 und SO_2, mit Wasser liefert es nach $Al_2S_3 + 6H_2O \rightarrow 2Al(OH)_3 + 3H_2S$ spontan Schwefelwasserstoff. Diese Reaktion dient mit Al_2Se_3 und Al_2Te_3 zur einfachen Darstellung von H_2Se und H_2Te (S. 122).

d) *Verbindungen mit Stickstoff und Phosphor:* Erhitzen von Aluminium mit Stickstoff bzw. Phosphor unter Luftausschluß liefert *Aluminiumnitrid*, AlN bzw. -*Phosphid*, AlP. Sie liefern mit Wasser $Al(OH)_3$ und NH_3 bzw. PH_3.

e) *Niedere Oxydationsstufen der Elemente Ga, In und Tl:* Bei Normaltemperatur treten Bor und Aluminium nur in der Oxydationsstufe +3 auf (sofern keine Element-Elementbindungen vorliegen wie in den Elementen selbst oder in den höheren Boranen). Diese ist auch für Gallium und Indium noch charakteristisch, während die meisten Thallium-III-Verbindungen leicht in die beständigeren Tl-I-Verbindungen übergehen. Die Tatsache, daß dann, wenn die Elemente einer Hauptgruppe in mehreren Wertigkeitsstufen vorkommen können, die Beständigkeit der höchsten Oxydationsstufe innerhalb der Gruppe von oben nach unten abnimmt, war bereits bei der Besprechung der V. Hauptgruppe festzustellen. Sie fällt in der III. Hauptgruppe ebenso auf wie auch in der noch zu besprechenden IV. Hauptgruppe. Sie wird – recht unklar und unkorrekt – als „*Effekt des inerten Paares*" bezeichnet.

Wenn die IIIb-Elemente nur die Oxydationsstufe +1 ausbilden (oder die der V. Hauptgruppe – z. B. Bi – +3), dann ist von den 3 (bzw. 5) Außenelektronen ein Elektronenpaar (ns^2) nicht zur Bindung herangezogen worden. Das Vorhandensein des „*inerten*" Paares ist aber nicht der Grund, sondern nur die Konsequenz der Tatsache, daß nur die um 2 erniedrigte höchste Oxydationszahl angestrebt und erreicht wird. Die beiden zwangsläufig miteinander gekoppelten Folgen müssen eine (oder mehrere) gemeinsame Ursache(n) im Atombau haben. Diese können, soweit schon bekannt, hier nur kurz qualitativ angedeutet werden: Die Ausbildung der Oxydationsstufe +3 in der III. Hauptgruppe setzt voraus, daß alle 3 Außenelektronen zur Verbindungsbildung abgegeben oder doch dem negativen Bindungspartner weitgehend zur Verfügung gestellt werden. Dies wird um so leichter möglich sein, je weniger sie von der positiven Kernladung angezogen werden. In den beiden ersten Elementen B und Al sind die drei Außenelektronen direkt über die Schale der vorhergehenden Edelgase He und Ne eingebaut – die Kernladung ist von der stabilen Edelgaskonfiguration aus jeweils nur um 3 Einheiten erhöht. Dagegen folgen Ga und In jeweils erst 13 Stellen nach einem Edelgas (durch Einbau von je 10 Übergangselementen zwischen Ca und Ga bzw. Sr und In)! Die dadurch stark erhöhte Kernladungszahl „überkompensiert" wohl den „normalen" Effekt der von oben nach unten erleichterten Abgabe der Außenelektronen so, daß diese Elemente bei der Verbindungsbildung nicht mehr immer alle 3 Außenelektronen betätigen, sondern ein Paar allein in der Einflußsphäre des eigenen Kernes belassen („inertes" Paar). Das Tl folgt wegen des zusätzlichen Einbaues von 14 inneren Übergangselementen nun gar erst 27 Stellen auf das voranstehende Edelgas Xe. Dadurch sollte der eben erwähnte Effekt der Kernladung hier besonders ausgeprägt und das inerte Paar besonders „reaktionsunwillig" sein. Dies ist in der Tat der Fall (gleiche Überlegungen gelten für Bi in der V. Gruppe, das im Gegensatz zu seinen leichteren Homologen bevorzugt nur noch die Oxydationsstufe +3 ausbildet).

Einige der wenigen Ga^{+1}-Verbindungen sind die „Dihalogenide" $GaCl_2$ und $GaBr_2$. Darin liegt nicht die Oxydationsstufe +2, sondern ein Gemisch von +1 und +3 vor. Sie bilden Gitter aus Ga^+ und GaX_4^--Ionen. Die Ga^+-Ionen besitzen darin ein „*inertes Paar*". Sie sind in wäßriger Lösung aber unbeständig und zerfallen sofort in Ga^0 und Ga^{3+} nach $3Ga^+ \rightarrow 2Ga + Ga^{3+}$. Das Galliumsulfid GaS besteht dagegen nicht aus $Ga^+GaS_2^-$, sondern enthält in einer komplizierten Struktur Ga-Ga-Bindungen, wodurch die Oxydationszahl zum reinen Formalismus wird. Die Ga-Atome betätigen darin alle 3 Außenelektronen.

Von Indium sind die Monohalogenide InBr und InJ mit In^+-Ionen bekannt. $InCl_2$ ist nicht wie $GaCl_2$ gebaut, sondern stellt ein Gemisch dar aus $InCl_3$ und In_2Cl_3. Letzteres enthält als $(In^+)_3\,(InCl_6)^{3-}$ ebenfalls In^+-Ionen. Sie disproportionieren in Wasser ebenso wie Ga^+ in In^0 und In^{3+}, sind also auch sehr unbeständig.

Dagegen sind Tl^+-Ionen in Wasser sehr beständig und nur schwer zu oxydieren. Die Verhältnisse sind hier insofern umgekehrt wie bei den leichteren IIIb-Elementen, als die Tl-III-Verbindungen mit oxydierbaren Anionen wie Cl^-, Br^- und bes. J^- leicht spontan zerfallen nach

$$TlX_3 \rightarrow TlX + X_2 .$$

Die Tl-III-Verbindungen entsprechen – abgesehen von der thermischen Beständigkeit und dem Verhalten gegenüber Reduktionsmitteln – denen von Al, Ga und In. Die salzartigen Tl-I-Verbindungen ähneln dagegen sehr einmal den Alkalisalzen (gut lösliches, stark basisches TlOH; $TlNO_3$, Tl-Phosphate, $TlClO_4$, $TlAl(SO_4)_2 \cdot 12\,H_2O$ usw. zeigen ähnliche Löslichkeit und Kristallstruktur wie die Alkalisalze), wegen der (außer TlF) sehr schlechten Löslichkeit der Halogenide TlCl, TlBr und TlJ sowie wegen deren Lichtempfindlichkeit aber auch den Silbersalzen (s. Band II). Alle Thalliumverbindungen sind stark giftig!

H. Die IV. Hauptgruppe des Periodensystems (Kohlenstoffgruppe)

Die *„repräsentativen"* Elemente (außer Wasserstoff) bilden zusammen sieben Hauptgruppen des Periodensystems. Davon wurden in vorliegender Abhandlung bisher sechs in der Reihenfolge VII, I, VI, II, V, III besprochen. Dabei haben wir uns von den Extremen der Halogene einerseits und der Alkalimetalle andererseits aus der „Mitte" der Hauptgruppenelemente immer mehr genähert. Diese IV. Hauptgruppe bildet in der gewählten Systematik den Abschluß der repräsentativen Elemente. Sie wird gebildet von den 5 Elementen *Kohlenstoff* (C), *Silicium* (Si), *Germanium* (Ge), *Zinn* (Sn) und *Blei* (Pb), die alle vier Elektronen in ihrer äußersten Schale besitzen (im Grundzustand zwei gepaarte s- und zwei ungepaarte p-Elektronen) und damit jeweils vier Stellen vor dem nächsten Edelgas stehen. Außer Kohlenstoff, der auch elementar vorkommen kann, finden sich diese Elemente in der Natur nur in Form von Verbindungen, hauptsächlich mit Sauerstoff. Ihr Anteil am Aufbau der Erdringe beträgt: C 0,03%, Si (zweithäufigstes Element!) 27,7%, Ge $7 \cdot 10^{-4}$%, Sn $4 \cdot 10^{-3}$%, Pb $1{,}6 \cdot 10^{-3}$%. *Kohlenstoff ist als wichtigster Baustein aller pflanzlichen und tierischen Organismen für das Leben auf der Erde von fundamentaler Bedeutung. Das gleiche gilt für Silicium in bezug auf die mineralische Welt.*

Tab. III.26 zeigt einige wichtige Eigenschaften der Elemente.

Auch in dieser Gruppe sind aufgrund der gleichen Außenkonfiguration wesentliche gemeinsame Züge aller Elemente wie die Ausbildung bevorzugt kovalenter Moleküle mit vierbindigen Zentralatomen, die allen Molekülen dieser Art gleiche tetraedrische Ligandenanordnung wegen der sp^3-Hybridisierung der Zentralatome usw. zu beobachten. Der starke Unterschied der Radien von C und Si und der damit zusammenhängenden Eigenschaften sowie das Auftreten freier d-Orbitale erst von Silicium ab bedingen hier jedoch zwischen dem leichtesten Element und seinen schwereren Homologen einen so bedeutenden Unterschied, daß dem Kohlenstoff insofern eine einmalige Sonderstellung zukommt, als sich von ihm eines der drei wichtigsten Teilgebiete der Chemie ableitet: die *Organische Chemie.* Wegen dieser Sonderstellung muß er getrennt vom „typischen" IVb-Element Silicium und seinen Homologen Ge, Sn und Pb behandelt werden.

Tabelle III.26. Einige Eigenschaften der IVb-Elemente

	C	Si	Ge	Sn	Pb
Ordnungszahl	6	14	32	50	82
Außenelektronen	$2s^2\,2p^2$	$3s^2\,3p^2$	$4s^2\,4p^2$	$5s^2\,5p^2$	$6s^2\,6p^2$
Atomgewicht	12,001	28,09	72,59	118,69	207,19
Schmelzpunkt °C	~3570	1414	958,5	231,8	327,5
Siedepunkt °C	~3950	2355	~2700	2362	1755
Atomradius Å	0,77	1,17	1,22	1,40	1,46
1. Ionisierungspotential in eV	11,264	8,149	8,13	7,32	7,415
Elektronegativität nach Pauling	2,5	1,8	1,7	1,7	1,7

1. *Kohlenstoff und seine Verbindungen*

Beim Fehlen geeigneter fremder Partner können Kohlenstoffatome untereinander zwei in ihren physikalischen Eigenschaften drastisch voneinander verschiedene hochpolymere kristalline Verbindungen bilden: *Diamant* und *Graphit.* Beide möglichen Kohlenstoffmodifikationen kommen in der Natur vor. Dagegen handelt es sich bei den natürlichen oder künstlich dargestellten Kohlensorten wie z. B. *Braunkohle, Steinkohle, Koks, Holzkohle, Zuckerkohle* usw. nicht um reinen Kohlenstoff, sondern um komplizierte Gemische mehr oder weniger kohlenstoffreicher organischer Verbindungen, die trotz ihrer großen praktischen Bedeutung hier nicht besprochen werden können. *Ruß* und andere sogenannte „amorphe" Kohlenstoff-Formen sind in Wirklichkeit Aggregate winziger Graphitkristalle.

Im Diamant bilden die C-Atome ein regelmäßiges dreidimensionales Atomgitter aus. Die einzelnen Kristalle stellen somit *„Riesenmoleküle"* dar. Darin liegen die Atome nicht im Grundzustand ($2s^2\,2p^2$) vor, aus dem heraus sie ja nur 2 Atombindungen über die beiden ungepaarten p-Elektronen ausbilden könnten. Es wird vielmehr das s^2-Paar durch Energiezufuhr zunächst entkoppelt durch Anhebung eines s-Elektrons in die dritte, noch freie p-Bahn zum angeregten Zustand $s^1 p_x^1 p_y^1 p_z^1$ mit vier ungepaarten Elektronen. Durch Hybridisierung der drei p-Orbitale mit dem einen s-Orbital entstehen unter Energiegewinn dann 4 völlig gleiche sp^3-Bahnen, von denen jede mit einem einzelnen Elektron besetzt ist. Sie ragen vom Atomkern aus symmetrisch in die Ecken eines regelmäßigen Tetraeders (die Winkel zwischen diesen Orbitalen betragen 109° 5′). Jedes Atom kann nun aus diesem Hybridisierungszustand heraus völlig symmetrische Atombindungen (σ-Bindungen) zu vier darum tetraedrisch angeordneten weiteren gleich hybridisierten Kohlenstoffatomen durch Spinkopplung mit je einem seiner Außenelektronen ausbilden (Bindungsenergie für jede Bindung = ~85 kcal/mol). Das Zentralatom erreicht dadurch das bei Kohlenstoff wegen des Fehlens freier d-Orbitale nicht überschreitbare Elektronenoktett und damit einen besonders energiearmen (stabilen) Zustand. Die vier Ligandenatome können dann jeweils mit drei weiteren gleichen Atomen die gleichen Bindungen eingehen usw. Dies führt schließlich zum dreidimensionalen Diamantgitter, in dem jedes C-Atom tetraedrisch mit vier weiteren C-Atomen verbunden ist (Abstand 1,53 Å). Dieses kovalente Gitter (Ausschnitt s. Abb. III.27.) ist außerordentlich beständig. Diamant ist der härteste aller bekannten Stoffe (Verwendung als Schleif- und Bohrmaterial). Da alle Elektronen in symmetrischen Atombindungen lokalisiert sind, ist Diamant ein absoluter Nichtleiter und farblos (wegen der hohen Lichtbrechung Verwendung als Edelstein – durch geeigneten Schliff vorteilhaft bearbeitet als *Brillant*). Chemisch ist er bei Normal-

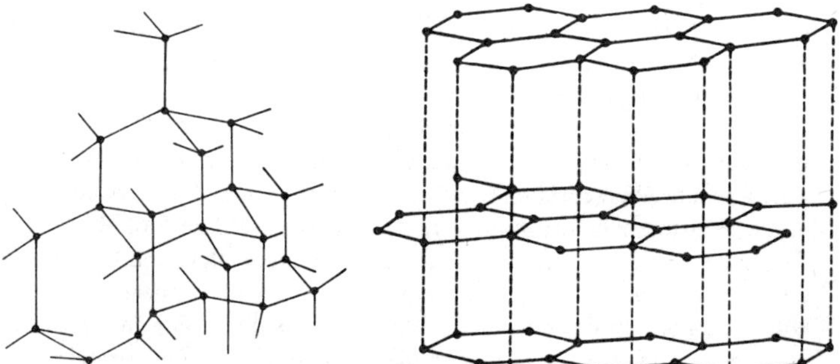

Abb. III.27. Gitter von Diamant und Graphit

temperatur sehr reaktionsträge. Bei höheren Temperaturen wird er allerdings von Oxydationsmitteln angegriffen. Oberhalb ~850 °C verbrennt er an Luft zu Kohlendioxid.

Thermodynamisch etwas stabiler als Diamant ist unter Normalbedingungen die viel häufigere Kohlenstoffmodifikation *Graphit* (allerdings nur um ~0,5 kcal/mol; Diamant wird erst oberhalb ~2500 °C stabiler als Graphit, ist also bei Raumtemperatur nur „*metastabil*". Die Umwandlungsgeschwindigkeit von Diamant in Graphit ist aber unterhalb 1500–2000 °C unendlich langsam). Im Graphit werden von den vier ungepaarten Elektronen der angeregten Kohlenstoffatome jeweils nur drei für σ-Bindungen zu drei benachbarten Kohlenstoffatomen betätigt. Diese sind in drei gleichen, trigonal ebenen (Winkel 120 °) sp^2-Hybridorbitalen angeordnet. Dadurch entstehen riesige zweidimensionale Schichten aus ebenen, regelmäßigen Sechsecken (Bienenwabenmuster) von durch σ-Bindungen zusammengehaltenen Kohlenstoffatomen. Der gegenüber Diamant verkürzte Bindungsabstand von 1,42 Å zeigt, daß über die einfache σ-Bindung hinaus eine Bindungsverstärkung (und damit Verkürzung) durch π-Bindungen vorliegt. Sie kommt dadurch zustande, daß jedes C-Atom in der Schicht noch ein „überschüssiges", an den σ-Bindungen nicht beteiligtes p-Elektron besitzt, das sich in der senkrecht zu der sp^2- und damit Schicht-Ebene orientierten dritten, nicht in die Hybridisierung einbezogenen p-Bahn aufhält. Diese Elektronen können in diesen senkrecht zur Schichtebene stehenden p-Orbitalen miteinander unter Ausbildung von π-Bindungen in Wechselwirkung treten. Formal wird so jede zweite σ-Bindung in der Schicht über eine π-Bindung zur Doppelbindung. Da aber alle Bindungen der Schicht Bindungen zwischen gleichen Atomen darstellen und somit gleichberechtigt (und, wie die Abstandsmessungen gezeigt haben, auch gleich lang) sind, ist die Wahrscheinlichkeit für das Auftreten der π-Bindung zwischen allen Atomen gleich groß. Da einmal pro C-Atom aber nur 4 Elektronen vorhanden sind und zum anderen kein C-Atom die Edelgasschale überschreiten kann, trifft formal nur auf jede zweite Bindung eine zusätzliche π-Bindung. In Wirklichkeit sind deshalb die „überschüssigen" π-Elektronen über die ganze Schicht gleichmäßig verteilt oder delokalisiert, was eine „*Aromatisierung*" der Graphitschichten bedeutet. Sie können deshalb nicht durch eine einzige Valenzstrichformel beschrieben, sondern – vereinfachend – nur durch Resonanzformeln umschrieben werden, von denen Abb. III.28 eine mögliche Form zeigt. Die einzelnen Graphitschichten sind parallel so gegeneinander verschoben, daß die sich entsprechenden Atome zweier Schichten nicht übereinander, sondern „auf Lücke" stehen (Abb. III.28.).

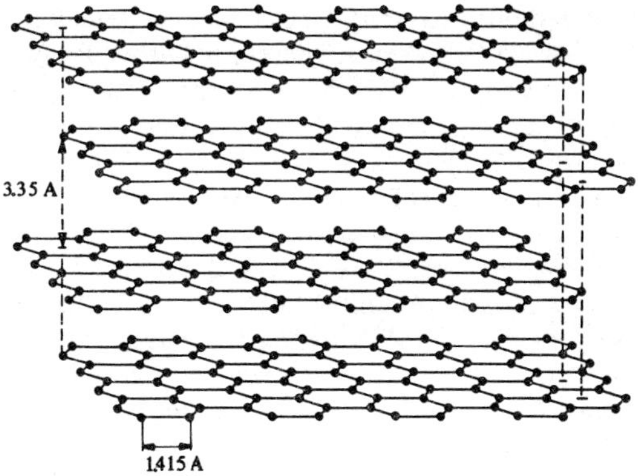

Abb. III.28. Struktur von Graphit und mögliche Resonanzformulierung in einer Graphitebene

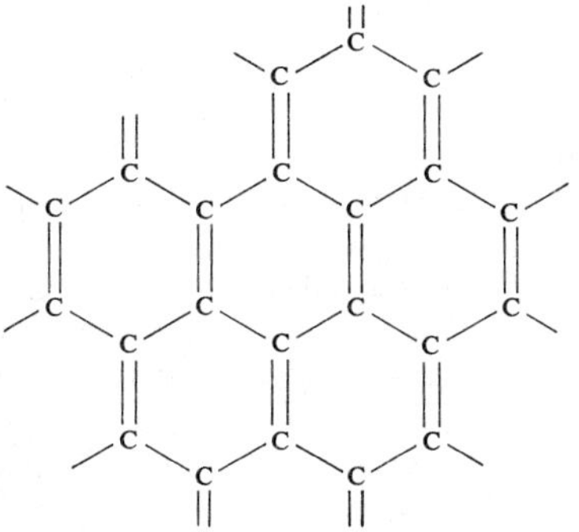

Sie sind nicht durch Atombindungen (dazu fehlen Elektronen und freie Orbitale), sondern nur durch schwache *Van der Waal*sche Kräfte zusammengehalten. Dies geht aus dem großen Schichtabstand von 3,35 Å hervor. Aus diesem großen Abstand erklärt sich die gegenüber dem metastabilen *Diamanten* (d = 3,52 g/cm^3) geringere Dichte von d = 2,27 g/cm^3 und die leichte Spaltbarkeit (Weichheit) in einer Ebene („fettiger, schuppiger" Charakter, Verwendung als „Blei"-stift und als bei hohen Temperaturen beständiges Schmiermittel). Aus der Delokalisierung und damit praktisch „freien" Beweglichkeit der π-Elektronen in den Schichten erklärt sich das elektrische Leitvermögen des Graphits (praktisch nur in Richtung der Schichtebenen!), das technisch von großer Bedeutung ist (Graphitelektroden, z. B. Aluminiumdarstellung, S. 223 oder Kohlelichtbogen und Taschenlampenbatterien, S. Band II). Auch die schwarze Farbe und der „Metallglanz" sind durch diese leicht schon durch sichtbares Licht anregbaren π-Elektronen der „aromatischen" Schichten bedingt und leicht verständlich.

Trotz seiner von Diamant völlig verschiedenen physikalischen Eigenschaften ist Graphit erwartungsgemäß chemisch dem Diamanten recht ähnlich. Bei Normalbedingungen (außer gegenüber stärksten Oxydationsmitteln) chemisch recht inert und träge, verbrennt Graphit oberhalb ~ 750 °C an Luft zu CO_2. Seine lange Zeit vergeblich versuchte Umwandlung in Diamant ist seit einigen Jahren realisierbar und technisch zur Darstellung von Industriediamanten von Bedeutung (vgl. auch die ähnlich verlaufende Umwandlung des zu Graphit isosteren hexagonalen $(BN)_n$ in die dem Diamanten isostere kubische $(BN)_n$-Form, S. 219). Sie gelingt durch Erhitzen von Graphit in einem mit Aluminiumsilikat ausgekleideten druckfesten Behälter (Autoklaven) auf 2000–3500 °C unter einem Druck von 80000–130000 atm! Trotz dieser drastischen Bedingungen muß noch ein Übergangsmetall wie Cr, Fe, Co, Ni, Ta, Ir oder Pt als „Katalysator" zugesetzt werden. Wahrscheinlich löst sich der Kohlenstoff als Graphit in einem dünnen Metallfilm und kristallisiert daraus als schwerer löslicher Diamant wieder aus.

Vom Graphit leitet sich eine Reihe von Verbindungen ab, die im engeren Sinn eigentlich keine Kohlenstoffverbindungen sind (die für die verschiedenen Bindungspartner getrennt in der Reihenfolge unserer Besprechung der Elemente behandelt werden). Sie sind als *„Graphitverbindungen"* weniger von den Eigenschaften der einzelnen C-Atome, als vielmehr von der eigenartigen Schichtstruktur der Graphitkristalle als Ganzes bestimmt (und können – wenigstens prinzipiell – in gleicher Weise auch von anderen schichtförmig aufgebauten Stoffen wie z. B. von hexagonalem Borstickstoff gebildet werden). So wandern beim Erhitzen von Graphit mit Schmelzen oder Dämpfen der Alkalimetalle K, Rb und Cs deren Atome regelmäßig so zwischen die Graphitschichten ein, daß dabei bronzefarbene *intermetallische Verbindungen* zwischen den Alkalimetallen und den metallischen Schichten C_8Me (Alkaliatome zwischen jeder Schicht) oder blaue bis schwarze Verbindungen $C_{24}Me$, $C_{36}Me$ und $C_{48}Me$ (Alkaliatome zwischen jeder 3., 4. oder 5. Schicht) entstehen, die noch die metallische Leitfähigkeit zeigen, aber extrem empfindlich sind gegenüber Feuchtigkeit und Luft. In ähnlicher Weise lassen sich auch viele wasserfreie Metallhalogenide wie $FeCl_3$ zwischen die Graphitschichten einlagern (unter Aufweitung des Schichtabstandes). Das eingelagerte $FeCl_3$ kann z. B. in flüssigem Ammoniak mit Natrium ($FeCl_3 + 3\,Na \rightarrow 3\,NaCl + Fe$) zum Metall reduziert werden, das fest zwischen den Schichten haften bleibt. Dabei resultiert nicht nur elektrisch leitender, sondern auch ferromagnetischer „Graphit". Auch Brom, Jod und Jodchlorid können eingelagert werden.

Unter Säuren kann Graphit zu rotbraunen *„Salzen"* der Zusammensetzung $C_{24}^{+} \cdot HSO_4^{-} \cdot 2H_2SO_4$, $C_{24}^{+} \cdot ClO_4 \cdot 2HClO_4$, $C_{24}^{+} \cdot NO_3 \cdot 2HNO_3$ usw. oxydiert werden, in denen die Anionen und Säuremoleküle Schichten zwischen den Kohlenstoffschichten ausbilden. Letztere wirken dann als „Kationen". Kräftigere Oxydation (in einem Gemisch von konz. H_2SO_4 und HNO_3) mit $KClO_3$ liefert grüngelbes *„Graphitoxid"* der angenäherten Bruttoformel $[C_8O_2(OH)_2]_n$, mit elementarem Fluor entsteht *„Graphitfluorid"* $(CF)_n$. In den beiden letzteren Fällen werden alle oder fast alle π-Elektronen der Kohlenstoffschichten für σ-Bindungen zu Sauerstoff bzw. Fluor herangezogen. Die Schichten verlieren dadurch zwangsläufig nicht nur ihre metallische Leitfähigkeit, sondern auch ihren völlig ebenen Bau: Der Wechsel von der sp^2- zur sp^3-Hybridisierung bedingt eine tetraedrische Umgebung jedes C-Atoms und dadurch eine Wellung der Schichten (die einzelnen C-6-Ringe haben „Sesselstruktur"). Im Graphitoxid liegen also einzelne zweidimensionale Riesenmoleküle parallel zueinander „gepackt" vor. Solche Kristalle können in Wasser oder anderen polaren Agentien eindimensional durch Einwanderung der polaren Moleküle zwischen die Schichten reversibel so stark „quellen", daß der ursprüngliche Schichtabstand auf das 2–4fache ansteigen (und durch „Trocknen" wieder auf den Anfangswert zurückgehen) kann.

a) *Verbindungen mit Wasserstoff*

Die Zahl der *Kohlenwasserstoffe* genannten Verbindungen zwischen Kohlenstoff und Wasserstoff ist praktisch unbegrenzt. Die Kohlenwasserstoffe und die meisten ihrer Derivate bilden den Bereich der *organischen*

Chemie, der wegen seines großen Umfangs hier auch nicht andeutungsweise umschrieben werden kann. Die Mannigfaltigkeit der nur aus wenigen Atomsorten aufgebauten organischen Verbindungen ist wesentlich auf die hervorstechende Eigenschaft der Kohlenstoffatome zurückzuführen, sich mit sich selbst unter Ausbildung gewöhnlicher σ-Bindungen (Energie der C—C-Bindung = 83 kcal/mol) zu Ketten praktisch unendlicher Länge zu vereinigen, die sich auch zu Ringen schließen können. Da der Kohlenstoff im sp^3-hybridisierten Zustand vierbindig ist, kann jedes C-Atom eines Ringes oder einer Kette noch zwei (Kettenenden naturgemäß drei) Wasserstoffatome bzw. andere einbindige Liganden binden. Der einfachste Kohlenwasserstoff, das tetraedrisch gebaute *Methan*, CH_4, stellt somit nur das Grundglied der großen Klasse „gesättigter" offenkettiger und ringförmiger Kohlenwasserstoffe *(„Alkane")* C_nH_{2n+2} und C_nH_{2n} dar. Die Zahl der möglichen Alkane wird dadurch noch wesentlich erhöht, daß die als Kettenglieder wirkenden C-Atome unter Kettenverzweigung verknüpft sein können.

Prinzipiell zeigen auch andere Atome die Kettenbildungsfähigkeit des Kohlenstoffs, allerdings nur in abgeschwächtem Maße, so neben Schwefel (S. 118) besonders Silicium. Wenn auch die Energie der Si-Si-σ-Bindung mit ~45 kcal/mol erheblich geringer ist als die der C—C-Bindung, so existieren doch viele Si—Si-Verbindungen, wie etwa die den Alkanen entsprechenden Silane Si_nH_{2n+2} (S. 263). Daß es trotzdem unmöglich ist, außer einigen formalen Analogien eine der Kohlenstoffchemie entsprechende Chemie des in der Außenkonfiguration dem Kohlenstoff entsprechenden Siliciums aufzubauen, hat im wesentlichen drei Gründe:

1. Die Energie der C—C-Bindung liegt in der gleichen Größenordnung wie die C—X-Bindungen mit elektronegativem X (z. B. C—O = 84 kcal/mol), während die Si—Si-Bindung erheblich schwächer als Si—X ist (Si—O 88 kcal/mol), weshalb Si—Si-Bindungen leicht unter Bildung von Si—O-Bindungen gesprengt werden.

2. Im vierbindigen Kohlenstoff kann die Elektronenschale wegen des Fehlens von d-Orbitalen auch im Übergangszustand einer Reaktion (z. B. Hydrolyse der Borhalogenide S. 210) nicht durch Wechselwirkung mit einer Lewis-Base wie H_2O überschritten werden, was bei vierbindigem Si leicht möglich ist; dadurch ist die Umwandlung metastabiler C-Verbindungen in die thermodynamisch stabileren Produkte (CO_2 und H_2O) im Gegensatz zu den formal analogen Si-Verbindungen mechanistisch sehr erschwert.

3. Kohlenstoff kann über die σ-Bindung hinaus mit sich selbst noch eine (ebene sp^2-Hybridisierung) oder zwei (lineare sp-Hybridisierung) π-Bin-

dungen und damit Doppelbindungen $>C=C<$ bzw. Dreifachbindungen $—C\equiv C—$ eingehen; dagegen sind Si=Si-Bindungen nicht möglich.

Die unter 3. angeführten Möglichkeiten der Doppel- und Dreifachbindung erweitern natürlich die Zahl der Kohlenwasserstoffe noch wesentlich um die ungesättigten Alkene (mit $>C=C<$-Bindungen) bzw. Alkine (mit $—C\equiv C$-Bindungen). Sind die π-Bindungen nicht lokalisiert, sondern wie in dem zu Borazol (S. 219) isosteren *Benzol*, C_6H_6, mit formal 3 Doppelbindungen im ebenen Ring delokalisiert, dann liegt ein besonders energiearmes „*aromatisches*" System vor.

Die nur technisch organisatorisch, nicht aber wesensmäßig bedingten Grenzen zwischen organischer und anorganischer Chemie sind historisch unter falschen oder wenigstens ungenauen Voraussetzungen mehr oder weniger ungenau und inkonsequent gewachsen und nicht exakt definierbar. So gelten meist diejenigen Kohlenstoffverbindungen, die keinen Wasserstoff mehr enthalten (Ausnahmen etwa H_2CO_3 und HCN) als „anorganisch". Die reinen Kohlenwasserstoffe sind klar „organisch". Letzteres gilt definitionsgemäß auch dann, wenn Kohlenwasserstoffreste mit Elementen der VII. und VI. Hauptgruppe sowie mit Stickstoff verbunden sind. Bei Verbindungen der übrigen Elemente mit Kohlenwasserstoffresten spricht man meist von „*elementorganischen*" Verbindungen oder – etwas ungenauer – von „*metallorganischen*" Verbindungen. Die Chemie dieser letztgenannten Verbindungsklasse spielt in vielerlei Hinsicht – obwohl prinzipiell in manchen Vertretern schon seit ca. 100 Jahren bekannt – in jüngster Zeit eine sowohl theoretisch als auch praktisch immer bedeutungsvollere Rolle. Sie wird heute in gleicher Intensität von anorganischen und organischen Chemikern weiterentwickelt und vorangetrieben. Auf diesem typischen „Grenzgebiet" kann der Schwerpunkt einmal mehr auf dem Einfluß der Natur der organischen Gruppen oder Reste (R –) und einmal mehr auf dem Einfluß des mit dem Rest R verknüpften „anorganischen" Elementes auf die Eigenschaften der Moleküle liegen. Im Rahmen einer knappen systematischen Darstellung der anorganischen Chemie können aus diesem großen und sich ungewöhnlich rasch entwickelnden Grenzgebiet nur wenige typische Beispiele skizziert werden.

b) *Verbindungen mit Halogenen*

Die zahllosen wasserstoffhaltigen C-Halogenverbindungen (z. B. *Methylchlorid* CH_3Cl, *Methylenchlorid* CH_2Cl_2, *Chloroform* CCl_3H und

Chlorbenzol C_6H_5Cl) können als „organische" Verbindungen hier nicht behandelt werden. An binären C-Halogenverbindungen sind die vier denkbaren Moleküle *Kohlstofftetrafluorid*, CF_4 (Schmelzpunkt $-185\,°C$, Siedepunkt $-128\,°C$), *Kohlenstofftetrachlorid*, CCl_4 (Schmelzpunkt $-22{,}9\,°C$, Siedepunkt $76{,}4\,°C$), *Kohlenstofftetrabromid*, CBr_4 (Schmelzpunkt $93{,}7\,°C$, Siedepunkt Zers.) und *Kohlenstofftetrajodid*, CJ_4 (Schmelzpunkt $171\,°C$, Siedepunkt Zers.) bekannt. Sie sind kovalente, tetraedrisch gebaute (sp^3) Moleküle, von denen das farblose CF_4 die beständigste C-Verbindung überhaupt darstellt. Farbloses CCl_4 (technisch aus CH_4 oder CS_2 und Cl_2 dargestellt) ist ein wichtiges, nichtbrennbares *(Feuerlöscher!)* Lösungsmittel für Fette (Fleckenentfernung) und andere kovalente Verbindungen. Von energiereichem Licht oder bei höherer Temperatur wird es radikalisch in die sehr reaktionsfähigen Bruchstücke Cl· und $\cdot CCl_3$ gespalten. Die mit steigender Größe des Halogens abnehmende Energie der C—X-Bindung (C—F 105, C—Cl 79, C—Br 66 und C—J 57 kcal/mol) äußert sich darin, daß das hellgelbe CBr_4 und das leuchtend gelbe CJ_4 nicht mehr unzersetzt destilliert werden können, sondern beim Erhitzen unter Halogenabspaltung zerfallen.

Von Wasser werden die kovalenten Verbindungen wegen des Fehlens von d-Orbitalen am Kohlenstoff im Gegensatz zu den Siliciumhalogeniden (S. 265) unter Normalbedingungen nicht angegriffen. Sie sind damit auch nicht mischbar.

Gemischte, relativ niedrig siedende und chemisch sehr inerte Methan- und Äthanfluorid-chloride wie z. B. CF_2Cl_2 spielen heute technisch als *Kühlmittel* in Kühlschränken oder als Treibmittel in „*Spray*"-Dosen eine bedeutende Rolle.

c) *Verbindungen mit Chalkogenen*

Die formalen Wasserderivate ROH und ROR (R = organischer Rest) sind als Alkohole und Äther ebenso organische Verbindungen wie die Aldehyde $\mathrm{RC}\begin{smallmatrix}\!{\nearrow\!\!\!\nearrow}\,\mathrm{O}\\ \!\searrow\mathrm{H}\end{smallmatrix}$, Ketone $\mathrm{R{-}C}\begin{smallmatrix}\!{\nearrow\!\!\!\nearrow}\,\mathrm{O}\\ \!\searrow\mathrm{R}\end{smallmatrix}$ und Carbonsäuren $\mathrm{R{-}C}\begin{smallmatrix}\!{\nearrow\!\!\!\nearrow}\,\mathrm{O}\\ \!\searrow\mathrm{OH}\end{smallmatrix}$ mit ihren Derivaten. Das gleiche gilt für die entsprechenden Thio-, Seleno- und Telluro-Verbindungen, soweit sie bekannt sind. Dagegen zählen die binären Kohlenstoffchalkogenide und die „Kohlensäure" mit einem Teil ihrer Derivate üblicherweise zu den anorganischen Verbindungen und müssen deshalb hier besprochen werden.

Von den bekannten Kohlenstoffoxiden CO, CO_2, C_3O_2 und $C_{12}O_9$ sind nur die beiden ersten von Bedeutung.

α) *Kohlendioxid*, CO_2, ist das Endprodukt der Oxydation des Kohlenstoffs und aller seiner Verbindungen. Die bei der Reaktion

$$C + O_2 \rightleftharpoons CO_2 + 95\,\text{kcal}$$

frei werdende Energie ermöglicht sowohl die Lebensfunktion der Organismen (langsame Oxydation der kohlenstoffhaltigen Nahrungsmittel), als auch die Verwendung natürlich vorkommender Kohle und Kohlenwasserstoffe (Erdöl, Erdgas) als wichtigste Energiequelle der Technik. Das farblose und geruchlose Gas (Schmelzpunkt unter 5,3 atm $-57\,°C$, Sublimationspunkt $-78.5\,°C$) kommt als biologisches und technisches Verbrennungsprodukt zu $\sim 0{,}03$ Vol.-$^0/_0$ in der Luft vor ($\sim 2 \cdot 10^{12}$ Tonnen!). Im „Kreislauf" des Kohlenstoffs in der Natur wird es aus der Atmosphäre von den Pflanzen verbraucht, die aus CO_2 und Wasser mit Hilfe der Sonnenenergie Kohlehydrate aufbauen und dabei Sauerstoff freisetzen (Assimilation). Die exotherme biologische oder technische Oxydation der so aufgebauten Kohlehydrate bzw. ihrer natürlichen Umwandlungsprodukte liefert dann das CO_2 wieder zurück. Im Laufe geologischer Epochen ist allerdings die Hauptmenge des ursprünglich auf der Erde vorhandenen Kohlendioxids diesem natürlichen Kreislauf entzogen und von basischen Erdalkalioxiden (bes. Ca und Mg) zu den festen Carbonaten der Erdrinde gebunden worden.

Als Endprodukt der Atmung und Verbrennung kann CO_2 diese naturgemäß nicht unterhalten, weshalb größere Konzentrationen davon in der Luft giftig wirken (der Sauerstoffgehalt des eingeatmeten Gemisches reicht dann nicht mehr aus) und CO_2 zum Löschen von Bränden geeignet ist.

Die CO_2-Moleküle haben wegen ihres geradlinigen Baues $\ddot{\underset{..}{O}}::C::\ddot{\underset{..}{O}}$ kein Dipolmoment. Ihre wichtigste chemische Reaktion ist die als Säureanhydrid mit Wasser bzw. Basen zu Kohlensäure bzw. Carbonaten (S. 245).

β) *Kohlenmonoxid*, CO, ist ebenfalls ein farb- und geruchloses Gas (Schmelzpunkt $-205\,°C$, Siedepunkt $-191{,}6\,°C$). Das mit N_2 isostere :C:::O: Molekül wirkt über das freie Elektronenpaar am C-Atom (es hat einen stärkeren p-Charakter und damit eine „höhere Konzentration" in einer bestimmten Vorzugsrichtung als das Paar am O-Atom) als *Lewis*-Base. Die wichtigsten CO-Komplexe sind die *„Carbonyle"* der Übergangselemente (S. Band II). Auf einer solchen Komplexbildung mit Eisen (Verdrängung des komplex gebundenen Sauerstoffs am in der wäßrigen Blutflüssigkeit als „Sauerstofftransporteur" dienenden Hämoglobin durch CO) beruht wesentlich auch die starke Giftwirkung des Kohlenmonoxids, der große Bedeutung zukommt, weil CO nicht nur der

„giftige“ Bestandteil von Leuchtgas, sondern auch der Auspuffgase von Verbrennungsmotoren ist.

CO entsteht bei der „unvollständigen“ Verbrennung von Kohle und Kohlenwasserstoffen (wenn für die CO_2-Bildung zu wenig O_2 zur Verfügung steht) bzw. bei der endothermen Reduktion von CO_2 mit Kohlenstoff, die miteinander in dem temperatur- und druckabhängigen Gleichgewicht

$$CO_2 + C \rightleftharpoons 2CO - 41\,\text{kcal}$$

stehen, das technisch von großer Bedeutung ist. Im Laboratorium gewinnt man es z. B. durch Wasserabspaltung aus der einfachsten organischen „*Karbonsäure*“, der Ameisensäure, HCOOH, mit konzentrierter H_2SO_4 nach

$$HCOOH \rightarrow H_2O + CO.$$

CO ist ein bei Zimmertemperatur bemerkenswert beständiges Reduktionsmittel, das mit Sauerstoff (und auch mit den meisten anderen Oxydationsmitteln) erst bei höheren Temperaturen zu CO_2 reagiert nach

$$CO + {}^1/_2\,O_2 \rightarrow CO_2 + 68\,\text{kcal},$$

wenn nicht geeignete Katalysatoren wie einige Übergangsmetallionen anwesend sind. Wegen der dabei freiwerdenden großen Wärmemengen dient CO im Gemisch mit N_2 als „*Generatorgas*“ für Gasfeuerungen in der Technik. Generatorgas entsteht beim Durchleiten von Luft durch glühende Kohle (Koks oder Braunkohle) im geeigneten Mengenverhältnis nach

$$C + {}^1/_2\,O_2 \rightarrow CO + 27\,\text{kcal}.$$

Auch das wegen seines H_2-Gehaltes als Heizgas viel wertvollere „*Wassergas*“ enthält CO. Es bildet sich beim Überleiten von Wasserdampf über glühenden Koks nach

$$C + H_2O \rightarrow CO + H_2 - 31\,\text{kcal}.$$

Durch „*Konvertieren*“ kann das Kohlenmonoxid aus Generatorgas und Wassergas entfernt werden. Darunter versteht man die Reduktion von Wasserdampf mit CO nach

$$CO + H_2O \rightleftharpoons CO_2 + H_2 + 10\,\text{kcal}$$

unterhalb $\sim 800\,°C$ (darüber liegt das Gleichgewicht weitgehend auf der linken Seite). Das dabei gebildete CO_2 kann unter Druck mit Wasser ausgewaschen werden (CO ist praktisch unlöslich in Wasser). So gewinnt man großtechnisch für die *Ammoniaksynthese* (S. 157) und andere Zwecke billig N_2 aus Luft und H_2 aus Wasser durch abwechselndes Durchleiten von Luft (exotherme Generatorgasbildung) und Wasserdampf (endotherme Wassergasbildung) im richtigen Mengenverhältnis durch glühende Kohle, anschließendes Konvertieren des CO mit H_2O in CO_2 und H_2 und Herauslösen des CO_2 aus dem Gasgemisch mit Wasser. Die reduzierende Wirkung des CO spielt außerdem noch im Hochofenprozeß zur Eisengewinnung eine wichtige Rolle.

Der dem Kohlendioxid entsprechende *Schwefelkohlenstoff*, CS_2, stellt eine bereits bei 46,2 °C siedende, charakteristisch riechende und in reiner Form farblose Flüssigkeit mit extrem hohem Lichtbrechungsvermögen dar. Durch Lichteinwirkung färbt sich CS_2 rasch gelb. Er wird technisch aus den Elementen durch Wärmezufuhr (Schwefeldampf und glühende Kohle) nach $C + 2S \rightarrow CS_2 - 22\,\text{kcal}$ dargestellt und dient als gutes Lösungsmittel für Schwefel, Phosphor, Fette usw., besonders aber Kautschuk. In großen Mengen wird CS_2 für die Darstellung von Viskoseseide und Zellwolle eingesetzt. Besonders charakteristisch ist die leichte Entflammbarkeit von CS_2-Dämpfen schon bei ~225 °C.

Die giftigen Kohlenstoffchalkogenide COS (Schmelzpunkt −138 °C, Siedepunkt −50 °C) und CSe_2 (Schmelzpunkt −45,5 °C, Siedepunkt 124 °C) sind ohne größere praktische Bedeutung und können hier nicht näher besprochen werden.

γ) *Kohlensäure und Carbonate:* Kohlendioxid löst sich, mit steigender Temperatur abnehmend, mit steigendem Druck aber stark zunehmend, in Wasser (in 1 Liter bei 20 °C 0,9 Liter bei 1 atm; 16 Liter bei 25 atm und 26 Liter bei 50 atm). Diese Lösungen heißen „*Kohlensäure*". Die anregende Wirkung CO_2-haltiger Getränke (Sauerbrunnen, Limonaden, Schaumweine, Bier) geht beim Entweichen des CO_2 durch Erwärmen oder durch Stehen in offenen Gefäßen bei Normaldruck verloren.

Vom physikalisch gelösten und nur schwach hydratisierten CO_2 reagiert in neutralem Wasser nur ca. 1 % relativ langsam unter Bildung der zweibasigen Kohlensäure nach

$$H_2O + CO_2 \rightleftharpoons O{=}C\begin{matrix} \diagup OH \\ \diagdown OH. \end{matrix}$$

Diese ist, wie aus der 1. Dissoziationskonstante

$$\frac{[H^+][HCO_3^-]}{[H_2CO_3]} = 5 \cdot 10^{-4}$$

hervorgeht, nur eine mäßig starke Säure. Doch ist sie viel stärker (was auch aus ihrer Struktur ableitbar ist) als dies durch die „scheinbare" Dissoziationskonstante K $\sim 4 \cdot 10^{-7}$ vorgetäuscht wird, die von der falschen Annahme ausgeht, daß alles gelöste CO_2 als H_2CO_3 vorliegt (über 99% sind nur physikalisch gelöst!). Die in Wasser praktisch ganz auf der linken Seite liegende Gleichgewichtskette

$$CO_2 + H_2O \rightleftharpoons H_2CO_3 \rightleftharpoons H^+ + HCO_3^- \rightleftharpoons 2H^+ + CO_3^{--}$$

kann natürlich durch Abfangen der Hydroniumionen durch OH^--Ionen ganz nach rechts verschoben werden. CO_2 löst sich deshalb quantitativ in Laugen unter Bildung von Carbonaten auf. Praktisch alle Schwermetallcarbonate sind, ebenso wie die Erdalkalicarbonate, in Wasser schwerlöslich. Die Lösungen der Alkalicarbonate reagieren alkalisch, weil das eben gebaute (mit NO_3^- isostere) CO_3^{--}-Ion gegenüber Wasser als Base wirkt:

$$CO_3^{--} + H_2O \rightleftharpoons HCO_3^- + OH^-.$$

Schon durch Zusatz schwacher Säuren wird die obige Gleichgewichtskette wieder nach links verschoben. Carbonatlösungen und auch die meisten festen Carbonate „schäumen" dabei unter CO_2-Entwicklung auf (darauf beruht die Darstellung von CO_2 im Laboratorium aus Marmor – $CaCO_3$ – und HCl im *Kipp*schen Apparat). Freie *Kohlensäure* H_2CO_3, ist sehr unbeständig und nicht in Substanz isolierbar. Durch Umsetzung von $NaHCO_3$ mit HCl in Dimethyläther läßt sich bei tiefen Temperaturen jedoch ein festes Diätherat $H_2CO_3 \cdot 2(CH_3)_2O$ isolieren. In der Natur kommen riesige Mengen wasserunlösliches Calciumcarbonat, $CaCO_3$, als Kalkstein, Marmor und Kreide und als Doppelsalz mit $MgCO_3$ – Dolomit, in der Erdrinde als Gesteinsmaterial vor (langsame Bildung aus CO_2 der Atmosphäre und bei der Verwitterung von Feldspäten gebildeten basischen Oxiden; eine ähnliche $CaCO_3$-Bildung spielt beim Erhärten von Mörtel eine wichtige Rolle). Beim Erhitzen auf hohe Temperaturen geben diese Carbonate unter Oxidbildung das gebundene CO_2 wieder ab *(„Kalkbrennen")*.

Von den synthetisch hergestellten Carbonaten nimmt *Natriumcarbonat*, Na_2CO_3 *(Soda)*, mit einer jährlichen Weltproduktion von ~15000000 Tonnen eine Schlüsselstellung unter den Produkten der chemischen Industrie ein. Es dient u.a. in großen Mengen zur Darstellung von Seife, zur Wasserenthärtung, zur Gewinnung von Glas, zur Darstellung aller möglichen Na-Salze durch Umsetzung mit den entsprechenden Säuren und teilweise auch als Ausgangsmaterial für das wichtige NaOH ($Na_2CO_3 + Ca(OH)_2 \rightarrow CaCO_3 + 2\,NaOH$). Prinzipiell können alle Carbonate aus den entsprechenden Oxiden bzw. Hydroxiden und CO_2 dargestellt werden, so auch Na_2CO_3 aus NaOH und CO_2 ($2NaOH + CO_2 \rightarrow Na_2CO_3 + H_2O$). Dieses Verfahren ist angesichts des hohen Preises des elektrochemisch dargestellten NaOH (S. 117) und des riesigen Bedarfes an Soda aber völlig unwirtschaftlich (sehr oft ersetzt ja gerade die billigere Soda technisch das teuere NaOH als Base). Die erste großtechnische Na_2CO_3-Synthese (*Leblanc*-Verfahren:

$$2NaCl + H_2SO_4 \rightarrow Na_2SO_4 + 2HCl;$$

$$Na_2SO_4 + 2C \rightarrow Na_2S + 2CO_2; \quad Na_2S + CaCO_3 \rightarrow Na_2CO_3 + CaS)$$

wurde weitgehend durch das „*Solvay*-Verfahren" verdrängt. Dabei wird in eine wäßrige NaCl-Lösung NH_3 und CO_2 eingeleitet. Aus dem dabei gebildeten Gemisch der Ionen Na^+, Cl^-, HCO_3^- und NH_4^+ bildet sich das in Wasser nur mäßig lösliche *Natriumhydrogencarbonat*, $NaHCO_3$, als Niederschlag. Wegen seines Ausfallens und damit Ausscheidens aus den möglichen Gleichgewichtsreaktionen wird es praktisch quantitativ gebildet. Es kann durch Filtrieren oder Dekantieren leicht abgetrennt und, wie alle Hydrogencarbonate, durch Erhitzen in das neutrale Carbonat überführt werden:

$$2NaHCO_3 \rightarrow Na_2CO_3 + CO_2 + H_2O.$$

Das CO_2 wird in den Prozeß zurückgeführt. Das eingesetzte NH_3 liegt in Lösung als Ammoniumchlorid vor und wird daraus durch Kalk wieder in Freiheit und neu eingesetzt.

Diese großtechnische Synthese ist ein gutes Beispiel dafür, wie ein nicht direkt realisierbarer Prozeß (hier die Reaktion $CaCO_3 + 2NaCl \rightarrow CaCl_2 + Na_2CO_3$) auf Umwegen schließlich doch erzwungen werden kann:

$$\begin{aligned} CaCO_3 &\rightarrow CaO + CO_2 \\ 2NaCl + 2CO_2 + 2NH_3 + 2H_2O &\rightarrow 2NaHCO_3 + 2NH_4Cl \\ 2NaHCO_3 &\rightarrow Na_2CO_3 + H_2O + CO_2 \\ 2NH_4Cl + CaO &\rightarrow 2NH_3 + CaCl_2 + H_2O \\ \hline CaCO_3 + 2NaCl &\rightarrow CaCl_2 + Na_2CO_3. \end{aligned}$$

Die *Soda* kristallisiert aus Wasser als Dekahydrat $Na_2CO_3 \cdot 10H_2O$. Dieses spaltet bereits bei 32,5 °C 3 und bei 35,4 °C weitere 6 Mol H_2O ab. Das Monohydrat $Na_2CO_3 \cdot H_2O$ geht schließlich bei 112 °C in wasserfreie *(„calzinierte")* Soda über.

Das nur schlecht lösliche Natriumhydrogencarbonat dient wegen seiner ganz schwach alkalischen Reaktion in der Medizin als *Bullrichsalz* zur Neutralisation überschüssiger Magensäure (HCl) und wegen des thermischen Zerfalls in CO_2, H_2O und Na_2CO_3 im Haushalt als *Backpulver*.

Kaliumcarbonat, K_2CO_3, (*„Pottasche“*, weil es aus Pflanzenasche gewonnen werden kann) kann nicht gleich wie Na_2CO_3 erhalten werden, weil $KHCO_3$ gut wasserlöslich ist und deshalb aus einer Lösung von KCl, CO_2 und NH_3 nicht ausfallen würde. Man stellt es aus KOH und CO_2 oder durch Zersetzung des schwerlöslichen Doppelsalzes $KMg(CO_3)_2 \cdot 4H_2O$ bei 120°C in K_2CO_3 und $MgCO_3$ dar.

Während das in der Natur in riesigen Mengen vorkommende $CaCO_3$ nur sehr schlecht in reinem Wasser löslich ist, reagiert es mit dem CO_2-haltigen natürlich vorkommenden Wasser nach

$$CaCO_3 + H_2O + CO_2 \rightarrow Ca(HCO_3)_2$$

unter Bildung von *Calciumhydrogencarbonat*. Dieses ist bei 20°C zu ~1 g/Liter löslich. Sein Gehalt im Wasser bewirkt dessen *„Härte“*, genauer die *temporäre Härte*. „Hartes“ Wasser enthält etwas $Ca(HCO_3)_2$ und $CaSO_4$ gelöst (zuweilen auch Mg-Salze). Die Ca^{++}-Ionen bilden mit Seife (wasserlösliche Alkalisalze von Fettsäuren) die unlöslichen „Kalkseifen“. Es muß also soviel Seife zugegeben werden, bis alles Ca^{++} davon ausgefällt ist. Erst danach kann weiter zugesetzte Seife waschwirksam werden. Im Gegensatz zur „bleibenden“, durch $CaSO_4$ bewirkten Härte kann die durch Hydrogencarbonat bewirkte temporäre Härte durch Kochen beseitigt werden, weil dabei nach

$$Ca(HCO_3)_2 \rightarrow CaCO_3 + H_2O + CO_2$$

das unlösliche Carbonat ausgefällt wird. Diese Reaktion (*„Kesselsteinbildung“*) ist technisch außerordentlich unerwünscht und schädlich. Die $CaCO_3$-Abscheidung an Kesselwänden muß durch *„Enthärten“* des Wassers unbedingt vermieden werden. Dies kann durch Ausfällen der Ca^{++}-Ionen mit Soda, Phosphaten usw. oder durch *„Ionenaustausch“* von Ca^{++} gegen $2Na^+$ (*Ionenaustauscher*, S. 274) geschehen. Die Härte des Wassers wird in *„deutschen Härtegraden“* angegeben (10 mg CaO in 1 Liter Wasser = 1 d. Härtegrad).

Thiokohlensäure: Ebenso wie aus CO_2 und Hydroxiden bzw. Oxiden die Carbonate gebildet werden, entstehen aus CS_2 und Sulfiden die Trithiocarbonate, z.B.

$$BaS + CS_2 \rightarrow BaCS_3.$$

Daraus läßt sich durch Ansäuern mit wäßriger HCl die im Gegensatz zu H_2CO_3 bei 0°C einige Zeit beständige *Trithiokohlensäure* H_2CS_3 als orangegelbes, wasserunlösliches Öl isolieren. Sie ist erwartungsgemäß stärker sauer als H_2CO_3. Die *Monothiokohlensäure* und *Dithiokohlensäure* H_2CO_2S und H_2COS_2 sind nicht in Substanz, sondern nur als organische Ester und Halbester beständig. Letztere spielen als Xanthogenate u.a. als Schädlingsbekämpfungsmittel und in der Kunstseidenindustrie eine Rolle.

Kohlensäurehalogenide: Ersatz der beiden OH-Gruppen in H_2CO_3 führt zu den gasförmigen *Carbonyldihalogeniden* COF_2, $COCl_2$ und $COBr_2$. Sie reagieren mit Wasser spontan unter Halogenwasserstoffabspaltung („Rauchen" an feuchter Luft) nach

$$COX_2 + H_2O \rightarrow CO_2 + 2HX.$$

Am bedeutungsvollsten ist davon das technisch aus CO und Cl_2 am Kohlekontakt gewonnene, sehr giftige *Phosgen*, $COCl_2$, als Zwischenprodukt vieler Synthesen (im 1. Weltkrieg als „Grünkreuz"-Giftgas eingesetzt). Auch das entsprechende *Thiophosgen*, $CSCl_2$, wird als Zwischenprodukt benötigt.

Die übrigen Derivate der Kohlensäure, wie z.B. das als Harnstoff bezeichnete *Diamid* $CO(NH_2)_2$, fallen in den Bereich der organischen Chemie.

d) *Verbindungen mit Elementen der V. Hauptgruppe*

Derivate des Ammoniaks, in denen 1, 2 oder auch alle 3 H-Atome durch einbindige organische Reste R ersetzt sind, stellen sehr wichtige Verbindungen dar. Als *primäre* (RNH_2), *sekundäre* (R_2NH) bzw. *tertiäre* (R_3N) *Amine* gelten sie definitionsgemäß jedoch als organische Verbindungen und werden dementsprechend hier nicht behandelt.

Erwärmen des Quecksilbersalzes der *Blausäure* (S. 250) oder die Oxydation von *Cyanidionen* (S. 250) mit Cu^{++}-Ionen liefert das farblose, sehr giftige Gas *Dicyan*, $(CN)_2$, (Schmelzpunkt −34,4 °C, Siedepunkt −21 °C) nach

$$Hg(CN)_2 \rightarrow Hg + (CN)_2$$
$$2Cu^{++} + 4CN^- \rightarrow 2CuCN + (CN)_2.$$

Seine Moleküle bestehen aus je 2C- und N-Atomen in linearer Anord nung $N{\equiv}C{-}C{\equiv}N$, doch zeigt der gegenüber einer einfachen C—C-Bindung (1,54 Å) erheblich verkürzte C—C-Abstand von 1,37 Å (N—C = 1,16 Å), daß Dicyan durch die Resonanzformulierungen

$$|N{\equiv}C{-}C{\equiv}N| \leftrightarrow |\overset{(-)}{N}{=}C{=}C{=}\overset{(+)}{N}| \leftrightarrow |\overset{(+)}{N}{=}C{=}C{=}\overset{(-)}{N}|$$

umschrieben werden muß. Die endotherme Verbindung (−71 kcal/Mol) ist bei Raumtemperatur recht beständig, doch verbrennt sie beim Entzünden unter Bildung einer „pfirsichblütenfarbigen“ Flamme extrem hoher Temperatur (>4500 °C!). Erhitzen unter Sauerstoffausschluß führt zur Bildung von hochpolymerem „*Paracyan*“,

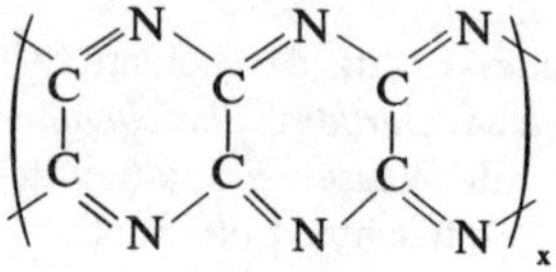

$(CN)_2$ wird als „*Pseudohalogen*“ bezeichnet, weil die CN-Radikale sich wie Halogenatome dimerisieren, von Wasser hydrolysiert werden, unter Bildung von CN^--Ionen oxydierend wirken und eine kovalente Wasserstoffverbindung HX bilden, die gegenüber (und in) Wasser als Säure wirkt. Wie die Halogene untereinander Interhalogenverbindungen bilden (S. 50), gibt es auch Interhalogen-Pseudohalogenverbindungen, z.B. die äußerst giftigen und reaktionsfähigen kovalenten Stoffe *Chlorcyan*, ClCN, und *Bromcyan*, BrCN.

Der als Pseudohalogenwasserstoff aufzufassende *Cyanwasserstoff*, H—C≡N|, stellt bei Zimmertemperatur eine farblose Flüssigkeit vom Schmelzpunkt −14 °C und Siedepunkt 25,7 °C dar. Diese für das leichte HCN-Molekül hohen Werte sind erklärbar durch die Assoziation der Cyanwasserstoffmoleküle, die über Wasserstoffbrücken wie etwa bei HF und H_2O (S. 50) zu einer polymeren Verbindung $(HCN)_x$ führt. Die nach bitteren Mandeln riechende (HCN ist als Glykosid *Amygdalin* tatsächlich in Mandeln und Steinobstkernen chemisch gebunden enthalten) Verbindung ist als ein das Atmungsferment durch Komplexbildung blockierender und so die Sauerstoffabgabe aus dem Blut verhindernder Stoff eines der am schnellsten (durch „innere Erstickung“) zum Tode führenden starken Gifte. Die wäßrige HCN-Lösung *(„Blausäure“)* reagiert nur sehr schwach sauer ($K = 2 \cdot 10^{-9}$). Daraus folgt, daß ihre Salze *(Cyanide)* durch Hydrolyse stark alkalisch reagieren ($H_2O + CN^- \rightarrow HCN + OH^-$) und (durch die Magensäure HCl wird daraus sofort HCN freigesetzt) ebenfalls sehr stark giftig wirken (~150 mg KCN sind innerhalb weniger Minuten tödlich für einen Menschen). Selbst die aus dem CO_2 der Luft mit Wasser gebildete Kohlensäure kann HCN aus ihren Salzen freisetzen.

Große Mengen von HCN werden für Synthesen in der organischen Chemie verwandt. Sie werden hauptsächlich durch Verbrennen eines Gemisches von NH_3 und CH_4 an Platinkontakten dargestellt nach

$$2CH_4 + 2NH_3 + 3O_2 \rightarrow 2HCN + 6H_2O.$$

Im Laboratorium erhält man HCN leicht durch Ansäuern wäßriger Alkalicyanidlösungen. Von diesen sind Natrium- und Kaliumcyanid technisch wichtig. Sie können einfach aus den Hydroxiden und HCN dargestellt werden. Technisch wird NaCN durch Erhitzen von Natriumamid mit Kohlenstoff gewonnen nach

$$NaNH_2 + C \rightarrow NaCN + H_2.$$

Cyanidionen, CN^-, sind mit CO und N_2 isoster. Sie stellen ausgezeichnete *Komplexliganden* (*Lewis*-Basen) dar, von denen es viele sehr beständige und wichtige Übergangsmetallkomplexe gibt. Ihre große Bildungstendenz wird etwa bei der Goldgewinnung (s. Band II) praktisch genützt.

Starke Oxydationsmittel führen wäßrige KCN-Lösungen ebenso wie Sauerstoff eine KCN-Schmelze in *Kaliumcyanat*, KOCN, über. Die daraus durch Ansäuern erhältliche wäßrige Lösung von *Cyansäure*, HOCN, ist unbeständig und wird nach

$$HN{=}C{=}O + 2H_2O \rightarrow NH_3 + H_2O + CO_2$$

hydrolysiert. Wasserfrei (dargestellt durch thermische Zersetzung von Harnstoff) trimerisiert sie zur *Cyanursäure* $(HNCO)_3$.

Isomer zur Cyansäure ist die frei sehr unbeständige *Knallsäure*, HONC. Ihre schlagempfindlichen Quecksilber- und Silbersalze (*Fulminate*, dargestellt aus dem Metall, HNO_3 und Äthylalkohol) dienen als wichtige Initialzünder in Zündhütchen.

Als *Lewis*-Base greifen Cyanidionen sowohl in Lösung als auch in der Schmelze, elementaren Schwefel an. Dabei wird in einem stufenweisen Abbaumechanismus, ähnlich wie mit Sulfit oder Sulfid (S. 140), *Rhodanid*, SCN^-, gebildet, z.B.

$$S_8 + 8KCN \rightarrow 8KSCN.$$

Das *Rhodanidion* ist wie CN^- als Pseudohalogenidion aufzufassen. Dementsprechend entsteht beim Ansäuern von Rhodaniden der frei allerdings nur bei sehr tiefen Temperaturen beständige *Rhodanwasserstoff*, HSCN, der schon oberhalb −100 °C polymerisiert und in Wasser als mittelstarke Säure löslich ist. Freies *Dirhodan*, $(SCN)_2$, ist aus Silberrhodanid durch Brom als Oxydationsmittel erhältlich nach

$$2AgSCN + Br_2 \rightarrow 2AgBr + (SCN)_2.$$

Es schmilzt unter Zersetzung bei 15 °C. In seiner Oxydationskraft steht es als Pseudohalogen zwischen Br_2 und J_2. Quecksilberrhodanid, $Hg(SCN)_2$, verglimmt beim Entzünden unter Bildung einer verblüffend voluminösen Asche noch nicht genau bekannter Zusammensetzung („Pharaoschlangen").

Verbindungen mit P, As, Sb und Bi. Nur Stickstoff kann in der V. Hauptgruppe unter Normalbedingungen Mehrfachbindungen zu Kohlenstoff ausbilden. Deshalb sind keine beständigen Analoga der schwereren Vb-Elemente zu den oben beschriebenen anorganischen N—C-Verbindungen bekannt. Dagegen gibt es viele elementorganische Verbindungen dieser Elemente, in denen einbindige organische Reste über σ-Bindungen an das Zentralatom gebunden sind. 5-bindig treten diese Elemente nur in den Pentaphenylverbindungen $E(C_6H_5)_5$ (E = P, As, Sb, Bi) auf. Alkylverbindungen kennt man nur von P und As – allerdings in sehr großer Zahl – als Derivate von EX_3 bzw. OEX_3, wobei die Halogenatome X durch organische Reste R ersetzt sind. Sie können am einfachsten aus den entsprechenden Halogeniden und *Grignard-Reagenzien* (S. 258) erhalten werden

$$EX_3 + 3\,RMgX \rightarrow ER_3 + 3\,MgX_2$$
$$OEX_3 + 3\,RMgX \rightarrow OER_3 + 3\,MgX_2.$$

Diese vielen elementorganischen Verbindungen, von denen die Triorganyle leicht zu den Oxytriorganylen OER_3 und Thiotriorganylen SER_3 oxydiert werden (die Oxydationsgeschwindigkeit hängt stark vom organischen Rest R ab), können hier nicht näher besprochen werden. Sie wirken (abnehmend von E = P zu E = Bi) als Lewis-Basen in Komplexbildungsreaktionen mit Übergangsmetallen. Mit organischen Halogeniden RX bilden die Triorganyle quaternäre, den Ammoniumsalzen entsprechende Tetraorganyl-Phosphonium-, -Arsonium- und -Stibonium Salze nach

$$R_3E + RX \rightarrow [R_4E]^+\,X^-.$$

e) *Bor:* Die Chemie bororganischer Verbindungen, in denen beliebige einbindige organische Reste R (aliphatisch oder aromatisch) über eine B—C—σ-Bindung miteinander verknüpft sind, hat in den letzten 20 Jahren einen gewaltigen Aufschwung genommen, so daß zur Zeit wohl schon ~1000 solcher Verbindungen bekannt sind. Sie leiten sich formal von BH_3 bzw. BH_4^-, BX_3, (X = Halogen) oder $B(OH)_3$ dadurch ab, daß die H- oder X-Atome bzw. OH-Gruppen ganz oder teilweise durch gleiche oder verschiedene Reste R ersetzt sind (die vielen bekannten Borsäureester $B(OR)_3$ bzw. $B_3O_3R_3$ enthalten keine B—C-Bindung und müssen daher in diesem Zusammenhang ausgeklammert werden). So entstehen die verschiedenartigsten Bortriorganyle BR_3 (R gleich oder verschieden), Organoborane $(R_2BH)_2$, $(RBH_2)_2$ und R_4B^- oder R_3BH^-, Organohalogenborane R_2BX und RBX_2 sowie die Organoborsäuren R_2BOH und $RB(OH)_2$. Sie sind nach verschiedenen Methoden darstellbar, von denen im Laboratorium am vielseitigsten anwendbar ist die Umsetzung der Trihalogenide (am besten BF_3-Ätherat) oder Ester mit den entsprechenden Mengen an *Grignard*-Verbindung (S. 258) nach:

$$BX_3 + 3-nRMgX \rightarrow R_{3-n}BX_n + 3-nMgX_2$$
$$(X = \text{Halogen}, n = 0, 1, 2)$$

$$B(OR)_3 + 3-nRMgX \rightarrow R_{3-n}B(OH)_n + 3-nMgX_2.$$
$$(n = 0, 1, 2)$$

Aus $R_{3-n}BX_n$ können mit $LiAlH_4$ (S. 224) oder $LiBH_4$ leicht die Hydride $R_{3-n}BH_n$ ($n = 1, 2$) erhalten werden.

Die technisch interessante Addition von B_2H_6 bzw. Organoboranen an organische Doppel- oder Dreifachbindungen *(„Hydroborierung")* oder die Hochtemperaturreaktionen von Borhalogeniden mit Kohlenwasserstoffen zur Darstellung von bororganischen Verbindungen können hier nur erwähnt werden.

Die Organoborane $(R_2BH)_2$ und $(RBH_2)_2$ sind, wie B_2H_6 in *Mehrzentrenbindungen* über H-Anionenbrücken (S. 199) dimerisiert. Dagegen sind die Triorganyle im Gegensatz zu den entsprechenden Al-, Ga-, In- und Tl-Verbindungen merkwürdigerweise monomer. Während die Deutung dieses Befundes bei den monomeren Borhalogeniden durch Einbeziehung der freien Elektronenpaare der Liganden einfach ist, wird die monomere Existenz von BR_3 (die Liganden R haben, wie auch H, keine freien Elektronenpaare) noch nicht voll überzeugend durch Absättigen der Elektronenlücke am zentralen Boratom mit Elektronen aus der organischen Gruppe R über eine sogenannte *„Hyperkonjugation"* erklärt.

Erwartungsgemäß sind Bororganyle *Lewis*-Säuren und bilden mit vielen Basen wie OR_2, NR_3 usw. *Donator-Acceptor-Komplexe.* Dementsprechend dienen sie in der organischen Chemie als wichtige *Katalysatoren,* z. B. für Polymerisationsreaktionen. Thermisch sowohl als auch gegenüber protonenaktiven Stoffen wie H_2O und HOR sind sie meist überraschend beständig. Dagegen ist die Affinität gegenüber Sauerstoff so groß, daß die Bororganyle mit kleinen Resten R, wie etwa das farblose Gas *Bortrimethyl* (Schmelzpunkt $-160\,°C$, Siedepunkt $-22\,°C$) an Luft selbstentzündlich sind und mit für Borverbindungen charakteristischer grüner Flamme abbrennen.

Als *Lewis*-Säuren (wegen des formalen Elektronensextetts an B in BR_3) reagieren sie mit einem weiteren organischen Rest R unter Bildung der Anionen BR_4^-. Davon ist besonders wichtig das *Natriumtetraphenylborat* $NaB(C_6H_5)_4$, das in Wasser löslich und beständig ist. Mit den schweren Alkaliionen K^+, Rb^+ und Cs^+ bildet es unlösliche Niederschläge und kann deshalb zu deren einfacher quantitativer Bestimmung durch Auswägen des stöchiometrisch exakt zusammengesetzten Niederschlages *(Gravimetrie)* benützt werden.

Die Umsetzung von Boranen oder bororganischen Verbindungen mit Kohlenwasserstoffketten, die zwei endständige Doppelbindungen enthalten, führt zu hier nicht weiter zu behandelnden „*Borheterocyclen*" (Heterocyclen sind gesättigte oder aromatische Kohlenstoffringe, in denen ein oder mehrere Kohlenstoffatome durch andere – „Hetero"-Atome ersetzt sind).

Eine von den bisher bekannten C—B-Verbindungen wesentlich verschiedene Klasse stellen die erst kürzlich erschlossenen „*Carborane*" dar. Darunter versteht man Borwasserstoffderivate, in denen in den durch Mehrzentrenbindungen zusammengehaltenen Bor-Polyedern (oder Polyederbruchstücken) Boratome (meist 2) durch C-Atome ersetzt sind. Die Chemie der Carborane ist eben erst andeutungsweise erschlossen und verspricht eine riesige, erst ganz grob abschätzbare Entwicklung, die theoretisch und praktisch gleichermaßen bedeutungsvoll werden und schließlich den Umfang der organischen Chemie einnehmen kann. Dabei sind nicht die Boratome als Heteroatome in organische Gerüste, sondern die Kohlenstoffatome als Heteroatom in anorganische Gerüste eingebaut. Als einziges Beispiel dafür sei das Carboran $B_{10}C_2H_{12}$ angeführt, das aus dem $B_{12}H_{12}^{--}$-Ion (S. 200) durch Ersatz zweier Boratome durch zwei C-Atome entsteht. In diesem neutralen Molekül können die C-Atome benachbart (1,2-Isomeres) durch ein B-Atom getrennt (1,7-Isomeres) und durch zwei B-Atome getrennt sein (1,12-Isomeres). Die heute noch nicht endgültig verstandenen Umlagerungen der 3 möglichen Isomeren ineinander verlaufen erstaunlicherweise erst oberhalb $\sim$600 °C (!), die von den Polyedern ausgehalten werden. Im $B_{10}C_2H_{12}$-Carboran ist der Kohlenstoff im Gegensatz zu seiner maximalen Koordinationszahl 4 in klassischen organischen Verbindungen 6-*bindig* (5 Mehrzentrenbindungen zu B-Atomen des Ikosaedern, 1 σ-Bindung zu H). Die 2 C—H-Bindungen sind in $B_{10}C_2H_{12}$ viel reaktionsfähiger als die 10 B—H-Bindungen, wodurch ungeahnte Reaktionsmöglichkeiten mit vielen reaktiven Gruppen eröffnet werden (sie führen bei der Umsetzung mit „einwertigen" Partnern zu niedermolekularen, mit „zweiwertigen" Partnern aber zu thermisch sehr stabilen und deshalb als moderne Kunststoffe potentiell bedeutungsvollen hochpolymeren „Kondensationsprodukten". Erst die Zukunft kann zeigen, ob die vielversprechenden Prognosen für eine „*Carboranchemie*" realisierbar sind oder nicht.

f) *Al, Ga, In und Tl:* Aluminiumorganische Verbindungen haben – obwohl prinzipiell schon lange bekannt – erst in den vergangenen 15 Jahren große Bedeutung erlangt, besonders als Katalysatoren (in Verbindung mit Übergangsmetallverbindungen als „*Ziegler-Katalysatoren*") für *Olefinpolymerisationen* in der organischen Technik und als Ausgangsmaterialien zur Darstellung anderer elementorganischer Verbindungen durch Übertragung der organischen Reste. Sie leiten sich formal von $(AlH_3)_n$ bzw. den Halogeniden $(AlX_3)_2$ durch teilweisen oder vollständigen Ersatz der Liganden H bzw. X durch σ-gebundene gleichartige oder verschiedene Alkyl- bzw. Arylreste R ab. Dabei sind die denkbaren *Organoaluminiumhydride* $(R_2AlH)_2$ bzw. $(RAlH_2)_2$, *Organoaluminiumhalogenide* $(R_2AlX)_2$ bzw. $(RAlX_2)_2$ und *Aluminiumtriorganyle* $(AlR_3)_2$ unter Normalbedingungen dimer, solange die organischen Reste R nicht zu groß sind. Während diese Dimerisierungen in $(R_2AlX)_2$ und $(RAlX_2)_2$ wie bei den Halogeniden $(AlX_3)_2$ (S. 226) über normale Halogenbrücken ohne Elektronenmangel erfolgen, liegen in den $(R_2AlH)_2$, $(RAlH_2)_2$ und $(AlR_3)_2$-Molekülen davon verschiedene Dreizentrenbindungen wie in den Boranen (S. 202) vor. Das bedeutet, daß etwa in Aluminiumtrimethyl (farblose Flüssigkeit, Schmelzpunkt 15 °C, Siedepunkt 126 °C) vier der sechs C-Atome „normal" 4-bindig, die beiden restlichen aber 5-*bindig* sind. Alle 6 C-Atome sind, ebenso wie die 2 Al-Atome, sp^3-hybridisiert. Je 2 CH_3-Gruppen sind an je 1 Al-Atom σ-gebunden. Den Al-Atomen verbleiben dabei noch je 2 sp^3-Orbitale, aber nur 1 Elektron. Die beiden Brücken-CH_3-Gruppen haben noch je 1 sp^3-Orbital und 1 Elektron. Die beiden Al—C—Al-Brücken kommen nun durch Überlappung zweier Al—sp^3-Bahnen mit einer C—sp^3-Bahn (= 3 Zentren) und ihre Besetzung mit den insgesamt noch zur Verfügung stehenden 2 Elektronen zustande (3 Zentren-2 Elektronen-Bindung). Bindungswinkel und Bindungsabstände stehen mit dieser Vorstellung in gutem Einklang (Abb. III.29.):

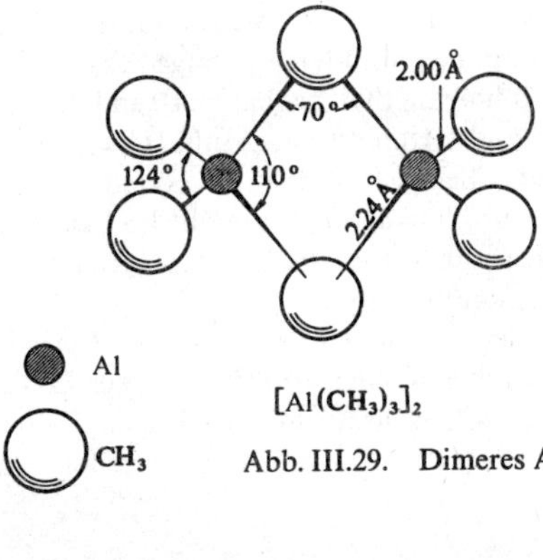

$[Al(CH_3)_3]_2$

Abb. III.29. Dimeres Aluminiumtrimethyl

In den Organoaluminiumhydriden erfolgt die Dimerisierung über entsprechende Al—H—Al-Brücken.

Aluminiumorganische Verbindungen sind äußerst reaktionsfähig. Mit Luftsauerstoff reagieren die Glieder mit kleinen organischen Gruppen unter spontaner Entflammung. Auch die Hydrolyse nach

$$AlR_3 + 3H_2O \rightarrow Al(OH)_3 + 3RH$$

verläuft so heftig, daß sich die gebildeten Kohlenwasserstoffe RH an Luft meist sofort entzünden. Die Verbindungen müssen deshalb entweder im Hochvakuum oder unter reinem Stickstoff bzw. Edelgasen als Schutzgas gehandhabt werden.

Als *Lewis*-Säuren bilden Al-organische Verbindungen viele Addukte mit *Lewis*-Basen, z. B. $R_3Al \cdot NR_3$ oder $R_3Al \cdot OR_2$. Auch Anionen der Formel $[AlR_4]^-$, $[AlR_3X]^-$, $[AlR_2X_2]^-$ usw. werden aus den entsprechenden Partnern leicht gebildet.

Zur Darstellung der aluminiumorganischen Verbindungen eignen sich z. B. folgende Verfahren:

$$2Al + 3R_2Hg \rightarrow (R_3Al)_2 + 3Hg$$
$$6RX + 4Al \rightarrow R_4Al_2X_2 + R_2Al_2X_4 \rightarrow (R_3Al)_2 + (AlX_3)_2 \; (X = Cl, Br, J)$$
$$(AlH_3)_n + 3nC_2H_4 \rightarrow \frac{n}{2}[Al(C_2H_5)_3]_2$$
$$2Al + 6C_2H_4 + 3H_2 \rightarrow [Al(C_2H_5)_3]_2.$$

Diese Methoden eignen sich prinzipiell auch zur Gewinnung der den möglichen Aluminiumorganylen analogen Kohlenstoffverbindungen der Elemente Ga, In und Tl. Davon sind bis jetzt erst viel weniger Vertreter als von B und Al bekannt und genau untersucht. Ihre praktische Bedeutung ist noch nicht sehr groß, doch sind auch sie von erheblichem potentiellem Interesse. Besonders auffällig und zur Zeit noch nicht befriedigend deutbar ist die Tatsache, daß die Triorganyle GaR_3 und TlR_3 unter Normalbedingungen monomer sind (eine geringe Assoziationstendenz wird allerdings bei Galliumtrimethyl beobachtet) und $In(CH_3)_3$ in Lösung und im festen Zustand tetramerer als $[In(CH_3)_3]_4$ (über Mehrzentrenbindungen) vorliegt. Chemisch sind sie als potentielle *Lewis*-Säuren den Al-Verbindungen sehr ähnlich, doch nimmt die Reaktionsfähigkeit und Empfindlichkeit gegenüber Luft und Feuchtigkeit in der Reihenfolge $Al > Ga > In > Tl$ deutlich ab.

Aus der Reihe fallen in vielerlei Beziehung die *Diorganylthalliumhalogenide* R_2TlX (gegenüber Kohlenstoff ist Tl in der Oxydationsstufe +3 merkwürdigerweise im Gegensatz zu den übrigen Tl-Verbindungen viel beständiger als in der Oxydationsstufe +1). Sie gehören zu den stabilsten metallorganischen Verbindungen überhaupt und bilden sich sehr leicht aus Tl-III-Chlorid und Grignardverbindungen (S. 258) nach

$$TlCl_3 + 2\,RMgCl \rightarrow R_2TlCl + 2\,MgCl_2.$$

Ihr Verhalten erinnert stark an das von Tl—I-Verbindungen und legt einen salzartigen Aufbau nach $R_2Tl^+X^-$ nahe (X^- kann neben Halogen auch OH^- sein).

g) *Verbindungen mit Elementen der II. Hauptgruppe*

α) *Beryllium* bildet bei der Umsetzung des Dichlorids mit *Grignard*-Verbindungen oder des Metalls mit Quecksilberorganylen Diorganoberylliumverbindungen:

$$Cl_2Be + 2\,RMgCl \rightarrow R_2Be + 2\,MgCl_2$$
$$Be + R_2Hg \rightarrow \rightarrow R_2Be + Hg.$$

Es handelt sich dabei, wie bei den Aluminiumorganylen, um *Elektronenmangelverbindungen*, die etwa mit Sauerstoff oder Wasser genauso heftig wie diese, meist unter Entzündung, reagieren und die mit Basen wie NR_3, PR_3 usw. entsprechende Addukte bilden. Monomer sind sie nur in der Gasphase (auch da nur gemischt mit dimeren, trimeren usw. Formen) als geradlinig gebaute sp-hybridisierte R—Be—R-Moleküle bekannt. Unter Normalbedingungen sind sie hochpolymer. So bildet etwa Berylliumdimethyl (farblose Kristalle ohne bestimmten Schmelzpunkt – die Sublimationstemperatur liegt bei 217 °C!) lange Kettenmoleküle der Form

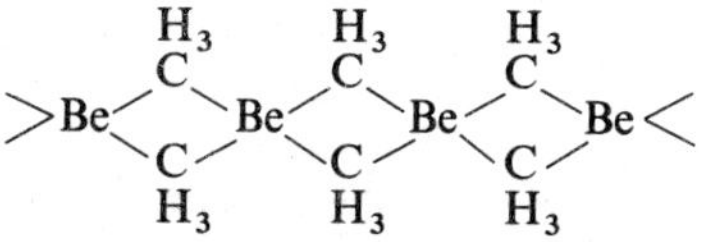

(Be—C—Be-Winkel 66°, Be—C-Abstand 1,92 Å).

Darin liegen wie im $[Al(CH_3)_3]_2$ Mehrzentrenbindungen mit 5-bindigem Kohlenstoff vor. Die kleinen Be—C—Be-Winkel sind, wie auch im Aluminiumtrimethyl, dadurch bedingt, daß die Dreizentrenbindung wie die Zweizentrenbindung dann am wirksamsten (energieärmsten) wird, wenn sich die daran beteiligten Orbitale am weitesten überlappen. Die Be-Atome und die C-Atome sind sp^3-hybridisiert. Da die sp^3-Bahnen der C-Atome der Be—C—Be-Brücken jeweils genau gegeneinander gerichtet sind, ist die Überlappung mit zwei benachbarten Be-sp^3-Bahnen, die zur Bildung der „*gebogenen*" Bindung durch 2 Elektronen in 3 Orbitalen führt, um so stabiler, je kleiner der Bindungswinkel ist.

β) *Magnesium* bildet in den Organylhalogeniden RMgX(X=Cl, Br, J) *(„Grignardverbindungen")* wohl die bekanntesten und praktisch außerordentlich wichtigen und vielseitig verwertbaren metallorganischen Verbindungen. Trotzdem ist deren Konstitution und Struktur merkwürdigerweise heute noch nicht endgültig geklärt. Auch die *Magnesiumdiorganyle* MgR_2 geben der Forschung noch viele offene Fragen auf.

Metallisches Magnesium reagiert mit aliphatischen und aromatischen Organylhalogeniden in Äthern (oder in Gegenwart anderer Komplexbildner) leicht (wenn die schützende MgO-Schicht entfernt ist) und exotherm nach

$$RX + Mg \rightarrow RMgX.$$

Die bevorzugt kovalent gebauten Grignard-Verbindungen enthalten eine stark polarisierte $\overset{\delta-}{C}$—$\overset{\delta+}{Mg}$-Bindung und somit „potentiell" die außerordentlich reaktionsfähigen Carbanionen R^-, deren ungewöhnlich wichtiger Einsatz etwa zur Alkylierung durch Angriff an durch geeignete Liganden wie O, N usw. positivierten C-Atomen in den Bereich der organischen Chemie fällt und hier nicht behandelt werden kann. Aber auch Schwefel—Schwefel- oder Phosphor—Phosphor-Bindungen werden von RMgX unter Bildung organischer S- oder P-Derivate gespalten. Die vielseitige Verwendung der Grignard-Verbindungen zur Übertragung der organischen Reste R auf andere Elemente, bes. Metalle, durch doppelte Umsetzung mit den entsprechenden Halogeniden wird bei den jeweiligen Elementen besprochen.

Aus den ätherischen RMgX-Lösungen ist das Lösungsmittel nicht ohne Zersetzung der Mg-Verbindung zu entfernen, was eine komplexe Bindung anzeigt. Die Lösungen sind sehr empfindlich gegen Wasser und auch Sauerstoff. Welche molekularen Teilchen darin tatsächlich vorliegen, ist noch nicht endgültig bekannt und scheint u. a. auch von der Konzentration abzuhängen (Molgewichtsbestimmungen ergeben so Werte von $\sim(RMgX)_{1,2}$—$(RMgX)_4$). Da Mischungen von Diorganylen MgR_2 und Dihalogeniden MgX_2 in Äther gleich reagieren wie Grignard-Lösungen, liegen wohl Gleichgewichte vor, die wiederzugeben sind als

$$2RMgX_2 \rightleftharpoons MgR_2 + MgX_2.$$

Wahrscheinlich liegt das Gleichgewicht in den meisten Fällen fast vollständig auf der rechten Seite.

Magnesiumdiorganyle MgR_2 sind noch wenig untersucht. Sie bilden sich als farblose, in Kohlenwasserstoffen unlösliche Polymere (über Dreizentrenbindungen Mg—C—Mg), die in Äther durch Depolymerisation zu den Komplexen $R_2Mg \cdot OR_2$ gelöst werden, u. a. aus Mg und HgR_2, aus $(MgX_2)_n$ und Olefinen oder durch Ausfällen von MgX_2 aus Grignardlösungen mit Dioxan (Ausnutzung des oben angeführten Gleichgewichtes). Mit O_2 oder H_2O entzünden sie sich erwartungsgemäß. Thermisch zerfallen sie bei $\sim 200\,°C$ in $(MgH_2)_x$ und Olefine.

γ) *Calcium, Strontium und Barium* bilden prinzipiell wie Mg die allerdings erst in wenigen Vertretern bekannten und noch kaum untersuchten Organyle RMeX und R_2Me. Die Dimethylverbindungen entstehen z. B. aus den Metallen und CH_3J in Pyridin als farblose polymere Festkörper, die sich an Luft entzünden und oberhalb 300–400 °C in die Hydride und Olefine zerfallen. Sie haben bis jetzt keine praktische Verwendung gefunden.

h) *Verbindungen mit Elementen der I. Hauptgruppe*

α) *Lithium* bildet mit den verschiedensten einwertigen organischen Resten R die kovalenten (wegen der Kleinheit des Li-Atoms und der dadurch bedingten hohen positiven Ladungsdichte) *Lithiumorganyle* LiR. Sie finden in zunehmendem Maße großes praktisches Interesse, weil sie prinzipiell gleich einsetzbar wie die *Grignard*-Verbindungen, aber noch reaktionsfähiger sind als diese. Die Bindung Li—C ist stark polarisiert, doch sind die Verbindungen noch löslich in Kohlenwasserstoffen und Äthern. Solche Lösungen sind leicht aus dem Metall und Alkyl- bzw. Arylhalogeniden unter Ausschluß von O_2 und H_2O (mit denen sie unter Entzündung reagieren) darstellbar nach

$$2\,Li + RX \rightarrow LiR + LiX.$$

Sie enthalten über C—Li—C-Mehrzentrenbindungen assoziierte Moleküle wechselnder Größe und noch nicht genau bekannter Struktur.

Die lösungsmittelfreie LiR-Darstellung ist schwieriger und liefert ebenfalls kovalente, niedrig schmelzende und sehr reaktionsfreudige Polymerisate $(LiR)_x$, allerdings mit kleinen Werten für $x\,(\sim 4)$.

β) *Natrium, Kalium, Rubidium und Cäsium* bilden mit Quecksilberorganylen nach

$$2\,Me + HgR_2 \rightarrow 2\,MeR + Hg \quad (Me = Na, K, Rb, Cs)$$

salzartige, in Kohlenwasserstoffen unlösliche Verbindungen Me^+R^-. Da sie die außerordentlich reaktiven Carbanionen R^- nicht nur (wie LiR oder RMgX) potentiell vorgebildet, sondern real existierend in ihren Ionengittern enthalten, reagieren sie, abgesehen von N_2, den Edelgasen und Paraffinen praktisch mit allen Stoffen, meist sogar sehr stürmisch und unter Entzündung, wodurch ihre eventuelle praktische Verwendung stark eingeschränkt wird. Dies gilt dann nicht mehr, wenn die negative Ladung des Carbanions nicht auf einem C-Atom lokalisiert bleiben muß, sondern in aromatischen Systemen (z. B. $C_5H_5^-$-Anionen oder kondensierte Aromaten wie Naphthalin $C_{10}H_8$ usw.) delokalisierbar ist. Dann bilden sich Verbindungen (meist intensiv farbig) Me^+R^-, in denen die Ladung gleichmäßig auf das ganze Molekülion R^- verteilt ist. Solche „Lösungen" von Alkalimetallen in kondensierten aromatischen Kohlenwasserstoffen sind in gewisser Beziehung vergleichbar mit denen in flüssigem Ammoniak (S. 158) und versprechen eine erhebliche praktische Anwendungsbreite, wobei naturgemäß die Natriumverbindungen (weil am billigsten) die größte Rolle spielen werden.

i) *Carbide*

Bei sehr hohen Temperaturen (2000–3000 °C) verbindet sich Kohlenstoff mit elektropositiveren Elementen, also mit allen Metallen und auch einigen Nichtmetallen wie B und Si zu den sogenannten Carbiden. Diese können *kovalent* (z. B. mit Bor), *salzartig* (Metalle der I., II. und III. Hauptgruppe) und *„metallisch"* (Einbau von C-Atomen in Hohlräume von Metallgittern der meisten Übergangsmetalle) gebaut sein. Einige dieser Carbide sind praktisch bedeutungsvoll. Die Carbide der bereits behandelten Elemente seien hier kurz besprochen:

Borcarbid, $B_{12}C_3$, bildet sich bei der Hochtemperaturreduktion von Boroxid mit Kohlenstoff im elektrischen Ofen nach

$$6\,B_2O_3 + 21\,C \rightarrow 18\,CO + B_{12}C_3$$

als schwarzglänzendes, außerordentlich hartes Produkt, mit dem Diamanten geritzt werden können. Wegen der ähnlichen Radien und Elektronegativitäten von B und C ist die Verbindung kovalent aufgebaut in einem eigenartigen Gitter aus B_{12}-Ikosaedern und C_3-Ketten, in dem zwischen den C-Ketten und B-Polyedern sehr starke Atombindungen vorliegen. Borcarbid ist chemisch sehr reaktionsträge, praktisch inert. Dagegen bildet *Aluminiumcarbid*, Al_4C_3, ein in reiner Form farbloses Ionengitter aus Al^{3+}- und C^{4-}-Ionen. Es entsteht aus Al_2O_3 und C bei ~ 2000 °C (weshalb Al aus reinem Oxid nicht durch Reduktion mit Kohlenstoff dargestellt werden kann). Das Salz wird von Wasser hydrolysiert, wobei Aluminiumhydroxid und Methan entstehen nach

$$Al_4C_3 + 12\,H_2O \rightarrow 4\,Al(OH)_3 + 3\,CH_4.$$

Auch die übrigen ionogen gebauten Carbide, die *Alkalicarbide* Me_2C_2 (Me = Li—Cs) und *Erdalkalicarbide* MeC_2 (Me = Be—Ba), die analog Al_4C_3 entstehen und in reiner Form ebenfalls farblos sind, werden von Wasser zerstört. Da sie aber keine C^{4-}, sondern $C{\equiv}C^{2-}$-Ionen enthalten, entsteht bei ihrer Hydrolyse kein Methan, sondern neben dem entsprechenden Metallhydroxid Azetylen, $HC{\equiv}CH$, z.B.

$$CaC_2 + 2H_2O \rightarrow Ca(OH)_2 + HC{\equiv}CH.$$

Letztere Reaktion ist für die großtechnische Azetylenproduktion sehr wichtig. Das dafür erforderliche Calciumcarbid wird (Jahresproduktion $\sim 10^7$ Tonnen!) in elektrischen Öfen aus gebranntem Kalk und Kohle bei $\sim 2000\,°C$ nach

$$CaO + 3C \rightarrow CaC_2 + CO - 110\text{ kcal}$$

dargestellt, wofür sehr viel elektrische Energie verbraucht wird. Reines CaC_2 schmilzt bei $\sim 2300\,°C$ und kristallisiert, wie praktisch alle Carbide mit C_2^{--}-Ionen *(„Azetylide“)* im NaCl-Gitter.

2. *Silicium, Germanium, Zinn und Blei*

Die vier Elemente werden gewöhnlich durch Reduktion ihrer Dioxide (bei Blei des aus PbS gewonnenen Monoxids PbO) mit Kohlenstoff (bei Si praktisch auch mit unedlen Metallen wie Na, Mg oder Al) dargestellt nach

$$EO_2 + C \rightarrow CO_2 + E. \quad (E = Si, Ge, Sn, Pb)$$

So gewonnenes Zinn und Blei kann technisch durch Auflösen der unreinen Metalle in Schwefelsäure und anschließende *elektrolytische Abscheidung* aus den wäßrigen Sulfatlösungen gut gereinigt werden. Besonders extreme Reinheitsanforderungen werden an Si und Ge gestellt, wenn diese Elemente als Kristallgleichrichter oder als Halbleiter für *Transistoren* anstelle von *Elektronenröhren* usw. eingesetzt werden. Zu diesem Zweck wird z. B. technisches Silicium in ein flüchtiges Halogenid SiX_4 überführt und dieses nach sorgfältiger fraktionierter Destillation bei hoher Temperatur in H_2-Atmosphäre zersetzt nach

$$SiX_4 + 2H_2 \rightarrow Si + 4HX.$$

Dieses reine Silicium wird dann durch *„Zonenschmelzen“* in Reinstsilicium (Verunreinigungen $< 10^{-9}\%$!!) umgewandelt. Beim Zonenschmelzen wird ein Stab des zu reinigenden Festkörpers von einem Ende her in einer geeigneten Apparatur durch Induktion so erhitzt, daß nur eine schmale Zone über den gesamten Querschnitt hin schmilzt. Diese „*geschmolzene Scheibe*" läßt man langsam durch den festen Stab bis an das andere Ende wandern. Da Verunreinigungen in der Schmelze besser löslich sind als im festen Material, „sammelt" die den Stab durchwandernde Schmelzzone diese Verunreinigungen, die dann an einem Stabende konzentriert sind, das abgeschnitten und verworfen wird. Nötigenfalls kann das Verfahren mehrfach wiederholt werden.

Das dunkle, metallglänzende *Silicium* (Schmelzpunkt 1420 °C) bildet nur eine Modifikation, die der des *Diamanten* entspricht. Wegen des im Vergleich zu C—C größeren Si—Si-Abstandes und der dadurch bedingten schwächeren Bindung ist Silicium nicht so hart wie Diamant. Bei Zimmertemperatur ist es chemisch aber noch recht inert und unlöslich in Säuren (sehr fein verteiltes „amorphes" braunes Si ist dagegen sehr reaktionsfähig und reagiert schon mit Wasser spontan). Es ist in reinster Form praktisch ein Nichtleiter.

Auch das silberweiße, metallglänzende *Germanium* (Schmelzpunkt 958 °C, Siedepunkt ~2700 °C) kommt nur in einer dem Diamanten entsprechenden Modifikation vor, die noch weicher und chemisch auch etwas reaktionsfähiger ist als Silicium. Trotz seines Aussehens ist elementares Germanium mit einem elektrischen Widerstand von ~50 Ω · cm noch kein echtes Metall und dient in reinster Form als wichtiger *Halbleiter*.

Vom *Zinn* (Schmelzpunkt 231,9 °C, Siedepunkt 2430 °C) wandelt sich die im Diamantgitter kristallisierende nichtmetallische Form (α-Zinn, „*Graues Zinn*") der Dichte 5,75 oberhalb 13,2 °C reversibel in die erheblich dichtere metallische Form (β-Zinn „*Weißes*" *Zinn*) der Dichte 7,31 um, in der die Atome eine (etwas verzerrte) dichteste Kugelpackung einnehmen, wie sie für Metalle typisch ist. Darin liegen keine lokalisierten σ-Bindungen mehr vor (Sn—Sn-Bindungen sind mit ~35 kcal/Mol nur noch recht schwach). Die für den metallischen Zustand charakteristische elektronische Wechselwirkung mit möglichst vielen nächsten Nachbarn über delokalisierte Metallbindungen führt bei der Größe der Sn-Atome zu einem energieärmeren und deshalb stabileren Atomverband als die Ausbildung des Diamantgitters mit lokalisierten Atombindungen. (Die bei tiefen Temperaturen erfolgende Umwandlung von β- in α-Zinn führt wegen der starken Volumenzunahme bzw. Dichteabnahme zu einer völligen Zerstörung von Zinngegenständen durch Umwandlung in ein lockeres Pulver, die als „*Zinnpest*" mit Recht gefürchtet ist, z.B. bei Orgelpfeifen in ungeheizten Kirchen.) Bei 161 °C wandelt sich β-Zinn reversibel in γ-Zinn um, eine weitere metallische, von β-Zinn nur wenig verschiedene Form.

Metallisches Zinn ist so weich, daß es leicht zu papierdünnen Folien (*„Stanniol“*) ausgewalzt oder gehämmert werden kann. Chemisch ist es recht reaktionsfähig. Es verbrennt an Luft beim Erhitzen zum Oxid und löst sich auch in nichtoxydierenden Säuren als unedles Metall unter H_2-Entwicklung zu Sn-II-Salzlösungen auf. Die Hauptmenge des erzeugten metallischen Zinns (jährliche Weltproduktion $\sim 2 \cdot 10^5$ Tonnen) wird zum Überziehen von billigem, aber leicht oxydierbarem Eisenblech als Rostschutz (durch Eintauchen in geschmolzenes Zinn oder durch elektrolytische Verzinnung) für die Konservenindustrie verwandt (*„Weißblech“*). Seine Verwendung als Geschirrmaterial ist heute unwichtig geworden. Mit wenig Sb und Cu legiert dient es als *„Britanniametall“* zur Tischbesteckherstellung, mit viel Kupfer legiert als *„Bronze“* und mit verschiedenen Mengen Blei legiert als *Weichlot* zum Löten oder als leicht verarbeitbare Legierung zur Herstellung von Orgelpfeifen, Cremetuben usw.

Blei (Schmelzpunkt 327 °C, Siedepunkt 1750 °C, Dichte 11,36) ist nur in einer kubischen metallischen Modifikation bekannt. Diese ist sehr weich („Blei“-stiftstriche schon beim Reiben auf Papier) und ungewöhnlich leicht zu verarbeiten, z. B. zu Bleiröhren, die allerdings nur geringe Festigkeit aufweisen. Auch für *Akkumulatorenplatten* (S. 280) wird sehr viel Blei verbraucht. Praktische Bedeutung haben ebenso viele Bleilegierungen wie z. B. *Flintenschrot* ($\sim$0,5% As-Gehalt) und *Hartblei* ($\sim$15–30% Sb-Gehalt) als wichtiges *Letternmetall* in der Druckerei oder als *Lagermetall.*

Chemisch ist Blei recht unedel und reaktionsfähig. Da es aber mit HCl bzw. H_2SO_4 ein schwerlösliches Chlorid bzw. Sulfat bildet, das die Oberfläche vor weiterem Angriff schützt, dient es in der chemischen Industrie als „scheinbar“ gegen diese Säuren beständiges Material in vielerlei technischen Apparaturen (z. B. *„Bleikammern“*).

a) *Verbindungen mit Wasserstoff:* Dem Methan entsprechen formal die wie CH_4 tetraedrisch gebauten gasförmigen Hydride (sp^3-Hybridisierung am Zentralatom), *Silan* SiH_4, *German* GeH_4, *Stannan* SnH_4 und *Plumban* PbH_4. Im Gegensatz zu CH_4 mit schwach positiv polarisiertem Wasserstoff ist darin wegen des Elektronegativitätsabfalls von C zu Si der Wasserstoff jedoch schwach *negativ* polarisiert. Dies bedingt eine starke Reaktionsfähigkeit gegenüber Wasser (das allerdings schwach alkalisch sein muß) und anderen protonenaktiven Stoffen, z. B.

$$SiH_4 + 4H_2O \rightarrow Si(OH)_4 + 4H_2.$$

Mit Sauerstoff reagieren die Hydride so heftig zu H_2O und den entsprechenden Dioxiden, daß sie an Luft *selbstentzündlich* sind und spontan verbrennen. Sie können, wie auch die niederen Borane (S. 199), nur im Vakuum oder in einer N_2-Schutzatmosphäre gehandhabt werden.

Ein Hauptgrund für die, verglichen mit CH_4, enorm gesteigerte Reaktionsfähigkeit ist in der Tatsache zu suchen, daß die Zentralatome dieser Hydride über unbesetzte d-Orbitale verfügen, über die die Reaktionspartner unter intermediärer Koordinationszahlerhöhung leicht angreifen können. Thermisch sind diese Hydride bis auf PbH_4 (das schon bei Zimmertemperatur und darunter leicht in die Elemente zerfällt und deshalb bisher nur in kleinsten Mengen dargestellt und noch nicht näher untersucht wurde) recht beständig; dies gilt besonders für die Si- und Ge-Verbindung. Von diesen beiden Elementen kennt man auch einige formale Analoga der höheren Alkane C_nH_{2n+2}, die *Polysilane* Si_nH_{2n+2} (bis Hexasilan Si_6H_{14}) und die *Polygermane* Ge_nH_{2n+2} (bis Oktagerman Ge_8H_{18}) mit Si—Si- bzw. Ge—Ge-Bindungen, die aber viel schwächer sind als die C—C-Bindungen in den Paraffinen. Aus den bei den Monohydriden EH_4 bereits erwähnten Gründen sind natürlich auch diese Polysilane und Polygermane sehr reaktionsfähig (auch selbstentzündlich) und nur schwierig rein darzustellen und handzuhaben.

Die Stabilität aller IVb-Hydride wird durch schrittweisen Ersatz der H-Atome durch organische Reste R stufenweise so stark erhöht (R_nEH_{4-n}; $n = 1-4$), daß die *Tetraorganyle* ER_4 zu den thermisch beständigsten elementorganischen Verbindungen überhaupt gehören und teilweise auf $\sim 400-500\,^\circ C$ ohne Zersetzung erhitzt werden können (z.B. spielen solche Zinnorganyle als stabilisierende Zusätze zu organischen Kunststoffen eine wichtige Rolle).

Ein selbstentzündliches Gemisch von *Silanen* bzw. *Germanen* entsteht beim Behandeln von Magnesiumsilicid Mg_2Si bzw. -Germanid Mg_2Ge (dargestellt durch Zusammenschmelzen der Elemente) mit wäßriger Salzsäure oder mit NH_4Br in flüssigem NH_3. Prinzipiell können alle IVb-Hydride (außer CH_4) aus den Halogeniden und $LiAlH_4$ erhalten werden, z.B.

$$SnCl_4 + LiAlH_4 \rightarrow SnH_4 + LiCl + AlCl_3.$$

b) *Verbindungen mit Halogenen:* Wie Kohlenstoff bilden auch seine schwereren Homologen *Tetrahalogenide* EX_4 (von Ge, Sn und Pb sind auch *Dihalogenide* bekannt, die später besprochen werden, S. 279). Durch Kombination der Elemente Si—Pb mit den Halogenen F—J sind 16 reine Tetrahalogenide denkbar. Sie sind bei Zimmertemperatur alle bekannt mit Ausnahme von $PbBr_4$ und PbJ_4 (die Oxydationskraft von Pb^{+4} gegenüber den Reduktionsmitteln Br^- und J^- ist so groß, daß diese Tetrahalogenide in intermolekularen Redoxreaktionen spontan zerfallen nach $PbX_4 \rightarrow PbX_2 + X_2$). Dabei nimmt die Polarisierung der Bindungen erwartungsgemäß von Si zu Pb einerseits und von J zu F andererseits zu (das Zentralatom ist immer der positivere Partner). Doch reicht die Elektronegativitätsdifferenz nur bei SnF_4 und PbF_4 zur Ausbildung von Ionenkristallen aus (im SnF_4-Gitter vom Sublimationspunkt 705 °C sind z.B. die Sn-Atome oktaedrisch von $6F^-$-Ionen umgeben, von denen jeweils 4 als Brücken zu den benachbarten Sn-Ionen wirken). Die übrigen 12 reinen Tetrahalogenide sind, ebenso wie auch die verschiedenen gemischten Halogenide $EX'X'X_2$ bzw. $EX_2X'_2$ (die besonders von E = Si bekannt und untersucht sind) tetraedrisch gebaute kovalente Verbindungen (SiF_4 und GeF_4 Gase, alle übrigen – außer dem zersetzlichen $PbCl_4$ – leicht destillierbare farblose Flüssigkeiten). Chemisch unterscheiden sie sich aber wesentlich von den analog gebauten Kohlenstoffhalogeniden dadurch, daß sie wegen der Verfügbarkeit freier d-Bahnen an den Zentralatomen als *Lewis*-Säuren wirken und deshalb mit *Lewis*-Basen unter Bildung von Addukten reagieren, die entweder als solche stabil sind oder aber als leicht ausbildbare Übergangszustände zu noch beständigeren Reaktionsprodukten führen. So *„rauchen"* etwa alle Si-Halogenide (die übrigen EX_4-Verbindungen dieser Gruppe reagieren prinzipiell gleich und können hier nicht weiter behandelt werden) an feuchter Luft, weil sie primär die Base H_2O anlagern nach

$$SiX_4 + H_2O \rightarrow H_2O \rightarrow SiX_4.$$

Das Primäraddukt ist nicht beständig und stabilisiert sich durch Abgabe von HX (das mit weiterer Luftfeuchtigkeit durch Bildung konzentrierter HX-Lösungen in Tröpfchenform die beobachteten Nebel bildet) nach

$$H_2O \rightarrow SiX_4 \rightarrow HO{-}SiX_3 + HX.$$

Dieser Vorgang kann sich noch dreimal wiederholen, so daß die Bruttogleichung der vollständigen Hydrolyse von Siliciumtetrahalogeniden lautet

$$SiX_4 + 4H_2O \rightarrow Si(OH)_4 + 4HX$$

(zur darauf folgenden $Si(OH)_4$-Kondensation s. S. 268). Im Falle von SiF_4 lagern sich allerdings die zunächst gebildeten F^--Ionen an noch nicht hydrolysiertes SiF_4 unter Bildung der beständigen SiF_6^{--}-Ions an. Die sich davon ableitende *„Kieselfluorwasserstoffsäure"* H_2SiF_6 ist in Wasser eine starke Säure, von der sich beständige Salze ableiten und darstellen lassen (durch Einleiten von SiF_4 in konz. HF oder andere F^--Lösungen). In allen anderen Fällen ist aber die Si—O-Bindung (S. 267) so viel beständiger als die Si—X-Bindung, daß die Halogenide vollständig hydrolysieren.

Die Darstellung der Tetrahalogenide erfolgt entweder aus den *Dioxiden* mit *Halogenwasserstoffen*, z. B. nach

$$SiO_2 + 4HF \rightarrow SiF_4 + 2H_2O$$

(auf dieser Reaktion des Glases mit Flußsäure oder gasförmigem HF beruht, weil das gebildete SiF_4 als H_2SiF_6 löslich oder als gasförmiges SiF_4 flüchtig ist, das „*Ätzen*" von Glas mit HF) oder ganz allgemein aus den Elementen, z. B.

$$Sn + 2Cl_2 \rightarrow SnCl_4$$

(Rückgewinnung des Zinns aus Weißblechabfällen).

Von Si und in stark abgeschwächtem Maße auch von Ge leiten sich auch einige „*Subhalogenide*", besonders Chloride, ab, die mit Si—Si-Bindungen in ihrer Zusammensetzung Si_nCl_{2n+2} den Polysilanen entsprechen. Sie bilden sich als Gemische aus $SiCl_4$ und Si bei hohen Temperaturen als sehr wasser- und sauerstoffempfindliche ölige Flüssigkeiten, von denen bis jetzt die einzelnen Glieder bis Si_6Cl_{14} charakterisiert sind. Ein hochpolymeres kovalentes $(SiCl_2)_n$ entsteht aus $SiCl_4$ und Mg in Äther nach

$$xSiCl_4 + xMg \rightarrow xMgCl_2 + (SiCl_2)_x.$$

Neben den reinen und gemischten Tetrahalogeniden kennt man von Si, Ge und Sn auch alle denkbaren Hydridhalogenide HEX_3, H_2EX_2 und H_3EX, die in ihren Eigenschaften erwartungsgemäß zwischen denen der reinen Halogenide und der reien Hydride stehen.

Besonders interessant ist auch die große Klasse der Organoelementhalogenide der IVb-Gruppe, die sich von den Hydridhalogeniden durch Ersatz der H-Atome durch praktisch beliebige organische Reste R ableiten. Diese vielen, meist erst in den letzten Jahren dargestellten oder näher studierten kovalenten Verbindungen können hier unmöglich auch nur aufgezählt werden. Als für die „*Silicon*"-Synthese (S. 277) technisch besonders wichtige Glieder seien davon nur die *Alkylhalogensilane* R_3SiCl, R_2SiCl_2 und $RSiCl_3$ erwähnt, die als farblose wasserempfindliche Flüssigkeiten entweder aus $SiCl_4$ und *Grignard*verbindungen nach

$$SiCl_4 + 4-nRMgCl \rightarrow R_{4-n}SiCl_n + 4-nMgCl_2 \quad (n = 1, 2, 3)$$

oder, technisch besser, bei hohen Temperaturen aus Silicium (mit Kupfer als Katalysator) und Alkylchloriden gewonnen werden nach

$$Si + 2\ RCl \rightarrow R_2SiCl_2$$

(R ist dabei in der Technik meist Methyl, CH_3).

c) *Verbindungen mit Sauerstoff:* Silicium bildet bei Zimmertemperatur als einzige beständige binäre Sauerstoffverbindung Siliciumdioxid SiO_2 (das nur bei hohen Temperaturen in der Gasphase existenzfähige und dem CO entsprechende Siliciummonoxid, SiO, „disproportioniert" beim Abkühlen in SiO_2 und Si). Diese Verbindung hat mit dem bereits behandelten Kohlendioxid, CO_2, außer der formal analogen stöchiometrischen Zusammensetzung nur wenig gemeinsam: CO_2 ist ein Gas, SiO_2 bildet ein dreidimensionales hochpolymeres Raumnetz vom Schmelzpunkt 1710 °C. Im CO_2 liegen echte Doppelbindungen vor. Im SiO_2 sind die Si-Atome dagegen tetraedrisch (sp^3-Hybride) von je 4 O-Atomen umgeben, die ihrerseits je 2 Si-Atome über einfache σ-Bindungen miteinander verknüpfen. Diese Si—O-„Einfachbindungen" sind mit die beständigsten aller bekannten Atombindungen überhaupt. Das Grundgerüst der festen Erdrinde beruht auf ihnen. Diese ausgezeichnete Stabilität ist einmal auf die durch die große Elektronegativitätsdifferenz zwischen Si (1,8) und O (3,5) bedingte starke Polarisierung zurückzuführen. Zum anderen ist die Si—O-„Einfachbindung" wohl das Musterbeispiel und der wichtigste Fall dafür, wie σ-Bindungen durch Wechselwirkung „freier" Elektronenpaare (hier am O-Atom) mit „leeren" d-Orbitalen (hier am Si-Atom) erheblich verstärkt werden können. Solche $(p \rightarrow d)_\pi$-Bindungen sind hier wegen der günstigen Radienverhältnisse besonders wirksam; sie äußern sich nicht nur in der überraschenden Bindungsstärke, sondern u.a. auch in der erheblichen Winkelaufweitung am O-Atom von theoretisch 90° auf ~140°.

Vom SiO_2 sind die sechs dreidimensionalen Modifikationen α-*Quarz*, β-*Quarz*, α-*Tridymit*, β-*Tridymit*, α-*Cristabalit* und β-*Cristobalit* bekannt. Sie kommen alle in der Natur vor, obwohl nur α-*Quarz* bei Normaltemperatur thermodynamisch stabil ist. Die übrigen Modifikationen sind *metastabil* (Umwandlungstemperaturen untereinander von 120 °C bis 1470 °C); weil zur Umlagerung viele Bindungen gelöst und neu geknüpft werden müssen, sind dafür hohe *Aktivierungsenergien* erforderlich.

Neben den dreidimensionalen SiO_2-Formen gibt es noch eine *faserige* Form, die aus kettenförmig aneinandergereihten SiO_4-Tetraedern mit je zwei gemeinsamen Kanten besteht. Diese relativ unbeständige Form (langsame Umwandlung in *Tridymit*) bildet sich in der Gasphase aus SiO und O_2 bei ~1300 °C.

Quarz findet sich rein als wesentlicher Bestandteil der Urgesteine *Gneis* und *Granit*, aber auch frei von anderen Mineralien als farbloser *Bergkristall* oder durch geringe Verunreinigungen verschiedenartig gefärbt, z.B. als *Rauchquarz*, *Amethyst*, *Citrin*, *Rosenquarz* usw. Wasserhaltige SiO_2-Formen sind etwa *Feuerstein* und *Opal*. „*Amorphes*" SiO_2 mit ~10% H_2O ist die aus Kieselpanzern von Diatomeen gebildete *Infusorienerde („Kieselgur")*.

Nichtkristallines „*Quarzglas*" oder „*Quarzgut*" entsteht beim Abkühlen einer SiO_2-Schmelze bzw. beim „Sintern" von SiO_2 an seiner Erweichungstemperatur. Dieses Glas hat als „*unterkühlte Schmelze*" praktisch die Viskosität eines Festkörpers, aber keinen scharfen Schmelzpunkt, sondern nur einen relativ großen „*Erweichungsbereich*". Es handelt sich dabei um dreidimensionale Anordnungen von SiO_4-Tetraedern, die aber nur im kleinsten Bereich exakt „*geordnet*" sind und im makroskopischen Bereich gleichsam ein statistisches nichtkristallines Gemisch der verschiedenen SiO_2-Modifikationen darstellen. Es spielt praktisch eine wichtige Rolle, weil es wegen seines geringen *Wärmeausdehnungskoeffizienten* in seiner Temperaturbeständigkeit den gewöhnlichen *Silikatgläsern* (S. 275) weit überlegen ist. Außerdem ist es durchlässig für UV-Strahlen (Verwendung in UV-Lampen usw.).

Chemisch ist SiO_2 in allen seinen Formen recht reaktionsträge. Von Säuren wird es unter gewöhnlichen Bedingungen nicht angegriffen (außer HF). Auch Halogene und Metalle reagieren erst bei höheren Temperaturen damit. Mit wäßrigen Lösungen tritt beim Sieden allerdings langsam Bildung von Silikaten ein, die sich leicht beim Erhitzen von SiO_2 mit Alkalihydroxiden bzw. Carbonaten auf hohe Temperaturen (> 1000 °C) unter Entwicklung von H_2O bzw. CO_2 bilden. Natürliche *Silikate* bauen praktisch die gesamte feste Erdrinde auf. Künstlich dargestellte Silikate spielen als *Gläser* eine wichtige Rolle. Sie sind Salze von Kieselsäuren, deren Grundglied die Orthokieselsäure, H_4SiO_4, ist.

α) *Kieselsäuren und Silikate:* Die Hydrolyse von $SiCl_4$ mit einem großen Wasserüberschuß liefert (besonders wenn die entstehende Salzsäure dabei abgefangen wird) nach

$$SiCl_4 + 4\,H_2O \rightarrow 4\,HCl + Si(OH)_4$$

primär die *Monokieselsäure* oder *Orthokieselsäure*. Sie ist in Substanz nicht bekannt und auch selbst in sehr verdünnter Lösung nur in einem kleinen pH-Bereich (~3,2) kurzzeitig beständig. Wie auch die kondensierten *Polykieselsäuren*, ist sie nur eine äußerst schwache Säure (Dissoziationskonstante $\sim 10^{-11}$). Daher reagieren alle Silikate, soweit sie wasserlöslich sind, durch *Hydrolyse* stark alkalisch. Ihre Lösungen werden schon durch so schwache Säuren wie die aus dem CO_2 der Luft mit H_2O gebildete Kohlensäure unter Freisetzung der entsprechenden Kieselsäuren zersetzt.

Während die Kohlensäure sehr leicht *intramolekular* ($H_2CO_3 \rightarrow$ $\rightarrow H_2O + CO_2$) unter Ausbildung des Anhydrids Wasser abspaltet, verläuft der formal analoge Vorgang bei der Orthokieselsäure

$$nSi(OH)_4 \rightarrow 2nH_2O + (SiO_2)_n$$

intermolekular stufenweise in einem noch keineswegs genau aufgeklärten und stark konzentrations- und pH-abhängigen, äußerst komplizierten Mechanismus, in dessen Verlauf immer höher kondensierte (über Si—O—Si-Brücken) *Polykieselsäuren* und schließlich das Raumnetz des *Anhydrids* SiO_2 entstehen. Keine einzige definierte Kieselsäure konnte bis jetzt dabei gefaßt werden. Die niedrigen Glieder sind echt wasserlöslich. Höher aggregierte Zwischenprodukte der spontanen Kondensation unter Wasserabspaltung bleiben *kolloidal* in Lösung, während noch höherpolymere Produkte, wie natürlich auch die Endstufe SiO_2, wasserunlöslich sind. Das SiO_2 fällt dabei als gallertartiges „*Kieselsäuregel*" mit $\sim 90\%$ Wasser aus. Aus diesem Gel wird das gebundene Wasser auch beim Erhitzen nur sehr langsam, aber kontinuierlich (also ohne definierte Zwischenstufen) abgegeben, bis schließlich ein sehr oberflächenreiches und poröses SiO_2 als „*Silicagel*" mit einer großen „*inneren*" *Oberfläche* ($\sim 400\ m^2/g$) zurückbleibt, das als Absorptionsmittel in Laboratorium und Technik von Bedeutung ist. Diese in sauerem Medium spontan ablaufende *Kondensation* der *Orthokieselsäure* führt somit über die *Orthodikieselsäure* $H_6Si_2O_7$ zu längerkettigen (aber noch nicht definiert charakterisierten) *Polykieselsäuren* $H_{2n+2}Si_nO_{3n+1}$ nach

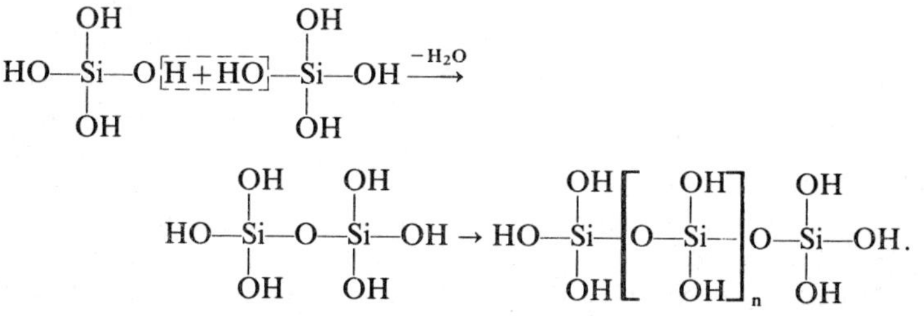

Diese Ketten entstehen aus direkten $Si(OH)_4$-Tetraedern durch Wasserabspaltung zwischen je 2 Tetraedern, wodurch gemeinsame Ecken (O-Atome) gebildet werden. Solche Ketten können nicht nur durch Wasserabspaltung zwischen zwei Kettenenden Ringe bilden, es können sich vielmehr auch zwei Ketten (jeweils immer durch Abspaltung eines H_2O-Moleküles aus zwei Si—OH-Gruppen) zu *parallelen Bändern*, solche *Bänder* sich zu breiten *Blattschichten* und solche Blattschichten sich schließlich zum dreidimensionalen SiO_2-Raumnetz ohne Si—OH-Gruppen kondensieren. Wie schon mehrfach erwähnt, sind die vielen dabei denkbaren und sicher auch auftretenden Zwischenstufen (kondensierte Kieselsäuren) noch nicht isoliert worden. Anders steht es mit den Anionen dieser recht kompliziert gebauten (aber immer aus SiO_4-Tetraedern aufgebauten) Säuren, die – natürlich durch entsprechend viele Metallkationen in ihrer Ladung kompensiert – in beinahe unübersehbarer Mannigfaltigkeit in der unbelebten Natur vorkommen und teilweise auch synthetisch dargestellt werden. Ihre Beschreibung ist in diesem Rahmen nicht möglich. Eine knappe schematisch vereinfachende Skizzierung der prinzipiellen Möglichkeiten soll Bedeutung und Umfang der *Silikatchemie* nur andeuten.

Natürlich vorkommende Silikate: Die Angabe der stöchiometrischen Bruttozusammensetzung ermöglicht bei den Silikaten, im Gegensatz zu vielen anderen chemischen Verbindungen, keine unmittelbar klare Vorstellung ihres Aufbaues und verwirrt oft mehr als sie klärt. Dies ganz besonders auch deshalb, weil in den hochpolymeren Verbindungen riesige Silikatanionen durch kleine diskrete Kationen zusammengehalten und in ihrer Ladung neutralisiert werden. Dabei sind diese Bindungen meist keine reinen Ionenbindungen (außer zu Alkaliionen), sondern durch starke Atombindungsanteile zwischen den Metallionen und den mit ihnen in koordinative Wechselwirkung tretenden O-Atomen der SiO_4-Tetraeder gekennzeichnet. Weil nun bestimmte Kationen in diesen Riesengittern oft weitgehend durch ähnlich große und gleich geladene andere Ionen gleicher Koordinationszahl „*isomorph*“ mehr oder weniger statistisch ersetzt sein können, ohne daß sich die Struktur dabei ändert, haben viele Silikate keine exakte stöchiometrische Zusammensetzung, wohl aber einen genau definierten Aufbau, z. B. kann in dem Mineral *Olivin* $[(Mg, Fe)\,SiO_4]_n$ die Zusammensetzung durch wechselseitigen Austausch von Mg^{++} gegen Fe^{++} weitgehend schwanken zwischen den Extremen $(Mg_2SiO_4)_n$ und $(Fe_2SiO_4)_n$. Die Bruttoformeln natürlicher Mineralien sind deshalb oft verwirrend (als willkürlichen Fall bei *Olivinen* etwa $[Fe_{0,23}Mg_{1,77}SiO_4]_n$), wenn nicht die Struktur betrachtet wird. Bei allen *Olivinen* sind diskrete SiO_4-Tetraeder räumlich so angeordnet, daß ihre

O-Atome oktaedrische Hohlräume bilden, die zur Hälfte mit Mg^{++} oder Fe^{++}-Ionen besetzt sind. Si hat darin die Koordinationszahl 4, Mg bzw. Fe aber 6. (Man kann das gleiche Gitter auch beschreiben als hexagonal dichte Kugelpackung von Sauerstoffatomen. Von den darin vorliegenden tetraedrischen Lücken sind $^1/_8$ von Si-Atomen, von den verfügbaren oktaedrischen Lücken die Hälfte von den Metallatomen besetzt.

Die Verwirrung durch Angabe der analytisch bestimmten Bruttoformeln von Silikaten wird noch dadurch gesteigert, daß neben den großen Polysilikatanionen zum Ladungsausgleich auch häufig noch diskrete kleine Anionen wie OH^-, F^- usw. in den Gittern vorkommen.

Aber auch eine zu schematische Systematisierung der Silikatmineralien nach den ihnen formal zugrunde liegenden hypothetischen Polykieselsäuren ist unbefriedigend. Denn ebenso wie die Kationen isomorph austauschbar sind, können auch die Si-Atome der aus SiO_4-Tetraedern aufgebauten polymeren Anionen teilweise durch andere Atome ersetzt werden. Am wichtigsten und verbreitetsten ist dabei ein Ersatz von Si durch Al *(„Alumosilikate“)* ohne Änderung der Struktur des Anions (AlO_4- anstelle von SiO_4-Tetraedern). Bei diesem Austausch wird aber zwangsläufig die negative Ladung des Anions pro Al-Atom um eine Einheit erhöht (Al^{3+} gegen Si^{4+} gegenüber 4 O-Atomen) und damit durch den zum Ladungsausgleich erforderlichen Einbau weiterer Kationen in das Gitter die stöchiometrische Zusammensetzung verändert – im Grenzfall vom ungeladenen dreidimensionalen Gitter des *Kieselsäureanhydrids* $(SiO_2)_n$ zum gleichgebauten, aber entsprechend geladenen Gitter der *Aluminate* $(AlO_2)_n^{n-}$, dessen Ladung durch Kationen ausgeglichen werden muß.

Ein echter Einblick in das Wesen der die feste Erdrinde im wesentlichen in beinahe unbegrenzter Mannigfaltigkeit aufbauenden Silikate ist deshalb nicht aus ihrer oft mehr oder weniger „zufälligen“ und in weiten Grenzen erheblich schwankenden stöchiometrischen Zusammensetzung, sondern nur aus der Kenntnis und dem Verständnis ihrer durch Röntgenstrukturaufklärung zu erschließenden Strukturen zu gewinnen. Dabei sind prinzipiell immer SiO_4-Tetraeder (bzw. AlO_4-Tetraeder) die Bausteine. Sie sind in den kondensierten Formen immer nur über gemeinsame Ecken (= 1 gemeinsames O-Atom), niemals aber über gemeinsame Kanten (= 2 O-Atome) oder gar Flächen (= 3 O-Atome), miteinander verknüpft.

Prinzipiell sind als Silikat- (bzw. Alumosilikat)-Anionen bekannt: 1) Diskrete SiO_4^{4-} oder $Si_2O_7^{6-}$-Ionen, 2) niedermolekulare ringförmige Ionen wie $Si_3O_9^{6-}$ oder $Si_6O_{18}^{12-}$, 3) hochpolymere Ketten oder Doppelketten $(SiO_3^{2-})_n$ bzw. $(Si_4O_{11}^{6-})_n$, 4) hochpolymere Flächen $(Si_4O_{10}^{4-})_n$ und

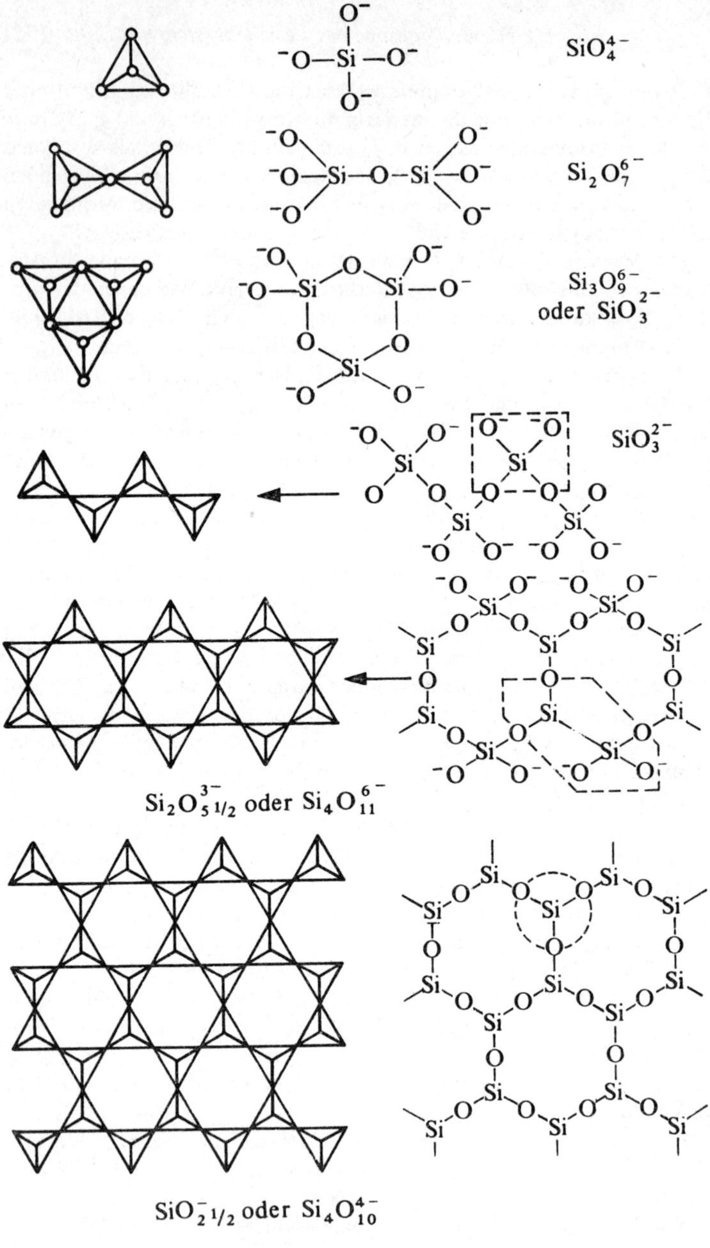

Abb. III.30. Silikatstrukturen

5) dreidimensionale Raumnetze $(SiO_2)_n$. Ladung und Stöchiometrie dieser Ionen können durch teilweisen Ersatz von Si durch Al sinngemäß in weiten Grenzen ohne Änderung der charakteristischen Anionenstruktur variiert werden. Abb. III.30. zeigt eine schematische Darstellung der Möglichkeiten 1–4 (jedes Tetraeder bedeutet SiO_4, gemeinsame Ecken ein gemeinsames O-Atom, „freie" Ecken je ein O-Atom mit der Ladung -1, falls die nicht eingezeichneten Zentralatome Si- sind).

Der relativ seltene Fall 1) mit diskreten Anionen wurde am Beispiel *Olivin* bereits behandelt (Mineralien mit $Si_2O_7^{6-}$ Anionen sind noch viel seltener, z. B. *Thortveitit* $Sc_2Si_2O_7$).

Für Fall 2) ist charakteristisch das Mineral *Beryll* (S. 147), $Be_3Al_2Si_6O_{18}$. Darin liegen aus sechs SiO_4-Tetraedern mit je zwei gemeinsamen Ecken gebaute Si—O—12-Ringe, $Si_6O_{18}^{12-}$, vor. Diese sind übereinander „stapelförmig" angeordnet. Die einzelnen Stapel werden durch die Be^{++}-Ionen mit der Koordinationszahl 4 und die Al^{+++}-Ionen der Koordinationszahl 6 (jeweils zu O-Atomen) fest zusammengehalten. Dadurch entstehen lange hohle „*Kanäle*" durch die 12-Ring-„*Stapel*", die eine sehr aufgelockerte Struktur bedingen.

Im Fall 3) unterscheidet man zwischen den „*Pyroxenen*" mit einfachen Ketten und den „*Amphibolen*" mit Doppelketten (Bändern). Charakteristische Pyroxene sind etwa *Enstatit* $[MgSiO_3]_n$ oder *Diopsid* $[CaMg(SiO_3)_2]_n$. Für *Amphibole* sind typisch *Tremolit* $[Ca_2Mg_5(OH)_2][Si_8O_{22}]$ und *Chrysotil („faseriger Serpentin")* $[Mg_6(OH)_6][Si_4O_{11}] \cdot H_2O$. Da die Bindungen innerhalb der Ketten bzw. Bänder stabiler sind als zwischen diesen und den sie zusammenhaltenden Kationen (Mg mit der KZ 6, Ca mit der KZ 8), sind solche Minerale leicht in Fasern aufspaltbar und haben als „*anorganische Fasern*" wegen ihrer großen Temperaturbeständigkeit auch praktische Bedeutung *(Asbeste)*.

Im Fall 4) liegen zweidimensionale Schichten aus SiO_4-Tetraedern mit drei gemeinsamen Ecken vor. Die vierten Ecken tragen jeweils noch eine negative Ladung und müssen durch Kationen neutralisiert und so zusammengehalten werden. Dies erfolgt etwa im wichtigen *Kaolinit* $[Al_4(OH)_8][Si_4O_{10}]$ durch $(HO)_2Al^+$-Gruppen, im *Montmorillonit* $[Al_2(OH)_2][Si_4O_{10}]$ durch $Al(OH)^{++}$-Gruppen und im *Talk* $[Mg_3(OH)_2][Si_4O_{10}]$ abwechselnd durch ein Mg^{++} und zwei $HOMg^+$-Ionen. Die Blattstruktur solcher Silikate zeigt sich schon rein äußerlich, etwa in der durch die leichte Spaltbarkeit in einer Ebene bedingten Weichheit des *Talks* oder in der durch Einwandern von H_2O (und auch anderer polarer Moleküle) zwischen die Schichten verursachten leichten reversiblen Quellbarkeit der Tone *Kaolinit* und *Montmorillonit*.

Werden in den $[Si_4O_{10}]_n^{4n-}$-Schichten $^1/_4$ oder $^1/_2$ der Si-Atome durch Al-Atome ersetzt, dann liegen die Schichten $[AlSi_3O_{10}]_n^{5n-}$ bzw. $[Al_2Si_2O_{10}]_n^{6n-}$ vor, die zum Zusammenhalt naturgemäß mehr Kationen erfordern als die $Si_4O_{10}^{4-}$-Schichten. Solche *Alumosilikatanionen* liegen in den erwartungsgemäß leicht in einer Ebene blättchenförmig spaltbaren *Glimmern Muskovit* $[KAl_2(OH)_2][AlSi_3O_{10}]$ und *Margarit* $[CaAl_2(OH)_2][Al_2Si_2O_{10}]$ vor (in denen, wie in der Schreibweise zum Ausdruck gebracht, ein Teil des Aluminiums kationisch zwischen den Schichten, der andere Teil anionisch als AlO_4-Tetraeder in den Schichten gebunden ist).

Der Fall 5) wurde für reines SiO_2 bereits behandelt. Ersatz von $^1/_4$ der Si-Atome durch Aluminium und Ausgleich der dadurch bedingten negativen Ladungen durch Alkaliionen führt zu den *Feldspäten*, z. B. *Orthoklas* $K[AlSi_3O_8]$. Beim Ersatz der Hälfte der Si-Atome des SiO_2-Gitters durch Al liegen dreidimensionale Anionen der Bruttoformel $[AlSiO_4]_n^{n-}$ vor, von denen sich z. B. die Mineralien *Permutit*, $Na[AlSiO_4] \cdot H_2O$, und *Ultramarin*, $Na_6[Al_6Si_6O_{24}] \cdot Na_2S_2$ ableiten (H_2O bzw. Na_2S_2- als blaufärbender Bestandteil – sind dabei zusätzlich in die reinen Alumosilikatstrukturen eingebaut). Der Ersatz von $^1/_3$ der Si-Atome durch Al führt u. a. zu den *Zeolithen* $Na[AlSi_2O_6] \cdot H_2O$ und $(Na_2, Ca)[Al_2Si_4O_{12}] \cdot 6H_2O$.

In solchen *Permutiten* und *Zeolithen* liegen relativ offene, von vielen „*Kanälen*“ durchzogene Strukturen vor. In diesen Kanälen befindet sich nicht nur das relativ locker gebundene Kristallwasser *(„Zeolithwasser“)*, sondern auch die die Ladung des dreidimensionalen Alumosilikatanions ausgleichenden Alkaliionen in recht „frei“ beweglicher Position. Austreiben des Wassers durch Erhitzen im Vakuum hinterläßt die „*trockenen*“ lockeren Raumnetze mit großer „innerer“ Oberfläche. Sie spielen heute als sogenannte „*Molekularsiebe*“ eine Rolle, weil davon nur solche Moleküle festgehalten werden (durch *van der Waal*sche Kräfte innerhalb der natürlichen Hohlräume der *Zeolithe*), die durch die engen „Kanäle“ diffundieren können. Natürliche und auch bereits viele künstlich hergestellte *Molekularsiebe* auf Zeolith-Basis dienen z. B. zur quantitativen Trennung geradkettiger von verzweigten Kohlenwasserstoffen, die destillativ nur äußerst schwierig trennbar sind. Natürliche Zeolithe und Permutite dienen wegen der in den strukturell bedingten Hohlräumen leicht beweglichen Alkaliionen als „*Ionenaustauscher*“. Diese Wirkung beruht darauf, daß beim Kontakt des Austauschers mit Lösungen anderer Kationen sich ein Gleichgewicht entsprechend dem Konzentrationsunterschied der verschiedenen Ionen einstellt. So wird etwa „*hartes*“ Wasser beim Durchlaufen von *Na-Permutit* oder *-Zeolith* dadurch „*enthärtet*“, daß die gelösten Ca-Ionen am Austauscher festgehalten und durch dessen Na-Ionen ersetzt werden *(Kationenaustausch)*. Der danach mit Ca-Ionen gesättigte *(„verbrauchte“)* Austauscher kann durch anschließendes Behandeln mit NaCl-Lösung (Umkehrung des ersten Vorgangs durch Gleichgewichtsverschiebung in der Reaktion $CaR + 2Na^+ \rightleftharpoons Na_2R + Ca^{++}$ nach rechts) wieder *„regeneriert“* werden. Solche Ionenaustauscher werden sowohl für *Kationen* als auch für *Anionen* heute in großem Maßstab sowohl auf anorganischer Basis *(Permutite)* als auch auf organischer Basis *(organische hochpolymere Kunstharze mit austauschbaren saueren Sulfonatgruppen oder basischen quartären Ammoniumgruppen an der „inneren“ Oberfläche fixiert)* synthetisch hergestellt.

Künstliche Silikate und Alumosilikate

Wasserglas. Zusammenschmelzen stöchiometrischer Mengen von Na_2CO_3 bzw. K_2CO_3 mit SiO_2 liefert Alkalisilikate, z. B.

$$SiO_2 + Na_2CO_3 \rightarrow Na_2SiO_3 + CO_2,$$
$$2SiO_2 + K_2CO_3 \rightarrow K_2Si_2O_5 + CO_2.$$

Sie sind unter Druck in Wasser löslich. Solche recht viskosen (wegen der geringen Säurestärke der Kieselsäuren durch Hydrolyse stark alkalisch reagierende) Lösungen dienen als *„Wasserglas“* technisch u. a. zum Verkitten von Porzellan und Glas *(„mineralischer Leim“)*, zum Leimen von Papier, Beschweren von Seide, als Flammschutzmittel und bes. auch zum „Strecken“ von Waschmitteln als billiges Füllmaterial. Bereits das CO_2 der Luft fällt daraus langsam hydratisiertes SiO_2 aus (Mineralsäuren natürlich noch viel rascher), worauf die früher weitverbreitete Anwendung von Wasserglas zur *Konservierung von Eiern* beruhte (luftdichtes Verkleben der porösen Schale durch $SiO_2 \cdot xH_2O$).

Gläser. Geschmolzene Gemische von Oxiden der Metalle Na, K, Mg, Ca, Ba, Pb und Zn mit SiO_2, Al_2O_3 oder B_2O_3 erstarren beim Abkühlen *glasartig*, d. h. als *unterkühlte metastabile Schmelzen*, die scheinbar amorph sind und keinen scharfen Schmelzpunkt, sondern einen größeren Erweichungsbereich aufweisen. Der Hauptbestandteil der meisten technischen Gläser ist SiO_2. In den dreidimensionalen Raumnetzen dieser Gläser sind nur kleinste Bereiche, nicht aber der Gesamtbereich kristallin geordnet. Dieses *Wesen des Glaszustandes* ermöglicht eine leichte Verarbeitung der wasserklar durchsichtigen Massen durch Gießen im dünnflüssigen Zustand bei hohen Temperaturen oder durch Biegen und *„Blasen“* im zähflüssigen Zustand bei mittleren Temperaturen. Daraus resultiert die große, hier nicht näher zu erörternde praktische Bedeutung der Gläser als einer der wichtigsten und ältesten „*Kunststoffe*" der Menschheit. Sie werden durch Zusammenschmelzen von *Quarzsand* (SiO_2) mit den entsprechenden *Metallkarbonaten* (aus denen beim Erhitzen des Gemisches die *Oxide* entstehen, z. B. $CaCO_3 \rightarrow CaO + CO_2$; $Na_2CO_3 \rightarrow Na_2O + CO_2$) auf ~1000 °C hergestellt. Die die mechanischen und thermischen Eigenschaften beeinflussenden Zusätze wie Al_2O_3 und B_2O_3 werden ebenso wie färbende oder trübende (z. B. TiO_2 für *Emaille*) Bestandteile dieser Schmelze zugesetzt, die nach der entsprechenden Formgebung langsam (um ein Springen zu vermeiden) abgekühlt wird.

Das gewöhnliche „*Normalglas*" für Fenster, Flaschen usw. hat etwa die Zusammensetzung 12,9% Na_2O, 11,6% CaO und 75,5% SiO_2. In den schwerer schmelzbaren *Kali-Kalk-Gläsern* ist Na_2O durch K_2O ersetzt (z. B. „*böhmisches Kristallglas*" oder „*Kronglas*" für optische Zwecke). „*Thüringer Geräteglas*" enthält sowohl Na_2O als auch K_2O. Gegen heißes Wasser, Säuren und Laugen sowie gegen Temperaturschwankungen beständiger sind Gläser, in denen ein Teil des SiO_2 gegen Al_2O_3 und B_2O_3 ausgetauscht sind, wie etwa „*Jenaer Glas*" der ungefähren Zusammensetzung 74,5% SiO_2, 8,5% Al_2O_3, 4,6% B_2O_3, 7,7% Na_2O, 3,9% BaO, 0,8% CaO und 0,1% MgO.

Tonwaren entstehen durch Glühen *(„Brennen")* von quellfähigen Alumosilikaten mit Schichtstruktur *(Tonen)*. Dabei tritt wegen der Abspaltung des zwischen die Schichten eingelagerten Wassers eine starke Volumenverminderung ein *(„Schwinden")*, die durch Zusatz volumenbeständiger Füllstoffe wie Quarzsand oder bereits gebranntem Ton *(„Magerungsmittel")* teilweise aufgefangen werden muß. Tonwaren mit porösem, wasserdurchlässigem Scherben heißen „*Tongut*". Davon sind besonders wichtig die aus Lehm gebrannten Mauer- und Dachziegel (von Eisenoxid rot gefärbt, bei ~900 °C gebrannt) und die bei 1500 °C gebrannten feuerfesten „Schamottesteine". Auch die *Töpfereierzeugnisse* (z. B. irdenes Geschirr, Ofenkacheln, Majolika, Fayence usw.) und das fast weiße (wegen nur geringem Gehalt an Eisenoxid) Steingut (mit einem „Glasurbrand" nachträglich oberflächlich wasserundurchlässig gemacht) gehören zu Tongut. Dagegen weist das bei höheren Temperaturen (~1400 °C) gebrannte „*Tonzeug*" keinen porösen, sondern einen dichten Scherben auf. Am wichtigsten davon ist das „*Steinzeug*" (z. B. als säurefestes Gerätematerial in der chemischen Industrie und im Haushalt, Bierkrüge usw.) und das *Porzellan* (gebrannt aus Kaolin, dem Magerungsmittel SiO_2 und Feldspäten als Flußmittel).

Zement bildet sich beim Zusammensintern von Kalkstein und Tonen auf ~1400–1500 °C in *Drehrohröfen* zu Calcium-Aluminiumsilikaten der ungefähren Zusammensetzung (für den wichtigen „*Portlandzement*"): 58–66% CaO, 18–26% SiO_2, 4–12% Al_2O_3 und 2–5% Fe_2O_3. Der Rest besteht aus MgO, SO_3, CO_2 und H_2O. Der feingemahlene Zement wird mit Sand und Wasser zu *Mörtel* gemischt. Das rasche „*Abbinden*" durch Wasseraufnahme wird vom langsameren „*Erhärten*" gefolgt ($3CaO \cdot SiO_2 + 2H_2O \rightarrow CaO \cdot SiO_2 + 2Ca(OH)_2$). Die dabei gebildeten kleinen Kriställchen verfestigen und verfilzen das ganze Gefüge. Ein Gemisch von Zementmörtel mit Steinen heißt „*Beton*".

Silikone sind, verglichen mit Gläsern, Tonwaren und Zementen sehr moderne Kunststoffe, deren hervorragende Eigenschaften aber ebenfalls auf der Beständigkeit der $(p \rightarrow d)_\pi$-bindungsverstärkten Si—O—Si-Bindung beruhen. Es handelt sich dabei um polymere Kieselsäurederivate, die an der Ausbildung eines unendlichen dreidimensionalen Raumnetzes nach

$$n(HO)_4Si \rightarrow (SiO_2)_n + 2nH_2O$$

dadurch gehindert sind, daß ein Teil der OH-Gruppen der Orthokieselsäure durch organische Kohlenwasserstoffreste R ersetzt ist. Die Si—C-Bindung ist so beständig, daß sie unter Normalbedingungen weder von Säuren noch von Laugen angegriffen wird.

Während z. B. $SiCl_4$ (S. 264) mit Wasser $Si(OH)_4$ und schließlich SiO_2 bildet, reagiert etwa $(CH_3)_3SiCl$ mit H_2O nach

$$R_3SiCl + H_2O \rightarrow R_3SiOH + HCl$$

unter Bildung von „*Trimethylsilanol*", das als Kieselsäurederivat leicht spontan H_2O abspaltet unter Bildung von sehr beständigem „*Hexamethyldisiloxan*" nach

$$(CH_3)_3Si—O\,H + HO—Si(CH_3)_3 \rightarrow H_2O + (CH_3)_3Si—O—Si(CH_3)_3 .$$

Dieses niedermolekulare *Disiloxan* ist chemisch sehr interessant (auch darin ist ein Si-Atom beispielsweise durch Al ersetzbar; solche niedermolekularen Verbindungen stellen ideale Modellsubstanzen dar für das genaue Studium der natürlichen und synthetischen hochpolymeren Silikate und Alumosilikate. Ihre Chemie kann aber in diesem Zusammenhang nicht besprochen werden).

Besonders wichtig ist die spontane Kondensation der nach

$$R_2SiCl_2 + 2H_2O \rightarrow R_2Si(OH)_2 + 2HCl$$

gebildeten und in monomerer Form nicht existenzfähigen *Diorganylsilandiole* nach

$$nR_2Si(OH)_2 \rightarrow (R_2SiO)_n + nH_2O .$$

Dabei bilden sich die Diorganopolysiloxane als kleine Ringe (n = 3,4) oder als lange Ketten (n = ∞). Die langen Kettenenden werden durch —$OSiR_3$-Gruppen abgesättigt. Ihre Länge (und damit ihre physikalischen Eigenschaften) wird deshalb durch den geringen Anteil von R_3SiCl im R_2SiCl_2 bestimmt, das mit Wasser versetzt wird. Wird dem Gemisch noch $RSiCl_3$ zugesetzt, dann entsteht daraus durch Hydrolyse $RSi(OH)_3$, bei dessen spontaner Kondensation durch Wasserabspaltung zweidimensionale unendliche Netzstrukturen gebildet werden. Ein kleiner Anteil von $RSiCl_3$ im R_2SiCl_2—R_3SiCl-Gemisch bewirkt so eine Vernetzung der bei der Hydrolyse gebildeten —R_2Si—O-Ketten über R—Si—O-
|
Si
|
Gruppen. Durch Variation des Verhältnisses R_3SiCl, R_2SiCl_2 und R_3SiCl in dem Alkylhalogensilangemisch, aus dem durch Wasserzusatz der *Kunststoff Silicon* gebildet wird, kann dessen Eigenschaft vom *viskosen Öl* über *gummiartige Festzustände* zum *harten Siliconharz* in weiten Grenzen beliebig variiert werden. Als organische Reste R werden in der Praxis meist CH_3-Gruppen verwandt. Doch bietet die Veränderung dieser Gruppen eine weitere Möglichkeit zur Beeinflussung der Eigenschaften der Silicone, die hier nicht näher besprochen werden kann.

Verbindungen mit Schwefel-Silicium bildet beim Erhitzen mit Schwefel ein sublimierbares SiS_2, das entsprechend dem *„faserigen"* SiO_2 *zweidimensionale Ketten* aus SiS_4-Tetraedern mit je zwei gemeinsamen Kanten (= je 4 gemeinsamen S-Atomen) bildet. Mit Wasser entsteht daraus spontan SiO_2 und H_2S. Demgegenüber sind GeS_2, SnS_2 und PbS_2 ebenso wie deren organische Derivate (z. B. $R_3GeSGeR_3$ oder $[R_2GeS]_n$) gegenüber H_2O beständig.

Verbindungen mit Stickstoff, Phosphor, Arsen, Antimon und Wismut: Beim Erhitzen von Si mit N_2 auf ~1300 °C bildet sich das recht beständige Si_3N_4.

Die Chemie von *Organosilicium-Stickstoffverbindungen* $R_nSi(NR'_2)_m$ (n = 1–3, m = 3–1) ist in jüngster Zeit intensiv erforscht und ausgebaut worden. Sie kann trotz ihrer theoretischen und auch praktischen Bedeutung hier nicht näher erörtert werden. Erwähnt sei nur das *Trisilylamin* $N(SiH_3)_3$, das als einziges bisher bekanntes Ammoniakderivat eben gebaut ist. Dieser ebene Bau ist dadurch bedingt, daß das formal freie Elektronenpaar am N-Atom mit den freien d-Orbitalen der 3 Si-Atome über $(p \rightarrow d)_\pi$-Bindungen gleichmäßig in Wechselwirkung tritt und so eine *Einebnung des Moleküls* bewirkt. Die formal analogen Ge, Sn und Pb-Derivate von N, P, As, Sb und Bi sind dagegen noch *pyramidenförmig* gebaut, weil die im Vergleich zu Si—N-vergrößerten Bindungsabstände keine so gute und wirksame $(p \rightarrow d)_\pi$-Verstärkung ermöglichen.

Die Chemie kovalenter Verbindungen zwischen IVb-Elementen einerseits und Vb-Elementen andererseits ist erst in jüngster Zeit erschlossen und noch bei weitem nicht endgültig aufgeklärt worden. Dieses interessante neue Forschungsgebiet kann deshalb hier nur angedeutet, aber noch nicht erschöpfend beschrieben werden.

Das gleiche gilt für die zur Zeit intensiv bearbeitete Chemie der Elementorganischen Verbindungen der IVb-Elemente mit Si, Ge, Sn und Pb—C-Bindungen.

3. *Verbindungen der IVb-Elemente in der Oxydationsstufe* +2

Bereits bei den Elementen der V. Hauptgruppe wurde ausgeführt, daß wegen der Bedeutung des *„inerten Paares"* dabei von oben nach unten die Beständigkeit der um 2 verminderten höchstmöglichen Oxydationsstufe zunimmt. Das gilt aus den gleichen Gründen auch in der IV. Hauptgruppe.

Während Kohlenstoff und Silicium keine stabilen Verbindungen in der Oxydationsstufe +2 bilden, tritt diese in den *Germanium-II-halogeniden* GeX_2 sicher auf. Allerdings neigen diese Dihalogenide leicht zur *Disproportionierung* nach

$$2\,GeCl_2 \rightleftharpoons Ge + GeCl_4 .$$

Zinn-II-Ionen mit einem „inerten" Elektronenpaar sind dagegen bereits in wäßriger Lösung beständig (allerdings stark hydrolysiert nach $Sn^{++} + H_2O \rightleftharpoons SnOH^+ + H^+$; deshalb sind klare Lösungen nur bei Säureüberschuß beständig; andernfalls bilden sich Niederschläge „basischer" Salze wie $Sn(OH)Cl \cdot H_2O$). Das Normalpotential der Reaktion (in saurer Lösung)

$$Sn^{2+} \rightleftharpoons Sn^{4+} + 2e; \quad E_0 = +0{,}15\ V$$

zeigt, daß Sn^{++}-Salze starke Reduktionsmittel sind. Auch stark alkalische Sn^{2+}-Lösungen (sog. *„Stannite"* $Sn(OH)_3^-$) wirken stark reduzierend. Beim Neutralisieren sowohl der stark saueren als auch der stark basischen Sn^{2+}-Lösungen fällt wasserhaltiges $SnO \cdot xH_2O$ aus, das sich unter Luftausschluß thermisch zum stahlblauen SnO entwässern läßt. Beim Erwärmen an Luft verglimmt SnO zum beständigeren weißen SnO_2.

Wasserfreies $SnCl_2$ ist wegen des *inerten Paares* gewinkelt gebaut (∢ 95°). Auch im festen Dihydrat $SnCl_2 \cdot 2H_2O$ ist das freie Elektronenpaar stereochemisch noch von Bedeutung: $SnCl_2 \cdot H_2O$ bildet eine dreiseitige Pyramide mit Sn an der Spitze (und dem Elektronenpaar darüber lokalisiert) und zwei Cl-Atomen und einem OH_2-Molekül in den Basisecken. Das zweite H_2O-Molekül ist außerhalb derKoordinationssphäre des Zinns im Gitter über H-Brücken gebunden und wird leicht durch Erwärmen abgespalten.

Am beständigsten ist die Oxydationsstufe +2 beim Blei. Die meisten Pb-II-Salze sind schwerlöslich in Wasser (außer $Pb(NO_3)_2$). Mit H_2S bilden sie alle schwarzes PbS. Sie sind (außer PbS) in starken Laugen als *Plumbite* $Pb(OH)_3^-$ oder $Pb(OH)_4^{--}$ löslich. Gelbes PbO entsteht beim Verbrennen von Pb an Luft, beim Entwässern von $PbO \cdot xH_2O$ oder beim Erhitzen von $PbCO_3$ unter CO_2-Abspaltung. Es ist beständiger als das stark oxydierende *Bleidioxid* PbO_2. Dessen Oxydationskraft wird im *Bleiakkumulator* ausgenützt. Darin dient die Redoxreaktion

$$Pb + PbO_2 + 2H_2SO_4 \rightleftharpoons 2PbSO_4 + 2H_2O$$

zur Stromerzeugung. Gitterförmige Bleiplatten werden entweder mit lockerem, schwammförmigem Blei oder mit PbO_2 vollgepreßt. Eine Pb- und eine PbO_2-Platte werden in ~20%iger H_2SO_4 parallel zueinander befestigt. Werden sie durch einen Draht leitend miteinander verbunden, dann fließt in diesem Draht ein Strom (Spannung zwischen 2 Platten ~2 V), weil die Pb-Atome unter Übergang in Pb^{++}-Ionen 2 Elektronen über den Draht abgeben und die Pb^{+4}-Ionen des PbO_2 diese Elektronen aufnehmen (ebenfalls unter Bildung von Pb^{2+}-Ionen). Beim „*Entladen*" des Akkumulators läuft das obige Gleichgewicht unter H_2SO_4-Verbrauch solange nach rechts ab, bis alles Pb^{4+} zu Pb^{2+} reduziert ist (Pb-Platte negativer, PbO_2-Platte positiver Pol). Durch Anlegen einer äußeren Spannung (die etwas höher als 2V sein muß) in umgekehrter Richtung an die beiden Pole läßt sich der Vorgang prinzipiell umkehren („*Laden*"): In komplizierten und noch nicht in allen Einzelheiten aufgeklärten Reaktionen wird an der Anode Pb^{2+} wieder zu Pb^{4+} oxydiert und an der Kathode Pb^{2+} wieder zu Pb^0 reduziert. Gleichzeitig wird dabei die beim Entladen verbrauchte Schwefelsäure zurückgebildet. Der so wieder aufgeladene Akkumulator steht erneut zur Stromlieferung zur Verfügung.

Beim Erhitzen von PbO mit PbO_2 im Verhältnis 2:1 bildet sich die als Rostschutzanstrich für Eisen technisch bedeutungsvolle rote „*Mennige*" Pb_3O_4. Darin liegt nicht, wie formal zu erwarten, Pb^{+3} vor, sondern das definierte *Doppeloxid* $2PbO \cdot PbO_2$ vor ($Pb^{+4}O_6$-Oktaeder bilden mit je 2 gemeinsamen, einander gegenüberliegenden Ecken Ketten. Diese werden von Pb^{2+}-Ionen zusammengehalten, die jeweils an 3 O-Atome gebunden sind).

I. Die II. Nebengruppe des Periodensystems

Als *„repräsentative"* Elemente haben wir solche Elemente definiert, deren Atome unvollständig gefüllte äußerste Schalen, darunter aber nur entweder ganz oder gar nicht gefüllte Orbitale aufweisen. Dazu gehören außer den Edelgasen alle bis jetzt behandelten *Hauptgruppenelemente* und als einzige Nebengruppenelemente des Periodensystems die II. Nebengruppe (IIb Gruppe), deren Elemente über einer mit 10 Elektronen vollständig gefüllten (n – 1) d-Bahn je 2 ns^2 Elektronen in der äußersten Schale besitzen. Wenn auch durch die Einbeziehung dieser Elemente in die bisher besprochenen Atomsorten eine scheinbar klarere Systematik (Trennung in Haupt- und Nebengruppen) durchbrochen wird, so rechtfertigt doch der durch den Atombau bedingte echte Zusammenhang diese scheinbare Einbuße an formaler Übersichtlichkeit.

Die IIb-Gruppe wird von den drei Metallen *Zink* (Zn), *Cadmium* (Cd) und *Quecksilber* (Hg) gebildet. Sie unterscheiden sich von den 6 IIa-Elementen dadurch, daß ihre beiden gepaarten s-Außenelektronen nicht auf eine *leere*, sondern auf eine mit 10 Elektronen *gefüllte* (n – 1) d-Bahn folgen. Sie werden in der Natur (Zn 0,013%, Cd $1{,}5 \cdot 10^{-5}$% und Hg $\sim 10^{-6}$%) hauptsächlich als Sulfide (*„Zinkblende"* ZnS und *„Zinnober"* HgS) gebunden, Zn daneben auch als Carbonat, Sulfat und Oxid gefunden. Tab. III.31. zeigt einige ihrer Eigenschaften.

Tabelle III.31. Einige Eigenschaften der IIb-Metalle

	Zn	Cd	Hg
Ordnungszahl	30	48	80
Außenelektronen	$3d^{10}\,4s^2$	$4d^{10}\,5s^2$	$5d^{10}\,6s^2$
Atomgewicht	65,37	112,40	200,59
$d_{20°}$	7,14	8,64	13,546
Schmelzpunkt °C	419,4	320,9	–38,89
Siedepunkt °C	907	767,3	356,95
1. Ionisierungspotential in eV	9,391	8,991	10,434
E_0 für $M \rightleftharpoons M^{2+} + 2e$ in V	–0,762	–0,402	+0,854
Atomradius in Å	1,249	1,413	1,440
Ionenradius M^{++} in Å	0,74	0,97	1,10

Die abnehmenden Schmelz- und Siedepunkte sind typisch für Metalle (und für das einzige bei Zimmertemperatur flüssige Metall Quecksilber ungewöhnlich niedrig). Daß trotz von oben nach unten erwartungsgemäß zunehmendem *Atom-* bzw. *Ionenradius* das *Ionisierungspotential* zwar von Zn zu Cd fällt, dann aber bei Hg wieder über den Wert von Zn ansteigt, zeigt den bereits bei Bi, Pb und Tl erläuterten Einfluß des „*inerten*" Paares bei den schwersten Elementen einer Gruppe besonders deutlich (wegen der durch den Einbau der 14 Lanthaniden stark erhöhten Kernladung werden auch noch die beiden Außenelektronen besonders fest vom Kern angezogen und stehen deshalb nur schwer für chemische Bindungen zur Verfügung). Auch das relativ hohe Normalpotential von Quecksilber ist dadurch bedingt. Es bewirkt, daß Hg ein „*edles*" Metall ist (Edelmetalle mit Normalpotentialen >0 Volt lösen sich in nichtoxydierenden Säuren nicht unter H_2-Entwicklung), während Zn und Cd unedel sind und sich z. B. leicht in wäßriger HCl auflösen).

Zink wird durch Reduktion von weißem ZnO mit Kohlenstoff bei $\sim 1200\,°C$ in tönernen Retorten *(„Zinkmuffeln")* dargestellt ($2ZnO + C \rightarrow 2Zn + CO_2$) und entweder durch fraktionierte Destillation oder durch Auflösen in Schwefelsäure und Elektrolyse der dabei entstandenen $ZnSO_4$-Lösung (die auch durch Lösen von ZnO in H_2SO_4 gewonnen werden kann) gereinigt. Das dafür erforderliche ZnO erhält man durch Glühen von $ZnCO_3$ ($ZnCO_3 \rightarrow ZnO + CO_2$) oder durch Verbrennen *(„Rösten")* von ZnS ($ZnS + 1\,{}^1/_2\,O_2 \rightarrow ZnO + SO_2$).

Das Metall kristallisiert wie Be und Hg in einer verzerrten *hexagonal dichtesten Kugelpackung*. An der Luft überzieht es sich rasch mit einer festhaftenden dünnen Schicht von ZnO bzw. $HOZnHCO_3$, die das unedle Metall vor weiterem Angriff schützt. Oberhalb des Siedepunktes verbrennt es mit heißer und heller Flamme zu ZnO (Verwendung von Zn-Draht in Fackeln). Reines Zink dient hauptsächlich zum *Verzinken* (Rostschutz) von Eisen und zur Herstellung von Dachrinnen und Dachbedeckungen. Seine wichtigste Legierung ist *Messing* ($\sim 35\%$ Zn, 65% Cu). Praktisch spielt es auch eine Rolle als Lösungselektrode in galvanischen Elementen (z. B. *Taschenlampenbatterien*, die einen Zinkzylinder als Anode, einen Graphitstab als Kathode und konzentrierte NH_4Cl-Lösung – „eingedickt" mit Sägemehl oder ähnlichem – als Säure enthalten).

Cadmium fällt als Begleitelement des Zinks bei dessen Darstellung in geringen Mengen mit an und wird davon leicht durch Destillation abgetrennt. Das recht weiche Metall dient in manchen Fällen als elektrolytisch erzeugter Rostschutzüberzug für Eisen, hat aber sonst wenig praktische Bedeutung. Es kristallisiert wie Zn.

Quecksilber wird aus Zinnober direkt durch „*Rösten*" dargestellt nach $HgS + O_2 \rightarrow Hg + SO_2$ (eventuell intermediär gebildetes Oxid HgO zerfällt wegen des edlen Charakters von Quecksilber oberhalb 500 °C in die Elemente). Es dient als flüssiges Metall zur Füllung von *Thermometern* und *Barometern* sowie als „*Absperrflüssigkeit*" beim Arbeiten mit Gasen im Laboratorium. Technisch wird es in großen Mengen als flüssige Kathode bei der *elektrolytischen Alkalichloridzersetzung* (S. 125) und bei der *Goldgewinnung* (S. Band II) eingesetzt. Seine Legierungen mit anderen Metallen heißen *Amalgame*, von denen die Alkaliamalgame als Zwischenprodukte bei der technischen *Alkalihydroxiddarstellung* (S. 117) und als Reduktionsmittel sowie *Goldamalgam* bei der Goldgewinnung von Bedeutung sind.

A. *Verbindungen von Zn, Cd und Hg*

Die drei Elemente betätigen bei der Verbindungsbildung beide Außenelektronen und treten somit immer in der Oxydationsstufe +2 auf (dies gilt auch für die Hg^{+1}-Verbindungen mit der formalen Oxydationszahl +1, weil darin das Teilchen Hg_2^{2+} mit einer Hg—Hg-Bindung vorliegt; sie werden im Anschluß an die Zn^{++}-, Cd^{++}- und Hg^{++}-Verbindungen besprochen). Die Zn- und Cd-Verbindungen haben vielerlei Ähnlichkeit mit den entsprechenden Mg-Verbindungen.

Als *Wasserstoffverbindungen* kennt man die in ihrer Struktur noch nicht aufgeklärten Hydride ZnH_2, CdH_2 und HgH_2. Sie entstehen aus den Jodiden mit $LiAlH_4$. Nur ZnH_2 ist oberhalb 0°C beständig. (Zerfall in die Elemente: ZnH_2 ~90 °C, CdH_2 ~ −20 °C, HgH_2 ~ −130 °C.)

Angesichts der hohen Ionisierungspotentiale der IIb-Metalle ist es nicht verwunderlich, daß von den 12 denkbaren und auch bekannten *Halogeniden* MeX_2 nur die drei farblosen Fluoride ZnF_2, CdF_2 und HgF_2 hochschmelzend und bevorzugt ionogen aufgebaut sind. Die hohe *Gitterenergie* und die Unfähigkeit zur Bildung von *Fluorokomplexen* MeF_3^- bzw. MeF_4^{--} bedingen die Schwerlöslichkeit von ZnF_2 und CdF_2 in Wasser (HgF_2 wird davon schon in der Kälte völlig hydrolysiert nach $HgF_2 + H_2O \rightarrow HgO + 2HF$, weil HgO nur eine extrem schwache Base und HF nur eine schwache Säure darstellt). Die übrigen Dihalogenide sind dagegen in wasserfreiem Zustand niedrig schmelzende und siedende Verbindungen, die in Alkohol, Aceton und anderen organischen Lösungsmitteln löslich sind. Diese Eigenschaften weisen deutlich darauf hin, daß in ihnen im wesentlichen *kovalente Bindungen* vorliegen. In den Gittern der Zn- und Cd-Halogenide liegen dichte Kugelpackungen negativ polarisierter Halogenatome vor. Die Zn-Atome (Koordinationszahl 4) besetzen darin tetragonale, die größeren Cd-Atome (Koordinationszahl 6) oktaedrische Hohlräume.

Wäßrige Lösungen dieser „Salze" enthalten neben viel undissoziiertem MeX_2 (solvatisiert) die hydratisierten Ionen Me^{++}, MeX^+, MeX_3^-, MeX_4^{--} und X^-. Ihre relativen Konzentrationen hängen stark von der Absolutkonzentration und der Temperatur ab. In jedem Fall erhöht der Zusatz von X^- (z. B. Alkalihalogeniden) die Löslichkeit von MeX_2 durch Bildung der *Komplexionen* MeX_3^- und MeX_4^{--} stark. Dabei sind die Cd-Komplexe stabiler als die Zn-Komplexe. Umgekehrt sind Zn-Halogenide stärker dissoziiert, aber auch stärker hydrolysiert als Cd-Halogenide. $[Zn(OH_2)_6]^{++}$ ist eine starke Säure (entsprechend reagieren die Zinkhalogenide in Lösung deutlich sauer). Das hauptsächliche Hydrolyseprodukt der Cd-Halogenide ist dagegen nur Cd(OH)X.

In den festen Hg-Halogeniden $HgCl_2$, $HgBr_2$ und HgJ_2 liegen ebenso wie in der Gasphase *geradlinige* (sp-Hybride) *Moleküle* X—Hg—X vor. Sie sind in Wasser – vom Chlorid zum Jodid zunehmend – als kovalente Verbindungen sehr schlecht löslich (praktisch fast nur als undissoziierte HgX_2-Moleküle). HgJ_2 ist intensiv rot gefärbt, weil das positivierte Hg-Atom die Elektronenhüllen der großen und „weichen" negativierten J-Atome so stark *verzerrt* („polarisiert"), daß bereits die Energie des sichtbaren Lichtes davon absorbiert wird. Das unlösliche rote HgJ_2 geht aber auf Zusatz von J^--Ionen leicht farblos in Lösung als HgJ_4^{--}-Komplex (die polarisierende Wirkung eines Hg-Atomes verteilt sich darin auf 4 Jodatome, die dann zwangsläufig entsprechend weniger deformiert sind; die Farbe verschwindet). Entsprechend leicht löst sich $HgCl_2$ auf Zusatz von Cl^--Ionen und $HgBr_2$ auf Zusatz von Br^--Ionen.

Die Darstellung der wasserfreien Halogenide MeX_2 erfolgt leicht aus den Elementen nach $Me + X_2 \rightarrow MeX_2$. Wäßrige Lösungen entstehen aus den unlöslichen Oxiden und Halogenwasserstoffsäuren nach $MeO + 2\,HX \rightarrow MeX_2 + H_2O$. (Die Umsetzung der Oxide mit anderen Säuren ermöglicht auch einfach die Synthese weiterer Salze wie $MeSO_4$, $Me(NO_3)_2$ usw., die weitgehend den entsprechenden Magnesiumsalzen entsprechen und hier nicht weiter behandelt werden müssen.) Quecksilber ist unlöslich in nichtoxydierenden Säuren wie HX oder kalter verdünnter H_2SO_4, weil sein Normalpotential positiver als das des Wasserstoffs (E = 0,000) ist. Dagegen lösen sich Zn und Cd leicht etwa in HCl oder verdünnter H_2SO_4 (Darstellung von H_2 im *Kipp*schen Apparat!) nach

$$Zn + 2\,HCl \rightarrow ZnCl_2 + H_2 + \text{Energie},$$

weil ihre Potentiale negativer als 0 Volt sind (s. *Redoxpotentiale*, S. 98). (In reinster Form reagieren die Metalle allerdings nur ganz langsam wegen des hier nicht zu besprechenden und auch noch nicht endgültig geklärten komplizierten Phänomens der *„Überspannung“* von Wasserstoff daran; äußerer Kontakt oder einlegierte Verunreinigungen mit einem Edelmetall wie Cu oder Pt bedingen sogenannte *„Lokalelemente“*, welche die Reaktion mit H^+ stark beschleunigen. Solche Lokalelemente spielen in der Praxis bei der Korrosion von Metallen eine unerwünschte, aber wichtige Rolle.)

Weil ein unter H_2-Entwicklung reagierendes Gemisch eines unedlen Metalls mit Säuren eine viel stärkere Reduktionswirkung zeigt als molekularer H_2 (z. B. Reduktion des violetten $KMnO_4$ – s. Band II – zu farblosen Mn^{++}-Ionen), spricht man dabei von *„Wasserstoff in statu nascendi“*. Schon diese Bezeichnungsweise macht klar, daß das Phänomen noch nicht verstanden ist. Einfache energetische Überlegungen zeigen bereits, daß seine häufig noch anzutreffende Deutung durch reales Auftreten von *atomarem Wasserstoff* von für Reaktionen ausreichender Lebensdauer in diesen Fällen *nicht* zutreffen kann. Hier sei eine Deutung des experimentellen Tatbestandes vorgeschlagen, die bis jetzt – darauf muß klar hingewiesen werden – rein spekulativ ist, jedoch das Phänomen befriedigend erklären kann. Sie lehnt sich formal an die Bildung von *Grignard*reagenzien (S. 258) an, z. B. nach

$$\overset{\delta+\,\delta-}{RCl} + Mg \rightarrow \overset{\delta-\,\delta+\,\delta-}{RMgCl}.$$

Betrachtet man H formal als *„einfachste organische Gruppe“ R*, dann ergäbe sich (für das Beispiel Zn als Metall) die Formulierung

$$\overset{\delta+\,\delta-}{HCl} + Zn \rightarrow \overset{\delta-\,\delta+\,\delta-}{HZnCl}.$$

Danach nimmt ein positives H^+-Ion vom Zn-Atom nicht ein Elektron ($Zn + 2H^+ \rightarrow Zn^{++} + 2H$), sondern zwei Elektronen unter Bildung eines Hydridions H^- auf ($Zn + H^+ \rightarrow Zn^{++} + H^-$). Als Zwischenprodukt der Reaktion von Zink mit Salzsäure entsteht so ein (natürlich nicht ionogenes, sondern polarisiert kovalentes) *Hydridhalogenid* des Zinks (von Ca sind solche Verbindungen isoliert, S. 152). Solche Metallhydride sind bekanntlich extrem starke Reduktionsmittel. Ihr intermediäres Auftreten beim Auflösen unedler Metalle in Säuren deutet alle beobachteten Wirkungen des *„naszierenden“* Wasserstoffs auf Oxydationsmittel mühelos und einfach. Sind keine stärkeren Oxydationsmittel als H^+ vorhanden, dann läuft die für die Hydridchemie charakteristische *Redoxreaktion*

($H^- + H^+ \rightarrow H_2$) mit überschüssiger Säure bzw. mit Wasser ab

$$\overset{\delta-}{H}ZnCl + \overset{\delta+}{H}Cl \rightarrow ZnCl_2 + H_2.$$

In diesem Zusammenhang sei bemerkt, daß die formal analoge Reaktion bei der Darstellung von *Grignard*verbindungen mit R = aromatischen Resten zuweilen als unerwünschte „*Nebenreaktion*" störend in Erscheinung tritt:

$$\overset{\delta+}{R}X + Mg \rightarrow \overset{\delta-}{R}MgX$$

$$\overset{\delta-}{R}MgX + \overset{\delta+}{R}X \rightarrow MgX_2 + R\text{—}R.$$

Formaler Ersatz von R durch H wäre dann die „*Hauptreaktion*" beim Auflösen von Metallen in Säuren (R—R = H—H). Vereinfacht läßt sich nach dieser Deutung sagen, daß die bekannten Wirkungen des unbekannten „*naszierenden*" Wasserstoffs die der bekannten *Metallhydride* sind und die Auflösung unedler Metalle in Säuren kann schematisch formuliert und verstanden werden durch die Formulierung

$$\begin{array}{l} Me + \ H^+ \rightarrow Me^{++} + H^- \\ H^- + \ H^+ \rightarrow H_2 \\ \hline Me + 2H^+ \rightarrow Me^{++} + H_2. \end{array}$$

Diese Formulierung gilt sinngemäß für die Reaktionen aller unedlen Metalle mit allen *Brøensted*-Säuren.

Alle 12 denkbaren *Chalkogenide* MeX sind als wasserunlösliche, meist intensiv gefärbte (wegen der starken Polarisierung der Anionen) kristalline Festkörper bekannt (Me = Zn, Cd, Hg; X = O, S, Se, Te). Prinzipiell werden sie alle durch Erhitzen der entsprechenden Elemente miteinander erhalten (bei den Hg-Verbindungen darf dabei wegen dessen edlen Charakters nicht zu hoch erhitzt werden; z.B. wird das rote HgO aus Hg und O_2 bei 300 – 350 °C dargestellt; bei stärkerem Erhitzen zerfällt es rückwirkend wieder in die Elemente). Praktisch werden die Oxide (ZnO weiß, bei hohen Temperaturen gelb; CdO gelbbraun; HgO rot, bei höheren Temperaturen oder beim Ausfällen aus wäßriger Hg^{2+}-Salzlösung mit Basen gelb) auch häufig durch thermische Zersetzung der Carbonate oder Nitrate dargestellt. Die Sulfide bilden sich einfach beim Einleiten von H_2S in wäßrige Lösungen von Zn^{2+}-, Cd^{2+}- und Hg^{2+}-Verbindungen als weißer bzw. gelber oder schwarzer (beim Erwärmen in die rote Form umwandelbarer) Niederschlag (solche Fällungen dienen zum *qualitativen Nachweis* der Elemente). Sinngemäß gilt dies auch für die intensiv farbigen Selenide und Telluride der IIb-Metalle.

Die farblosen *Hydroxide* $Zn(OH)_2$ und $Cd(OH)_2$ (von Hg gibt es kein Hydroxid $Hg(OH)_2$) fallen aus wäßrigen Zn^{++}- bzw. Cd^{++}-Lösungen bei Laugenzusatz aus. $Zn(OH)_2$ löst sich (wie auch ZnO und elementares Zink in starken Basen als „*Zinkat*" $[Zn(OH)_3 \cdot H_2O]^-$ bzw. $[Zn(OH)_4]^{--}$ auf, ist also *amphoter* (in Säuren lösen sich die Oxide ZnO, CdO und HgO als Basen). $Cd(OH)_2$ und HgO sind dagegen in Laugen unlöslich. Aus Hg^{2+}-Lösungen fällt nach OH^--Zusatz direkt gelbes HgO aus.

$Zn(OH)_2$ und $Cd(OH)_2$ lösen sich gut in konzentrierten NH_3-Lösungen, weil dabei *Ammoniakatkomplexe* wie $[Zn(NH_3)_4]^{2+}$ entstehen.

Von den festen Chalkogeniden haben CdO und HgS die NaCl-Struktur mit der Koordinationszahl 6 für die Metalle. Die restlichen 10 Verbindungen kristallisieren entweder in der „Zinkblende"-Struktur oder in der „Wurtzit"-Struktur mit der Koordinationszahl 4 für das Metall (meist sind die beiden Modifikationen bekannt, wie z.B. für ZnS Zinkblende und Wurtzit). Die beiden Strukturen sind in Abb. III.31. dargestellt.

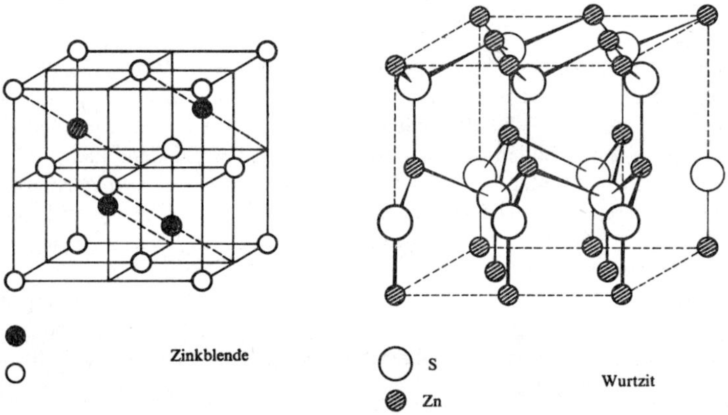

Abb. III.31. Zinkblende- und Wurtzit-Struktur
(Me = Zn, Cd, Hg; X = O, S, Se, Te)

An *Stickstoffverbindungen* der IIb-Metalle sind neben den bereits erwähnten wasserlöslichen *Tetramminkomplexen* $Me(NH_3)_4^{++}$ besonders die wasserunlöslichen Hg—N-Verbindungen mit kovalenter Metall-Stickstoff-Bindung und vierbindigem Stickstoff interessant: aus $HgCl_2$

und wäßrigem NH_3 fallen je nach den Konzentrationsverhältnissen drei verschiedene Verbindungen aus. Nach

$$HgCl_2 + 2NH_3 \rightarrow Hg(NH_3)_2Cl_2$$

bildet sich weißes *Diamminoquecksilberchlorid („schmelzbares Präzipitat")*. Es besteht aus diskreten tetraederförmig gebauten Molekülen mit sp^3-Hybridisierung am Hg-Atom. Nach

$$HgCl_2 + 2NH_3 \rightarrow H_2NHgCl + NH_4^+ + Cl^-$$

bildet sich das ebenfalls weiße *Amidoquecksilberchlorid („unschmelzbares Präzipitat")*. In dieser Verbindung liegen hochpolymere lineare $—NH_2—Hg—NH_2—Hg$-Ketten mit sp-Hybridisierung am Hg und sp^3-Hybridisierung am N vor. Die Cl^--Ionen befinden sich zwischen den Ketten.

Nach der Bruttogleichung

$$2HgCl_2 + 4NH_3 + H_2O \rightarrow NHg_2Cl \cdot H_2O + 3NH_4^+ + 3Cl$$

entsteht schließlich das Chlorid der „*Millon*schen Base"

$$NHg_2OH \cdot (0-2)H_2O.$$

Diese bildet sich beim Schütteln von HgO mit NH_3 in Wasser als gelbes unlösliches Produkt, aus dem sich durch Behandeln mit den entsprechenden Säuren viele Salze darstellen lassen. In diesen Salzen wie auch in der Base selbst bilden die Hg- und N-Atome verschiedene (den SiO_2-Modifikationen entsprechende) *dreidimensionale Raumnetzstrukturen* aus. In deren relativ großen kanalförmigen Hohlräumen sind die Anionen (OH^-, Cl^-, Br^-, J^-, NO_3^- usw.) als „*Kristallwasser*" relativ leicht beweglich, weshalb diese Salze als *Ionenaustauscher* wirken können.

Auch mit *Kohlenstoff* können die IIb-Metalle kovalente Verbindungen bilden. Die *Zinkorganyle* ZnR_2 sind die ältesten bekannten metallorganischen Verbindungen überhaupt. Sie entstehen etwa aus Alkyljodiden und Zink nach

$$2RJ + 2Zn \rightarrow R_2Zn \cdot ZnJ_2$$

aus wasserfreien Zinkhalogeniden mit Lithiumorganylen oder *Grignard*-verbindungen und schließlich aus Quecksilberorganylen und Zink nach

$$R_2Hg + Zn \rightarrow R_2Zn + Hg.$$

Organozinkhalogenide „RZnX" existieren nicht in dieser Form, sondern (wie wahrscheinlich auch die *Grignard*-Verbindungen, s. S. 258) nur als

Addukte $R_2Zn \cdot ZnX_2$, aus denen durch Erhitzen die *Diorganyle* R_2Zn abdestillierbar sind. Die farblosen flüssigen oder niedrig schmelzenden Zinkorganyle sind wie die Lithium- und Magnesium-Organyle gut löslich in vielen organischen Lösungsmitteln, aber erwartungsgemäß sehr reaktionsfähig gegenüber Sauerstoff (mit kleinen Resten R, selbstentzündlich an Luft) und protonenhaltigen Lösungsmitteln wie Wasser und Alkoholen ($ZnR_2 + 2H_2O \rightarrow Zn(OH)_2 + 2RH$). Sie sind aber nicht ganz so reaktiv wie die entsprechenden Hg-Verbindungen. Das gleiche gilt für die den Zn-Verbindungen völlig analogen *Cadmiumorganyle*.

Sehr viele *Quecksilberorganyle* der Zusammensetzung RHgX und R_2Hg sind bekannt und wegen ihrer physiologischen Eigenschaften teilweise auch von praktischer Bedeutung. Man erhält sie aus $HgCl_2$ und *Grignard*verbindungen nach

$$HgCl_2 + RMgCl \rightarrow RHgCl + MgCl_2$$
$$HgCl_2 + 2RMgCl \rightarrow R_2Hg + 2MgCl_2.$$

RHgX-Verbindungen sind bevorzugt salzartig (RHg^+X^-) aufgebaut. Die extrem giftigen R_2Hg-Verbindungen sind dagegen flüchtige kovalente Verbindungen von geringer thermischer Stabilität. Gegen Sauerstoff, Wasser, Alkohole usw. sind sie jedoch viel beständiger als etwa die Mg- und Zn-Verbindungen. Sie eignen sich gut zur Darstellung *elementorganischer Verbindungen* der Alkalimetalle, Erdalkalimetalle und der Elemente Zn, Al, Ga, In, Sn, Pb, Sb, Bi, Se und Te nach der allgemeinen Gleichung

$$R_2Hg + \frac{n}{2} E \rightarrow R_{n/2}E + Hg.$$

B. *Derivate des Hg_2^{++}-Ions*

Eine Sonderstellung innerhalb der IIb-Gruppe nehmen das diamagnetische Ion $[Hg—Hg]^{++}$ und seine wenigen bekannten Verbindungen ein. In ihnen liegt rein formal Quecksilber mit der Oxydationsstufe +1 vor, doch betätigten die Hg-Atome auch darin beide Außenelektronen. Jeweils eines davon dient zur Ausbildung einer eigenartig stabilen *kovalenten* Hg—Hg-Bindung. (Ein echtes Hg^+-Ion hätte ein ungepaartes Elektron und müßte dementsprechend *paramagnetisch* sein.)

Hg_2^{++}-Verbindungen entstehen aus Hg^{++}-Verbindungen durch Reduktion, besonders mit elementarem Quecksilber. Die Gleichgewichtskonstante der Reaktion

$$Hg_2^{++} \rightleftharpoons Hg + Hg^{++}$$

$K = [Hg^{2+}]/[Hg_2^{2+}] = 6 \cdot 10^{-3}$ zeigt einerseits die leichte Reduzierbarkeit von Hg^{++}-Verbindungen durch Hg. Auf der anderen Seite geht aus der Lage dieses Gleichgewichtes klar hervor, daß beim Abfangen von Hg^{++} aus dem Gleichgewicht durch Bildung unlöslicher Niederschläge oder beständiger Komplexe dieses ganz nach rechts verschoben wird: Hg_2^{++}-Verbindungen „*disproportionieren*" deshalb sehr leicht unter Bildung von metallischem Hg und Hg^{++}-Verbindungen, wenn diese unlöslich und so dem Gleichgewicht entzogen sind (darauf beruht der alte Nachweis von Hg_2Cl_2 durch Schwarzfärbung bei Zugabe von wäßrigem Ammoniak; das im Gleichgewicht immer, wenn auch nur wenig vorhandene $HgCl_2$ wird durch NH_3 in unlösliches *Präzipitat* verwandelt; das gleichzeitig gebildete elementare Hg färbt wegen seiner feinen Verteilung den Niederschlag schwarz: $Hg_2Cl_2 + 2NH_3 \rightarrow Hg(NH_3)_2Cl_2 + Hg$). Wegen der Schwerlöslichkeit von HgO, HgS usw. gibt es daher keine entsprechenden Hg_2^{++}-Verbindungen (die sofort disproportionieren würden). Beständig sind praktisch nur die wasserunlöslichen Verbindungen Hg_2Cl_2, Hg_2Br_2, Hg_2J_2, Hg_2SO_4 und $Hg_2(ClO_3)_2$ sowie die wasserlöslichen Salze $Hg_2(ClO_4)_2 \cdot 4H_2O$ und $Hg_2(NO_3)_2 \cdot 2H_2O$ (aus den letzteren können die schwerlöslichen Salze leicht durch Zugabe der entsprechenden Anionen ausgefällt werden; in ihren Lösungen liegt – ebenso wie im festen Zustand – das Ion $H_2O—Hg—Hg—OH_2^{++}$ vor). Nur wasserfrei stabiles Hg_2F_2 wird von Wasser sofort zerstört, weil das hypothetische $Hg_2(OH)_2$ (das bei der Hydrolyse wegen der geringen HF-Säurestärke entstehen muß) löslicher ist als HgO, das deshalb neben Hg in einer *Disproportionierungsreaktion* aus Hg_2F_2 entsteht.

Die wichtigste Hg_2^{++}-Verbindung Hg_2Cl_2 (schwere hellgelbe Kristalle) wird technisch durch Erhitzen eines Gemisches von Hg und $HgCl_2$ nach $Hg + HgCl_2 \rightarrow Hg_2Cl_2$ dargestellt. Das Chlorid „sublimiert" scheinbar unzersetzt, doch besteht der Dampf aus Hg und $HgCl_2$; beim Abkühlen erstarrt das Gemisch wieder als festes Hg_2Cl_2 (wegen der Schwarzfärbung mit NH_3 durch Hg-Abscheidung heißt es „*Kalomel*").

REGISTER

D

Weitere Werke zur Chemie und zu verwandten Themen im B.I.-Wissenschaftsverlag

Laidler, K. J.
Reaktionskinetik
Band I: *216 Seiten mit Abb. 1970. Aus dem Englischen.*
B.I.-Hochschultaschenbuch 290
Band II: *169 Seiten. 1973. Aus dem Englischen.*
B.I.-Hochschultaschenbuch 291
Einführung in die chemische Kinetik für Studenten in den Anfangssemestern. I: Homogene Gasreaktionen. II: Reaktionen in Lösung. Keith J. Laidler, University of Ottawa, Kanada.

Murrell, J. N.
Elektronenspektren organischer Moleküle
359 Seiten mit Abb. 1967. Aus dem Englischen.
B.I.-Hochschultaschenbuch 250
Ultraviolett- und Lichtabsorption und ihre quantenchemische Beschreibung; Spektren von Molekülkomplexen, Fluoreszenz und Phosphoreszenz; zum Aufbaustudium. Prof. J. N. Murrell, University of Sussex.

Preuß, H.
Quantentheoretische Chemie
Band I: *94 Seiten mit 19 Abb. 1963.*
B.I.-Hochschultaschenbuch 43
Band II: *238 Seiten mit 19 Abb. 1965.*
B.I.-Hochschultaschenbuch 44
Band III: *222 Seiten mit Abb. 1967.*
B.I.-Hochschultaschenbuch 45
Einführendes Lehrbuch für Studenten der Chemie, Physik und physikalischen Chemie. I: Die halbempirischen Regeln. II: Der Übergang zur Wellenmechanik, die allgemeinen Rechenverfahren. III: Wellenmechanische und methodische Ausgangspunkte, die speziellen quantenchemischen Verfahren.
Prof. Dr. Heinzwerner Preuß, Universität Stuttgart.

Riedel, L.
Physikalische Chemie – Eine Einführung für Ingenieure
406 Seiten mit 78 Abb. 1974. (Wv.)
Leicht verständliche und übersichtliche, aber keineswegs primitive Darstellung der grundlegenden Tatsachen und Gesetze. Prof. Dr. Leonhard Riedel, Universität Karlsruhe.

Rottmann, K.
Mathematische Formelsammlung
176 Seiten mit 39 Abb. 1962.
B.I.-Hochschultaschenbuch 13
Formeln zu Arithmetik, Algebra, Geometrie, Koordinatensystemen, Speziellen Funktionen, Reihen, Differential- und Integralrechnung.

Die wissenschaftlichen Veröffentlichungen aus dem Bibliographischen Institut

B. I.-Hochschultaschenbücher, Einzelwerke und Reihen

Mathematik, Physik, Astronomie, Philosophie, Chemie, Medizin, Ingenieurwissenschaften, Sprache, Literatur, Geowissenschaften, Völkerkunde

B·I·

Wissenschaftsverlag
Bibliographisches Institut

Inhaltsverzeichnis

Sachgebiete

Reihen

Stand: 1. Oktober 1975

Mathematik

Aitken, A. C.: Determinanten und Matrizen. 142 S. mit Abb. 1969. (Bd. 293)

Alefeld, G./J. Herzberger/ O. Mayer: Einführung in das Programmieren mit ALGOL 60. 164 S. 1972. (Bd. 777)

Aumann, G.: Höhere Mathematik.
Band I: Reelle Zahlen, Analytische Geometrie, Differential- und Integralrechnung. 243 S. mit Abb. 1970. (Bd. 717)
Band II: Lineare Algebra, Funktionen mehrerer Veränderlicher. 170 S. mit Abb. 1970. (Bd. 718)
Band III: Differentialgleichungen. 174 S. 1971. (Bd. 761)

Bachmann, F./E. Schmidt: *n*-Ecke. 199 S. 1970. (Bd. 471)

Behrens, E.-A.: Ringtheorie. Etwa 400 S. 1975. (Wv)

Böhmer, K./G. Meinardus/ W. Schempp (Hrsg.): Spline-Funktionen. Vorträge und Aufsätze. 415 S. 1974. (Wv)

Brandt, S.: Datenanalyse. Mit statistischen Methoden und Computerprogrammen. 342 S. mit Abb. 1975. (Wv)

Breuer, H.: Algol-Fibel. 120 S. mit Abb. 1973. (Bd. 506)

Breuer, H.: Fortran-Fibel. 85 S. mit Abb. 1969. (Bd. 204)

Breuer, H.: PL/I-Fibel. 106 S. 1973. (Bd. 552)

Brosowski, B.: Nicht-lineare Tschebyscheff-Approximation. 153 S. 1968. (Bd. 808)

Brosowski, B./R. Kreß: Einführung in die Numerische Mathematik.
Band I: Etwa 200 S. 1975. (Bd. 202)

Brunner, G.: Homologische Algebra. 213 S. 1973. (Wv)

Bundke, W.: 12stellige Tafel der Legendre-Polynome. 352 S. 1967. (Bd. 320)

Cartan, H.: Differentialformen. 250 S. 1974. (Wv)

Cartan, H.: Differentialrechnung. 236 S. 1974. (Wv)

Cartan, H.: Elementare Theorie der analytischen Funktionen einer oder mehrerer komplexen Veränderlichen. 236 S. mit Abb. 1966. (Bd. 112)

Degen, W./K. Böhmer: Gelöste Aufgaben zur Differential- und Integralrechnung.
Band I: Eine reelle Veränderliche. 254 S. 1971. (Bd. 762)
Band II: Mehrere reelle Veränderliche. 111 S. 1971. (Bd. 763)

Dinghas, A.: Einführung in die Cauchy-Weierstraß'sche Funktionentheorie. 114 S. 1968. (Bd. 48)

Dombrowski, P.: Differentialrechnung I und Abriß der Linearen Algebra. 271 S. mit Abb. 1970. (Bd. 743)

Elsgolc, L. E.: Variationsrechnung. 157 S. mit Abb. 1970. (Bd. 431)

Eltermann, H.: Grundlagen der praktischen Matrizenrechnung. 128 S. mit Abb. 1969. (Bd. 434)

Erwe, F.: Differential- und Integralrechnung.
Band I: Differentialrechnung. 364 S. mit Abb. 1962. (Bd. 30)
Band II: Integralrechnung. 197 S. mit Abb. 1973. (Bd. 31)

Erwe, F.: Gewöhnliche Differentialgleichungen. 152 S. mit 11 Abb. 1964. (Bd. 19)

Erwe F./E. Peschl: Partielle Differentialgleichungen erster Ordnung. 133 S. 1973. (Bd. 87)

Gericke, H.: Geschichte des Zahlbegriffs. 163 S. mit Abb. 1970. (Bd. 172)

Gericke, H.: Theorie der Verbände. 174 S. mit Abb. 1963. (Bd. 38)

Gröbner, W.: Algebraische Geometrie.
Band I: Allgemeine Theorie der kommutativen Ringe und Körper. 193 S. 1968. (Bd. 273)

Gröbner, W.: Matrizenrechnung. 276 S. mit Abb. 1966. (Bd. 103)

Gröbner, W./H. Knapp: Contributions to the Method of Lie Series. In englischer Sprache. 265 S. 1967. (Bd. 802)

Gröbner, W./P. Lesky: Mathematische Methoden der Physik.
Band I: 164 S. 1964. (Bd. 89)

Grotemeyer, K. P./E. Letzner/ R. Reinhardt: Topologie. 187 S. mit Abb. 1969. (Bd. 836)

Grotemeyer, K. P./L. Tschampel: Lineare Algebra. 237 S. 1970. (Bd. 732)

Gundlach, K.-B.: Einführung in die Zahlentheorie. 311 S. 1972. (Bd. 772)

Gunning, R. C.: Vorlesungen über Riemannsche Flächen. 276 S. 1972. (Bd. 837)

Hämmerlin, G.: Numerische Mathematik.
Band I: 194 S. 1970. (Bd. 498)

Hardtwig, E.: Fehler- und Ausgleichsrechnung. 262 S. mit Abb. 1968. (Bd. 262)

Heesch, H.: Untersuchungen zum Vierfarbenproblem. 290 S. mit Abb. 1969. (Bd. 810)

Heil, E.: Differentialformen. 207 S. 1974. (Wv)

Hellwig, G.: Höhere Mathematik.
Band I/1. Teil: Zahlen, Funktionen, Differential- und Integralrechnung einer unabhängigen Variablen. 284, IX S. 1971. (Bd. 553)

Band I/2. Teil: Theorie der Konvergenz, Ergänzungen zur Integralrechnung, das Stieltjes-Integral. 137 S. 1972. (Bd. 560)

Hengst, M.: Einführung in die mathematische Statistik und ihre Anwendung. 259 S. mit Abb. 1967. (Bd. 42)

Henze, E.: Einführung in die Maßtheorie. 235 S. 1971. (Bd. 505)

Hirzebruch, F./W. Scharlau: Einführung in die Funktionalanalysis. 178 S. 1971. (Bd. 296)

Holmann, H.: Lineare und multilineare Algebra.
Band I: 212 S. 1970. (Bd. 173)

Holmann, H./H. Rummler: Alternierende Differentialformen. 257 S. 1972. (Wv)

Hoschek, J.: Liniengeometrie. VI, 263 S. mit Abb. 1971. (Bd. 733)

Hoschek, J.: Mathematische Grundlagen der Kartographie. 167 S. mit Abb. 1969. (Bd. 443)

Hoschek, J./G. Spreitzer: Aufgaben zur Darstellenden Geometrie. 229 S. mit Abb. 1974. (Wv)

Hotz, G./H. Walter: Automatentheorie und formale Sprachen I: Turingmaschinen und rekursive Funktionen. 184 S. 1968. (Bd. 821)

Hotz, G./V. Claus: Automatentheorie und formale Sprachen III: Formale Sprachen. 241 S. 1972. (Bd. 823)

Ince, E. L.: Die Integration gewöhnlicher Differentialgleichungen. 180 S. 1965. (Bd. 67)

Jordan-Engeln, G./F. Reutter: Formelsammlung zur numerischen Mathematik mit Fortran IV-Programmen. XIII, 303 S. mit Abb. 1974. (Bd. 106)

Jordan-Engeln, G./F. Reutter: Numerische Mathematik für Ingenieure. XIII, 352 S. mit Abb. 1973. (Bd. 104)

Kaiser, R./G. Gottschalk: Elementare Tests zur Beurteilung von Meßdaten. 68 S. 1972. (Bd. 774)

Kastner, G.: Einführung in die Mathematik für Naturwissenschaftler. 212 S. 1971. (Bd. 752)

Kießwetter, K.: Reelle Analysis einer Veränderlichen. Ein Lern- und Übungsbuch. 316 S. 1975. (Bd. 269)

Klingenberg, W./P. Klein: Lineare Algebra und analytische Geometrie.
Band I: Grundbegriffe, Vektorräume. XII, 288 S. 1971. (Bd. 748)
Band II: Determinanten, Matrizen, Euklidische und unitäre Vektorräume. XVIII, 404 S. 1972. (Bd. 749)

Klingenberg, W./P. Klein: Lineare Algebra und analytische Geometrie. Übungen zu Band I u. II. VIII, 172 S. 1973. (Bd. 750)

Laugwitz, D.: Ingenieurmathematik.
Band I: Zahlen, analytische Geometrie, Funktionen. 158 S. mit Abb. 1964. (Bd. 59)
Band II: Differential- und Integralrechnung. 152 S. mit Abb. 1964. (Bd. 60)
Band III: Gewöhnliche Differentialgleichungen. 141 S. 1964. (Bd. 61)
Band IV: Fourier-Reihen, verallgemeinerte Funktionen, mehrfache Integrale, Vektoranalysis, Differentialgeometrie, Matrizen, Elemente der Funktionalanalysis. 196 S. mit Abb. 1967. (Bd. 62)
Band V: Komplexe Veränderliche. 158 S. mit Abb. 1965. (Bd. 93)

Laugwitz, D./C. Schmieden: Aufgaben zur Ingenieurmathematik. 182 S. 1966. (Bd. 95)

Laugwitz, D./H.-J. Vollrath: Schulmathematik vom höheren Standpunkt.
Band I: 195 S. mit Abb. 1969. (Bd. 118)

Lebedew, N. N.: Spezielle Funktionen und ihre Anwendung. 372 S. mit Abb. 1973. (Wv)

Lighthill, M. J.: Einführung in die Theorie der Fourieranalysis und der verallgemeinerten Funktionen. 96 S. mit Abb. 1966. (Bd. 139)

Lingenberg, R.: Lineare Algebra. 161 S. mit Abb. 1969. (Bd. 828)

Lorenzen, P.: Metamathematik. 173 S. 1962. (Bd. 25)

Martensen, E.: Analysis.
Band I: Infinitesimalrechnung für Funktionen einer reellen Veränderlichen. 200 S. mit Abb. 1969. (Bd. 832)
Band II: Infinitesimalrechnung für Funktionen mehrerer reeller und einer komplexen Veränderlichen. 201 S. 1969. (Bd. 833)
Band III: Gewöhnliche Differentialgleichungen. V, 209 S. 1971. (Bd. 834)
Band V: Funktionalanalysis und Integralgleichungen. VI, 275 S. 1972. (Bd. 768)

Mell, W.-D./P. Preus/P. Sandner: Einführung in die Programmiersprache PL/I. 304 S. 1974. (Bd. 785)

Meschkowski, H.: Einführung in die moderne Mathematik. 214 S. mit Abb. 1971. (Bd. 75)

Meschkowski, H.: Grundlagen der Euklidischen Geometrie. 231 S. mit Abb. 1974. (Wv)

Meschkowski, H.: Mathematiker-Lexikon. 328 S. mit Abb. 1973. (Wv)

Meschkowski, H.: Mathematisches Begriffswörterbuch. 310 S. mit Abb. 1971. (Bd. 99)

Meschkowski, H.: Mehrsprachenwörterbuch mathematischer Begriffe. 135 S. 1972. (Wv)

Meschkowski, H.: Reihenentwicklungen in der mathematischen Physik. 151 S. mit Abb. 1963. (Bd. 51)

Meschkowski, H.: Unendliche Reihen. 160 S. mit Abb. 1962. (Bd. 35)

Meschkowski, H.: Ungelöste und unlösbare Probleme der Geometrie. Etwa 200 S. 1975. (Wv)

Meschkowski, H.: Wahrscheinlichkeitsrechnung. 233 S. mit Abb. 1968. (Bd. 285)

Meschkowski, H./I. Ahrens: Theorie der Punktmengen. 183 S. mit Abb. 1974. (Wv)

Meschkowski, H./G. Lessner: Aufgabensammlung zur Einführung in die moderne Mathematik. 136 S. mit Abb. 1969. (Bd. 263)

Mickel, K.-P.: Einführung in die Programmiersprache COBOL. 208 S. 1975. (Bd. 745)

Müller, D.: Programmierung elektronischer Rechenanlagen. 249 S. mit Abb. 1969. (Bd. 49)

Müller, K. H./I. Streker: Fortran. Programmierungsanleitung. 140 S. 1970. (Bd. 804)

Neukirch, J.: Klassenkörpertheorie. 308 S. 1970. (Bd. 713)

Noble, B.: Numerisches Rechnen.
Band I: Iteration, Programmierung und algebraische Gleichungen. 154 S. mit Abb. 1966. (Bd. 88)
Band II: Differenzen, Integration und Differentialgleichungen. 246 S. 1973. (Bd. 147)

Oberschelp, A.: Elementare Logik und Mengenlehre.
Band I: 254 S. 1974. (Bd. 407)

Patterson, E. M./D. E. Rutherford: Einführung in die abstrakte Algebra. 175 S. 1966. (Bd. 146)

Peschl, E.: Analytische Geometrie und lineare Algebra. 200 S. mit Abb. 1968. (Bd. 15)

Peschl, E.: Differentialgeometrie. 92 S. 1973. (Bd. 80)

Peschl, E.: Funktionentheorie.
Band I: 274 S. mit Abb. 1967. (Bd. 131)

Pflaumann, E./H. Unger: Funktionalanalysis.
Band I: Einführung in die Grundbegriffe in Räumen einfacher Struktur. 240 S. 1974. (Wv)
Band II: Abbildungen (Operatoren). 338 S. 1974. (Wv)

Preuß, G.: Grundbegriffe der Kategorientheorie. 105 S. 1975. (Bd. 739)

Reiffen, H.-J./G. Scheja/U. Vetter: Algebra. 272 S. mit Abb. 1969. (Bd. 110)

Reiffen, H.-J./H. W. Trapp: Einführung in die Analysis.
Band I: Mengentheoretische Topologie. IX, 320 S. 1972. (Bd. 776)
Band II: Theorie der analytischen und differenzierbaren Funktionen. 260 S. 1973. (Bd. 786)
Band III: Maß- und Integrationstheorie. 369 S. 1973. (Bd. 787)

Rohlfing, H.: SIMULA. 243 S. mit Abb. 1973. (Bd. 747)

Rottmann, K.: Mathematische Formelsammlung. 176 S. mit Abb. 1962. (Bd. 13)

Rottmann, K.: Mathematische Funktionstafeln. 208 S. 1959. (Bd. 14)

Rottmann, K.: Siebenstellige dekadische Logarithmen. 194 S. 1960. (Bd. 17)

Rottmann, K.: Siebenstellige Logarithmen der trigonometrischen Funktionen. 440 S. 1961. (Bd. 26)

Schließmann, H.: Programmierung mit PL/I. 150 S. 1975. (Bd. 740)

Schmidt, J.: Mengenlehre. Einführung in die axiomatische Mengenlehre.
Band I: 245 S. mit Abb. 1973. (Bd. 56)

Schwabhäuser, W.: Modelltheorie.
Band I: 176 S. 1971. (Bd. 813)
Band II: 123 S. 1972. (Bd. 815)

Schwartz, L.: Mathematische Methoden der Physik.
Band I: Summierbare Reihen, Lebesque-Integral, Distributionen, Faltung. 184 S. 1974. (Wv)

Schwarz, W.: Einführung in die Siebmethoden der analytischen Zahlentheorie. 215 S. 1974. (Wv)

Schwarz, W.: Einführung in Methoden und Ergebnisse der Primzahltheorie. 227 S. 1969. (Bd. 278)

Siegel, C. L.: Transzendente Zahlen. 87 S. 1967. (Bd. 137)

Sneddon, I. N.: Spezielle Funktionen der mathematischen Physik und Chemie. 166 S. mit 14 Abb. 1963. (Bd. 54)

Tamaschke, O.: Permutationsstrukturen. 276 S. 1969. (Bd. 710)

Tamaschke, O.: Projektive Geometrie.
Band II: XI, 397 S. mit Abb. 1972. (Bd. 838)

Tamaschke, O.: Schur-Ringe. 240 S. mit Abb. 1970. (Bd. 735)

Teichmann, H.: Physikalische Anwendungen der Vektor- und Tensorrechnung. 231 S. mit 64 Abb. 1968. (Bd. 39)

Tropper, A. M.: Matrizenrechnung in der Elektrotechnik. 99 S. mit Abb. 1964. (Bd. 91)

Uhde, K.: Spezielle Funktionen der mathematischen Physik.
Band I: Zylinderfunktionen. 267 S. 1964. (Bd. 55)
Band II: Elliptische Integrale, Thetafunktionen, Legendre-Polynome, Laguerresche Funktionen u. a. 211 S. 1964. (Bd. 76)

Valentine, F. A.: Konvexe Mengen. 247 S. mit Abb. 1968. (Bd. 402)

Voigt, A./J. Wloka: Hilberträume und elliptische Differentialoperatoren. 260 S. 1975. (Wv)

Volkovyskii, L. I./G. L. Lunts/I. G. Aramanovich: Aufgaben und Lösungen zur Funktionentheorie.
Band I: Komplexe Zahlen, Konforme Abbildungen, Integrale, Potenzreihen, Laurentreihen. 174 S. mit Abb. 1973. (Bd. 195)

Waerden, B. L. van der: Mathematik für Naturwissenschaftler. 280 S. mit 167 Abb. 1975. (Bd. 281)

Wagner, K.: Graphentheorie. 220 S. mit Abb. 1970. (Bd. 248)

Walter, W.: Einführung in die Potentialtheorie. 174 S. 1971. (Bd. 765)

Walter, W.: Einführung in die Theorie der Distributionen. 211 S. mit Abb. 1974. (Wv)

Weizel, R/J. Weyland: Gewöhnliche Differentialgleichungen. Formelsammlung mit Lösungsmethoden und Lösungen. 194 S. mit Abb. 1974. (Wv)

Wollny, W.: Reguläre Parkettierung der euklidischen Ebene durch unbeschränkte Bereiche. 316 S. mit Abb. 1970. (Bd. 711)

Wunderlich, W.: Darstellende Geometrie.
Band I: 187 S. mit Abb. 1966. (Bd. 96)
Band II: 234 S. mit Abb. 1967. (Bd. 133)

Mathematische Forschungsberichte Oberwolfach

Barner, M./W. Schwarz (Hrsg.): Zahlentheorie. 235 S. 1971. (M.F.O. 5).

Hasse, H./P. Roquette (Hrsg.): Algebraische Zahlentheorie. 272 S. 1966. (M.F.O. 2)

Klingenberg, W. (Hrsg.): Differentialgeometrie im Großen. 351 S. 1971. (M.F.O. 4)

Physik

Barut, A. O.: Die Theorie der Streumatrix für die Wechselwirkungen fundamentaler Teilchen.
Band I: 225 S. mit Abb. 1971. (Bd. 438)
Band II: 212 S. mit Abb. 1971. (Bd. 555)

Bensch, F./C. M. Fleck: Neutronenphysikalisches Praktikum.
Band I: Physik und Technik der Aktivierungssonden. 234 S. mit Abb. 1968. (Bd. 170)
Band II: Ausgewählte Versuche und ihre Grundlagen. 182 S. mit Abb. 1968. (Bd. 171)

Bjorken, J. D./S. D. Drell: Relativistische Quantenmechanik. 312 S. mit Abb. 1966. (Bd. 98)

Bleuler, K./H. R. Petry/D. Schütte (Hrsg.): Mesonic Effects in Nuclear Structure. 181 S. mit Abb. 1975. (Wv)

Bodenstedt, E.: Experimente der Kernphysik und ihre Deutung.
Band I: 290 S. mit Abb. 1972. (Wv)
Band II: XIV, 293 S. mit Abb. 1973. (WV)
Band III: 288 S. mit Abb. 1973. (Wv)

Borucki, H.: Einführung in die Akustik. 236 S. mit Abb. 1973. (Wv)

Chintschin, A. J.: Mathematische Grundlagen der statistischen Mechanik. 175 S. 1964. (Bd. 58)

Donner, W.: Einführung in die Theorie der Kernspektren.
Band I: Grundeigenschaften der Atomkerne, Schalenmodell, Oberflächenschwingungen und Rotationen. 197 S. mit Abb. 1971. (Bd. 473)
Band II: Erweiterung des Schalenmodells, Riesenresonanzen. 107 S. mit Abb. 1971. (Bd. 556)

Dreisvogt, H.: Spaltprodukt-Tabellen. 188 S. mit Abb. 1974. (Wv)

Eder, G.: Elektrodynamik. 273 S. mit Abb. 1967. (Bd. 233)

Eisenbud, L./E. P. Wigner: Einführung in die Kernphysik. 145 S. mit 15 Abb. 1961. (Bd. 16)

Emendörfer, D./K. H. Höcker: Theorie der Kernreaktoren.
Band I: Kernbau und Kernspaltung, Wirkungsquerschnitte, Neutronenbremsung und -thermalisierung. 232 S. mit Abb. 1969. (Bd. 411)
Band II: Neutronendiffusion (Elementare Behandlung und Transporttheorie). 147 S. mit Abb. 1970. (Bd. 412)

Feynman, R. P.: Quantenelektrodynamik. 249 S. mit Abb. 1969. (Bd. 401)

Fick, D.: Einführung in die Kernphysik mit polarisierten Teilchen. VI, 255 S. mit Abb. 1971. (Bd. 755)

Gasiorowicz, S.: Elementarteilchenphysik. 742 S. mit 119 Abb. 1975. (Wv)

Groot, S. R. de: Thermodynamik irreversibler Prozesse. 216 S. mit 4 Abb. 1960. (Bd. 18)

Groot, S. R. de/P. Mazur: Anwendung der Thermodynamik irreversibler Prozesse. 349 S. mit Abb. 1974. (Wv)

Heisenberg, W.: Physikalische Prinzipien der Quantentheorie. 117 S. mit Abb. 1958. (Bd. 1)

Henley, E. M./W. Thirring: Elementare Quantenfeldtheorie. 336 S. 1975. (Wv)

Hesse, K.: Halbleiter. Eine elementare Einführung.
Band I: 249 S. mit 116 Abb. 1974. (Bd. 788)

Huang, K.: Statistische Mechanik.
Band III: 162 S. 1965. (Bd. 70)

Hund, F.: Geschichte der physikalischen Begriffe. 410 S. 1972. (Bd. 543)

Hund, F.: Geschichte der Quantentheorie. 262 S. mit Abb. 1975. (Wv)

Hund, F.: Grundbegriffe der Physik. 234 S. mit Abb. 1969. (Bd. 449)

Källèen, G./J. Steinberger: Elementarteilchenphysik. 687 S. mit Abb. 1974. (Wv)

Kertz, W.: Einführung in die Geophysik.
Band I: Erdkörper. 232 S. mit Abb. 1969. (Bd. 275)
Band II: Obere Atmosphäre und Magnetosphäre. 210 S. mit Abb. 1971. (Bd. 535)

Kippenhahn, R./C. Möllenhoff: Elementare Plasmaphysik. 297 S. mit Abb. 1975. (Wv)

Libby, W. F./F. Johnson: Altersbestimmung mit der C^{14}-Methode. 205 S. mit Abb. 1969. (Bd. 403)

Lipkin, H. J.: Anwendung von Lieschen Gruppen in der Physik. 177 S. mit Abb. 1967. (Bd. 163)

Luchner, K.: Aufgaben und Lösungen zur Experimentalphysik.
Band I: Mechanik, geometrische Optik, Wärme. 158 S. mit Abb. 1967. (Bd. 155)
Band II: Elektromagnetische Vorgänge. 150 S. mit Abb. 1966. (Bd. 156)
Band III: Grundlagen zur Atomphysik. 125 S. mit Abb. 1973. (Bd. 157)

Lüscher, E.: Experimentalphysik.
Band I: Mechanik, geometrische Optik, Wärme.
1. Teil: 260 S. mit Abb. 1967. (Bd. 111)
Band I/2. Teil: 215 S. mit Abb. 1967. (Bd. 114)
Band II: Elektromagnetische Vorgänge. 336 S. mit Abb. 1966. (Bd. 115)
Band III: Grundlagen zur Atomphysik.
1. Teil: 177 S. mit Abb. 1970. (Bd. 116)
Band III/2. Teil: 160 S. mit Abb. 1970. (Bd. 117)

Mittelstaedt, P.: Philosophische Probleme der modernen Physik. 215 S. mit 12 Abb. 1972. (Bd. 50)

Mitter, H.: Quantentheorie. 316 S. mit Abb. 1969. (Bd. 701)

Möller, F.: Einführung in die Meteorologie.
Band I: 222 S. mit Abb. 1973. (Bd. 276)
Band II: 223 S. mit Abb. 1973. (Bd. 288)

Neuert, H.: Experimentalphysik für Mediziner, Zahnmediziner, Pharmazeuten und Biologen. 292 S. mit Abb. 1969. (Bd. 712)

Rollnik, H.: Teilchenphysik.
Band I: Grundlegende Eigenschaften von Elementarteilchen. 188 S. mit Abb. 1971. (Bd. 706)
Band II: Innere Symmetrien der Elementarteilchen. 158 S. mit Abb. z. T. farbig. 1971. (Bd. 759)

Rose, M. E.: Relativistische Elektronentheorie.
Band I: 193 S. mit Abb. 1971. (Bd. 422)
Band II: 171 S. mit Abb. 1971. (Bd. 554)

Scherrer, P./P. Stoll: Physikalische Übungsaufgaben.
Band I: Mechanik und Akustik. 96 S. mit 44 Abb. 1962. (Bd. 32)
Band II: Optik, Thermodynamik, Elektrostatik. 103 S. mit Abb. 1963. (Bd. 33)
Band III: Elektrizitätslehre, Atomphysik. 103 S. mit Abb. 1964. (Bd. 34)

Schulten, R./W. Güth: Reaktorphysik.
Band II: 164 S. mit Abb. 1962. (Bd. 11)

Schultz-Grunow, F. (Hrsg.): Elektro- und Magnetohydrodynamik. 308 S. mit Abb. 1968. (Bd. 811)

Schwartz, L.: Mathematische Methoden der Physik.
Band I: 184 S. 1974. (Wv)

Seiler, H.: Abbildungen von Oberflächen mit Elektronen, Ionen und Röntgenstrahlen. 131 S. mit Abb. 1968. (Bd. 428)

Sexl, R. U./H. K. Urbantke: Gravitationstheorie: 335 S. mit Abb. 1975. (Wv)

Streater, R. F./A. S. Wightman: Die Prinzipien der Quantenfeldtheorie. 235 S. mit Abb. 1969. (Bd. 435)

Süßmann, G.: Einführung in die Quantenmechanik.
Band I: 205 S. mit Abb. 1963. (Bd. 9)

Teichmann, H.: Einführung in die Atomphysik. 135 S. mit 47 Abb. 1966. (Bd. 12)

Teichmann, H.: Halbleiter. 156 S. mit Abb. 1969. (Bd. 21)

Wagner, C.: Methoden der naturwissenschaftlichen und technischen Forschung. 219 S. mit Abb. 1974. (Wv)

Wegener, H.: Der Mößbauer-Effekt und seine Anwendung in Physik und Chemie. 226 S. mit Abb. 1965. (Bd. 2)

Wehefritz, V.: Physikalische Fachliteratur. 171 S. 1969. (Bd. 440)

Weizel, W.: Einführung in die Physik.
Band I: Mechanik und Wärme. 174 S. mit Abb. 1963. (Bd. 3)
Band II: Elektrizität und Magnetismus. 180 S. mit Abb. 1963. (Bd. 4)
Band III: Optik und Atomphysik. 194 S. mit Abb. 1963. (Bd. 5)

Weizel, W.: Physikalische Formelsammlung.
Band II: Optik, Thermodynamik, Relativitätstheorie. 148 S. 1964. (Bd. 36)
Band III: Quantentheorie. 196 S. 1966. (Bd. 37)

Astronomie

Becker, F.: Geschichte der Astronomie. 201 S. mit Abb. 1968. (Bd. 298)

Bohrmann, A.: Bahnen künstlicher Satelliten. 163 S. mit Abb. 1966. (Bd. 40)

Giese, R.-H.: Erde, Mond und benachbarte Planeten. 250 S. mit Abb. 1969. (Bd. 705)

Schaifers, K.: Atlas zur Himmelskunde. 1969. (Bd. 308)

Scheffler, H./H. Elsässer: Physik der Sterne und der Sonne. 535 S. mit Abb. 1974. (Wv)

Schurig, R./P. Götz/K. Schaifers: Himmelsatlas (Tabulae caelestes). 8. Aufl. 1960. (Wv)

Voigt, H.-H.: Abriß der Astronomie. 556 S. mit Abb. 1975. (Wv)

Philosophie

Glaser, I.: Sprachkritische Untersuchungen zum Strafrecht am Beispiel der Zurechnungsfähigkeit. 131 S. 1970. (Bd. 516)

Kamlah, W.: Philosophische Anthropologie. Sprachkritische Grundlegung und Ethik. 192 S. 1973. (Bd. 238)

Kamlah, W.: Utopie, Eschatologie, Geschichtsteleologie. 106 S. 1969. (Bd. 461)

Kamlah, W.: Von der Sprache zur Vernunft. Philosophie und Wissenschaft in der neuzeitlichen Profanität. 230 S. 1975. (Wv)

Kamlah, W./P. Lorenzen: Logische Propädeutik. Vorschule des vernünftigen Redens. 239 S. 1973. (Bd. 227)

Leinfellner, W.: Einführung in die Erkenntnis- und Wissenschaftstheorie. 226 S. 1967. (Bd. 41)

Lorenzen, P.: Normative Logic and Ethics. 89 S. 1969. (Bd. 236)

Lorenzen, P./O. Schwemmer: Konstruktive Logik, Ethik und Wissenschaftstheorie. 256 S. mit Abb. 1975. (Bd. 700)

Mittelstaedt, P.: Philosophische Probleme der modernen Physik. 215 S. mit Abb. 1972. (Bd. 50)

Mittelstaedt, P.: Die Sprache der Physik. 139 S. 1972. (Wv)

Chemie

Cordes, J. F. (Hrsg.): Chemie und ihre Grenzgebiete. 199 S. mit Abb. 1970. (Bd. 715)

Freise, V.: Chemische Thermodynamik. 288 S. mit Abb. 1972. (Bd. 213)

Grimmer, G.: Biochemie. 376 S. mit Abb. 1969. (Bd. 187)

Kaiser, R.: Chromatographie in der Gasphase.
Band I: Gas-Chromatographie. 220 S. mit Abb. 1973. (Bd. 22)
Band II: Kapillar-Chromatographie. 346 S. mit Abb. 1975. (Bd. 23)
Band III: Tabellen.
1. Teil: 181 S. mit Abb. 1969. (Bd. 24)
Band III/2. Teil: 165 S. mit Abb. 1969. (Bd. 468)
Band IV: Quantitative Auswertung.
1. Teil: 185 S. mit Abb. 1969. (Bd. 92)
Band IV/2. Teil: 118 S. mit Abb. 1969 (Bd. 472)

Laidler, K. J.: Reaktionskinetik.
Band I: Homogene Gasreaktionen. 216 S. mit Abb. 1970. (Bd. 290)
Band II: Reaktionen in Lösung. 169 S. 1973. (Bd. 291)

Murrell, J. N.: Elektronenspektren organischer Moleküle. 359 S. mit Abb. 1967. (Bd. 250)

Preuß, H.: Quantentheoretische Chemie.
Band I: Die halbempirischen Regeln. 94 S. mit Abb. 1963. (Bd. 43)
Band II: Der Übergang zur Wellenmechanik, die allgemeinen Rechenverfahren. 238 S. mit Abb. 1965. (Bd. 44)
Band III: Wellenmechanische und methodische Ausgangspunkte. 222 S. mit Abb. 1967. (Bd. 45)

Riedel, L.: Physikalische Chemie. Eine Einführung für Ingenieure. 406 S. mit Abb. 1974. (Wv)

Schmidt, M.: Anorganische Chemie. Band I: Hauptgruppenelemente. 301 S. mit Abb. 1967. (Bd. 86)
Band II: Übergangsmetalle. 221 S. mit Abb. 1969. (Bd. 150)

Schneider, G.: Pharmazeutische Biologie. Etwa 380 S. 1975. (Wv)

Staude, H.: Photochemie. 159 S. mit 40 Abb. 1966. (Bd. 27)

Steward, F. C./A. D. Krikorian/ K.-H. Neumann: Pflanzenleben. 268 S. mit Abb. 1969. (Bd. 145)

Wagner, C.: Methoden der naturwissenschaftlichen und technischen Forschung. 219 S. mit Abb. 1974 (Wv)

Wilk, M.: Organische Chemie. 372 S. mit Abb. 1970. (Bd. 71)

Medizin

Forth, W./D. Henschler/W. Rummel (Hrsg.): Allgemeine und spezielle Pharmakologie und Toxikologie. Für Studenten der Medizin, Pharmazie, Chemie, Biologie sowie für Ärzte und Apotheker. 606 S. Über 400 meist zweifarbige Abb., sowie ca. 280 Tabellen. Format 19x27 cm. 1975. (Wv)

Das Standardwerk für den Bereich der Pharmakologie und Toxikologie. Lehrbuchmäßige Darstellung des gesamten Stoffes für Studenten der Medizin, Pharmazie, Chemie, Biologie. Geeignet zum Selbststudium, zur Vorbereitung auf Seminare, als Repetitorium – vor allem aber auch als umfassendes Handbuch und Nachschlagewerk für den praktisch tätigen Arzt, den Apotheker und für Wissenschaftler verwandter Gebiete.

Ingenieur-wissenschaften

Beneking, H.: Praxis des Elektronischen Rauschens. 255 S. mit Abb. 1971. (Bd. 734)

Billet, R.: Grundlagen der thermischen Flüssigkeitszerlegung. 150 S. mit Abb. 1962. (Bd. 29)

Billet, R.: Optimierung in der Rektifiziertechnik unter besonderer Berücksichtigung der Vakuumrektifikation. 129 S. mit Abb. 1967. (Bd. 261)

Billet, R.: Trennkolonnen für die Verfahrenstechnik. 151 S. mit Abb. 1971. (Bd. 548)

Böhm, H.: Einführung in die Metallkunde. 236 S. mit Abb. 1968. (Bd. 196)

Bosse, G.: Grundlagen der Elektrotechnik.
Band I: Das elektrostatische Feld und der Gleichstrom. Unter Mitarbeit von W. Mecklenbräuker. 141 S. mit Abb. 1966. (Bd. 182)
Band II: Das magnetische Feld und die elektromagnetische Induktion. Unter Mitarbeit von G. Wiesemann. 153 S. mit Abb. 1967. (Bd. 183)
Band III: Wechselstromlehre, Vierpol- und Leitungstheorie. Unter Mitarbeit von A. Glaab. 136 S. 1969. (Bd. 184)
Band IV: Drehstrom, Ausgleichsvorgänge in linearen Netzen. Unter Mitarbeit von J. Hagenauer. 164 S. mit Abb. 1973. (Bd. 185)

Denzel, P.: Dampf- und Wasserkraftwerke. 231 S. mit Abb. 1968. (Bd. 300)

Feldtkeller, E.: Dielektrische und magnetische Materialeigenschaften.
Band I: 242 S. mit Abb. 1973. (Bd. 485)
Band II: 188 S. mit Abb. 1974. (Bd. 488)

Glaab, A./J. Hagenauer: Übungen in Grundlagen der Elektrotechnik III, IV. 228 S. mit Abb. 1973. (Bd. 780)

Großkopf, J.: Wellenausbreitung.
Band I: Grundbegriffe, die bodennahe und troposphärische Ausbreitung. 215 S. mit Abb. 1970. (Bd. 141)

Heilmann, A.: Antennen.
Band I: Einführung, lineare Strahler, Kenngrößen von Antennen. 164 S. mit Abb. 1970. (Bd. 140)
Band II: Strahlergruppen, strahlende Flächen, Strahlungskopplung. 219 S. mit Abb. 1970. (Bd. 534)
Band III: Spezielle (u. a. Linsen-, Spiegel-, Schlitz-)Antennen. 184 S. mit Abb. 1970. (Bd. 540)

Jordan-Engeln, G./F. Reutter: Numerische Mathematik für Ingenieure. XIII, 352 S. mit Abb. 1973. (Bd. 104)

Klein, W.: Vierpoltheorie. 159 S. mit Abb. 1972. (Wv)

Klingbeil, E.: Tensorrechnung für Ingenieure. 197 S. mit Abb. 1966. (Bd. 197)

MacFarlane, A. G. J.: Analyse technischer Systeme. 312 S. mit Abb. 1967. (Bd. 81)

Mahrenholtz, O.: Analogrechnen in Maschinenbau und Mechanik. 208 S. mit Abb. 1968. (Bd. 154)

Marguerre, K./H.-T. Woernle: Elastische Platten. 242 S. mit 125 Abb. 1975. (Wv)

Mesch, F. (Hrsg.): Meßtechnisches Praktikum. 224 S. mit Abb. 1970. (Bd. 736)

Pestel, E.: Technische Mechanik.
Band I: Statik. 284 S. mit Abb. 1969. (Bd. 205)
Band II: Kinematik und Kinetik.
1. Teil: 196 S. mit Abb. 1969. (Bd. 206)
Band II/2. Teil: 204 S. mit Abb. 1971. (Bd. 207)

Piefke, G.: Feldtheorie.
Band I: 265 S. mit Abb. 1971. (Bd. 771)
Band II: 231 S. mit Abb. 1973. (Bd. 773)

Prassler, H.: Energiewandler der Starkstromtechnik.
Band I: 178 S. mit Abb. 1969. (Bd. 199)

Rößger, E./K.-B. Hünermann: Einführung in die Luftverkehrspolitik. 165, LIV S. mit Abb. 1969. (Bd. 824)

Sagirow, P.: Satellitendynamik. 191 S. 1970. (Bd. 719)

Schrader, K.-H.: Die Deformationsmethode als Grundlage einer problemorientierten Sprache. 137 S. mit Abb. 1969. (Bd. 830)

Stüwe, H. P.: Einführung in die Werkstoffkunde. 192 S. mit Abb. 1969. (Bd. 467)

Stüwe, H. P./G. Vibrans: Feinstrukturuntersuchungen in der Werkstoffkunde. 138 S. mit Abb. 1974. (Wv)

Waller, H./W. Krings: Matrizenmethoden in der Maschinen- und Bauwerksdynamik. 377 S. mit 159 Abb. 1975. (Wv)

Wasserrab, Th.: Gaselektronik.
Band I: Atomtheorie. 223 S. mit Abb. 1971. (Bd. 742)
Band II: Niederdruckentladungen, Technik der Gasentladungsventile. 230 S. mit Abb. 1972. (Bd. 769)

Wiesemann, G./ W. Mecklenbräuker: Übungen in Grundlagen der Elektrotechnik.
Band I: 179 S. mit Abb. 1973. (Bd. 778)

Wolff, I.: Grundlagen und Anwendungen der Maxwellschen Theorie.
Band I: Mathematische Grundlagen, die Maxwellschen Gleichungen, Elektrostatik. 326 S. mit Abb. 1968. (Bd. 818)
Band II: Strömungsfelder, Magnetfelder, quasistationäre Felder, Wellen. 263 S. mit Abb. 1970. (Bd. 731)

Zimmermann, G./P. Marwedel: Elektrotechnische Grundlagen der Informatik I. Elektrostatik, Oszillograph, Logikschaltungen, Digitalspeicher. 204 S. 1974. (Bd. 789)

Zimmermann, G./J. Höffner: Elektrotechnische Grundlagen der Informatik II. Wechselstromlehre, Leitungen, analoge u. digitale Verarbeitung kontinuierlicher Signale. 196 S. 1974. (Bd. 790)

Literatur und Sprache

Kraft, H. (Hrsg.): Andreas Streichers Schiller-Biographie. 459 S. mit Abb. 1974. (Wv)

Storz, G.: Klassik und Romantik. 247 S. 1972. (Wv)

Trojan, F./H. Schendl: Biophonetik. 264 S. 1975. (Wv)

Geographie – Geologie – Völkerkunde

Ganssen, R.: Grundsätze der Bodenbildung. 135 S. mit Zeichnungen und einer mehrfarbigen Tafel. 1965. (Bd. 327)

Gierloff-Emden, H.-G./ H. Schroeder-Lanz: Luftbildauswertung.
Band I: Grundlagen. 154 S. mit Abb. 1970. (Bd. 358)
Band II: Optische Begriffe. 157 S. mit Abb. 1970. (Bd. 367)

Henningsen, D.: Paläogeographische Ausdeutung vorzeitlicher Ablagerungen. 170 S. mit Abb. 1969. (Bd. 839)

Kertz, W.: Einführung in die Geophysik.
Band I: Erdkörper. 232 S. mit Abb. 1969. (Bd. 275)
Band II: Obere Atmosphäre und Magnetosphäre. 210 S. mit Abb. 1971. (Bd. 535)

Lindig, W.: Vorgeschichte Nordamerikas. 399 S. mit Abb. 1973. (Wv)

Möller, F.: Einführung in die Meteorologie.
Band I: Meteorologische Elementarphänomene. 222 S. mit Abb. und 6 Farbtafeln. 1973. (Bd. 276)
Band II: Komplexe meteorologische Phänomene. 223 S. mit Abb. 1973. (Bd. 288)

Schaarschmidt, F.: Paläobotanik.
Band I: 121 S. mit Abb. und Farbtafeln. 1968. (Bd. 357)
Band II: 102 S. mit Abb. und Farbtafeln. 1968. (Bd. 359)

Schmithüsen, J.: Geschichte der Geographischen Wissenschaft von den ersten Anfängen bis zum Ende des 18. Jahrhunderts. 190 S. 1970. (Bd. 363)

Schwidetzky, I.: Grundlagen der Rassensystematik. 180 S. mit Abb. 1974. (Wv)

Wunderlich, H.-G.: Bau der Erde. Geologie der Kontinente und Meere.
Band I: Afrika, Amerika, Europa. 151 S., Tabellen und farbige Abb. 1973. (Wv)
Band II: Asien, Australien, Geologie der Ozeane. 164 S., Tabellen und 16 S. farbige Abb. 1975. (Wv)

Wunderlich, H.-G.: Einführung in die Geologie.
Band I: Exogene Dynamik. 214 S. mit Abb. und farbigen Bildern. 1968. (Bd. 340)
Band II: Endogene Dynamik. 231 S. mit Abb. und farbigen Bildern. 1968. (Bd. 341)

B. I.- Hochschulatlanten

Dietrich, G./J. Ulrich (Hrsg.): Atlas zur Ozeanographie. 1968 (Bd. 307)

Ganssen, R./F. Hädrich (Hrsg.): Atlas zur Bodenkunde. 1965 (Bd. 301)

Schaifers, K. (Hrsg.): Atlas zur Himmelskunde. 1969 (Bd. 308)

Schmithüsen, J./R. Hegner (Hrsg.): Atlas zur Biogeographie. 1975. (Bd. 303)

Wagner, K. (Hrsg.): Atlas zur Physischen Geographie (Orographie). 1971. (Bd. 304)

Reihe: Methoden und Verfahren der mathematischen Physik

Herausgegeben von Prof. Dr. Bruno Brosowski, Universität Göttingen, und Prof. Dr. Erich Martensen, Universität Karlsruhe.

Diese Reihe bringt Originalarbeiten aus dem Gebiet der angewandten Mathematik und der mathematischen Physik für Mathematiker, Physiker und Ingenieure.

Band 1: 183 S. mit Abb. 1969. (Bd. 720)
Band 2: 179 S. mit Abb. 1970. (Bd. 721)
Band 3: 176 S. mit Abb. 1970. (Bd. 722)
Band 4: 177 S. 1971. (Bd. 723)
Band 5: 199 S. 1971. (Bd. 724)
Band 6: 163 S. 1972. (Bd. 725)
Band 7: 176 S. 1972. (Bd. 726)
Band 8: 222 S. mit Abb. 1973. (Wv)
Band 9: 201 S. mit Abb. 1973. (Wv)
Band 10: 184 S. 1973. (Wv)
Band 11: 190 S. mit Abb. 1974. (Wv)
Band 12: 214 S. mit Abb. 1975. Mathematical Geodesy, Part 1. (Wv)
Band 13: 206 S. mit Abb. 1975. Mathematical Geodesy, Part 2. (Wv)
Band 14: 176 S. mit Abb. 1975. Mathematical Geodesy, Part 3. (Wv)

Reihe: Jahrbuch Überblicke Mathematik

Herausgegeben von Prof. Dr. Benno Fuchssteiner, Gesamthochschule Paderborn, Prof. Dr. Ulrich Kulisch, Universität Karlsruhe, Prof. Dr. Detlef Laugwitz, Techn. Hochschule Darmstadt, Prof. Dr. Roman Liedl, Universität Innsbruck.

Das Jahrbuch Überblicke Mathematik bringt Informationen über die aktuellen wissenschaftlichen, wissenschaftsgeschichtlichen und didaktischen Fragen der Mathematik. Es wendet sich an Mathematiker, die nach abgeschlossenem Studium in der Forschung, in der Lehre des Sekundar- und Tertiärbereiches und in der Industrie tätig sind und die den Kontakt zur neueren Entwicklung halten wollen.

Jahrbuch Überblicke Mathematik 1975. 181 S. mit Abb. 1975. (Wv)

Reihe: Überblicke Mathematik

Herausgegeben von Prof. Dr. Detlef Laugwitz, Techn. Hochschule Darmstadt.

Diese Reihe bringt kurze und klare Übersichten über neuere Entwicklungen der Mathematik und ihrer Randgebiete für Nicht-Spezialisten; seit 1975 erscheint an Stelle dieser Reihe das neu konzipierte „Jahrbuch Überblicke Mathematik"

Band 1: 213 S. mit Abb. 1968. (Bd. 161)
Band 2: 210 S. mit Abb. 1969. (Bd. 232)
Band 3: 157 S. mit Abb. 1970. (Bd. 247)
Band 4: 123 S. 1972 (Wv)
Band 5: 186 S. 1972 (Wv)
Band 6: 242 S. mit Abb. 1973. (Wv)
Band 7: 265, II S. mit Abb. 1974. (Wv)

Reihe: Mathematik für Physiker

Herausgegeben von Prof. Dr. Detlef Laugwitz, Techn. Hochschule Darmstadt, Prof. Dr. Peter Mittelstaedt, Universität Köln, Prof. Dr. Horst Rollnik, Universität Bonn, Prof. Dr. Georg Süßmann, Universität München.

Diese Reihe ist in erster Linie für Leser bestimmt, denen die Beschäftigung mit der Mathematik nicht Selbstzweck ist. Besonderer Wert wird darauf gelegt, mit Beispielen und Motivationen den speziellen Anforderungen der Physiker zu genügen.

Band 1: Meschkowski, H., Zahlen.
174 S. mit Abb. 1970. (Wv)

Band 2: Meschkowski, H., Funktionen.
179 S. mit Abb. 1970. (Wv)

Band 3: Meschkowski, H., Elementare Wahrscheinlichkeitsrechnung und Statistik. 188 S. 1972. (Wv)

Band 4: Lingenberg, R., Lineare Algebra. 235 S. 1975. (Wv)

Band 9: Fuchssteiner, B./ D. Laugwitz, Funktionalanalysis.
219 S. 1974. (Wv)

Reihe: Informatik

Herausgegeben von Prof. Dr. Karl Heinz Böhling, Universität Bonn, Prof. Dr. Ulrich Kulisch und Prof. Dr. Hermann Maurer, Universität Karlsruhe.

Diese Reihe enthält einführende Darstellungen zu verschiedenen Teildisziplinen der Informatik. Sie ist hervorgegangen aus der Zusammenlegung der Reihen „Skripten zur Informatik" (Hrsg. K. H. Böhling) und „Informatik" (Hrsg. U. Kulisch).

Band 1: Maurer, H., Theoretische Grundlagen der Programmiersprachen. Theorie der Syntax. 254 S. 1969. (Bd. 404)

Band 2: Heinhold, J./U. Kulisch, Analogrechnen. 242 S. mit Abb. 1969. (Bd. 168)

Band 4: Böhling, K. H./D. Schütt, Endliche Automaten.
Teil II: 104 S. 1970. (Bd. 704)

Band 5: Brauer, W./K. Indermark, Algorithmen, rekursive Funktionen und formale Sprachen. 115 S. 1968. (Bd. 817)

Band 6: Heyderhoff, P./ Th. Hildebrand, Informationsstrukturen. Eine Einführung in die Informatik. 218 S. 1973. (Wv)

Band 7: Kameda, T./K. Weihrauch, Einführung in die Codierungstheorie.
Teil I: 218 S. 1973. (Wv)

Band 8: Reusch, B., Lineare Automaten. 149 S. mit Abb. 1969. (Bd. 708)

Band 9: Henrici, P., Elemente der numerischen Analysis.
Teil I: Auflösung von Gleichungen. 227 S. 1972. (Bd. 551)
Teil II: Interpolation und Approximation, praktisches Rechnen. IX, 195 S. 1972. (Bd. 562)

Band 10: Böhling, K. H./G. Dittrich, Endliche stochastische Automaten. 138 S. 1972. (Bd. 766)

Band 11: Seegmüller, G., Einführung in die Systemprogrammierung. 480 S. mit Abb. 1974. (Wv)

Band 12: Alefeld, G./J. Herzberger, Einführung in die Intervallrechnung. XIII, 398 S. mit Abb. 1974. (Wv)

Band 14: Böhling, K. H./B. v. Braunmühl, Komplexität bei Turingmaschinen. 324 S. mit Abb. 1974. (Wv)

Band 15: Peters, F. E., Einführung in mathematische Methoden der Informatik. 348 S. 1974. (Wv)

Band 16: Wedekind, H., Datenbanksysteme I. 227 S. mit Abb. 1975. (Wv)

Band 17: Holler, E./O. Drobnik, Rechnernetze. 195 S. mit Abb. 1975. (Wv)

Reihe: Mathematik für Wirtschaftswissenschaftler

Herausgegeben von Prof. Dr. Martin Rutsch, Universität Karlsruhe.

Diese im Aufbau befindliche Reihe bringt Einführungen, die nach Konzeption, Themenauswahl, Darstellungsweise und Wahl der Beispiele auf die Bedürfnisse von Studenten der Wirtschaftswissenschaften zugeschnitten sind.

Band 1: Rutsch, M., Wahrscheinlichkeit.
Teil I: 350 S. mit Abb. 1974. (Wv)

Band 3: Rutsch, M./K.-H. Schriever, Aufgaben zur Wahrscheinlichkeit.
267 S. mit Abb. 1974. (Wv)

Reihe: Theoretische und experimentelle Methoden der Regelungstechnik

Herausgegeben von Gerhard Preßler, Hartmann & Braun, Frankfurt.

Die Reihe wendet sich an Studenten und praktizierende Ingenieure, die mit der Entwicklung in diesem Gebiet der technischen Wissenschaften Schritt halten wollen.

Isermann, R.: Experimentelle Analyse der Dynamik von Regelsystemen (Identifikation I). 276 S. mit Abb. 1971. (Bd. 515)

Isermann, R.: Theoretische Analyse der Dynamik industrieller Prozesse (Identifikation II).
Teil I: 122 S. mit Abb. 1971. (Bd. 764)

Klefenz, G.: Die Regelung von Dampfkraftwerken. 229 S. mit Abb. 1975. (Wv)

Preßler, G.: Regelungstechnik.
348 S. mit Abb. 1967. (Bd. 63)

Schlitt, H./F. Dittrich: Statistische Methoden der Regelungstechnik.
169 S. 1972. (Bd. 526)

Starkermann, R.: Die harmonische Linearisierung.
Band I: 201 S. mit Abb. 1970. (Bd. 469)
Band II: 83 S. mit Abb. 1970. (Bd. 470)

Starkermann, R.: Mehrgrößen-Regelsysteme.
Band I: 173 S. mit Abb. 1974. (Wv)